微生物学与基础免疫学

（第二版）

主　　编　周长林
副 主 编　徐旭东　朱　卫
编　　委　（以姓氏笔画为序）
王　峥　朱　卫　周长林
陈向东　徐旭东　窦　洁

东南大学出版社
南京

内 容 提 要

本书共分为三篇，14 章。第一篇微生物学概论，阐明各类微生物的生物学特性及其与人类的关系，其中包括细菌、放线菌、螺旋体、立克次体、衣原体、支原体、真菌和病毒；微生物的营养、代谢、生长与繁殖、微生物的控制和微生物遗传变异的原理及其应用。第二篇免疫学基础，简要阐明免疫学的基本原理及其应用，其中包括抗原、免疫系统、特异性免疫应答、超敏反应和免疫学的应用。第三篇微生物学在药学中的应用，包括微生物制药、抗生素的体内外药效学研究和药物的微生物学检查。附录部分为基础微生物学和免疫学实验。本书可供医药院校药学等专业学生使用，也可作为药物研究和药物检验人员的参考书目。

图书在版编目（CIP）数据

微生物学与基础免疫学／周长林主编. —2 版. —南京：东南大学出版社，2007.12（2020.1 重印）

ISBN 978－7－5641－0964－6

Ⅰ. 微…　Ⅱ. 周…　Ⅲ. ①微生物学—高等学校—教材 ②免疫学—高等学校—教材　Ⅳ. Q93

中国版本图书馆 CIP 数据核字（2007）第 115637 号

东南大学出版社出版发行

（南京四牌楼 2 号　邮编 210096）

出版人：江建中

江苏省新华书店经销　　南京京新印刷有限公司印刷

开本：787mm×1092mm　1/16　　印张：20　　字数：526 千字

2008 年 3 月第 2 版　　2020 年 1 月第 15 次印刷

ISBN 978－7－5641－0964－6/R·91

印数：68001~71000 册　　定价：40.00 元

（凡因印装质量问题，可直接向读者服务部调换。电话：025－83792328）

前　言

为了编写适合药学专业人才培养要求和具有鲜明药学特色的微生物学教材，我们中国药科大学生命科学与技术学院微生物学教研室老师秉承陈资本、陈小英、钱海伦和查永喜等前辈们孜孜不倦、精益求精的优良传统，在药学微生物学教学中不断探索和总结、勇于改革和创新，本书便是我们全体同仁辛勤劳动的结晶。

本书共分为三篇，14 章。绪论部分重点介绍了微生物学基本概念、微生物学和免疫学发展史，特别是收录了一些与微生物学和免疫学相关的诺贝尔奖获得者的相关资料，力求使教学更加生动活泼，首先培养学生对微生物学的学习兴趣。

第一篇微生物学概论，阐明主要微生物类群的生物学特性，其中包括细菌、放线菌、螺旋体、立克次体、衣原体、支原体、真菌和病毒，每章均对微生物在药学中的应用和常见病原性微生物及其致病性作了简要叙述，以使学生了解微生物与医药的紧密联系。微生物的营养、代谢、生长与繁殖等章节的内容介绍与微生物制药前后呼应。同时，基因工程在药学中的应用等微生物学内容也在微生物遗传变异的原理和应用等章节做了适当阐述。

免疫学在药学研究中占有重要地位，考虑到药学类专业课程设置的特点，我们在教材中编排了基础免疫学的内容，即第二篇免疫学基础，简要阐明免疫学的基本原理及其应用，其中包括抗原、免疫系统、特异性免疫应答、超敏反应和免疫学在药学中的应用。

第三篇微生物学在药学中的应用，包括微生物制药、抗生素的体内外药效学研究和药物的微生物学检查。本篇以《中华人民共和国药典 · 2005 版》为依据，重点介绍了药物的微生物生产方法、抗生素的效价测定方法和体内外药效学研究方法以及灭菌制剂和非灭菌制剂的微生物学检查方法。

考虑到本书的读者即将走上或正在医药生产和科研第一线，我们在本书的附录部分编写了实用的基础微生物学和免疫学实验内容，相信对读者今后的工作不无裨益。

本书由中国药科大学周长林负责编写绪论及第12、13、14章，王峥编写第1、10、12、章；朱卫编写第2、3章，徐旭东编写第4、5、9章及附录部分；陈向东编写第6章；窦洁编写第7、8、9、10、11章。

由于编者水平有限，书中错误在所难免，恳请读者和同行指正。

中国药科大学微生物学教研室　周长林

目　录

第二篇　免疫学基础

第三篇　微生物学在药学中的应用

附录　微生物学实验

绪　论

第一节　微生物学基本概念

微生物学是生物学中一门重要的基础学科，它关系到人类生活的各个方面，如人类疾病的发病机理、抗生素等药物的生产、机体免疫、土壤生态、食品制造和水的净化等。微生物在自然界中占有重要的地位。

一、微生物与微生物学

自然界中存在着一个数量极其庞大、个体微小而结构简单的生物类群，即微生物。微生物(microorganism)是指一类体积微小、结构简单，大多数为单细胞，必须借助光学显微镜放大数百倍上千倍或电子显微镜放大数万倍才能肉眼可见的一类微小生物的统称。

微生物学(microbiology)是研究微生物的形态结构、分类、生理代谢、遗传变异、生态分布和微生物与人类、动植物关系等的一门学科。我们对微生物深入研究的目的是更好地开发微生物资源，充分利用微生物有利于人类生活的方面，控制微生物的有害方面，使之更好地为人类服务。

二、微生物的特征

(一) 个体微小

微生物个体微小，大多数在"μm"级，需用光学显微镜放大数百倍和千倍才能看到，如细菌和真菌；有些微生物的大小为"nm"级，则需用电子显微镜放大几万倍才能观察到其形态结构，如病毒。

(二) 具有一定的形态结构

各种微生物细胞具有其特定的形态结构，常见的有球形、杆形和螺旋形等。微生物多以独立生活的单细胞或细胞群体而存在，细胞没有明显的分化。各种单一的微生物一般都能实现它的全部生命活动过程，如生长、呼吸产能、繁殖等。

(三) 体积小、面积大、新陈代谢旺盛、生长繁殖速度快

某一物体单位体积所占有的表面积称为比表面积。微生物体积小且面积大，有巨大的比表面积。如一个直径为 0.5 μm 的球菌的比表面积可达 120 000 μm^2，而人体仅约为 0.3。一般情况下，生物的比表面积越大，细胞代谢越旺盛。微生物巨大的比表面积使其吸收营养和排泄代谢废物的速度大增，所以微生物具有新陈代谢旺盛和生长繁殖速度快的特点。一般情况下，细菌 20～30 min 即可繁殖一代。例如，某些细菌每小时分解糖的量可达其自身重量的 100～1 000 倍，而人体若消化自身体重 100 倍的糖，则几乎需耗去人生一半的时间。

(四) 易变异

微生物多以独立的单细胞存在，细胞与外界的接触可导致低频率的变异。如外界条件发生剧烈的变化，大多数微生物细胞个体死亡而被淘汰，发生了变异的个体如能适应新的环境条

件则生存了下来。由于微生物细胞代谢旺盛、繁殖快，在短时间内可产生大量的变异后代。变异使微生物细胞子代的特性不同于亲代，从而产生具有各种不同性状的微生物细胞。微生物的变异在生产上可导致菌种的退化，给微生物药物的生产带来不利的影响。临床致病菌的变异可产生抗药性，对人类的健康造成危害。另一方面，我们可利用微生物易变异的特点，对生产菌种进行改造，使之增加产量，改进质量，从而获得优良的菌种。

（五）分布广、种类多

微生物在自然界广泛分布。土壤、湖泊、矿层、人体、动植物体中都有微生物的存在。微生物的种类繁多，有细菌、放线菌、立克次体、衣原体、支原体、螺旋体、蓝细菌、古细菌、病毒、真菌、藻类等，且每种微生物都有许多种，如真菌已发现的有 10 多万种，估计自然界实际存在的真菌约 100 万～150 万种。微生物代谢类型多样，生长繁殖速度快，个体小，比表面积大，新陈代谢旺盛。人类利用微生物的这些特点可生产多种产品。

三、微生物的作用

首先，微生物可引起人及动植物病害，威胁人体健康和农牧业生产。其次，微生物在自然界的物质循环中起着重要的作用，参与自然界物质循环(碳、氮、磷等)。以碳素循环为例，微生物分解有机物产生二氧化碳，绿色植物生长进行光合作用所需的二氧化碳 90％来自于微生物对有机质的分解，少部分来自动植物的呼吸。有些微生物还能利用无机物作为碳源和能源来合成细胞物质，将无机物转化为有机物。生长在豆科植物根部的根瘤菌能将无机氮转化为有机氮。微生物在自然界碳循环中所起的作用如图绪-1 所示。

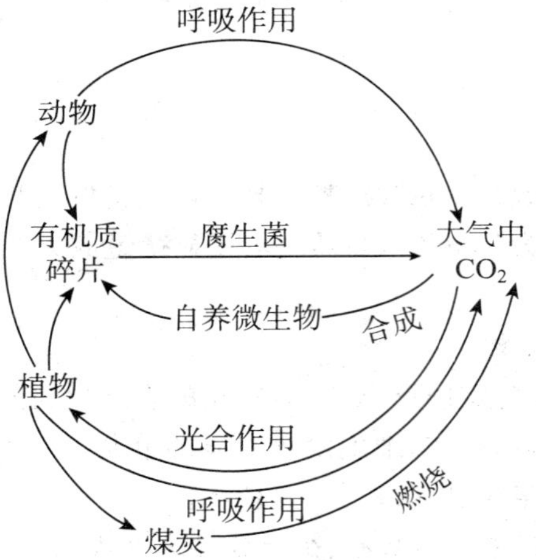

图绪-1　微生物在自然界碳循环中的作用

微生物可用于食品、药物、化工原料、饲料等的大规模生产，它在石油开采、天然气和煤的综合利用以及污水处理等方面也有重要的应用价值。

寄生在人体各部位的微生物与人体相互协调、相互依赖，与人体共生，对正常的生命活动起着重要的作用。

四、微生物在自然界的分类地位

1970 年以后，有人将生物分为两大类，即有细胞结构和无细胞结构，再进一步分为 6 个界，即动物界、植物界、原生生物界、真菌界、原核生物界和病毒界（图绪-2）。本书将对真菌界、原核生物界和病毒界作较详细的介绍。

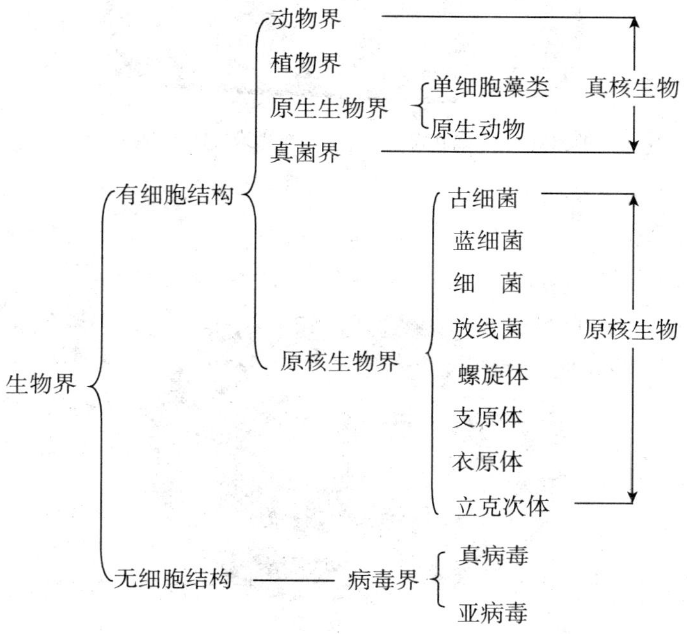

图绪-2　微生物在自然界的分类地位

五、微生物的细胞水平分类

按照有无细胞及细胞组成结构不同，可将微生物分为三种细胞类型。

（一）*原核细胞型*

原核细胞型即原核生物（procaryote）。它们由单细胞组成，没有典型的核，无核仁核膜，单个染色体，仅有裸露的DNA，不进行有丝分裂，没有细胞器，70s核糖体游离在胞浆中，细胞壁由肽聚糖组成。原核细胞型微生物有细菌、放线菌、螺旋体、支原体、衣原体、立克次体、蓝细菌和古细菌8类。

（二）*真核细胞型*

真核细胞型即真核生物（eucaryote）。它们大多数为多细胞，少数为单细胞，具有典型的细胞核结构，即有核膜和核仁，多个染色体由DNA与组蛋白组成，有线粒体、内质网等细胞器，通过有丝分裂进行细胞分裂。细胞壁由纤维素、几丁质构成。真核细胞型微生物有真菌、原虫和单细胞藻类。原核微生物和真核微生物细胞的主要区别如图绪-3和表绪-1所示。

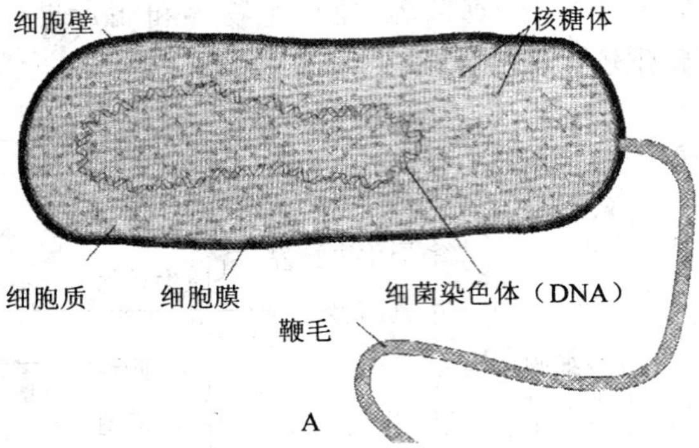

A

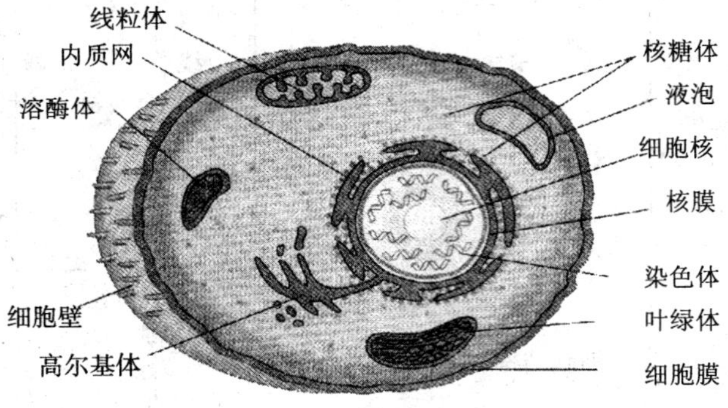

B

图绪-3　原核生物与真核生物细胞的区别

A. 原核生物；　B. 真核生物

表绪-1　原核生物与真核生物的区别

生物学特性		原核生物	真核生物
细胞结构	细胞核	无核膜、核仁，单个染色体，无组蛋白	有核膜、核仁，多条染色体，DNA与组蛋白结合
	细胞壁	大多数含肽聚糖	无肽聚糖
	细胞膜	一般无甾醇	常含甾醇
	内膜	简单，有中介体	复杂，有内质网
	核糖体	70s（50s＋30s）	80s（胞浆），70s（线粒体）
	线粒体	无	有
	其他细胞器	无	多种
	鞭毛结构	简单	复杂（“9＋2”型）
遗传特性	细胞分裂方式	横二分裂	有丝分裂或减数分裂
	繁殖方式	横二分裂	无性或有性，方式多种
	遗传重组方式	接合、转化或转导	有性方式
生理生化	氧化磷酸化部位	细胞膜	线粒体
	固氮作用	有些有	无
	胞吞/胞吐作用	无	有

（三）非细胞型

无细胞结构，结构比原核生物更简单，即病毒。病毒一般由蛋白质外壳和核酸基因组组成，且仅含有一种核酸，DNA 或 RNA。病毒的酶系统不完全，自身不能进行生长繁殖，必须寄生在活细胞内，以核酸复制方式增殖。

六、微生物的命名

同一种微生物在不同国家和地区常有不同的名称，即俗名（vernacular name），俗名的特点是通俗易懂、便于记忆，如引起结核病的细菌中文称作“结核杆菌”，英语则称为“tubercle bacillus”等。而俗名的最大缺点是不便于国际和地区间的交流，有时会引起混乱。所以必须有一个统一的命名原则，以给每种微生物取一个大家所公认的科学名称，这就是学名（scientific name）。

微生物的命名采用林奈（Linneaus）的“双名法”。其学名由两部分所组成，前面为属名，字首字母要大写，后面是种名，字首字母要小写。通常属名是拉丁文的名词，用于描述微生物的主要特征，种名是一个拉丁文的形容词，用以描述微生物的次要特征。但有时需添加人名或地名来表示菌的名称。例如：金黄色葡萄球菌的学名是 *Staphylococcus aureus* Rosenbach（1884），前一个字是属名，斜体，开头大写，表示葡萄球菌属；后一个字是种名，斜体，开头小写，是拉丁字形容词，意思是“金黄色的”，总称就叫金黄色葡萄球菌；属名和种名的后面是命名人和命名时间，可以省略；金黄色葡萄球菌可缩写为 *S. aureus*。又如 *Aspergillus niger* 称黑曲霉等。

亚种的命名是在学名的后面加“subsp.”和表示其差异特征的亚种名。如蜡状芽胞杆菌的蕈状亚种可命名为：*Bacillus cereus* subsp. *mycoides*。

有时只泛指某一属的微生物，而不特指某一具体的种（或未定种名）时，可在属名后加“sp.”（species 的单数）或“spp.”（species 的复数）表示，如 *Streptomyces* sp. 表示一种链霉菌，而 *Bacillus* spp. 表示一些芽胞杆菌等。

菌株的命名通常在学名后面用数字编号、字母、人名、地名等表示。例如，*Bacillus subtilis as* 1.398 表示可生产蛋白酶的枯草杆菌，而 *Bacillus subtilis* BF7658 表示可生产 α-淀粉酶的枯草杆菌。在微生物研究工作中，有时虽然是相同的种，但由于所采用的菌株不同，其结果往往不完全一样，所以，我们在写生产报表、研究报告或实验报告时，都不仅要写上种名，同时还需注明所用的菌株编号。

另外，具有典型特征的菌株称为标准菌株，其学名后常标有国家菌种保藏中心的名称和编号，如 ATCC 为美国模式培养物保藏中心（American Type Culture Collection），如 *S. aureus* ATCC25923；CMCC（B）为中国医学菌种保藏中心（细菌），如 *Bacillus subtilis* CMCC（B）63501；CMCC（F）为中国医学菌种保藏中心（真菌），如 *Candida albicans* CMCC（F）98001。微生物的命名如表绪-2 所示。

表绪-2 微生物命名举例

学 名	缩 写	中文名称
Staphylococcus aureus	*S. aureus*	金黄色葡萄球菌
Escherichia coli (Migula) Castellani et Chalmers	*E. coli*	大肠埃希菌
Escherichia coli var. *acidilactici* (Topley et wilson) Yale	*E. coli* var. *acidilactici*	大肠杆菌(产乳酸变种)
Psendomonas aeruginosa Migula 1920	*P. aeruginosa*	铜绿假单胞菌
Salmonella typhimurium	*S. typhimurium*	鼠伤寒沙门菌
Pasteurella pestis	*P. pestis*	鼠疫杆菌
Saccharomyces cerevisiae Hansen	*S. cerevisiae*	酿酒酵母

第二节 微生物学和免疫学发展史

一、史前期

公元前17世纪,我国就有酿酒的记载,公元386—534年(北魏)则有制醋的记载,说明古代劳动人民远在微生物的发现之前就将微生物应用于生活和生产实践中。在医药方面,我国很早就有中草药治疗疾病的记载。公元998—1022年,我国就发明了种痘预防天花的方法,直至16世纪中期种痘才在世界上得到普遍应用,这实际上也是免疫学发展的开始。

二、微生物的发现和“生命自然发生说”的否定

1676年,荷兰人列文虎克(Leeuwenhoek)(图绪-4)首先用自制的显微镜观察到了微生物的存在,并对细菌和原虫的形态作了描述。他使用放大倍数为200～300倍的显微镜,观察到了球形、杆形和螺旋形的细菌和原虫,为微生物学的发展奠定了基础。图绪-5所示为列文虎克从口腔中发现的微生物的形态结构。

长期以来,有人认为无生命的物质可生长出有生命的生物体来,如生肉上长蛆、肉汤中含有微生物的现象,据此提出了生命体是自然产生的理论(theory of spontaneous generation)。被誉为“微生物学之父”的法国科学家巴斯德(Pasteur)(图绪-6),他设计了著名的曲颈瓶试验(swan-necked flasks),有力地否定了生命的“自然发生理论”,如图绪-7所示。当无菌肉汤暴露于空气中时,肉汤变质,说明有细菌生长,空气中存在微生物;如烧瓶有封口,则肉汤中无细菌生长,肉汤不变质,细菌的生长并非是自然产生的;如果无菌肉汤与空气连通,但侧管采用加热方法,空气进入时经过侧管加热处理,则肉汤不变质,即无细菌生长,说明加热杀灭了微生物;如果曲颈瓶的颈部弯曲且较长,即使与空气连通,但还是无菌生长,这是因为空气中的微生物在侧管沉积而不能进入烧瓶之故。所以,曲颈瓶中的肉汤变质是由于细菌生长的缘故,因此生命不是自然发生的。

图绪-4 列文虎克(Antony van Leeuwenhoek, 1632—1723)

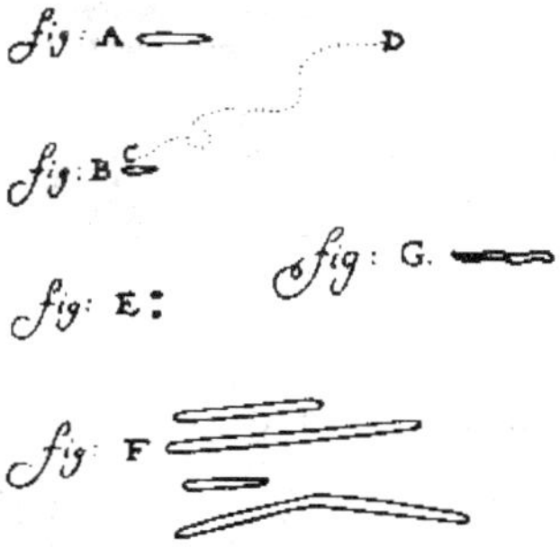

图绪-5 列文虎克从人口腔中发现的微生物

图绪-6 巴斯德(Louis Pasteur,1822—1895)

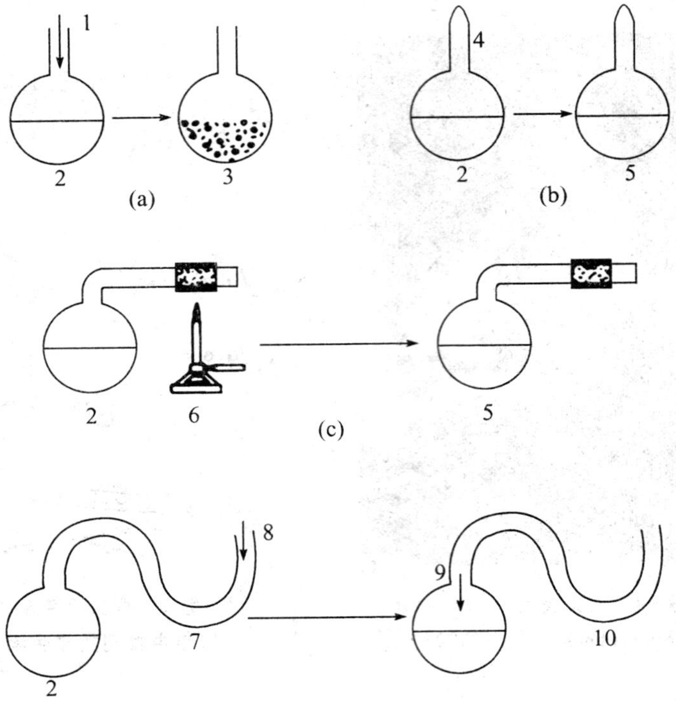

图绪-7 曲颈瓶试验

1.烧瓶暴露空气中;2.无菌肉汤;3.出现生命体;4.烧瓶封口;5.无生命出现;

6.加热空气;7.侧管;8.空气和微生物进入;9.空气进入;10.微生物被捕获

三、病原微生物的研究

巴斯德在病原微生物研究方面也为人类作出了杰出的贡献。他的三个女儿一个死于败血症,两个死于伤寒,个人的不幸遭遇促使巴斯德转而研究疾病的起源,他发现微生物是病原性疾病发病的起因。除了研究家蚕的病原体外,他对人类疾病投注了大量精力,发明并使用了狂犬病疫苗,同时还研究了炭疽杆菌的免疫方法。

德国乡村医生柯赫(Koch, 1843—1910)(图绪-8)是伟大的微生物学创始人之一。他分离到了各种致病性微生物,并确定了微生物是一切疾病的根源。他从患炭疽的动物血液中分离到了炭疽杆菌,并证明它能引起人畜共患的炭疽病(anthrax)。Koch 通过对炭疽杆菌的深入研究,于 1876 年首先提出了疾病的微生物致病学说(germ theory of diseases),他的经典实验被誉为 Koch 定理(图绪-9)。Koch 定理的具体内容为:① 可以从患病原性疾病的动物体内分离到病原性微生物,能获得该微生物的纯培养,并能传代;② 将该纯培养物接种健康动物可引起相同的疾病;③ 从实验感染动物体内可以分离到相同的病原性微生物,并能获得纯培养。

1882 年,Koch 发现了结核杆菌(*Tubercle bacilli*)。在以后的几年,Koch 又研究了细菌的染色方法和固体培养基的制备,建立了微生物纯培养技术(pure culture technique),为微生物的分离和病原微生物的研究开创了新纪元。

图绪-8　柯赫(Robert Koch, 1843—1910)

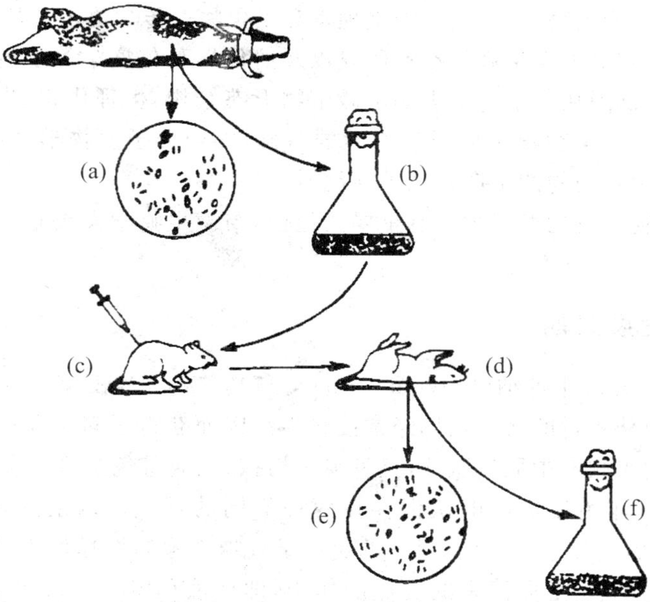

图绪-9　Koch 定理

(a) 组织切片上观察到的从死亡动物分离的微生物;(b) 纯培养分离;
(c) 纯培养物接种健康动物;(d) 动物出现疾病症状;
(e) 从死亡动物分离到的微生物;(f) 纯培养再分离

四、病毒的发现

1892 年，俄国学者伊万诺夫斯基(Ивановский)首先发现了烟草花叶病毒(TMV)，创立了病毒学研究的里程碑。

五、微生物生理学发展时期

随着对微生物的进一步了解，巴斯德在曲颈瓶试验的基础上，继而提出了巴斯德消毒法(Pasteurization)，解决了当时困扰人们的牛奶、酒类的变质问题。巴斯德还做了酒类发酵的试验，发现酵母和细菌能引起基质重要的化学变化。酵母可以使葡萄汁发酵产生好酒(乙醇)，而细菌使之产生酸味。巴斯德的研究很好地解释了当时酒类变酸的问题，从而揭示了初步的发酵理论，为微生物生理学奠定了重要的基础。

六、现代微生物学发展时期

1929 年弗莱明(Fleming)从污染了霉菌的金黄色葡萄球菌平板上发现并分离到了产青霉素(penicillin)的产黄青霉，1940 年 Florey 和 Chain 对 Fleming 的发现进行了系统研究，提纯了青霉素，并用于临床抗感染的治疗，满足了二次大战期间抗感染治疗的急需。1944 年瓦克斯曼(Waksman)发现了链霉素(streptomycin)，随后，氯霉素和四环素等一系列抗生素相继被发现。

微生物学的发展为生物化学、微生物生理学和微生物遗传学奠定了基础，微生物学研究已发展到了分子时代，它对人类疾病的治疗研究以及遗传学和免疫学等学科的发展具有重要的意义。目前，人们正试图从分子水平去揭示微生物形态结构、生理代谢、生长繁殖和遗传变异等生命活动的规律。微生物学是分子生物学的基础，如今分子生物学又用于微生物的研究。基因工程技术为微生物药物的生产开创了新纪元。

微生物学在生物学科的发展中占有重要的地位，与微生物学发展相关的人类重大科研成就如表绪-3 所示。

七、免疫学发展时期

1798 年，英国外科医生琴纳(Edward Jenner，1749—1823)(图绪-10)发明了预防天花的现代免疫接种法，他从乡村的挤奶农妇经常接触牛痘因而获得了对天花的免疫力这一事实得到了启发，自感染的小脓疱中取出脓汁，接种另一男孩，从而避免了这一疾病的发生。

19 世纪末，对机体免疫机制的认识存在两种不同的观点。以俄国学者梅契尼科夫(图绪-11)为代表的细胞免疫学说认为，机体的免疫是吞噬细胞的吞噬作用，即细胞免疫；而德国学者欧立希等则认为免疫是血清中的抗体的作用，即体液免疫。1903 年，Ehrlich 和 Douglas 证明免疫动物的血清能加速吞噬细胞对细菌的吞噬作用，从而确立了机体免疫是细胞免疫和体液免疫的统一理论。

随着生物学的发展，免疫研究已深入到分子水平。特别是随着基因组学的发展，药物与蛋白质分子的相互作用研究将会对人类作出重要的贡献。

图绪-10　琴纳(Edward Jenner, 1749—1823)

图绪-11　梅契尼科夫(Elie Metchnikoff,1845—1916)

八、微生物学和免疫学研究领域重大成就

表绪-3　微生物学和免疫学发展史上的重要历史人物及其研究成就

科学家(国籍)	研究成就(时间)	获诺贝尔奖时间
A. van Leeuwenhoek(NL)	微生物的发现(1676)	
E. Jenner (GB)	发明了预防天花的现代免疫接种法——种牛痘(1798)	
L. Pasteur (FR)	发现发酵由活酵母引起(1857);否定自然发生学说(1861);发现免疫接种技术;发明狂犬疫苗	
J. Lister (GB)	外科的无菌技术	
C. Gram (DM)	发明革兰染色技术(1884)	
Иваиовский(Russia)	发现了烟草花叶病毒(TMV)(1892)	
E. von. Behring (GR)	发现白喉抗毒素	1901
R. Ross (GB)	发现在疟疾传播中蚊的作用	1902
R. Koch (GR)	证明微生物致病学说;建立微生物纯培养技术;分离了结核杆菌和霍乱菌	1905
C. Laveran (FR)	原生动物的致病作用	1907
P. Ehrlich (GR)	提出体液免疫学说，发明治疗梅毒的化学药剂——砷凡纳明	1908
E. Metchnikoff (Russia)	发现吞噬现象;提出细胞免疫学说	1908
C. Richet (FR)	超敏反应研究	1913

续表

科学家(国籍)	研究成就(时间)	获诺贝尔奖时间
J. Bordet (BE)	补体的发现	1919
C. Nicolle (FR)	证明斑疹伤寒由虱传播	1928
A. Fleming (GB)	青霉素的发现(1929)与临床应用	1945
E. B. Chain (GB)		
H. W. Florey (AU)		
S. A. Waksman(US)	链霉素的发现(1944)	1952
G. W. Beadle(US)	微生物的遗传	1958
E. L. Tatum(US)		
J. Lederberg(US)		
F. H. C. Crick(GB)	发现 DNA 结构	1962
J. D. Watson(US)		
M. Wilkins(GB)		

第一篇 微生物学概论

第一章 原核微生物

原核微生物(prokaryotes)即广义的细菌,指一大类细胞核无核膜包裹、只存在称为核区(nuclear region)的裸露 DNA 的原始单细胞生物,包括真细菌(eubacteria)和古细菌(archaebacteria)两大类群,多数原核生物都属于真细菌,其中包括狭义的细菌、放线菌、螺旋体、支原体、衣原体、立克次体和蓝细菌,而古细菌则被认为是地球上出现最早的一种生命形态。

第一节 细 菌

细菌(bacteria)是一类有坚韧细胞壁、结构简单、以无性二分裂方式繁殖的单细胞原核细胞型微生物。细菌种类繁多、分布广泛,与人类的关系较为密切:一方面病原菌可引起人类疾病,另一方面越来越多的细菌应用于医药、食品、环保、冶金、纺织等生产实践中造福人类,同时在基础研究领域中还被作为重要的研究对象和研究工具,如 *Escherichia coil*(大肠杆菌)是生命科学研究中的“超级明星”。本节主要介绍细菌的大小形态、结构功能、营养代谢、生长繁殖,以及细菌的感染、致病性及检查方法等。

一、细菌的形态学

(一) 细菌的大小和形态

1. 细菌的基本形态和排列方式　细菌是单细胞原核生物,即一个原核细胞组成一个细菌个体。虽然细菌的个体只是一个细胞,但是,它们的形态各不相同。在一定的环境条件下,细菌的形态是相对稳定的。细菌具有三种基本形态,即球状、杆状和螺旋状,分别称为球菌、杆菌和螺旋菌,如图 1-1 所示。另外,还有少数细菌存在其他形态,如丝状、星形、三角形、方形、圆盘形等。

(1) 球菌(coccus, 复数 cocci):球菌是球形或近似球形的细菌,有的单独存在,有的连在一起。球菌分裂之后产生新的细胞常保持一定的排列方式(图 1-1),这种排列方式在分类学上具有重要意义。球菌的形态可分为:

① 单球菌(single coccus):分裂后的细胞分散而单独存在的为单球菌,如尿素微球菌(*Micrococcus ureae*)。

② 双球菌(diplococcus):细胞分裂后两个球菌成对排列,如淋病奈瑟球菌(*Neisseria gonorrhoeae*)。

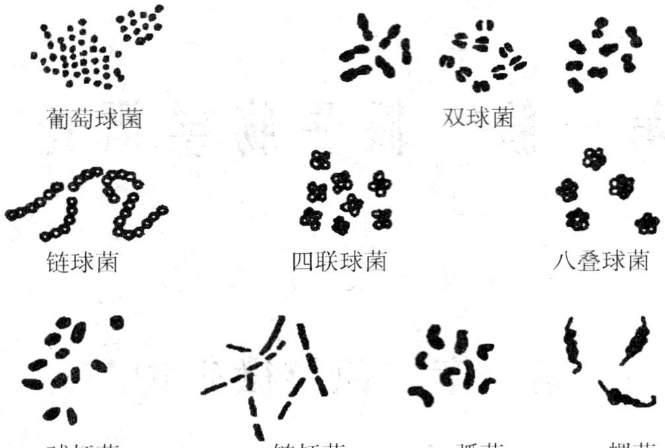

图 1-1 细菌的基本形态和排列

③ 链球菌(streptococcus):细胞分裂沿一个平面进行,分裂后细胞排列成链状,如唾液链球菌(*Streptococcus salivarius*)、酿脓链球菌(*Streptococcus pyogenes*)。

④ 四联球菌(tetracoccus):沿两个相垂直的平面分裂,分裂后每四个细胞在一起呈"田"字形,称四联球菌,如四联微球菌(*Micrococcus tetragenus*)、藤黄微球菌(*Micrococcus luteus*)。

⑤ 八叠球菌(sarcina):按三个互相垂直的平面进行分裂后,每 8 个球菌在一起成立方形,如藤黄八叠球菌(*Sarcina luteus*)。

⑥ 葡萄球菌(staphylococcus):分裂面不规则,多个球菌聚在一起,呈葡萄串状排列。如金黄色葡萄球菌(*Staphylococcus aureus*)、表皮葡萄球菌(*Staphylococcus epidermidis*)。

(2) 杆菌(bacillus, 复数 bacilli):杆菌是细菌中最多的类型,杆菌细胞是长形,其长度大于宽度,但杆菌的大小、长短、粗细不一。由于比例不同,往往杆菌的长短差别很大,其细胞外形较球菌复杂,常有短杆(球杆)状、梭状、梭杆状、棒杆状、螺杆状、分枝状、竹节状和弯月状等,如短杆状的大肠杆菌(*Escherichia coli*)、圆柱形的枯草芽胞杆菌(*Bacillus subtilis*),竹节状的炭疽芽胞杆菌(*Bacillus anthracis*)、梭状的破伤风梭菌(*Clostridium tetani*)、棒状的白喉棒状杆菌(*Corynebacterium diphtheriae*)、分枝状的两歧双歧杆菌(*Bifidobacterium bifidum*)。杆菌细胞的排列方式则有成对排列、散乱排列、链状、栅状、八字状等,多是由菌体的不同生长阶段或培养条件等因素造成的,如图 1-1 所示。杆状菌的形状与排列有一定的分类鉴定意义。生产中用到的细菌大多数是杆菌,例如用来生产谷氨酸的谷氨酸北京棒状杆菌(*Corynebacterium pekinense*),生产淀粉酶与蛋白酶的枯草杆菌(*Bacillus subtilis*),乳品工业中保加利亚乳杆菌(*Lactobacillus bulgaricus*)等。

(3) 螺旋菌(spirilla):细胞呈弯曲状,根据其弯曲程度不同而分为弧菌和螺菌。

① 弧菌(vibrio):螺旋不足一环,菌体弯曲呈弧形或逗号形,如霍乱弧菌(*Vibrio cholerae*)、拟态弧菌(*Vibrio mimicus*)和脱硫弧菌(*Desulfovibrio desulfuricans*)。

② 螺菌(spirillum):菌体回转如螺旋,较为坚硬,螺旋的多少及螺距随菌种不同而异,一般为 2～6 环,如深红红螺菌(*Rhodospirilum rubrum*)。需区别的是,螺旋超过 6 环的,体长而柔软的螺旋状细菌专称为螺旋体(spirochaeta),属于广义的细菌范畴。

2. 细菌的不规则形态　细菌的形态与环境因素有关，例如培养温度、培养基的成分、浓度和培养时间等。各种细菌在幼龄时和适宜的环境条件下表现出典型形态，当培养条件变化或菌体变老时，常常引起形态的改变，出现不规则形态，如梨形、气球形、分枝状等，这种现象称为多形性(polymorphism)，尤以杆菌常见。若再将它们转移到新鲜培养基上，并在合适的条件下生长，它们又将恢复其原来的形状。

3. 细菌的大小　细菌个体一般都很小，必须借助光学显微镜才能观察到，因此细菌的大小通常要使用放在显微镜中的显微测微尺来测量。细菌的长度单位为微米(μm)。如用电子显微镜观察亚细胞构造或更小的微生物时，要用更小的单位纳米(nm)或埃(Å)来表示。

球菌的大小以其直径表示，大多数为0.20～1.25 μm，平均1.0 μm。杆菌、螺旋菌的大小以“宽度×长度”来表示，杆菌一般为(0.20～1.25)μm×(0.30～8.00)μm，产芽胞的杆菌比不产芽胞的杆菌要大；而螺旋菌的长度是以其自然弯曲状的长度来计算，不是以其真正的长度计算，一般为(0.30～1.0)μm×5.0 μm。用大肠杆菌(0.5 μm×2.0 μm)来做形象的比较，120个细胞横向排列才相当于一根人发的粗细，1 500个细胞纵向排列才相当于一颗芝麻的长度。

（二）细菌的形态学检查法

细菌形态学检查是认识和鉴定细菌的第一步，主要检查细菌的大小、形态、排列方式、染色性及可鉴别的特殊结构。

1. 基本检查工具　裸眼的分辨率约为0.2 mm，必须借助显微镜才能看到细菌。一般微生物实验室最常用的是普通光学显微镜(light microscope)，最大分辨率为0.2 μm，物镜最大放大倍数为100倍，再经过一定倍数的目镜进一步放大，一般可将细菌最终放大到1 000倍或1 600倍。另外，还有暗视野显微镜、相差显微镜、荧光显微镜、透射式电子显微镜、扫描式电子显微镜等现代工具，可将分辨率提高到0.2～2 nm。

2. 细菌的形态学检查方法　除要观察活体细菌及其运动情况采用不染色标本外，由于细菌细胞既微小又透明，一般均需采用染色方法后方能在光学显微镜下观察。常用的形态学检查方法如下所示：

- 细菌形态学检查法
  - 不染色法
    - 悬滴法
    - 压滴法
    - 暗视野显微镜观察法等
  - 染色法
    - 死菌
      - 正染色
        - 单染色法
        - 复染色法
          - 革兰染色法
          - 抗酸染色法
          - 芽胞染色法
          - 姬姆萨染色法等
      - 负染色：荚膜染色法等
    - 活菌：用美蓝或TTC(氯化三苯基四氮唑)等作活菌染色

(1) 不染色法：细菌的不染色标本检查法是将细菌直接置于显微镜下在较暗的视野下进行观察，操作简单，可观察到细菌的生活状态、运动能力和繁殖方式等。常用的方法有悬滴法、压滴法、暗视野显微镜法等。

(2) 染色法：细菌经染色后，除可观察其大小形态、排列方式外，尚可观察某些形态结构和染色反应等。细菌染色多用碱性染料，如美蓝、碱性复红、结晶紫等。碱性染料由着色的阳离子和不着色的阴离子组成。细菌的等电点为 pH 2～5，因而在近中性溶液中都带有负电荷，容易与带有阳离子的碱性染料结合而着色。常用的方法有单染色法、复染色法和负染色法等。其中，有的是用来观察细菌细胞的各种结构的染色法，又称为特殊染色法，如荚膜染色法、鞭毛染色法、芽胞染色法、富尔根核质染色法、异染颗粒染色法等。如为死菌染色，在染色前，一般先将标本涂布于载玻片上，经空气自然干燥、火焰固定的预处理步骤后，再行各种染色方法；如为活菌，则直接涂布后染色。

① 单染色法：只用一种染料染色。先将标本经涂片和干燥固定后，加上一种染料，如美蓝或石炭酸复红等染色，即可在光学显微镜下观察。此法优点是操作简单，在工业生产中经常采用此法观察生产菌的菌体生长情况，缺点是只能观察菌体形态、大小、排列方式等，无法鉴别不同细菌。

② 复染色法：用两种或两种以上染料染色，一般经初染、脱色、复染等过程。通过复染法，可将不同细菌或同一细菌的不同结构染成不同的颜色，既可观察到细菌的大小形态、排列和结构，还有鉴别细菌的作用，故又称鉴别染色法。包括革兰染色法、抗酸染色法、姬姆萨染色法等，其中最重要和最常用的就是革兰染色法。

A. 革兰染色法(Gram stain)：该染色法由丹麦医生 Christian Gram 于 1884 年创立。经涂片干燥固定后，在细菌标本上先加结晶紫初染，然后加路哥碘液媒染，再加 95%酒精脱色，最后用沙黄或稀释石炭酸复红复染，结果显示出两种不同颜色，凡被染成紫色的称革兰阳性细菌(G^+)，染成红色的称革兰阴性细菌(G^-)，染色过程如图 1－2 所示。

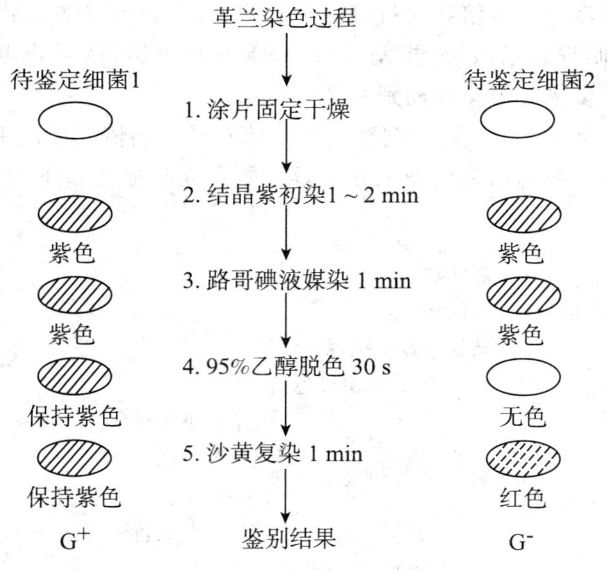

图 1－2　细菌革兰染色法

革兰染色法与细菌细胞壁结构有密切关系，故而其原理和实践意义将在细胞壁的学习后解释。

B. 抗酸染色法(acid-fast stain)：此法主要用于鉴别抗酸性细菌和非抗酸性细菌，其染色方法是先用石炭酸复红加温染色，再用盐酸酒精脱色，后用吕氏美蓝复染，凡能不被盐酸酒精脱色保留红色的细菌即为抗酸性细菌，如结核分枝杆菌、麻风分枝杆菌，而脱色呈蓝色的细菌即为非抗酸性细菌。细菌的抗酸性可能与其菌体内的分枝菌酸(mycolic acid)、脂类等成分有关。此法对临床医学诊断具有一定意义。

③ 负染色法:将背景染色,从而衬托出未染色的观察目标,就是负染色法,常用于某些较难染色的结构,如荚膜染色法。

二、细菌细胞的结构与功能

细菌细胞的结构主要可分为基本结构和特殊结构两部分,由于细菌个体微小,所以研究其一般结构可采用染色法在光学显微镜下观察,而对细菌的超显微结构则需采用超薄切片法及电子显微镜技术(测量细胞结构以纳米为单位)。细菌细胞的结构如图 1－3 所示。

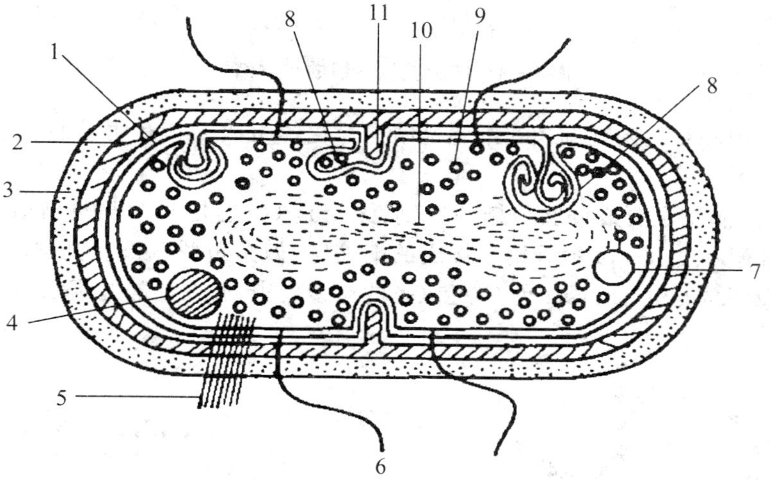

图 1－3　细菌细胞结构模式图

1. 细胞膜;2. 细胞壁;3. 荚膜;4. 异染颗粒;5. 菌毛;6. 鞭毛;
7. 脂质颗粒;8. 中介体;9. 核糖体;10. 核质;11. 横隔壁

(一) 细菌的基本结构

细菌的基本结构是指各种细菌都具有的细胞结构,包括细胞壁、细胞膜、细胞质、核物质和一些细胞内含物等。

1. 细胞壁(cell wall)　细胞壁是包在细胞表面厚实坚韧而又略具弹性的结构,采用质壁分离(plasmolysis)、适当的染色方法或制成原生质体后,可在光学显微镜下观察到。若用电镜直接观察细菌的超薄切片,则可以更清楚地证明细胞壁的存在。

(1) 细胞壁的化学组成和结构:构成细菌细胞壁的主要成分为肽聚糖(peptidoglycan),又称黏肽(mucopeptide),是真细菌细胞壁中的特有成分。肽聚糖是由短肽侧链和聚糖两部分聚合而成的多层网状结构的大分子化合物,如图 1－4 所示。聚糖是骨架,由 N-乙酰葡萄糖胺(N-acetylglucosamine, G)、N-乙酰胞壁酸(N-acetylmuramic acid, M)两种单糖通过 β-1,4 糖苷键相互间隔连接而成长链。短肽侧链(大多为四肽)则通过酰胺键连接在胞壁酸上,相邻的短肽又交叉相连,从而形成网状结构。不同细菌肽聚糖中的多糖链排列相同,但短肽链的氨基酸组成和交联方式因细菌而异,有的是相邻的短肽直接相连,有的则要通过另一条短肽桥与相邻的短肽相连。由此可见,每一肽聚糖单体由三部分组成:① 双糖单位:M－G;② 短肽侧链:一般为四个氨基酸分子按 L 型和 D 型交替连接而成;③ 肽桥:起着连接两个短肽侧链的桥梁作用，如 *S. aureus* 的甘氨酸五肽桥，还有的以一个氨基酸相连，或以其他氨基酸组成肽桥。大肠杆菌则直接由 2 条肽链上的肽键相连。肽桥的变化很多，形成了“肽聚糖的多样性”。

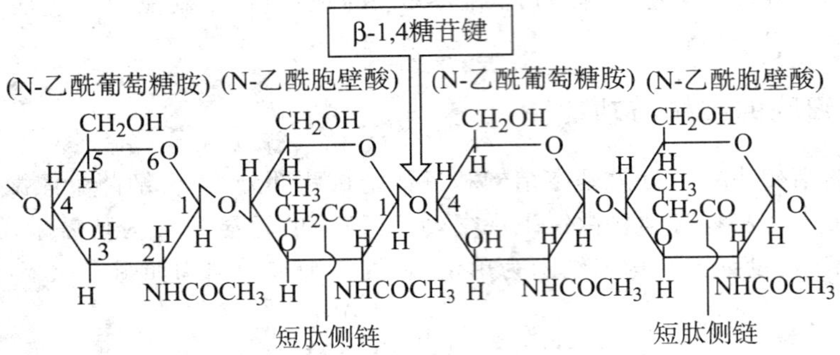

图 1－4　细胞壁肽聚糖的化学结构

革兰阳性细菌和革兰阴性细菌在细胞壁结构与化学组成上具有明显的差异，现将两者对比详解如下。

① G^+/G^- 细胞壁主要成分肽聚糖的区别：无论是 G^+ 还是 G^-，聚糖链骨架基本是一致的，都是由 G 和 M 通过 β-1，4 糖苷键连接成的聚糖链，但是短肽侧链和其交联方式即肽桥却是不一样的。以 *S. aureus*、*E. coli* 为 G^+ 和 G^- 的典型代表，肽聚糖的结构如图 1－5 所示。

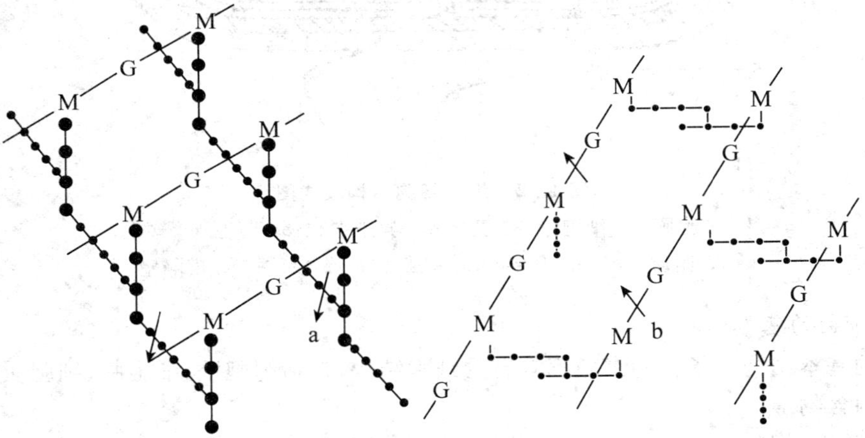

图 1－5　G^+、G^- 细胞壁肽聚糖的结构

A：G^+（*S. aureus*）；B：G^-（*E. coli*）

a：青霉素作用位点；b：溶菌酶作用位点

S. aureus 中的四肽侧链为 L-Ala→D-Glu→L-Lys→D-Ala，而 *E. coli* 的四肽侧链中的第三个氨基酸发生了变化，为内消旋二氨基庚二酸（meso-DAP），即 L-Ala→D-Glu→meso-DAP→D-Ala。同时，四肽侧链间的交联方式也相应不同：*S. aureus* 在一条聚糖链上四肽侧链第三位的 L-赖氨酸的 ε-氨基再通过五聚甘氨酸肽桥连接到相邻聚糖链四肽侧链末端的 D-丙氨酸的羧基上，从而将肽聚糖亚单位交叉连接成重复结构，其中 90％的亚单位纵横交错连接，从而形成了结构紧密、交联度高、机械强度较大的三维立体网络结构；而 *E. coli* 一条聚糖链四肽侧

链上的第三位 DAP 的氨基和另一条相邻聚糖链侧链上的第四位 D-丙氨酸的羧基通过肽键直接相连接，从而将肽聚糖亚单位交叉连接成重复结构，没有特殊的肽桥，是结构疏松、交联度低、机械强度较差的二维平面结构。具体比较见表 1－1。

表 1－1　G^+(*S. aureus*)和 G^-(*E. coli*)细胞壁主要成分肽聚糖的区别

	G^+(*S. aureus*)	G^-(*E. coli*)
糖链骨架	一致：$[M-G]_n$	
四肽侧链	L-Ala D-Glu L-Lys D-Ala	L-Ala D-Glu meso-DAP D-Ala
交联方式	有肽桥(5Gly)	无肽桥，四肽侧链直接相连
结构	结构紧密、交联度高、机械强度较大的三维立体网络结构	结构疏松、交联度低、机械强度较差的二维平面结构

② G^+/G^- 细胞壁结构和化学组成的区别：G^+/G^- 不仅在肽聚糖上有较大区别，在整个细胞壁的结构和化学组成上都有较大区别，如图 1－6 所示。

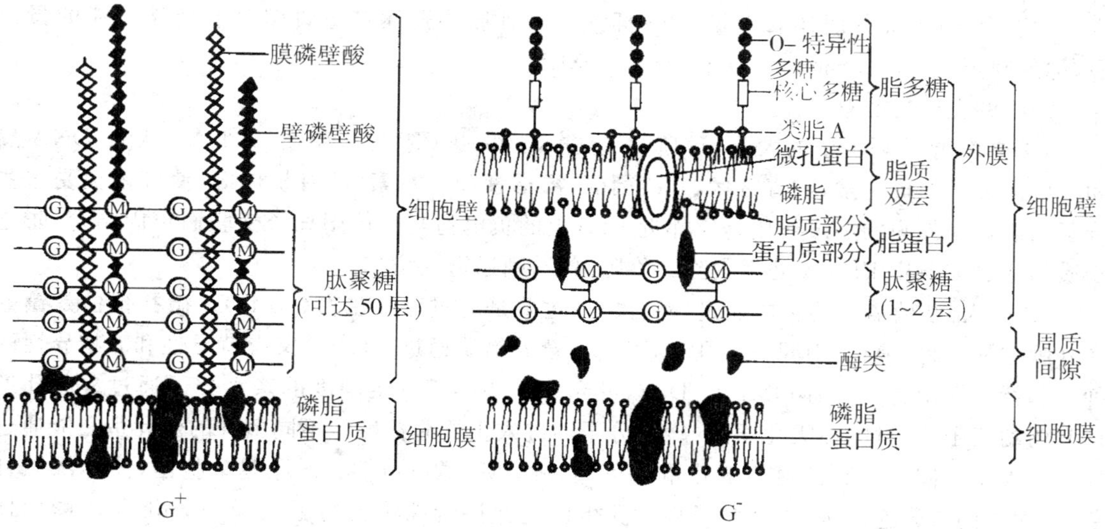

图 1－6　G^+ 和 G^- 细胞壁结构模式图

G^+ 细菌细胞壁较厚，约 20～80 nm，化学成分简单，其主要成分为肽聚糖，约占细胞壁干重的 50%～80%，另外含有大量的磷壁酸(teichoic acid)。

磷壁酸又称为垣酸或菌壁酸，它是革兰阳性细菌细胞壁中含有的含磷丰富的酸性多糖，根据其化学组成可分为两类，即甘油磷壁酸(glycerol teichoic acid)和核糖醇磷壁酸(ribitol teichoic acid)。甘油磷壁酸是通过磷酸二酯键连接基本单位磷酸甘油醇的，如图 1－7 中 A 所示。核糖醇磷壁酸则是以磷酸二酯键连接，以磷酸核糖醇为基本单位，如图 1－7 中 B 所示。根据磷壁酸与细菌细胞连接方式不同又可将磷壁酸分为膜(脂)磷壁酸和壁磷壁酸，前者与细菌细胞膜相连，后者与细菌细胞壁连接，如图 1－6 中左侧 G^+ 所示。

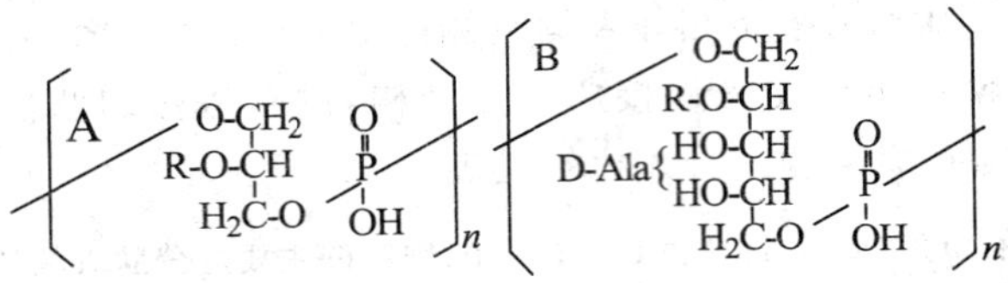

图 1-7　磷壁酸

磷壁酸的主要功能有：a. 是 G^+ 细菌重要的表面抗原，与血清学分型有关；b. 有保存和运送 Mg^{2+} 的作用，而 Mg^{2+} 是维持细胞膜完整性所必需的，也是合成细胞壁的酶所必需的；c. 是某些噬菌体的吸附受体，与噬菌体感染有关；d. 现发现 A 族链球菌通过膜磷壁酸黏附到人细胞表面，其作用类似于细菌的普通菌毛，推测具有一定的致病作用。

革兰阴性细菌细胞壁的结构和化学组成和革兰阳性细菌细胞壁有显著的差异，厚度较革兰阳性菌薄，层次较多，成分较复杂，是由薄而疏松的肽聚糖层和外膜层（outer membrane）组成。细胞壁肽聚糖层厚仅 2～3 nm，约占细胞壁干重的 5%～15%；外膜层则是 G^- 细菌细胞壁特有的结构，如图 1-6 中右侧 G^- 所示。

革兰阴性菌的外膜与细胞膜结构相似，也是脂质双层，由脂多糖（lipopolysaccharide，LPS）、磷脂和脂蛋白等组成。其脂质的两层疏水端相接，亲水端相背。但外膜的双层不对称。内层主要为磷脂，而外层还有大量 LPS 插入。在外膜中还镶嵌着许多具有特殊功能的蛋白质，称外膜蛋白（outer membrane protein，OMP）。

外膜的主要功能有：

a. 屏障：排斥环境中的大分子物质不让进入，如一些蛋白酶、脂酶、磷脂酶、肽酶、DNA 酶和一些大分子的抗生素，如青霉素、放线菌酮、褐霉素和红霉素，还有抗体等，使细菌免受这些分子的破坏。外膜的屏障作用是靠邻近 LPS 上的负电荷与二价阳离子交联而牢固结合，防止物质的通过。若用 EDTA 处理去除二价阳离子，则通透性增加。

b. 摄入：细菌需要的物质通过外膜摄入，主要是通过微孔蛋白（porin）。微孔蛋白是镶嵌在外膜中的一种 OMP，中间具有孔道，可允许营养物质通过。OMP 又有特异性和非特异性两种。非特异性微孔蛋白有 OMP C、D、F，可允许一些小于一定限度的亲水分子通过。此孔道仅有弱的离子选择性，而无化学选择性，分子的进入主要靠扩散。不同菌种的微孔蛋白能通过的分子大小不同。大肠杆菌的微孔蛋白可通过的 Mr 约 600 Da，铜绿假单胞菌（简称绿脓杆菌）可通过的 Mr 达 3000 Da。特异性微孔蛋白仅允许特殊物质的摄入，如 Lamb 是 λ 噬菌体的受体，允许麦芽糊精通过；Tsx 也是 T_6 噬菌体的受体，可允许核苷和某些氨基酸通过。

c. 受体或载体：有些营养物质，如铁离子、维生素 B_1，可先固定浓缩于外膜而后摄入。与性菌毛接合的受体在外膜上，某些噬菌体的受体也在外膜上。

d. 酶：外膜中有一些蛋白具有酶的特性。

革兰阴性细菌脂多糖由类脂 A、核心多糖和 O-特异侧链（或称 O-抗原、O-多糖）组成，如图 1-6 所示。类脂 A 具有致热作用，是革兰阴性细菌内毒素的毒性成分；核心多糖由庚糖、半乳糖、2-酮基-3-脱氧辛酸（2-keto-3-deoxyoctonkacid，KDO）等组成，有属的特异性；多糖 O-抗原是由若干个低聚糖的重复单位组成的多糖链，即革兰阴性细菌的菌体抗原（O-抗原），具有种的特异性，如沙门菌属的细菌根据其 O-抗原结构即可分为 2 000 余个血清型。

LPS 的主要功能有：是 G^- 细菌内毒素的主要成分，可引起内毒素休克，有致热原的特性，可激活巨噬细胞和补体，是一种激活 B 细胞的丝裂原，可引起组织坏死与肿瘤退化；与磷壁酸相似，具有吸附 Mg^{2+}、Ca^{2+} 等阳离子的作用；决定了 G^- 细菌细胞表面抗原决定簇的多样性；是噬菌体的吸附受体。

细胞内膜与外膜之间的空隙称壁膜间隙（periplasmic space），主要见于革兰阴性菌，革兰阳性菌很少有此间隙。原因在于革兰阳性菌中渗透压较高，而革兰阴性菌中渗透压低。壁膜间隙中充满大量胶体状水化肽聚糖以及蛋白质与寡糖，蛋白质大多具有酶的功能，营养物质经过外膜中的微孔蛋白进入壁膜间隙，这些酶蛋白即可将其水解，便于吸收；寡糖则具有调节渗透压的作用。

综上可知，革兰阳性细菌和革兰阴性细菌其细胞壁的结构和组成存在显著差异，具体比较见表 1－2。

表 1－2　G^+ 细菌和 G^- 细菌细胞壁组成的比较

比较项目		G^+ 细菌	G^- 细菌
肽聚糖	厚度	厚，20～80 nm	薄，10～15 nm
	含量（占细胞干重，%）	高（50%～80%）	低（5%～15%）
	层数	多（可达 50 层）	少（1～3 层）
	结构	交联度高，结构致密，三维立体网状结构	交联度低，结构疏松，二维平面网状结构
	外膜	无	有
	磷壁酸	有	无
	脂多糖	无	有
	脂蛋白	无	有
	脂类含量	少，1%～4%	多，11%～22%
	对青霉素敏感性	敏感	不敏感

③ 溶菌酶和青霉素对细菌细胞壁的作用及缺壁细菌：由于肽聚糖是细菌细胞壁的主要成分，凡能破坏肽聚糖结构或抑制其合成的物质均能损伤细胞壁而杀死细菌。

溶菌酶（lysozyme）是广泛存在于卵清、人的泪液和鼻涕、部分细菌和噬菌体内的一种酶，能专一性水解 N-乙酰胞壁酸的 C-1 和 N-乙酰葡萄糖胺的 C-4 之间的 β-1，4 糖苷键，破坏肽聚糖骨架，引起细菌裂解，见图 1－5 作用位点 b。

许多抗生素抑菌或杀菌的原因，也是由于它们作用于肽聚糖合成的某个阶段。肽聚糖的合成可分 3 个阶段。第 1、2 阶段分别在细胞质与膜内进行，至合成由 N-乙酰葡萄糖胺与 N-乙酰胞壁酸组成的双糖肽后，进入第 3 阶段，即装配到膜外原有的细胞壁上。但这一装配还需靠膜内的酶，酶主要有转糖基酶（transglycosylase）与转肽酶（transpeptidase）。转糖基酶的功能是促使在细胞质内新合成的双糖肽结合到膜外原有的肽聚糖上，使肽聚糖上的多糖链不断延长。转肽酶随后使肽链脱去最后一个 D-丙氨酸而与另一条肽链上的肽桥交联，形成一个牢固的网。转肽酶具有与青霉素结合的能力，故称之为青霉素结合蛋白（penicillin binding protein，PBP）。PBP 与青霉素结合后即可使其酶功能受抑制，影响到细胞壁中肽聚糖的合成。故青霉素的作用是抑制肽聚糖合成最后阶段的交联作用即转肽反应，见图 1－5 作用位点 a，不论

G^+细菌还是G^-细菌都是一样，只不过具体作用位点不同。这样，细菌不能合成完整的细胞壁而受到抑制。由于G^-细菌外膜的通透屏障作用，使青霉素不易达到它的作用靶位，从而使G^-细菌对青霉素不敏感。

缺壁细菌(cell wall deficient bacteria)泛指由于长期受某些环境因素的影响或通过人工施加某种压力导致细胞壁合成不完整甚至完全缺失的细菌。这种细菌在高渗环境下仍可存活。按照导致细胞壁缺失的因素和缺失的程度，可将缺壁细菌分为四类：L型细菌、原生质体、圆球体和支原体。

1935年，K. Nobel在Lister研究所从大白鼠体内分离出没有细胞壁的念珠状链杆菌变异株，称为L型细菌，即指在实验室培养过程中通过自发突变而形成的遗传性状稳定的缺壁细菌。原生质体(protoplast)是用溶菌酶水解或青霉素诱导处理革兰阳性细菌，破坏或抑制细菌细胞壁的合成，获得的无细胞壁仅有细胞膜包裹的部分。G^-细菌以溶菌酶和乙二胺四乙酸(EDTA)处理或用青霉素不完全抑制细胞壁合成后，除去肽聚糖层和部分脂多糖，得到细胞壁部分缺陷的圆形结构，则称为圆球体(spheroplast)(图1-8)。目前，细菌原生质体和圆球体也统称为L型细菌。支原体(mycoplasma)则是在长期进化的过程中逐渐形成的、能适应自然环境条件的无细胞壁的原核细胞型微生物。

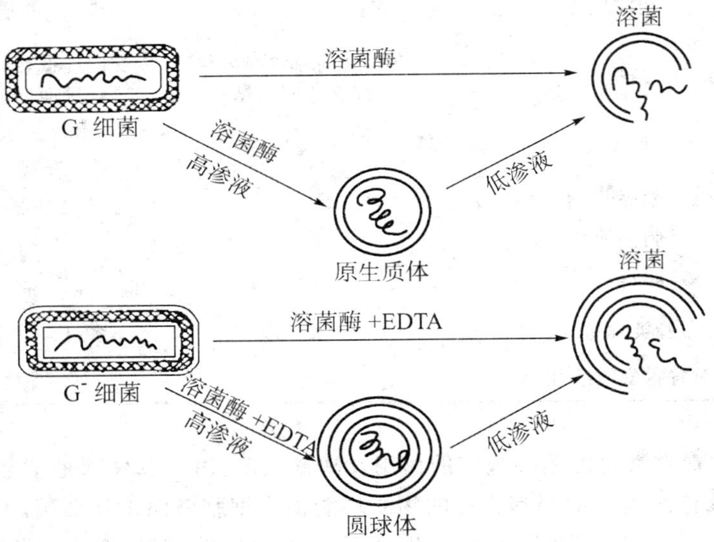

图1-8　原生质体和圆球体

L型细菌呈高度多形性，由于不具坚韧性的细胞壁，对环境因素尤其是渗透压非常敏感，必须存在于高渗溶液中，如15%～30%蔗糖；但其他生物活性并未发生改变，在适宜条件下和普通培养基上仍可生长繁殖，只是速度较慢，形成"油煎蛋"样小菌落，可用低倍镜观察到。除去诱导因子，原生质体和圆球体仍能恢复原来的细菌形态。支原体细胞膜中含有甾醇，即使缺乏细胞壁仍有较高机械强度，因而可以在普通环境中生长。研究表明，L型细菌也具有致病作用，用药后易反复发作。

原生质体对环境更为敏感，给微生物学工作者提供了一种有效的生物学材料，原生质体融合技术现被广泛用于微生物优良菌种的选育。

(2) 细胞壁的功能：细胞壁的功能如下所示。

① 具有保护细胞及维持细胞外形的功能。细菌内部的渗透压很大(5～20 kPa),若无坚韧的细胞壁的保护,在渗透压较低的环境中容易破裂,也无法保持一定的形状如杆形、螺旋形等。细菌细胞在一定范围的高渗溶液中,原生质收缩,但细胞仍可保持原来形状;在一定的低渗溶液中,细胞则会膨大,但不破裂,这些都和细胞壁具有一定坚韧性及弹性有关。例如 G^+ 细菌细胞壁可耐受 1 518～2 530 kPa 的渗透压,G^- 细菌可耐受 506～1 012 kPa 的渗透压。

② 与细胞内外的物质交换有关。细胞壁上有许多微孔(直径为 110 nm),可允许水及一些化学物质通过,但对大分子物质有阻拦作用,故可与细胞膜一起共同完成细胞内、外的物质交换。

③ 细胞壁还为细菌鞭毛运动提供可靠的支点,从而协助鞭毛运动。

④ 细菌细胞壁是细胞正常分裂所必需的。

⑤ 细胞壁的化学组成也与细菌的抗原性、致病性以及对噬菌体的敏感性有关。如革兰阴性细菌具有外膜层,其功能是抗吞噬作用和对药物等的屏障作用,可阻止相对分子质量 700 Da 以上的分子通过,所以与 G^- 细菌细胞对药物的敏感性有关。而革兰阴性菌细胞壁上的脂多糖(lipopoly saccharide,LPS)具有内毒素的作用,也与致病性有关。某些革兰阳性菌的细胞壁具有一些特殊蛋白质,如金黄色葡萄球菌有蛋白 A,A 群链球菌有 M 蛋白,这些蛋白质都可能与细菌的毒力有关。

(3) 革兰染色的原理及意义:前面已经在细菌形态学检查法中介绍了革兰染色法,近年来由于对细胞壁结构的深入研究,故对革兰染色的原理亦有比较满意的解释。现在大多认为:① 革兰阴性细菌细胞壁中脂类物质含量较高,脂溶剂乙醇的处理,溶解了脂类物质,结果使革兰阴性细菌细胞壁通透性增加,结晶紫-碘复合物亦被乙醇抽提出,于是革兰阴性细菌细胞被脱色,而呈复染液的红色;而革兰阳性细菌细胞壁中脂类物质含量低,对乙醇作用不敏感。② 革兰阴性细菌细胞壁薄,肽聚糖含量少,交联度低,孔径大,结晶紫-碘复合物易被乙醇抽提而脱色;革兰阳性细菌细胞壁厚,肽聚糖含量高,层数多,交联度高,乙醇处理后脱水收缩引起肽聚糖网孔孔径变小,通透性降低,结晶紫-碘复合物被保留在细胞内而呈紫色。③ 此外也有人认为与细胞内的等电点有关。G^+ 的等电点比 G^- 低,在生理条件下所带的负电荷低,与结晶紫结合牢固,不易脱色。

由于革兰染色原理与细胞壁的结构和组成有关,故随着细胞壁的不断深入研究,可能还会出现新的更为合理的解释。同时要指出的是,革兰染色还和菌龄、染色时的操作等有关,所以在进行革兰染色时要特别注意,以免假阳性、假阴性的出现。

革兰染色有着十分重要的理论和实践意义:① 鉴别细菌:该法几乎可将所有的细菌分为 G^+ 和 G^- 两大类,有助于细菌的鉴别,在一定程度上反映出细菌某些生物学性状的差异;② 有助于了解细菌的致病性:G^+ 大多产生外毒素,G^- 则多产生内毒素;③ 指导临床用药:细菌细胞壁的差异导致其对某些抗生素的敏感性不同,多数 G^+ 对青霉素、头孢菌素等作用于细胞壁的抗生素敏感,而多数 G^- 对作用于细胞内核糖体的红霉素、链霉素等抗生素敏感,这对于临床选择药物有一定的参考价值。

2. 细胞膜(cell membrane) 细胞膜又称细胞质膜(cytoplasmic membrane),是紧靠在细胞壁内侧,柔软而富有弹性的半渗透性薄膜,厚 7～8 nm,约占细胞干重的 10%,通过质壁分离、选择性染色、原生质体破裂等方法,可以证明细胞膜的存在。

(1) 细胞膜的结构和化学组成:细胞膜主要由蛋白质(50%～70%)、磷脂(20%～30%)和少量多糖组成,此外还有水、无机盐和少量的金属离子。因其结构与革兰阴性菌细胞壁中的外膜相似,故又有人称之为内膜(inner membrane)。磷脂由磷酸、甘油和脂肪酸及含氮碱基组成,它既具有疏水性的非极性基团,又具有亲水性的极性基团团,在水溶液中形成具有高度定向性的双分子层,即亲水的极性基团朝外,疏水的非极性基团朝内,这样就形成了膜的基本结构。蛋白质或结合于膜表面上,或由外侧伸入膜的中部,有的甚至可以从膜一侧穿透两层磷脂分子而暴露于另一侧之外,与膜的渗透性及酶活性有关。这些蛋白质或酶和糖类物质在膜上的位置不是固定不变的,而是处于一种不断运动的状态,这就是 J. S. Singer 和 G. L. Nicolson 于 1972 年提出的所谓液态镶嵌模型学说。细胞膜的镶嵌结构模式如图 1－9 所示。

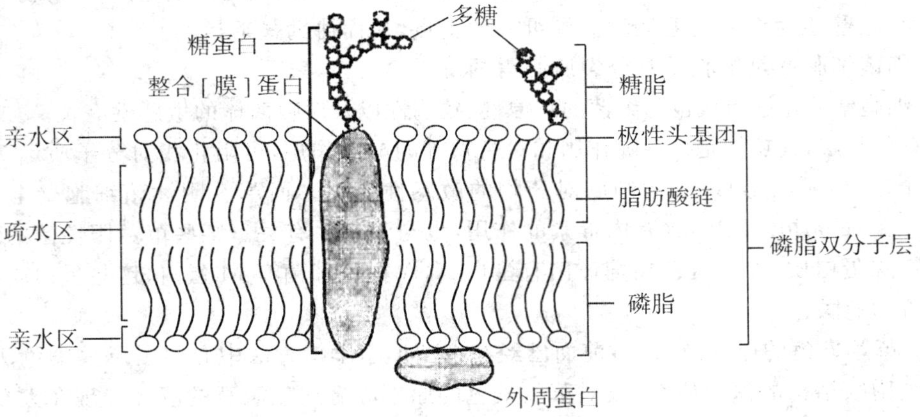

图 1－9　细菌细胞膜的液态镶嵌模型结构

(2) 细胞膜的功能:细菌细胞膜具有重要生理功能。

① 它是细胞正常的渗透性屏障,选择性控制细胞内外物质的运输和交换,即具有选择通透性,控制营养物质及代谢产物进出细胞,并排出过多的或废弃的物质。

② 细菌细胞膜上还具有丰富的酶系,如脱氢酶系,电子传递系统及氧化磷酸化酶系。细菌的细胞膜相当于真核细胞的线粒体,整个呼吸链包括脱氢酶及细胞色素、泛酸(辅酶 Q)都存在于细胞膜内,细菌的电子转运与氧化磷酸化主要在细胞膜中进行,它与细胞代谢时能量的产生、储存和利用有关,是细胞的产能基地。ATP 在此合成,细胞膜的内层分布有许多含 ATP 的颗粒。

③ 细胞膜还是细胞壁各种组分(肽聚糖、磷壁酸和 LPS 等)和荚膜等大分子合成的场所。

④ 细胞膜是细菌鞭毛的着生点,为细菌鞭毛的运动提供能量。

⑤ 细胞膜上有多种抗生素的作用点。作用于细胞膜的抗生素可分 3 类:第 1 类有类似去垢剂的作用:如多黏菌素(polymyxins)有选择性破坏细胞膜中磷脂酰乙醇胺(phosphotidylcholine)的作用。第 2 类能干扰细胞膜的生物合成:如萘啶酸(nalidixic acid)和新生霉素(novobiocin)即是如此。第 3 类具有离子载体(ionophore)的作用:这一类可加速某些离子通过膜的扩散,如表霉素(valinomycin)可增加钾离子的通透性。离子载体的杀菌作用在于改变氧化磷酸化所需要的电势。

3. 中介体　中介体 (mesosome)又称间体,是细胞膜向胞浆内陷折叠而形成的管状或囊状物结构,其中充满层状或管状的泡囊(如图 1－3 细胞结构中 8 所示)。间体的生理功能人们至今还不甚了解,推测它可能与细菌 DNA 复制、分配、细胞分裂、芽胞的形成以及某些酶如青霉素酶的分泌有一定关系。近年来,也有学者认为中介体仅是超薄切片制片时因脱水操作而引起的一种赝象。目前对中介体还缺乏深入地研究。

4. 细胞质(cytoplasm)　细菌细胞膜内除核质以外的物质,统称为细胞质或原生质。细胞质为无色透明黏稠的胶状物,含水量约为80%,其主要成分为水、蛋白质、核酸和脂类,并含有少量的糖和无机盐。由于细胞质含有较多的核糖核酸,可占菌体固形物的15%~20%,因而其嗜碱性强,生长旺盛的幼龄细菌细胞的核糖核酸含量更高。细胞质是细菌的内环境,含丰富的酶类,是细菌合成代谢和分解代谢的主要场所,含有核糖体、各种储藏物、酶、中间代谢物、质粒、各种营养物质和大分子的单体等。细胞质中主要有下列多种重要的结构:

(1) 核糖体(ribosome):核糖体也称核蛋白体,是分散存在于细菌细胞质中、沉降系数为70S的微小颗粒,它由70%RNA和30%蛋白质组成。在电镜下可见细菌细胞中的核糖体直径约为20 nm,由大亚基和小亚基两部分构成。在生长旺盛的细胞中,核糖体成串联在一起组成聚核糖体发挥作用。核糖体是细胞合成蛋白质的场所,也是许多抗菌药物选择作用的靶点,如链霉素可与细菌核糖体上30S小亚基结合,从而干扰蛋白质的合成而导致细菌死亡。

(2) 颗粒状内含物(inclusion body):很多细菌细胞中含有各种较大的颗粒,又称胞浆颗粒,大多系细菌的营养储藏物,包括多糖、脂类、多聚磷酸盐等,并非细菌生长所必需或恒定的结构。常见的有:

① 异染(颗)粒(metachromatic granules):又称迂回体(volutin),主要成分为多聚偏磷酸盐,是无机偏磷酸的线状多聚体,嗜碱性强,如用蓝色染科(甲苯胺蓝、美蓝)可染成紫红色,用特殊染色法可染成与细菌其他部位不同的颜色,故名异染(颗)粒。一般在含磷丰富的环境中形成。多聚磷酸盐可作为磷酸盐的储存体,在反应中可作为能量来源,并有降低细胞渗透压的作用。白喉棒杆菌(*Corynebacterium diphtheriae*)和结核分枝杆菌(*Mycobacterium tuberculosis*)等常具有特征性的异染颗粒,故在菌种鉴定中有一定意义。

② 脂肪颗粒:由聚β-羟基丁酸(poly-β-hydroxybutyrate,PHB)组成,是细菌碳源和能源性储藏物,易被脂溶性染料如苏丹黑或尼罗蓝着色,具有储藏能量、碳源和降低细胞内渗透压等作用。与之相类似的还有其他聚羟链烷酸(polyhydroxyalkanoate, PHA),已在多属细菌中发现。由于PHB和PHA是由生物合成的高聚物,无毒、可塑、易降解,因此正被开发用于制造医用塑料和快餐盒,试图以此来克服“白色污染”。

③ 肝糖粒和淀粉粒:肝糖粒为糖原(glycogen),用稀碘液可染成红褐色,淀粉粒可用碘液染成深蓝色,它们均为细菌碳源和能源性储藏物。

(3) 质粒(plasmid):在很多细菌细胞质中,除染色体DNA外,还存在核外遗传物质——质粒,它们是一些比染色体小的DNA分子,可以脱离染色体而单独存在。质粒能独立进行复制,也能整合到染色体上随细菌染色体同时复制,并随细胞分裂而分配到子代细胞中。通过细胞的接触,质粒可由一个细胞转移到另一个细胞,而且还能把一个细胞的一部分染色体基因转移到另一个细胞中去,从而改变后一个细胞的遗传性状。质粒的种类很多,携带有细菌不同的遗传信息和控制细菌的各种遗传性状,如抗药性、性菌毛的产生等。但是,质粒并非细菌细胞所必需的,有时亦会从一个细胞中消失,但它的消失一般并不造成细菌的病变或死亡。目前,质粒已广泛用于遗传工程的载体,在生命科学领域具有重要的应用价值。在后文遗传变异章节中会有详细介绍。

此外,除了上述主要结构外,少数特殊细菌还有磁小体、羧酶体、气泡、伴孢晶体等具有特定功能的细胞结构,使这些细菌能够在特殊的环境中生存。

5. 核质(nuclear material)　细菌是原核细胞型微生物,细胞核没有核膜、核仁,没有固定形态,这是原核生物和真核生物的主要区别。由于细菌的核比较原始,所以一般细菌的核称原始形态核(primitive form nucleus)或称拟(类)核(nucleoid)。

细菌核物质的主要成分是 DNA,它实际上是与高等生物细胞核功能相似的核物质,故又称染色质体(chromatin body)或细菌染色体(bacteria chromosome),是细菌遗传变异的物质基础。正常情况下,细菌细胞内的核质数目为一个,处于分裂期的细菌,由于 DNA 复制优于细胞分裂,故一个细胞内可含有 2～4 个核质。用高分辨率电镜可观察到细菌的核为丝状结构,这是 DNA 分子折叠缠绕的表现。细菌的核实际上是一巨大的、连续的环状双链 DNA 分子,经过高度折叠、盘绕,形成闭合环状的超螺旋形式。细菌核质与其他生物细胞的细胞核一样,含有细胞生长繁殖所必需的遗传信息,因其为单倍体,含有细菌全部的核基因,因此也称为核基因组(genome)。例如大肠杆菌的细胞长约 2 μm,其基因组长度是 1 100～1 400 μm,约含 (3～5)×10^6个碱基对,共携带有 3 000～5 000 个基因。

(二) 细菌的特殊结构

某些细菌除具有上述基本结构以外,还具有特殊结构,如荚膜、鞭毛、菌毛、芽胞等。特殊结构并不是所有细菌都具有的结构。

1. 荚膜(capsule) 某些细菌在一定营养条件下可向细胞壁表面分泌一层疏松透明、黏度极大的胶状物质,称为糖被(glycocalyx)。根据糖被在单个细胞表面存在的状况,可分为三种情况:若具有一定外形,相对稳定的附于细胞壁外,厚度大于 0.2 μm,即为荚膜;如很薄(<0.2 μm),就称为微荚膜(microcapsule);如这些物质松散包裹在单个细胞上,没有明显的边缘,而可扩散到周围环境中,就叫做黏液层(slime layer)。而包裹在细胞群上的则称为菌胶团(zoogloea)。糖被的有无、厚薄与菌种的遗传性有关,还和环境尤其是营养条件密切相关。这里我们以荚膜为代表来介绍糖被。

荚膜的组成随细菌种类而异,大多为多糖或多肽物质,如肺炎链球菌Ⅲ型的荚膜为多糖,炭疽芽胞杆菌的荚膜是由 D-谷氨酸聚合而成的多肽。荚膜不易着色,可采用负染色法使暗色背景与菌体之间形成一透明区而观察到(图 1-10)。

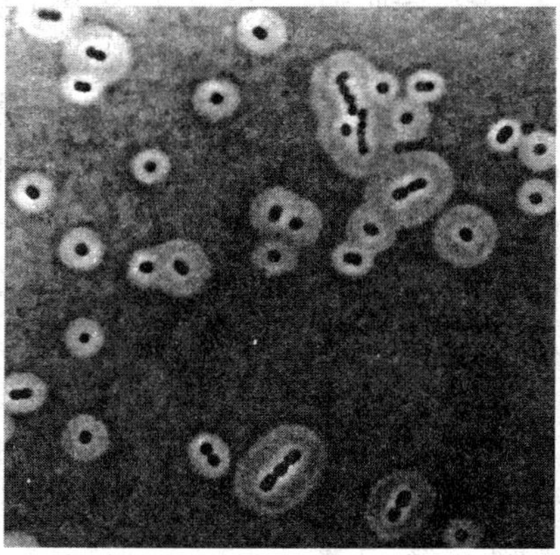

图 1-10 细菌的荚膜(负染色法)、原生质体和圆球体

具有荚膜的细菌在琼脂培养基上形成的菌落表面湿润、光滑、有光泽,呈黏液状,称为光滑型(smooth,S)菌落,不具荚膜的细菌所形成的菌落表面相对干燥、粗糙,称为粗糙型(rough,R)菌落。S 型菌落可因失去荚膜而转化为 R 型菌落,使致病力降低,如有荚膜的肺炎链球菌注入小鼠腹腔内,只需要几个活菌即能使小鼠死亡,而无荚膜的细菌则需一两亿个才能产生同样结果。

失去荚膜的细菌仍能正常生长,故其对细胞的功能主要有:① 保护作用:保护细胞免受干燥的影响,有荚膜的细菌抗干燥能力强;可防止噬菌体的吸附和裂解;可保护细菌抵抗吞噬细胞的吞噬和消化作用,免受溶菌酶和补体以及其他杀菌物质的杀菌作用;作为透性屏障保护细菌免受重金属离子的毒害;② 储备养料:是细菌体外的贮藏物质,当缺乏营养时可作为碳源和能源被利用;③ 堆积某些代谢废物;④ 表面附着作用:可使菌体附着于适当的物体表面,如唾液链球菌(*Streptococcus salivarius*)的荚膜物质黏附于人的牙齿上,细菌发酵糖类产生的乳酸局部腐蚀珐琅质,引起龋齿;⑤ 细菌间的信息识别作用。

细菌的荚膜与生产实践有密切的关系。有些细菌荚膜本身对人体具有毒性而致病,在食品工业中出现的黏性面包，黏性牛奶都是因污染了产荚膜细菌而引起的。肠膜状明串珠菌（*Leuconostoc mesenteroides*）利用蔗糖合成的大量荚膜物质葡聚糖，已被用来大量生产右旋糖苷作为代血浆的主要成分，而右旋糖苷具有维持血液渗透压和增加血容量的作用，在临床上可用于抗休克、消肿和解毒。同时该荚膜葡聚糖还可用于生产葡聚糖凝胶试剂。利用甘蓝黑腐病黄单胞菌的荚膜提取胞外多糖黄原胶（xanthan），可用于石油开采中的钻井液添加剂及印染、食品等工业中。还可利用产生菌胶团的细菌分解和吸附有害物质的能力进行污水处理等。有的荚膜物质具抗原性，还可用于细菌分型，作为鉴定细菌的依据之一。

2. 芽胞（spore） 某些细菌，特别是 G^+ 杆菌，生长到一定阶段，在细胞内形成一个圆形或椭圆形的、折光性强的特殊结构称为芽胞，又称内生孢子（endospore）。芽胞对不良环境条件具有特殊的抗性，能否形成芽胞是细菌种的特性。产生芽胞的细菌种类很少，主要是属于 G^+ 的杆菌中的两个属：好气性芽胞杆菌属（*Bacillus*）和厌气性梭状芽胞杆菌属（*Clostridium*）。

细菌芽胞具有各种不同的类型，如图 1－11 所示，各种细菌芽胞着生的位置、形状、大小因菌种而异，故芽胞是鉴别细菌的重要依据之一。如枯草芽胞杆菌、炭疽芽胞杆菌、蜡状芽胞杆菌（*Bacillus cereus*）的芽胞位于菌体中央，卵圆形，比菌体小；而丁酸梭菌（*Clostridium butyricum*）的芽胞位于菌体中央，椭圆形，直径比菌体大，故呈两头小中间大的梭形；破伤风梭菌（*Clostridium tetani*）的芽胞却位于菌体一端，呈正圆形，直径比菌体大，呈鼓槌状。

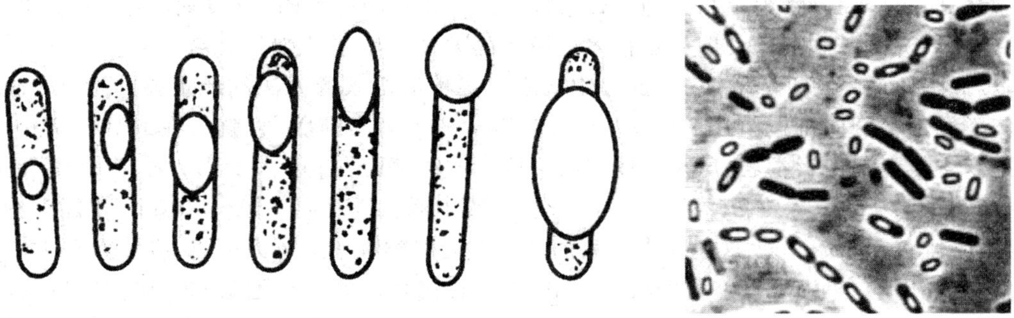

图 1－11 各种细菌芽胞

左：各种细菌芽胞的位置和形状；右：枯草芽胞杆菌芽胞染色法

细菌芽胞为致密的多层壁膜结构，其结构如图 1－12 所示，由芽胞外壁、芽胞壳、皮层、芽胞壁和核心组成，芽胞核心含有核糖体和类核。芽胞具有厚而致密的芽胞壳，一般染色不易着色，必须采用特殊的芽胞染色法加温着色，在光学显微镜下可与菌体反差较大，清楚分辨，如图 1－11 中右图所示。

芽胞多形成于细菌对数生长期末期，与营养的消耗、代谢产物的积累等环境因素有关，但能否形成芽胞是由细菌基因组决定的。值得注意的是，一个细菌的营养细胞只能形成一个芽胞，而芽胞代谢缓慢，对营养物质需求降低，不能分裂繁殖，一个细菌芽胞只萌发成一个细菌营养体。所以，芽胞与细菌的繁殖体不同，一般认为它是细菌的休眠体。

芽胞是生物中抗逆性最强的一种构造，特点是具有较强的耐热性、抗化学药物和抗辐射性以及休眠能力，如枯草芽胞杆菌（*Bacillus subtilis*）的芽胞，在沸水中能存活 1 h，而肉毒梭状芽胞杆菌（*Clostridium botulinum*）的芽胞，即使在 180℃ 的干热中，仍可存活 10 min，而在一般条件下可保存几年至几十年不死亡。芽胞对热、干燥、化学药品等都有较强的抵抗力，这对医

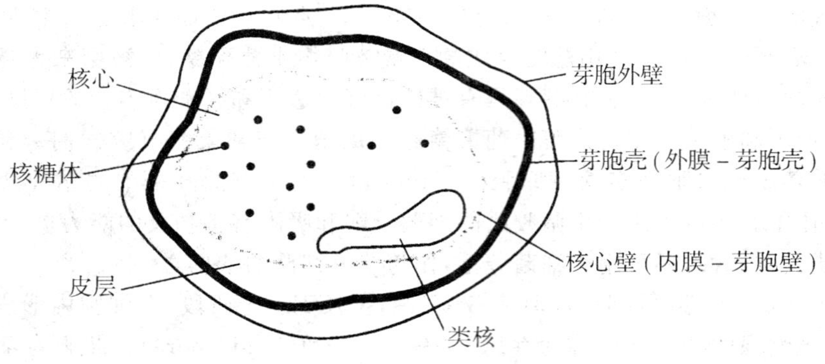

图 1－12　细菌芽胞结构示意图

疗卫生、发酵工业和食品工业都带来严重危害。芽胞耐热的主要原因可能与下列因素有关：① 芽胞含水量低，蛋白质受热不易变性；② 芽胞结构致密，通透性低，能阻止化学药品等的渗入；③ 芽胞形成时合成了一些较繁殖体具有更强耐热性的酶类；④ 芽胞皮层中含有 2,6-吡啶二羧酸钙(dipicolinic acid，DPA)盐，可增强其耐热性。

研究芽胞有着重要的实践意义。芽胞是少数几属真菌所特有的形态构造，因此，它的存在和特点成了细菌分类、鉴定中的重要形态学指标。由于芽胞具有高度耐热性，所以用高温处理含菌试样，可轻而易举地提高芽胞的筛选效率。由于芽胞的代谢活动基本停止，因此其休眠期特长，这就为产芽胞菌的长期保藏带来了极大的方便。由于芽胞具有高度耐热性和其他抗逆性，因此，是否能消灭一些代表菌的芽胞就成了各种消毒灭菌方法的最重要的指标。例如，若对肉类原料上的肉毒梭菌(*Clostridium botulinum*)灭菌不彻底，它就会在成品罐头中生长繁殖并产生极毒的肉毒毒素，危害人体健康。已知它的芽胞在 pH 大于 7.0 时在 100℃下要煮沸 5.0～9.5 h 才能杀灭，如提高到 115℃下进行加压蒸汽灭菌，需 10～40 min 才能杀灭，而在 121℃下则仅需 10 min。这就要求食品加工厂在对肉类罐头进行灭菌时，应掌握在 121℃下维持 20 min 以上。另外，在外科器材灭菌中，常以有代表性的产芽胞菌——破伤风梭菌(*C. tetani*)和产气荚膜梭菌(*C. perfringens*)这两种严重致病菌的芽胞耐热性作为灭菌程度的依据，即要在 121℃灭菌 10 min 或 115℃下灭菌 30 min 才可。在实验室，尤其在发酵工业中，灭菌要求更高，因为在自然界经常会遇到耐热性最强的嗜热脂肪芽胞杆菌(*Bacillus stearothermophilus*)的污染，造成严重的经济损失和间接后果。已知其芽胞在 121℃下须维持 12 min 才能杀死，由此就规定了工业培养基和发酵设备的灭菌至少要在 121℃下保证维持 15 min 以上。若用热空气进行干热灭菌，则芽胞的耐热性更高，因此，就规定干热灭菌的温度为 160～170℃下维持1～2 h。

3. 鞭毛(flagella)　有一些杆菌、螺旋菌和极少数球菌从细胞内向菌体表面伸出的细长、波曲的丝状物称为鞭毛(flagella)，其数目为一至数十条。鞭毛的长度约 15～20 μm，最长可达 50 μm，直径很细，一般为 10～20 nm，在电子显微镜下可观察到细菌的鞭毛，如图 1－13 所示。如果采用特殊的鞭毛染色法，亦可在光学显微镜下观察到。鞭毛极易脱落，故在进行鞭毛染色时应特别注意鞭毛的脱落。

鞭毛的化学组成主要是蛋白质，即鞭毛蛋白(flagellin)，鞭毛蛋白的相对分子质量约为 30 000～60 000 Da，是一种很好的抗原物质，常被称为 H 抗原，可用作细菌的分类鉴定。

在各类细菌中，弧菌、螺菌类普遍着生鞭毛；在杆菌中，假单胞菌都长有端生鞭毛，其余的

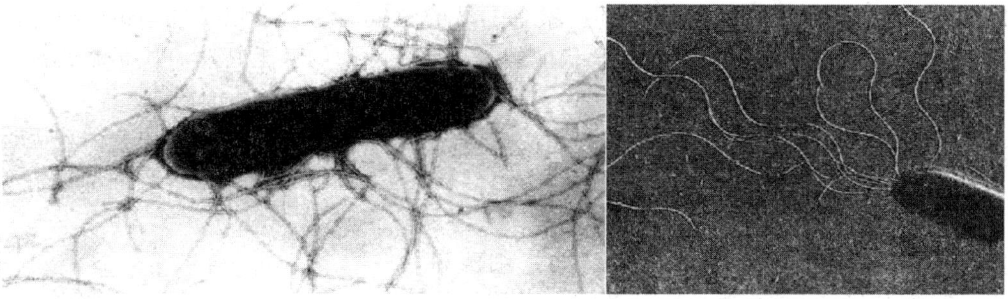

图 1－13　细菌鞭毛

左：伤寒沙门菌的周身鞭毛；右：椰毒假单胞菌的一端多鞭毛

有周生鞭毛或不长鞭毛；球菌一般无鞭毛，仅个别属才有鞭毛。鞭毛在细胞表面的着生方式多样，有无鞭毛、鞭毛着生的位置、数目和排列是细菌种的特征，故其具有分类学意义，根据鞭毛的位置、数目与排列情况（图 1－14），可将细菌分为以下几种类型：

（1）偏端单毛菌：在菌体一端着生一根鞭毛，如霍乱弧菌。

（2）两端单毛菌：在菌体两端各生一根鞭毛，如螺菌。

（3）偏端丛毛菌：在菌体一端着生一束鞭毛，如绿脓杆菌、椰毒假单胞菌。

（4）两端丛毛菌：在菌体两端各生一束鞭毛，如红色螺菌（*Spirillum rubrum*）。

（5）周毛菌：在菌体周围都生有鞭毛，如伤寒杆菌、变形杆菌等。

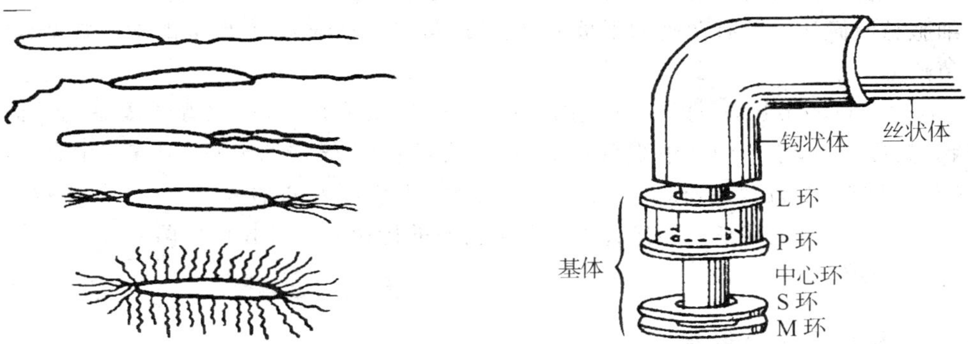

图 1－14　细菌鞭毛的类型和结构

鞭毛的功能主要是作为细菌的运动器官，但鞭毛极细，一般染色后不能看到，必须应用特殊染色法：如先加鞣酸处理，让其沉积在鞭毛表面，使鞭毛变粗，再染上染料，或用镀银法，使银沉淀在鞭毛表面，即可在光学显微镜下观察到加粗的鞭毛。常用的判断细菌有无鞭毛的方法还有：使用电镜直接观察；采用悬滴法和暗视野映光法观察细菌的运动状况，来判断有无鞭毛；通过观察琼脂培养基上的菌落形态或用半固体琼脂法穿刺培养，从细菌生长扩散情况也可以初步判断细菌能否运动；此外，由于鞭毛是 H 抗原，所以也可用血清学方法进行鉴定。

鞭毛起源于细胞质膜内侧的基体（basal body），穿过细胞壁而生出于菌体外，所以去掉细菌细胞壁后制作的原生质体仍可保留有鞭毛。细菌鞭毛的结构如图 1－14 所示，鞭毛穿过细胞壁后成为钩状体，由此伸出丝状鞭毛，即鞭毛丝（filament）。G^- 细菌鞭毛的基体由四个盘状物构成，由内向外分别为 M 环和 S 环（位于细胞膜上）、P 环（位于肽聚糖层）、L 环（位于外膜层 LPS 处)。G^+ 细菌只有 M 环和 S 环。鞭毛运动的能量来源于细胞膜,由 M 环和 S 环彼此相对旋转,导致中心杆转动,从而引起丝状体运动。原核生物的鞭毛转动由质子或钠离子梯度驱动,而真核生物的鞭毛运动则直接由 ATP 驱动。

某些鞭毛还与细菌的致病性有关,如霍乱弧菌、空肠弯曲菌等可以借助快速的鞭毛运动穿透小肠黏膜表面覆盖的黏液层,有利于菌体黏附到肠黏膜上皮细胞的表面,产生毒性物质导致病变发生。

4. 菌毛(pilus 或 fimbriae)　大多数 G^- 细菌和少数 G^+ 细菌,如肠道细菌、假单胞菌和霍乱弧菌等的菌体表面都遍布着比鞭毛更纤细、短而直的丝状物,称为菌毛,又称纤毛、伞毛。细菌菌毛直径为 3～10 nm,数目很多,每个菌有 150～1 500 根,分散在菌体表面,必须借助电子显微镜才能观察到,如图 1－15 所示。菌毛的主要成分是菌毛蛋白,结构比鞭毛简单,直接着生于细胞膜上,具有抗原性。菌毛与细菌运动无关,根据其功能,可分为普通菌毛和性菌毛两类。

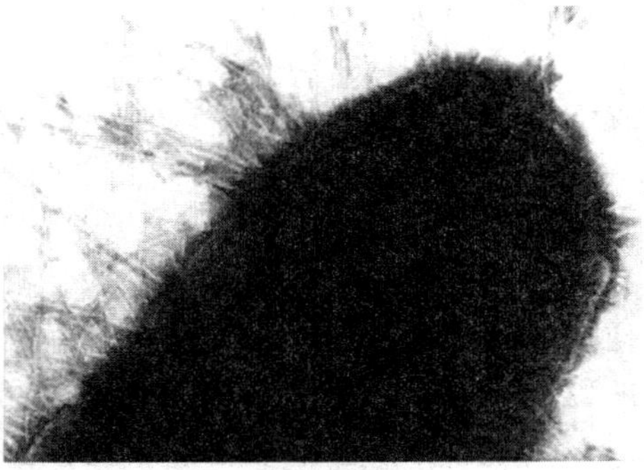

图 1－15　大肠埃希菌的菌毛

(1) 普通菌毛(common pilus):普通菌毛广泛存在于肠道细菌中,遍布于细菌细胞表面,数目很多,具有普通菌毛的细菌能通过菌毛黏附在多种细胞上,由此获得立足点,进而侵入黏膜引起感染,如淋病奈氏球菌(*Neisseria gonorhoeae*)即借菌毛黏附于泌尿生殖道上皮细胞上引起性病,所以普通菌毛的黏附作用与致病菌的致病性有关。而且不同细菌的菌毛对不同的组织细胞具有黏附性。测定细菌是否产生菌毛,可将浓的红细胞悬液倾注于长有菌落的平板上,然后用盐水轻轻洗去,有菌毛的细菌则见有红细胞黏附于菌落上。

(2) 性菌毛(sex pilus):性菌毛构造和成分与普通菌毛相同,但比普通菌毛稍长而粗,中空呈管状,数量较少,一个细菌细胞只有 1～4 根性菌毛,一般常见于 G^- 菌株。带有性菌毛的细菌,具有 F 质粒,有致育性,称雄性菌,以 F^+ 表示;无性菌毛的细菌,不具有 F 质粒,称雌性菌,以 F^- 表示。性菌毛在细菌的接合中与遗传物质的传递有关,同时,性菌毛也是某些噬菌体吸附的特异性受体。

三、细菌的生长与繁殖

在满足生长所需的各类营养物质的前提下,细菌如果处于合适的条件下就能迅速生长繁殖。

(一) 细菌生长繁殖的条件

细菌种类繁多,生长繁殖时所需条件也不完全相同,但其基本条件大体相同,主要有以下四个方面:

1. 充足的营养物质　包括一定量的水分、碳源、氮源、无机盐和必要的生长因子。当营养物质不足时,菌体一方面降低代谢速度,避免能量消耗;另一方面通过激活特定的运输系统,大量吸收周围环境中的微量营养物质以维持菌体的生存。

2. 适宜的温度　微生物的生命活动是由一系列生物化学反应组成的,而这些反应受到温度的显著影响,所以温度是影响细菌生长繁殖的最重要因素之一。温度过高过低都不利于细菌的生长繁殖,细菌生长繁殖要有适宜的温度。根据细菌的生长温度,可将细菌分为低温菌、中温菌、高温菌三类，见表 1－3。大多数细菌属于中温菌，哺乳动物寄生菌的最适温度为 37℃，接近自然宿主的体温，其他腐生菌的最适温度为 25～30℃。

表 1－3　细菌的生长温度

细菌类别		生长温度(℃)			举例
		最低	最适	最高	
低温菌		－5～0	10～20	25～30	水和冷藏物中的细菌
中温菌	室温菌	10～20	25～32	40～50	腐物寄生菌
	体温菌	10～20	37	40～50	病原菌
高温菌		25～45	50～55	70～80	温泉、堆肥中的细菌

3. 适宜的酸碱度(pH)　细菌生长繁殖要有最适宜的 pH 和一定的 pH 适应范围。而细菌作为一个整体来说，生长的 pH 范围极广（一般 pH 2～10），少数种类还可超出这一范围，但绝大多数微生物的生长 pH 都在 5～9，最适宜 pH 则为 6.8～7.4，在此范围内细菌的酶活性较强，生长繁殖旺盛。许多细菌在代谢过程中能发酵糖类产生有机酸，导致培养基 pH 下降，从而不利于细菌继续生长。因此，在培养细菌时，必须加入缓冲剂如磷酸盐、碳酸盐等，或注意及时调节 pH。

除不同种类细菌有不同的最适生长 pH 外，同一种细菌在不同的生长阶段和不同的生理生化过程，也有不同的最适生长 pH 要求。掌握其中的规律，对发酵生产中 pH 的控制尤为重要。

4. 气体　主要是氧气和二氧化碳。氧气约占空气体积的 1/5，对微生物的生命活动有着重要的影响，同时，诸多缺氧的环境如水底淤泥、沼泽地、污水处理池、动物肠道内等也存在着众多厌氧微生物，它们中绝大多数为细菌、放线菌，极少数是真菌和原生生物。根据细菌对氧气的不同需求，可将细菌分为五类：

(1) 专性好氧菌(obligate aerobes)：必须在一定浓度游离氧的条件下才能生长。多数细菌、放线菌都是专性好氧菌，如铜绿假单胞菌(*Pseudomonas aeruginosa*)、枯草芽胞杆菌(*Bacillus subtilis*)。

(2) 兼性厌氧菌(facultative anaerobes)：以在有氧条件下的生长为主、生长也较好，也可兼在厌氧条件下生长。大多数病原菌属于此类，如大肠杆菌(*E. coil*)，普通变形杆菌(*Proteus vulgaris*)。

(3) 微好氧菌(microaerophilic bacteria)：只能在微量氧(0.01～0.03 Pa)存在的条件下才能生长，例如霍乱弧菌(*Vibrio cholerae*)、弯曲菌属(*Campylobacter*)。

(4) 耐氧性厌氧菌(aerotolerant anaerobes)：简称耐氧菌，可在分子氧存在下进行发酵性厌氧生活，即其生长不需要氧，但分子氧的存在对它们也无害。通常乳酸菌多为耐氧菌，如乳酸乳杆菌(*Lactobacillus lactis*)，还有非乳酸菌类如雷氏丁酸杆菌(*Butyribacterium rettgeri*)。

(5) 厌氧菌(anaerobes)：分子氧对其有毒害作用，即使短期接触空气，也会抑制其生长甚至死亡，必须在无氧或低氧化还原电势的环境下才能生长。如破伤风梭菌(*Clostridium tetani*)，双歧杆菌属(*Bifidobacterium*)。

厌氧菌在有氧条件下不能生长的原因即氧毒害机制问题，在 1971 年由 J. M. McCord 和 I. Fridovich 提出超氧化物歧化酶（superoxide dismutase，SOD）学说，即该类细菌细胞内缺乏 SOD 和细胞色素氧化酶，大多数还缺乏过氧化氢酶。具体原因为：① 厌氧菌无完整的呼吸链，缺乏细胞色素和细胞色素氧化酶，不能在有氧的环境中获得能量生长；② 代谢中产生的超氧阴离子 O_2^- 反应力极强，可破坏重要生物分子和膜或形成其他活性氧化物，有强烈杀菌作用。需氧菌具有 SOD 和过氧化氢酶，耐氧菌具有 SOD 和过氧化物酶，这些酶能将剧毒的 O_2^- 先歧化成有毒的 H_2O_2，然后再还原成无毒的 H_2O。厌氧菌缺乏这些酶，因此在有氧条件下不能生长。

（二）细菌个体的繁殖方式和繁殖速度

细菌主要以无性二分裂方式繁殖（裂殖），即细菌生长到一定时期，在细胞中间逐渐形成横隔，由一个母细胞分裂为两个大小相等的子细胞。细胞分裂是连续的过程，分裂中的两个子细胞形成的同时，在子细胞的中间又形成横隔，开始细菌的第二次分裂。有些细菌分裂后的子细胞分开，形成单个的菌体，有的则不分开，形成一定的排列方式，如链球菌、葡萄球菌、链杆菌等。

细菌繁殖速度快，一般细菌约 20～30 min 分裂一次，即为一代。接种于肉汤培养基中的细菌在适宜的温度下迅速生长繁殖，肉汤很快即可变混浊，表明有细菌的大量生长。有些细菌，如结核分枝杆菌的繁殖速度较慢，需 15～18 h 才能繁殖一代。

（三）细菌的群体生长现象

细菌体积很小，个体生长很难测定且没有实际应用价值。因此，群体生长更具有科研和生产上的意义。将细菌接种在适宜的培养基中，37℃ 培养 18～24 h，就能看到细菌生长。培养基的种类不一样，细菌的生长现象也不一样。根据琼脂含量的多少，可将培养基分为固体培养基、半固体培养基和液体培养基，细菌在不同培养基中的培养情况有所不同。

1. 固体平板培养基上的菌落　培养基中含 1.8%～2.5%琼脂时为固体状态，当细菌划线接种到固体平板培养基上后，在适宜的培养条件下，细菌便迅速生长繁殖。由于细菌细胞受固体培养基表面或深层的限制，故不能像在液体培养基中那样自由扩散，因此由单个细菌繁殖形成的菌体常聚集在一起，形成了肉眼可见的细菌集落，通常称之为菌落（colony）。菌落在培养基上连成一片称为菌苔（lawn）。由于平板划线的分散作用，单个菌落来源于细菌的一个细胞，生长一定时间后便肉眼可见，可用作纯种分离、纯化、保存和计数等。挑选一个菌落移种到另一固体斜面培养基上，即可获得细菌的纯培养。将细菌经过足够稀释涂布在培养基上也可获得单菌落。

各种细菌在一定条件下形成的菌落均具一定的特征（图 1-16、图 1-17），包括菌落的大小、形状、边缘、光泽、颜色、硬度、透明程度等，所以细菌菌落特征是细菌菌种鉴定的重要依据，在细菌分类学上具有重大意义。细菌的菌落一般较小、多数呈圆形、边缘形态整齐或不规则、形状扁平或突起、质地湿润均匀、有光泽、半透明或不透明、颜色多样，与培养基结合力较弱、容易挑起。

在平板培养基上形成的菌落往往有三种情况，即表面菌落、深层菌落和底层菌落，用分区划线法所得的菌落一般为表面菌落，其菌落特征如上所述。在培养基内生长的菌落与表面菌落相比较小。

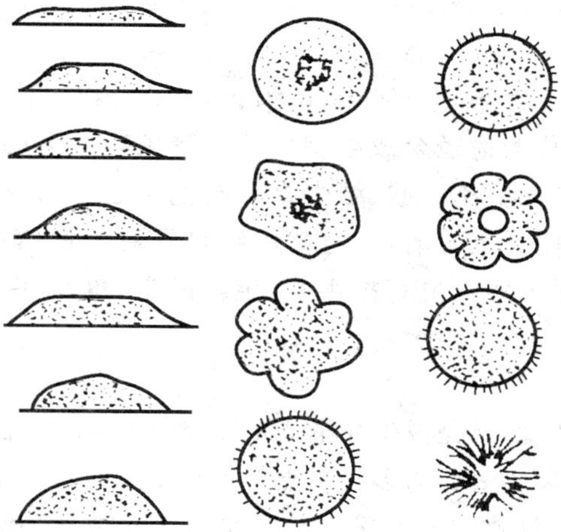

图 1－16　各种细菌菌落形态

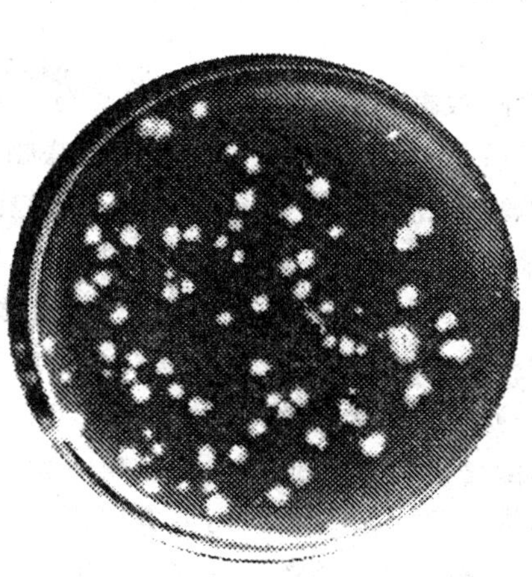

图 1－17　地衣芽孢杆菌的菌落

2. 半固体培养基中的培养情况　半固体培养基琼脂含量少，约 0.2%～0.8%，常用于观察细菌的运动能力、繁殖情况、细菌生理生化反应或菌种保存等。观察细菌运动能力时，将细菌穿刺接种于半固体培养基中经培养后，有鞭毛的菌能延穿刺线扩散生长，穿刺线模糊不清，呈云雾状生长；无鞭毛的菌只沿穿刺线生长，周围培养基仍澄清透明。某些细菌在明胶培养基中生长繁殖时，能产生明胶酶水解明胶，如果将这些菌种穿刺接种在半固体明胶培养基中，培养后观察培养基的水解情况，则成为判断细菌分类的项目之一。

3. 液体培养基中的培养情况　根据培养方式的不同，液体培养又分为静置培养、摇瓶培养和发酵罐培养。

静置培养是将培养物静置在培养箱中，常用试管进行培养。根据细菌对气体的需求不同，呈现不同生长状态：专性需氧菌如枯草芽胞杆菌在液面形成菌膜；专性厌氧菌如链球菌在液体底部形成沉淀；兼性厌氧菌如大肠杆菌则呈均匀混浊状态。摇瓶培养则将培养物放在锥形瓶中经摇床振荡培养，一般生长曲线的测定即用此法。发酵罐培养则是进一步扩大培养，在科研和生产上常用于种子制备、代谢物的发酵生产。

将一定量的纯种细菌接种到适宜的定量液体培养基中，在适宜的条件下培养，每隔一定时间取样，测算菌数，以时间为横坐标，菌数的对数为纵坐标，可绘制一条符合群体生长规律的生长曲线(growth curve)。生长曲线代表了细菌在适宜的环境中生长繁殖直至衰老全过程的动态变化。按生长繁殖速度的不同，典型的生长曲线可分为延滞期、对数期、稳定期和衰亡期四个时期，具体特点将在第五章《微生物的生长及其控制》中讲解。

四、细菌的代谢

代谢(metabolism)是生命的最基本特征之一。细菌的代谢，是指细菌从外界环境中摄取营养物质，通过体内的一系列变化，转变为自身细胞物质，以维持其正常生长和繁殖的过程，包括物质代谢和能量代谢两个方面。前者又分为分解代谢(catabolism)与合成代谢(anabolism)，后者分为产能代谢与耗能代谢。分解代谢又称生物的异化作用，是指将复杂的有机物分解为简单化合物的过程，同时伴随能量的释放；合成代谢又称为生物的同化作用，是指细菌将简单小分子化合物合成复杂大分子和细胞结构物质的过程，往往需要消耗能量。在细菌细胞内,四种代谢类型在一个调节系统的控制下协调地进行,以完成生命活动的各个过程。

此外,根据代谢产物的用途又可分为初级代谢(preliminary metabolism)与次级代谢(secondary metabolism)。微生物通过一些相同的代谢途径合成细胞生长和繁殖所必需的化合物的过程,称为初级代谢。初级代谢产物包括氨基酸、核苷酸、维生素等对代谢起重要作用的小分子、单体及某些多聚物。而微生物在代谢过程中产生的,但对微生物自身的生长、繁殖无显著作用的化合物,称为次级代谢产物,次级代谢产物主要有抗生素、生长激素、色素等,产生次级代谢产物的过程称为次级代谢。

(一) 细菌代谢和酶

细菌是能够进行独立生活的单细胞生物,因而要完成生命活动的全部过程,其细胞内的酶必须非常丰富。按照不同的分类原则,可将细菌的酶分为多种类型。

1. 按酶的活动部位　根据酶的活动部位,通常可将细菌产生的酶分为两大类:胞外酶和胞内酶。

胞外酶是由细菌细胞产生后分泌于细胞外面进行活动的酶,主要是水解酶类,包括水解多糖(淀粉、纤维素等)和寡糖(蔗糖、麦芽糖、乳糖等)的酶、蛋白酶以及脂酶等。主要与细菌吸收和利用营养物质有关,能将细胞外的复杂大分子降解为简单小分子,使其易于透过细胞膜而被吸收。某些病原菌产生的胞外酶如透明质酸酶、卵磷脂酶等与细菌致病性有关。

胞内酶是在细胞内部起作用的酶,参与细菌代谢的多数酶均属此类。有些酶类在细胞膜或细胞器的质膜上活动,而大多数的酶在细胞的原生质内游离活动,如有关发酵的酶类溶于细胞质。细菌中细胞膜可以内陷折叠成中介体,有关呼吸的酶类和电子传递体大多固定在中介体上,有关蛋白质合成的酶类则主要是在核糖体上活动。

2. 按酶的催化性能　根据酶的催化性能,可以将酶分成6类,即:① 氧化还原酶,② 转移酶,③ 水解酶,④ 裂解酶,⑤ 异构酶,⑥ 合成酶。

3. 按酶的产生方式　根据酶生成方式,可将微生物的酶分成两大类:一类是诱导酶(inducible enzyme),即在环境中有诱导物(通常是酶的底物或其类似物)时才形成的酶,当诱导物移走后,酶的产生停止,一般受多基因调控,如大肠杆菌分解乳糖的β-半乳糖苷酶;另一类是组成酶(constitutive enzyme),不管环境中有无该酶作用底物,均可以生成。细菌的酶多数是组成酶。诱导酶和组成酶的生成都受基因表达的控制,只有在微生物细胞中有某种酶的基因,才有可能生成该酶,而酶的生成受各种条件的影响。

4. 按专属性　可将细菌分为共有酶和特有酶。如参与细菌基础代谢的酶类,在不同类型菌体内都有,在细胞内催化的反应过程相似,称为共有酶。少数只存在于某些特殊细菌内,催化特殊生化反应的酶,称为特有酶,该类酶可用于细菌的分类鉴定。

另外,细菌内含有与防御作用有关的限制酶(restriction enzyme)和修饰酶(modification enzyme),能识别菌体自身的DNA,对外源的DNA进行降解,对自身DNA则进行修饰,以免受酶的作用。近年来,这些酶在基因工程中,已被广泛用作工具酶。

(二) 细菌的分解代谢及产能代谢

分解代谢往往也是产能代谢的过程。一般而言,可以将分解代谢分为三个阶段:① 将蛋白质、多糖以及脂类等大分子物质降解为氨基酸、单糖及脂肪酸等小分子物质;② 将上述小分子进一步降解为丙酮酸、乙酰辅酶A等小分子中间体;③ 将这些小分子中间体分解为二氧化碳。第②、第③阶段伴随着ATP、NAD(P)H及$FADH_2$的产生。

分解代谢产生的NAD(P)H及$FADH_2$的H^+和电子通过电子传递链被氧化，产生ATP。根据$NADH_2$或$NADPH_2$中氢(或电子)去向的不同，可以将能量产生的方式分别命名为呼吸和发酵。若是$NADH_2$或$NADPH_2$通过电子传递链将氢(或电子)转移给氧，同时产生大量能量，这一过程称为有氧呼吸；若是将氢(或电子)转移给无机物，则为无氧呼吸；另外它们还可将反应生成的$NADH_2$或$NADPH_2$直接用来还原有机物，积累代谢产物，这一过程称为发酵。细菌分解葡萄糖产生丙酮酸后是进行呼吸还是发酵，依细菌的种类和环境条件所决定。下面我们一步步地进行讨论。

1. 第一阶段——高分子化合物的降解　外界环境中分子量较小的有机物能够被微生物直接吸收，而分子量较大的有机物必须经过微生物分泌的胞外酶分解后才能被吸收利用。由于不同的细菌含有不同的酶类，故对自然界中各种有机物质的分解能力不同。其中较易被分解的有含碳有机物中的淀粉、纤维素、半纤维素、果胶物质、几丁质等，含氮有机物质中的蛋白质和尿素等以及含硫、含磷有机物的分解。

大多数细菌属化能异养型微生物，而对于化能异氧型微生物而言，碳源即能源，因此这里的讨论以碳源的分解为主。

(1) 多糖降解：多糖是由已糖、戊糖或这些糖的衍生物聚合成的大分子化合物，一般不溶于水，所以不能直接透过细胞膜被细菌所吸收。自然界中广泛存在的多糖有淀粉、纤维素、半纤维素、几丁质等多聚物。细菌首先分泌胞外酶，将其水解成双糖或单糖后，才将其吸收利用。

(2) 蛋白质与氨基酸的分解：不同细菌对蛋白质的分解能力差异较大，所以，细菌利用蛋白质的能力可以作为菌种分类依据之一。而细菌分解蛋白质为氨基酸后，除了可以直接利用氨基酸合成蛋白质外，也能进一步分解利用氨基酸，根据产物不同，也可用来进行菌种鉴定，因此，在鉴定部分会做详细讲解。

2. 第二阶段——葡萄糖的降解　糖是多数细菌良好的碳源和能源，营养物质中的多糖必须先经胞外酶的水解，降解为单糖(一般为葡萄糖)才能被吸收利用。丙酮酸是微生物新陈代谢最重要的中间化合物。目前已知微生物可通过5条途径将葡萄糖分解为丙酮酸：已糖二磷酸途径即糖酵解途径(EMP途径)、已糖单磷酸途径(HMP途径)、ED途径(Enter－Doudoroff pathway, ED)、磷酸酮解途径(PK途径)和直接氧化途径。PK途径只发现存在于肠膜明串珠菌和双歧杆菌的某些种，而前3种途径普遍存在于微生物代谢中，但对于某一种微生物来讲，以其中一条途径为主。

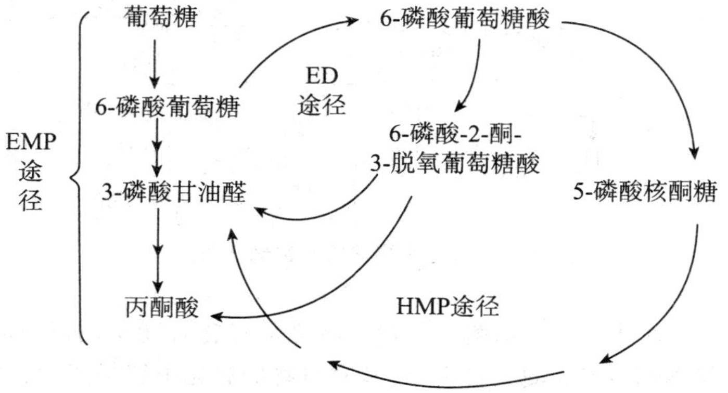

图1－18　细菌分解葡萄糖的三条主要途径

(1) EMP 途径：为纪念研究微生物分解糖类发酵的三位最杰出的科学家，将构成糖酵解途径的这一系列反应称 EMP 途径(Embden – Meyerhof – Parnas pathway)。EMP 途径是一条重要的分解葡萄糖途径，它以葡萄糖为基质，经过 1,6-二磷酸果糖降解，最终由 1 分子葡萄糖形成 2 分子丙酮酸、2 分子 $NADH_2$ 和 2 分子 ATP。其总反应式为：

$$C_6H_{12}O_6+2NAD^+ +2H_3PO_4+2ADP \rightarrow CH_3COCOOH+2NADH_2+2ATP$$

(2) HMP 途径：HMP 途径(hexose monophosphate pathway)是存在于微生物当中的另一条重要的糖分解途径。HMP 途径的过程是 6-磷酸葡萄糖经脱氢、脱羧作用转化产生三碳、四碳、五碳、六碳、七碳等一系列中间产物。此途径除可以为微生物生长提供能量以外，还可以提供不同碳原子骨架的磷酸糖和大量的还原力——$NADPH_2$。

HMP 途径是广泛存在于生物界中的又一条重要的糖代谢途径，常与 EMP 途径同时存在于细胞中。但对不同微生物来讲，HMP 途径和 EMP 途径在代谢中所占的比例有所不同，大多数好氧的和兼性好氧的微生物都有这条途径。

(3) ED 途径：该途径首先由 Enter 和 Doudoroff 两人在嗜糖假单胞菌(*Pseudomonas saccharophila*)中发现，因此称为 ED 途径。此途径是 EMP 途径不完整的细菌(如假单胞菌、根瘤菌等)所特有的利用葡萄糖的替代途径，主要存在于少数微生物中，在高等动植物体内未发现这种产能代谢途径。

ED 途径的特点是：1 分子葡萄糖经 ED 途径只需 4 步就可生成与 EMP 途径 10 步反应相同的末端代谢产物——2 分子丙酮酸，但在产能方面只生成 1 分子 ATP。在无氧条件下丙酮酸进一步发酵生成乙醇。因此对于厌氧微生物来说，EMP 途径比较经济。

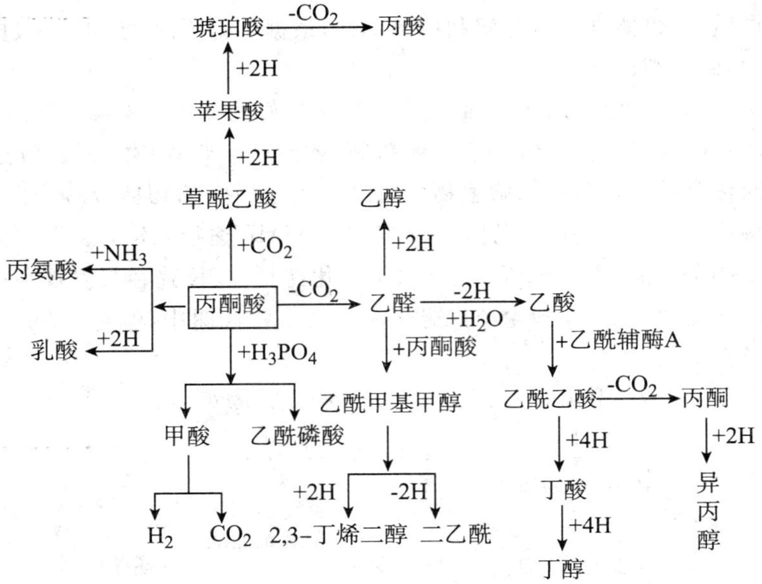

图 1 – 19　丙酮酸的各种代谢途径

3. 第三阶段——产能代谢　细菌通过代谢将光能和化合物中的能量转变为化学能的过程称为产能代谢，异养菌以有机物为能源，即从有机物的氧化中获得能量。发生在活细胞内的产能性氧化反应统称为生物氧化，根据递氢过程最终氢受体的不同，分为发酵、有氧呼吸和无氧呼吸三种。

(1) 发酵:发酵(fermentation)是厌氧微生物和兼性厌氧微生物在无氧条件下产生能量的一种重要方式。发酵的特点是不消耗氧,因此 L. Pasteur 称发酵是“不需要空气的生命活动”。而现代发酵的概念是广义的,泛指一切利用微生物(无论厌氧或好氧)生产有用代谢产物的过程。而严格按照微生物生理学的定义,发酵是以有机物为基质,而以其降解的中间产物为最终电子(或氢)受体的氧化过程。例如,在厌氧条件下,乳酸细菌通过 EMP 途径将葡萄糖氧化分解成 ATP、$NADH_2$ 和丙酮酸,丙酮酸是葡萄糖降解的产物,同时又作为最终电子受体被还原成乳酸,产生 2 分子 ATP。这种氧化作用不彻底,产能水平低。

由于细菌种类和代谢条件的不同,在无氧条件下,细菌发酵丙酮酸所获得的主要产物类型也有所不同,据此可将发酵分为不同的类型,通常以发酵的终产物来命名,例如乙醇发酵、乳酸发酵、丁酸发酵、丙酮-丁醇发酵、混合酸发酵等。

(2) 呼吸作用:呼吸作用(respiration)是细菌分解利用营养基质时,通过氧化作用放出电子,电子经过电子传递链交给外源电子受体,并伴随能量产生的过程。根据外源电子的受体性质不同,可将呼吸分为有氧呼吸与无氧呼吸两种类型。

① 有氧呼吸:有氧呼吸是指以分子氧作为最终电子受体的生物氧化过程,它的最终产物是 CO_2 和 H_2O。由于 CO_2 是碳的最高氧化形式,故有氧呼吸达到能量释放的最大值。

有氧呼吸是需氧型细菌获得能量的主要途径。例如芽胞杆菌、根瘤菌、固氮菌、硝化细菌以及放线菌等在有氧环境中,都吸收分子氧进行呼吸作用。兼性厌氧微生物在有氧条件下氧阻遏发酵作用,促进呼吸作用,也通过有氧呼吸获得生命活动所需的能量。

以葡萄糖为基质的有氧呼吸过程可分为 2 个阶段。第一阶段即葡萄糖通过酵解转化为丙酮酸;第二阶段是在有氧条件下,丙酮酸通过脱氢和脱羧作用转化为乙酰 CoA,转入三羧酸循环(TCA 循环),最终彻底氧化为 CO_2 和 H_2O。在细菌的有氧呼吸作用中,1 分子葡萄糖可净合成 38 分子 ATP。总反应式如下:

$$C_6H_{12}O_6 + 6O_2 + 38ADP + 38H_3PO_4 \rightarrow 6CO_2 + 38ATP + 6H_2O + 1\,037.6kJ$$

② 无氧呼吸:无氧呼吸是指微生物在没有分子氧存在的情况下进行的生物氧化过程,无氧呼吸是兼性厌氧微生物或厌氧微生物获得能量的一种方式。进行无氧呼吸的微生物大多数是细菌。作为无氧呼吸的氧化基质仍然是葡萄糖等有机物,氧化过程释放的电子通过电子传递链最终交给氧以外的电子受体,一般是无机物,如硝酸盐、硫酸盐、CO_2 等,或者极少数有机物,如延胡索酸等。根据用作末端氢(电子)受体的化合物种类不同可以区分为多种类型的无氧呼吸,如硝酸盐呼吸(nitrate respiration)、硫酸盐呼吸(sulfate respiration)、硫呼吸(sulfur respiration)、碳酸盐呼吸(carbonate respiration)等。

(3) 不同细菌的产能代谢:细菌以什么方式进行产能代谢,主要取决于其呼吸类型,其次由外界环境条件决定。根据细菌对氧的反应不同,可将细菌分为三种不同呼吸类型:① 好氧性;② 厌氧性;③ 兼性厌氧性。

好氧性微生物(aerobic microorganism)必须在有氧的环境中才能生长,它们通过有氧呼吸的方式获得能量。很多常见细菌(如结核杆菌、枯草杆菌)、放线菌均属此类。厌氧性微生物(anaerobic microorganism)的生长不需要分子氧,它们依靠无氧呼吸或发酵而生活。兼性厌氧微生物(facultative anaerobic microorganism)在有氧或无氧环境中都能生长,可以不同氧化方式获得能量。

4. 细菌的分解代谢与鉴定反应　研究细菌的分解代谢,一方面使我们对其如何利用大分子物质有所了解,另一方面明确它们所产生的分解代谢产物对细菌的分类、鉴定有十分重要的意义。下面来看看与鉴定有关的分解代谢反应。

（1）糖分解及碳源利用：细菌最容易利用的单糖是葡萄糖，除此之外，还可以利用果糖、半乳糖、甘露糖、戊糖等单糖，也可以利用糖醇（如甘露醇）以及双糖（如蔗糖、乳糖）进行生长。不同的菌利用糖的能力不同，即便是都能利用某一种糖，但由于代谢途径不同，分解后的产物及出现的现象也不相同。根据这一原则可选择某种微生物生长最佳碳源及鉴定菌种。

① 碳源利用试验（carbohydrate utilization test）：该实验用来检测微生物是否具有分解某种糖（醇）的酶即对某些糖类的利用情况，借以选择微生物生长最佳碳源。首先将细菌接种于不含碳源的平板，将平皿分为几个区域，在每一区点置不同糖类，培养后观察各糖周围是否有菌生长，借此可确定微生物所利用的糖类。

② 糖发酵试验（carbohydrate fermentation test）：该实验用来鉴定细菌对糖类的发酵利用情况，有助于菌种鉴别。将待测菌种接种于糖（醇）发酵培养基中，培养基中加入指示剂（如溴甲酚紫）及倒置小管（称为杜氏管）以确定菌种利用糖后产酸产气的情况。不同菌种的结果不同，例如大肠杆菌能分解葡萄糖和乳糖，产酸且产气；而伤寒杆菌只分解葡萄糖产酸不产气，且不分解乳糖。其原理是大肠杆菌将葡萄糖分解成丙酮酸后，丙酮酸进一步分解成乙酰磷酸和甲酸，甲酸在甲酸解氢酶（hydrogenlyase）的作用下分解为 CO_2 和 H_2，因此大肠杆菌分解葡萄糖产酸和产气；而伤寒杆菌不含甲酸解氢酶，所以分解葡萄糖只产酸不产气。

$$\text{乳糖}+H_2O\xrightarrow[\text{大肠埃希菌}]{\text{乳糖酶}}\text{D-葡萄糖}+\text{D-半乳糖}$$

$$\text{葡萄糖}\xrightarrow[\text{大肠埃希菌}]{\text{伤寒沙门菌}}CH_3COCOOH\longrightarrow HCOOH$$

$$HCOOH\xrightarrow[\text{大肠埃希菌}]{\text{甲酸解氢酶}}H_2+CO_2$$

③ 枸橼酸盐利用试验（citrate utilization test）：有些细菌能以枸橼酸钠作为唯一碳源生长，分解后产生 CO_2 再转变为碳酸钠，使培养基由中性变为碱性（pH 7.6 以上），培养基中指示剂溴百里酚蓝（brom thymol blue，BTB）由浅绿色变为深蓝色。在实验时，将待检菌种接种于以枸橼酸钠为唯一碳源的培养基上，在 37℃ 培养 1～4 d，逐日观察结果，阳性者斜面有菌生长，培养基变蓝色，若无菌生长，培养基保持原浅绿色为阴性。在实验中阳性对照菌用已知产气杆菌，阴性对照菌用大肠杆菌。

④ 甲基红试验（methyl red test，MR test）：细菌在糖代谢过程中，分解葡萄糖产生丙酮酸。丙酮酸的分解产物随菌种不同而异，有些细菌（如大肠杆菌）将丙酮酸进一步分解，产生的酸类物质较多（如甲酸、乙酸、乳酸等），使培养物的酸碱度在 pH 4.5 或更低，加入甲基红指示剂呈红色，即甲基红试验阳性。而产气杆菌将 2 分子丙酮酸脱羧生成 1 分子的中性乙酰甲基甲醇，故培养物中形成的酸类较少，使培养物的酸碱度较高，pH 在 5.4 以上甲基红指示剂呈橘黄色，为甲基红试验阴性。

实验时将菌种接种于磷酸盐葡萄糖蛋白胨水培养基中，37℃ 培养 48 h，于 5 mL 培养液中加入 5～6 滴甲基红试剂，立即观察结果。

⑤ VP 试验（Voges-Proskauer test，VP test）：某些细菌如产气杆菌，分解葡萄糖生成丙酮酸，丙酮酸缩合、脱羧而转变成乙酰甲基甲醇（亦称 3-羟基丁酮）。乙酰甲基甲醇在碱性环境中易被空气中氧气氧化为二乙酰，二乙酰可与蛋白胨中精氨酸所含胍基发生反应，生成红色的化合物，即 VP 试验阳性。大肠杆菌分解葡萄糖不生成乙酰甲基甲醇，所以无此反应。若培养

基中胍基太少时，加少量肌酸、肌酐等含胍基化合物，在实验时，加入 α-萘酚可加速反应。实验时将待检菌接种于磷酸盐葡萄糖蛋白胨水培养基中，培养后，每毫升培养液加入 6%α-萘酚 0.5 mL 以及 40%KOH 溶液 0.2 mL；混匀，于 37℃下保持 15～30 min，如是产气杆菌应出现红色，为阳性反应。

$$2CH_3COCOOH \longrightarrow CH_3COCHOHCH_3 + 2CO_2$$

乙酰甲基甲醇

$$CH_3COCHOHCH_3 \xrightarrow[+KOH]{-2H} CH_3COCOCH_3$$

二乙酰

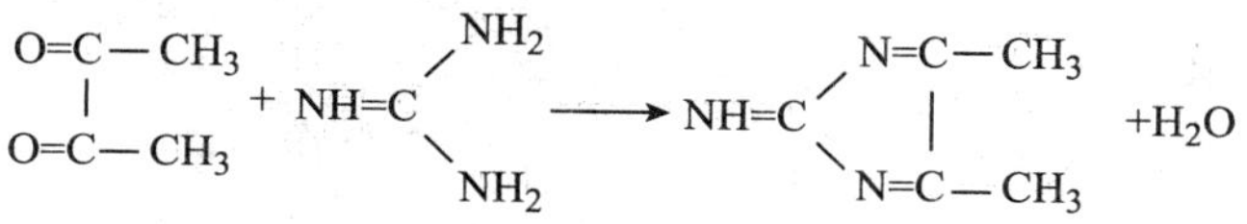

二乙酰　　胍基　　红色化合物

（2）蛋白质与氨基酸的分解：蛋白质是由许多氨基酸残基通过肽键连接起来的大分子物质。微生物必须将它们分解成小分子后才能被吸收利用，微生物种类不同，分解蛋白质的能力也不相同。大多数细菌不分解天然蛋白质，如大肠杆菌与其他肠细菌，但芽胞杆菌、变形杆菌等分解蛋白质能力较强。所以，细菌利用蛋白质的能力可以作为菌种分类依据之一。

① 明胶液化试验（gelatin liquefaction test）：明胶是一种蛋白质，不同蛋白质由不同蛋白酶分解，细菌分泌胞外明胶酶，将明胶分解，从而使明胶失去凝固能力而液化。变形杆菌、假单胞菌和梭状芽胞杆菌等可产生明胶酶分解明胶；大肠杆菌、沙门菌则无此酶，故无液化明胶的能力。因此常以明胶液化试验观察蛋白质分解与否，借以鉴别细菌。

实验时将待检菌穿刺接种于明胶高层培养基中，置 20～22 ℃培养 5 d 左右，每天观察有无明胶液化。若在 37 ℃培养，因明胶在此温度下融化，故在观察结果前，先放 4 ℃冰箱内 30 min，然后取出观察结果，不再凝固时为阳性。

② 吲哚试验（靛基质试验，indole test）：蛋白质分解的最终产物是氨基酸。在一般条件下，氨基酸可作为原料直接合成细胞的有机物质，供给菌体生长。但在特定条件下，如在厌氧和碳源缺乏的条件下，氨基酸也能被某些细菌分解。能分解氨基酸的细菌远比分解蛋白质者多，如大肠杆菌能分解几乎所有的氨基酸。氨基酸的分解有脱氨与脱羧两种形式，前者靠细菌的脱氨酶作用生成氨和有机酸；后者是由脱羧酶作用，生成胺类和 CO_2，根据产物不同，常可用来进行菌种鉴定。

大肠杆菌、霍乱弧菌等含色氨酸酶，能分解蛋白胨中的色氨酸，生成吲哚。吲哚可与对二甲基氨基苯甲醛作用，生成玫瑰吲哚而呈红色，为吲哚试验阳性。产气杆菌、奇异变形杆菌、沙门菌属等细菌吲哚试验阴性。

实验时将待检菌接种蛋白胨水培养基中，经 37℃培养 1～2 d，沿管壁徐徐加入寇氏试剂（Kovac's regent）0.5mL，使分成油水不溶性两层，于两液面接触处出现红色为阳性，无色为阴性。

③ 硫化氢试验（hydrogen sulfide test）：有些细菌，如沙门菌分解半胱氨酸、甲硫氨酸等含硫氨基酸生成硫化氢，硫化氢与培养基中的醋酸铅或硫酸亚铁作用，则生成黑色的硫化物，为硫化氢试验阳性。本试验常用于区别肠道杆菌的种类：沙门菌属通常为阳性，大肠杆菌、产气

杆菌、志贺菌为阴性。

实验时将待检菌穿刺接种于醋酸铅半固体培养基中，经 37℃培养 1～2 d，观察结果。若沿穿刺线上及周围培养基变黑或黑褐色为阳性，无变化为阴性。

细菌的生理生化反应是鉴别细菌的重要手段。其中吲哚试验(I)、甲基红试验(M)、VP 试验(V)和枸橼酸盐利用试验(C)合起来简称为 IMViC 试验(i 是为发音方便加入的，不表示实际意义)，常用于大肠杆菌和产气杆菌的鉴别。典型的大肠杆菌的 IMViC 试验结果是“＋＋－－”，而产气杆菌是“－－＋＋”。

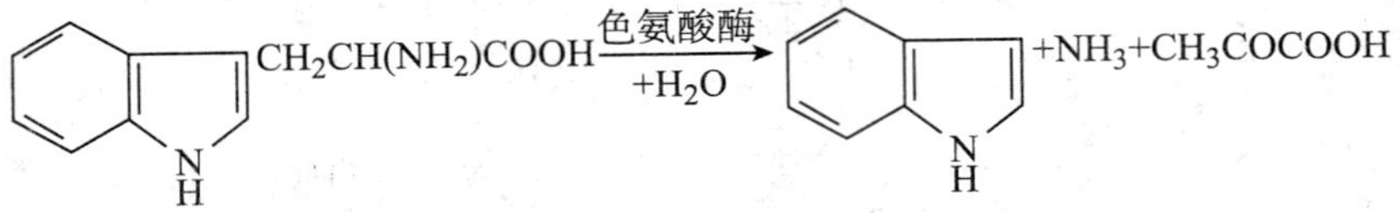

色氨酸　　　　吲哚

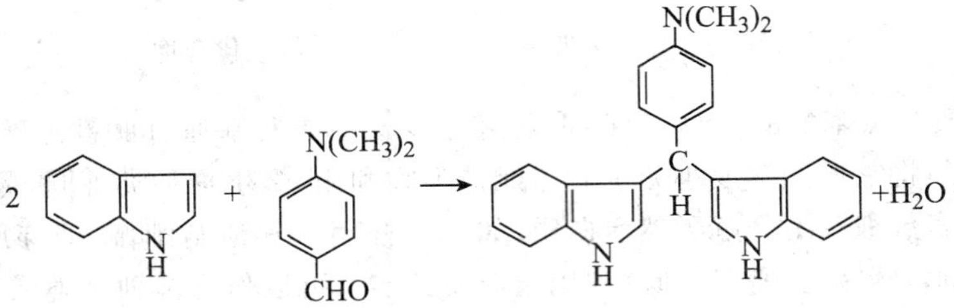

吲哚　对二甲基氨基苯甲醛　　　玫瑰吲哚

(三) 细菌的合成代谢及其特殊产物

细菌细胞物质的合成是利用分解代谢的产物，消耗能量，合成细胞组分及代谢产物的过程。细菌的合成代谢是在分解代谢基础上进行的，首先必须有相应酶参与反应；其次，能量、还原力与小分子前体物质也是合成代谢的必要条件。能量一般都是以 ATP 的形式提供；还原力主要是还原型的烟酰胺腺嘌呤二核苷酸($NADH_2$)和还原型的烟酰胺腺嘌呤二核苷酸磷酸($NADPH_2$)；而小分子前体物质通常指糖代谢(EMP、HMP、TCA 循环等途径)、蛋白质或氨基酸代谢过程产生的不同数目碳原子的磷酸糖(如磷酸丙糖、磷酸四碳糖、磷酸五碳糖、磷酸六碳糖等)、有机酸(如 α-酮戊二酸、草酰乙酸、琥珀酸等)和乙酰 CoA 等，直接作为合成生物分子的前体物质，在酶的催化下合成氨基酸、核苷酸、蛋白质、核酸、多糖等细胞物质。

细菌在合成代谢中，除了合成核酸、蛋白质、多糖、脂类等菌体必需成分外，还合成一些比较复杂的特殊产物。这些产物可累积在细胞内，也可排出细胞外累积在它们生活的环境中。不少产物对其细胞的生命活动并不重要，但是由于它们的药用性质或致病作用受到了人们的重视。

1. 毒素(toxin)　包括外毒素和内毒素。外毒素(exotoxin)的化学本质是蛋白质，是细菌(尤其是 G^+ 细菌)在代谢过程分泌到胞外的，其毒性很强，免疫性也很强。如肉毒杆菌产生的肉毒毒素、破伤风梭菌产生的破伤风毒素及白喉杆菌产生的白喉毒素等。内毒素(endotoxin)主要是 G^- 细菌细胞壁的脂多糖(LPS)，只有当细菌菌体崩解后才释放出来，其毒性和免疫性都不强。毒素是致病菌重要的致病作用之一，因此有关毒素的具体内容将在细菌致病性中详细介绍。

2. 热原质(pyrogen)　许多 G^- 菌和少数 G^+ 菌能产生一种耐热物质，将它注入人体或动物体内，可以引起发热反应，这种物质被称为热原质(致热原)(pyrogen)。通常热原质就是革兰阴性菌的脂多糖(LPS),即内毒素,其中的类脂 A 成分,可能是内毒素的主要毒性作用部分。当内毒素注射家兔后,经 20～30 min 潜伏期,出现较长的发热期。热原质耐高温,不被高压蒸汽灭菌(121℃,20 min)所破坏,必须经 250℃、30 min 或 180℃、4h 的高温处理,或用强酸、强碱、强氧化剂煮沸 30 min 方可破坏,也可用吸附剂和特殊的石棉滤板除去。在制剂工作中,注射剂、生物制品、抗生素等均不可含有热原质,应严格防止热原质污染水、配料及其容器等,以避免由热原质引起不良输液反应。

3. 细菌素(bacteriocin)　大多数细菌会产生抑制或杀死近缘细菌的物质,为了把这些物质与具有广谱抗菌活性的抗生素区别开来,因而称为细菌素。细菌素与抗生素不同,它们的化学本质是蛋白质,不具抗生素那样的较广泛的抗菌谱,只有近缘细菌因为具有特异性细菌素受体才对细菌素敏感,吸附细菌素而被杀死。

细菌素的作用机制随菌种不同而异,有些细菌素作用于细菌细胞的细胞膜,有些作用于细胞的核糖体。细菌素的名称按产生菌来命名,如大肠杆菌产生的大肠菌素(colicin),葡萄球菌产生的葡萄球菌素(staphylococcin)。细菌产生细菌素的能力是由质粒决定的,如大肠杆菌产生的细菌素——大肠菌素由大肠菌素因子(colicinogenic factor 或 Col 因子)决定,该质粒可通过接合作用进行转移,将 Col 因子传递给无该质粒的菌株,使后者获得产生大肠菌素的能力。由于细菌素的作用具有特异性,因此可用于鉴定细菌及流行病学的研究。

4. 色素(pigment)　色素是许多细菌在培养过程中合成的一些带有不同颜色的代谢产物。常见的色素有红、黄、橙、绿、青、蓝、紫、褐、黑等色。这些色素可分为水溶性色素和脂溶性色素,水溶性色素可使培养基带上颜色,如绿脓杆菌产生绿脓菌素可使培养基呈黄绿色;脂溶性色素局限在菌落上面,不扩散到培养基内,如金黄色葡萄球菌的色素等。色素本身对菌体有重要的生理功能,如光合色素、呼吸色素等;有些对人类有益,可以在药品和食品生产中用作染色剂。另外,色素也可被用来作为菌种分类鉴定的依据。但在抗生素、氨基酸、核苷酸等发酵工业中,色素的产生往往会影响发酵液的后处理过程和产品质量,因此在这些发酵工业上通常避免使用产生色素的菌株作为生产菌种。

细菌除能产生上述各种特殊产物之外,还能合成毒性酶及酶抑制剂、抗生素、维生素等,将在其他章节中论述。

五、细菌的致病性

(一) 细菌的致病性

细菌虽然在医药工业上具有重要作用,但它又能使动物和人类致病,而且相当部分人畜疾病是由细菌引起的,所以它对人类的健康带来严重的危害。细菌能引起机体产生疾病的性能,称为致病性或病原性(pathogenicity),凡能引起人体或动物疾病的细菌称为致病菌或病原菌(pathogenic bacteria)。病原菌的致病作用取决于它的毒力、入侵数量和入侵途径。

1. 细菌的毒力(virulence)　毒力是指病原菌致病性的强弱程度,具有菌株或型的差异,一般以半数致死量(LD_{50})表示,即采用一定途径感染一定体重的实验动物、使其半数死亡所需的最小细菌量或毒素量。细菌的毒力包括细菌的侵袭力和细菌毒素。致病菌首先需借助于其表面结构,如菌毛、鞭毛或荚膜等黏附到宿主细胞表面,并侵入宿主细胞。有些病原菌可产生一些侵袭性酶类,如血浆凝固酶、透明质酸酶、链激酶、胶原酶、SIgA(分泌型免疫球蛋白 A)酶等,病原菌借助于这些酶类感染宿主并进行大量繁殖并产生内毒素或外毒素,对机体产生致病作用。

(1) 侵袭力:指病原菌破坏机体防御功能,并在体内迅速生长繁殖和扩散蔓延的能力,它主要包括三个方面,即病原菌的吸附与侵入能力、繁殖与扩散能力,以及对宿主细胞防御机能的抵抗力。

① 吸附与侵入能力:病原菌可通过外伤、蚊虫叮咬或与宿主细胞直接吸附而侵入机体,它是致病菌感染机体的开始。G^- 细菌通常借助于菌毛,G^+ 细菌则常借助于其细胞表面的毛发样突出物(如 A 族链球菌的膜磷壁酸)。细菌吸附具有组织特异性,如痢疾杆菌吸附于结肠黏膜上,A 族链球菌吸附于咽喉部,淋球菌黏附于尿道上皮细胞,吸附作用的组织特异性与宿主细胞表面致病菌的特异性受体有关。

② 繁殖与扩散能力:细菌由侵入部位向周围和深层组织扩散,必须具备破坏机体组织屏障的能力,这是通过细菌产生的一些侵袭性酶类来实现的,例如:

血浆凝固酶(coagulase):可加速血液凝固成纤维蛋白屏障,保护病原菌免受宿主吞噬细胞的吞噬和抗体的中和作用,如金黄色葡萄球菌可产此酶。

透明质酸酶(hyaluronidase):又称扩散因子(spreading factor),可水解机体结缔组织中的透明质酸,使组织疏松并增加通透性,有利于病原菌的扩散,如产气荚膜杆菌和乙型溶血型链球菌等均产此酶。

链激酶(streptokinase):能激活血浆中纤维蛋白酶原并形成纤维蛋白酶,酶解血浆中的纤维蛋白凝块,便于病原菌在机体内扩散,如乙型溶血型链球菌可产此酶。

胶原酶(collagenase):可水解肌肉和皮下结缔组织中的胶原蛋白,便于细菌在组织中扩散,如产气荚膜杆菌可产此酶。

SIgA(分泌型免疫球蛋白 A)酶:破坏黏膜表面的 SIgA,有利于病原菌的黏附和扩散,如淋病奈瑟菌可产此酶。

③ 对宿主细胞防御机能的抵抗力:病原菌借助其表面结构或细菌细胞产生的毒性物质等对抗宿主细胞的吞噬作用。如肺炎链球菌表面的荚膜、大肠杆菌的 K 抗原、金黄色葡萄球菌的 A 蛋白、沙门菌的 Vi 抗原、链球菌的 M 蛋白等均可对抗吞噬细胞的吞噬作用。

(2) 细菌毒素(toxin):细菌的毒素按其来源、性质和作用不同,可分为外毒素(exotoxin)和内毒素(endotoxin)。外毒素是细菌细胞在生长繁殖过程中分泌到菌体外的毒性蛋白,有时也结合在细菌表面,通过细菌裂解而逸出,主要由 G^+ 细菌产生,如白喉杆菌产生的白喉毒素、破伤风梭菌产生的破伤风毒素等。少数 G^- 细菌如痢疾杆菌、霍乱弧菌等也能产生外毒素。内毒素是 G^- 细菌细胞壁中的脂多糖(LPS),在细菌自溶或裂解后释放出来,其毒性及生物学活性中心是类脂 A。外毒素毒性强,尤其是肉毒毒素,毒性比氰化钾强 1 万倍,纯化结晶肉毒毒素 1 mg 能杀死 2 000 万只小鼠。而内毒素无组织和细胞特异性,毒性低,但可引起机体发热。注射药品须按药典规定进行细菌内毒素检查。细菌外毒素和内毒素的区别见表 1-4。

表 1-4　细菌外毒素和内毒素的比较

项目	外毒素	内毒素
细菌来源	G^+ 细菌和部分 G^- 细菌分泌到胞外	G^- 细菌细胞壁成分，菌体自溶或裂解时释放
化学成分	蛋白质	脂多糖
热稳定性	弱，60～80℃、30 min 被破坏	耐热性强，250℃、30 min 被破坏
抗原性	强，刺激机体产生抗毒素抗体	弱，刺激机体产生抗菌性抗体
类毒素	0.4%甲醛处理可脱毒制备类毒素	不能制备类毒素
毒性	强，具组织特异性，引起特殊病变，不引起宿主发热	弱，不具组织特异性，病理作用大致相同，引起宿主发热
编码基因	常为质粒	细菌染色体

外毒素是细菌的主要致病因子，外毒素的作用方式有 3 种：① 溶解靶细胞膜，如产气荚膜梭菌 α-毒素；② 干扰蛋白质的合成，如白喉毒素等；③ 增高或抑制细胞的正常功能，如霍乱肠毒素等。常见细菌外毒素列于表 1-5。

表 1-5　常见致病菌及其外毒素

致病菌	引起疾病	毒素
肉毒梭菌	肉毒中毒	6 型特异性致死性神经毒
破伤风梭菌	破伤风	痉挛性毒素、致死性毒素、坏死性毒素、神经毒素、溶血毒素、心脏中毒毒素等
炭疽杆菌	炭疽	致死性毒素、水肿因子、保护性抗原
霍乱弧菌	霍乱	霍乱毒素 CT、致死性毒素、肠毒素
百日咳杆菌	百日咳	致死性和皮肤坏死性毒素
沙门菌	肠炎	肠毒素
鼠疫杆菌	鼠疫	鼠毒素
白喉杆菌	白喉	白喉毒素、致死性毒素、皮肤坏死毒素
葡萄球菌	化脓性感染、肠性毒血症	α-毒素、致死性毒素、皮肤坏死毒素、溶血毒素、剥脱毒素、肠毒素
绿脓杆菌	化脓性感染	外毒素 A

2. 病原菌的侵入数量　正常机体对病原菌的侵入有一定的抵抗力，只有当病原菌侵入机体的数量足够多时才能使机体致病。致病菌的毒力越强，致病所需的细菌细胞就越少。如具有强毒力的鼠疫杆菌只需数个菌侵入便可感染致病，而伤寒沙门菌则须摄入几亿至几十亿细

菌细胞才能致病；破伤风梭菌只要几个菌就致病，而炭疽杆菌达到 100 mg 时才有害。

3. 病原菌的侵入途径　病原菌感染宿主菌必须通过适当的侵入途径，它与细菌的种类有关。细菌感染途径主要有：① 消化道感染，如伤寒沙门菌、痢疾杆菌只有侵入消化道才能引起肠道传染病；② 深部创口，如破伤风梭菌为厌氧菌，只有侵入深部创口才能致病，而经口则不引起疾病；③ 呼吸道感染，如肺炎链球菌、脑膜炎奈瑟菌均可经呼吸道感染致病；④ 泌尿生殖道感染，如淋病奈瑟球菌借助菌毛黏附于泌尿生殖道上皮细胞上引起性病。有些细菌可通过多种途径感染，如结核分枝杆菌和炭疽杆菌可通过呼吸道、消化道及皮肤伤口均可引起感染。

（二）病原菌的感染类型

感染又称传染(infection)，是指病原菌侵入机体后，克服机体的防御屏障，在一定的部位生长繁殖，引起不同程度症状的病理过程。传染的发生、发展和结局取决于病原菌的致病性、机体防御能力、环境条件三个方面因素。病原菌感染的结局主要有以下三种情况：

1. 隐性感染(inapparent infection)　是指机体抵抗力较强且侵入的病原菌数量少和致病菌毒力较弱，病原菌的感染对机体不产生明显的临床症状。

2. 显性感染(apparent infection)　即传染病，是指病原菌感染机体并出现了明显的临床症状。如病变局限在局部则为局部感染，若病原菌及其毒素向全身扩散，引起全身症状的即为全身感染。全身感染有以下几种类型：

(1) 毒血症：病原菌在机体局部生长繁殖，不侵入血流，其产生的毒素进入血流引起特殊的毒性症状，如白喉和破伤风等。

(2) 菌血症：病原菌由局部侵入血流，但不在血流中大量繁殖，无明显中毒症状，如伤寒早期可发生菌血症。

(3) 败血症：病原菌侵入血流并在血液中大量繁殖，使机体严重损伤并产生明显的全身中毒等临床症状，如铜绿假单胞菌等引起的败血症。

(4) 脓毒血症：化脓性细菌引起败血症时，病原菌通过血流扩散至机体组织和脏器并引起多发性化脓性症灶，如金黄色葡萄球菌可引起脓毒血症。

3. 带菌状态　经隐性感染或传染病痊愈后，病原菌可能在机体内继续存在，并不断向体外排出致病菌，称为带菌状态。处于带菌状态的人称为带菌者，一般不为人们所注意，因而是重要的传染源，具有更大更隐蔽的危害性。

（三）常见的病原性细菌

引起人类传染病的病原性细菌种类很多，现将常见的病原性细菌的某些生物学特性、致病性等列表简介如下，见表 1－6。

表 1-6　常见的病原性细菌

	菌名(属名)	毒力	传染途径	主要所致疾病
G^+ 球菌	金黄色葡萄球菌 (葡萄球菌属)	血浆凝固酶 肠毒素 溶血素 杀白细胞素	创伤、消化道	疖、痈、伤口化脓、败血症、脓毒血症、食物中毒
	乙型溶血性链球菌(链球菌属)	透明质酸酶 链激酶 链道酶 溶血酶 红疹毒素	创伤、呼吸道	淋巴管(结)炎,蜂窝织炎,猩红热,扁桃体炎,风湿热,肾小球肾炎
	肺炎链球菌 (链球菌属)	荚膜	呼吸道	大叶性肺炎
G^- 球菌	淋球菌	菌毛 外膜蛋白等	泌尿生殖道	淋病
	脑膜炎双球菌 (奈瑟菌属)	内毒素	呼吸道	流行性脑脊髓炎
G^- 杆菌	大肠杆菌 (艾氏菌属)	K 抗原 菌毛 内毒素 肠毒素	消化道、泌尿道	(条件性致病菌) 肠道感染、泌尿道感染、胆囊炎、腹膜炎、败血症等 腹泻
	伤寒杆菌 副伤寒杆菌 肠炎杆菌 (沙门菌属)	Vi 抗原 内毒素	消化道	肠热症(伤寒、副伤寒) 食物中毒
	志贺痢疾杆菌 福氏痢疾杆菌 宋内痢疾杆菌 (志贺菌属)	菌毛 内毒素	消化道	细菌性痢疾
	绿脓杆菌 (假单孢菌属)	内毒素 外毒素	继发性创面感染	(条件性致病菌) 化脓性炎症 败血症
	百日咳杆菌 (包特氏菌属)	荚膜 内毒素 外毒素	呼吸道	百日咳

续表

		菌名(属名)	毒力	传染途径	主要所致疾病
G^-弧菌		霍乱弧菌 ELTor 弧菌 (弧菌属)	肠毒素	消化道	霍乱、副霍乱
G^+杆菌		白喉杆菌 (棒状杆菌属)	外毒素	呼吸道	白喉
	抗酸菌	结核杆菌 (分枝杆菌属)	胞壁	消化道、 呼吸道 皮肤、黏膜	结核
		麻风杆菌 (分枝杆菌属)		呼吸道黏膜、 破损皮肤	麻风
G^+厌氧芽胞菌		破伤风梭菌 (梭状芽胞杆菌属)	外毒素 (痉挛毒素)	深部创伤感染	破伤风
		产气荚膜杆菌 (梭状芽胞杆菌属)	荚膜 透明质酸酶 胶原酶 卵磷脂酶	创伤	气性坏疽
		肉毒杆菌 (梭状芽胞杆菌属)	外毒素	消化道	食物中毒
G^+需氧芽胞菌		炭疽杆菌 (芽胞杆菌属)	荚膜、炭疽毒素	皮肤黏膜、 呼吸道、 消化道	炭疽

第二节　放线菌

放线菌(actinomycetes)是一类具有丝状分枝的、主要以无性孢子繁殖的、革兰染色阳性的一类单细胞原核细胞型微生物。1877 年 Harz 首先发现了寄生于牛体的一种厌氧型放线菌，其菌落表面呈车轮状辐射排列，当时命名为牛型放线菌(*Actinomyces bovis*)，于是放线菌这个名称便一直沿用至今。后来又相继发现了许多需氧型的腐生放线菌，虽然菌体形态也为丝状分枝，但菌落并不呈典型的放射状，也称之为放线菌。自然界中大多数放线菌是需氧型腐生放线菌。1948 年，美国学者瓦克斯曼(*Waksman*)将土壤中的一些需氧型腐生放线菌归入链霉菌属(*Streptomyces*)，以与放线菌属相区别。在放线菌中，有多个属，其中链霉菌属的种类和数量占优势。

放线菌在自然界分布极广，主要以孢子或菌丝状态存在于土壤、空气和水中，尤以含水量较低、有机物较丰富和呈微碱性的土壤中最多，每克土壤中约有放线菌孢子 10^7 个。泥土所特有的土腥味，主要就是由放线菌产生的土腥味素(geosmin)所引起的。放线菌在分解有机物、改良土壤结构以及自然界物质转化中起一定作用。

放线菌与人类的关系非常密切，大多数放线菌特别是链霉菌属的一些种类能产生抗生素。目前广泛应用的各类抗生素 70%以上是由放线菌产生的，一些种类的放线菌还能产生各种酶制剂、有机酸及维生素等。此外，在甾体转化、石油脱蜡、烃类发酵及污水处理等方面，放线菌也发挥着十分重要的作用。作为发酵菌种，放线菌已经广泛应用于制药工业，是一类很有发展前途的微生物。绝大多数放线菌属于有益菌，只有极少数能引起人和动植物病害。

一、放线菌在微生物中的分类地位

放线菌在形态上分化为菌丝和孢子，在培养特征上与霉菌相似，故在早期曾被列入真菌类。后来随着对微生物分类学的不断认识，特别是分类手段的改进，发现放线菌有很多生物特性与细菌相似，在一段时间内又被认为是"介于细菌与真菌之间的一类微生物"。然而，用近代分子生物学手段进行分析的结果表明：放线菌实际上是属于细菌范畴的原核细胞型微生物，革兰氏染色结果为阳性，与普通细菌不同的是细胞形态呈分枝状菌丝体。从系统发育上看，多数放线菌特别是链霉菌属的(G+C)%较高，一般在 60%～72%，属于高 G+C 含量的类群。

关于放线菌的分类位置，不同分类系统都有其分类依据。《伯杰系统细菌学手册》第二版中将放线菌列为原核生物的细菌界(域，Domain Bacteria)，第十四放线细菌门(Phylum BⅩⅣ. Actinobacteria)，放线细菌纲(Class Ⅰ. Actinobacteria)。

之所以将放线菌归属与细菌主要有以下几点依据：

1. 同属原核微生物　① 放线菌与细菌的细胞核都不是完整的核，而是原始的核：无核仁、核孔及核膜，仅由 DNA 缠绕而成；② 细胞质中缺乏细胞器，如线粒体、内质网等；③ 核糖体沉降系数均为 70S；④ 繁殖方式都为无性繁殖，在细胞分裂中不出现纺锤丝。

2. 细胞结构和化学组成相似　① 放线菌的菌丝虽然比细菌长得多，但菌丝的直径与细菌基本相同，且菌丝无横隔，故与细菌一样为单细胞微生物；② 两者的细胞都具有壁、膜、质、核等基本结构，细胞壁组分以肽聚糖为主，并含有 DAP；③ 游动放线菌的鞭毛与细菌鞭毛相似。

3. 对生长环境的要求相似　① 两者生长的营养要求相近；② 生长的最适 pH 范围基本相同，一般在 7.0～7.6 的微碱性范围。

4. 抵抗力相似　① 两者都对抗生素敏感；② 都能被相应的噬菌体所侵染；③ 经溶菌酶水解后都能形成原生质体。

5. 遗传特性相似　① 两者的核酸含量接近，多数种类中都含有核以外的遗传物质——质粒；② DNA 重组方式相同；③ DNA 的序列分析及核酸杂交结果表明，两者的 DNA 特别是 16S rRNA 有一定的同源性。在生物系统进化过程中，放线菌是细菌系统发育树上的一个分支。

上述这些证据为放线菌归属于细菌提供了充分的理由。

二、放线菌的形态学

放线菌和细菌同属原核细胞型微生物。与细菌不同的是，多数放线菌具有发育良好的分枝状菌丝体，少数为杆状或原始丝状的简单形态。放线菌主要由菌丝(mycelium)和孢子

(spore)两部分结构组成。

（一）菌丝

不同发育阶段放线菌的菌丝分化程度不同，根据放线菌菌丝的着生部位、形态和功能可分为基内菌丝(substrate mycelium)、气生菌丝(aerial mycelium)和孢子丝(sporebearing filament)三种，图 1-20 所示为放线菌代表菌属链霉菌属的菌丝结构。

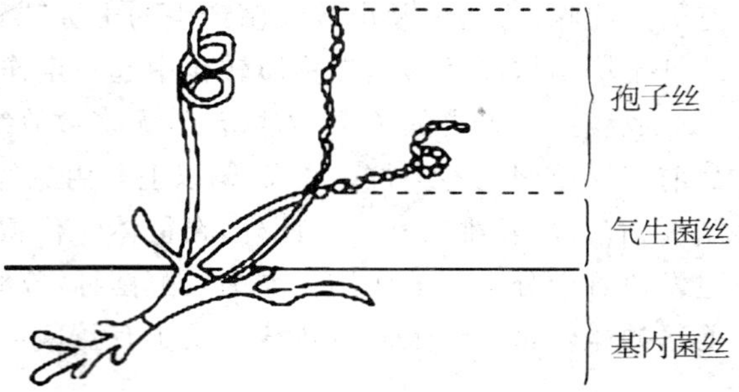

图 1-20　链霉菌属菌丝体

1. 基内菌丝　基内菌丝是匍匐生长于培养基内的菌丝。由于该菌丝是最早发育成熟的，其主要生理功能是吸收营养，故又称其为初级菌丝(primary mycelium)或营养菌丝(vegetative mycelium)。

基内菌丝的颜色浅且直径较细，一般为 0.2～1.2 μm。不同类型的放线菌基内菌丝在粗细上的差别较小，在长度上的差异较大，短的不足 100 μm，长的可达 600 μm 以上。基内菌丝在生长过程中可形成分枝，分枝方式有单分枝和双分枝两种。大多数基内菌丝不能形成横隔也不断裂，少数特殊类型在培养过程中可出现断裂现象。

多数放线菌的基内菌丝在发育到一定阶段后可产生色素，其色素类型有水溶性和脂溶性之分，常见的有黄、蓝、绿、红、紫、褐等颜色。若是水溶性色素，可以扩散至培养基内，使培养基呈现相应色素的颜色；若是脂溶性色素，则不能向培养基内扩散，但能使其菌落或菌苔的背面呈现相应的颜色。因此，色素在放线菌的分类和鉴定上有重要的参考价值。

2. 气生菌丝　当基内菌丝生长到一定阶段后，就会向培养基外的空中生长形成气生菌丝。由于它是在初级菌丝的基础上发育形成的，又称为二级菌丝(secondary mycelium)。由于不受培养基的限制，与基内菌丝相比，气生菌丝的直径较粗且颜色深，直径约为基内菌丝的 2 倍，为 1.0～1.4 μm，长度相差更为悬殊。气生菌丝的分枝较少，多数呈直形或弯曲状。

不同种类放线菌的气生菌丝发育程度是不一样的。有的发育良好，形成明显的菌落；有的发育不良，气生菌丝生长不明显；还有的基本上不能形成气生菌丝。气生菌丝同样可以分泌一些色素，多数为脂溶性色素，使菌落或菌苔的表面呈现该色素的颜色。

3. 孢子丝　大多数放线菌的气生菌丝发育成熟后，在其顶端能形成孢子丝。孢子丝的主要功能是产生孢子进行繁殖，又称产孢菌丝或繁殖菌丝。菌种不同，孢子丝的形态和在气生菌丝上的排列方式也有所不同，见图 1-21 所示。

孢子丝的形态分为直、波曲和螺旋三种类型，其中螺旋状孢子丝的特征最为突出，螺旋的数目、紧密程度及螺旋的方向等都是种的特征。分枝状孢子丝的着生方式有对生、互生、丛生和轮生。孢子丝的形态和着生方式可作为菌种鉴定的重要依据。个别种类放线菌的孢子丝还可进一步特化形成孢囊结构，由孢子丝高度卷绕而成或是由特化的孢囊梗逐渐膨大而形成。孢囊的特征也可作为鉴定放线菌的依据。

（二）孢子

孢子丝分化成熟后即可形成孢子，孢子是放线菌的繁殖器官，产生无性孢子是放线菌的主要繁殖方式。

放线菌的孢子有圆形、卵圆形、圆柱形和杆形。值得注意的是即使由同一孢子丝分化形成的孢子，其大小、形态也不完全相同，因而不能笼统地作为放线菌分类、鉴定的依据。放线菌的

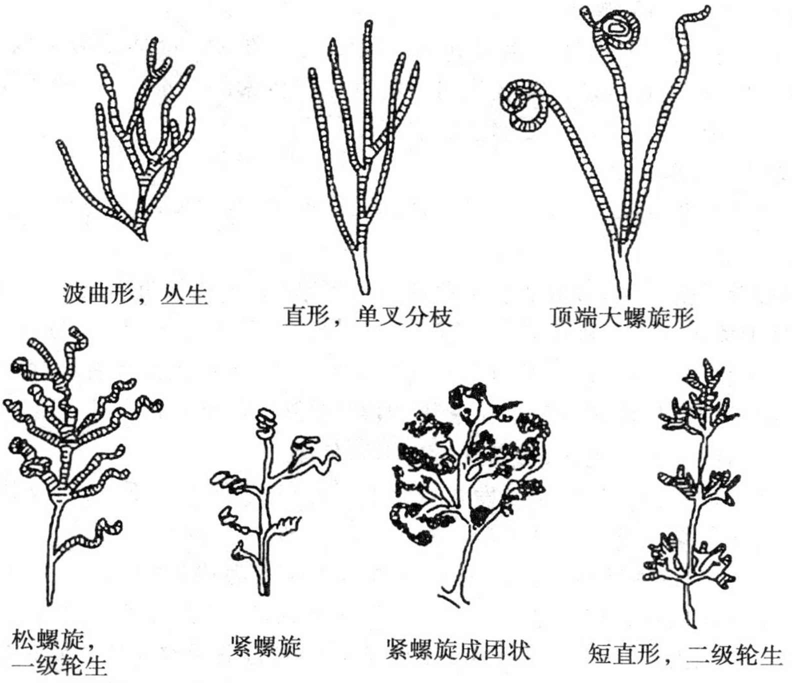

图 1－21　放线菌孢子丝形态及着生方式

孢子成熟后都能分泌一些脂溶性的色素，使带有孢子堆的菌落表面呈现一定的颜色。电镜下可见孢子的表面结构有所不同，有的表面光滑，有的为疣状、鳞片状、刺状、毛发状等。孢子的颜色和其表面结构特征是由菌种本身特性决定的，一般比较稳定，故可以作为菌种分类、鉴定的指标。

孢子成熟后散落在周围的环境中，当遇到合适条件时便开始萌发。孢子首先长出 1～3 个芽管，由芽管进一步延长，长出分枝，越来越多的分枝密集形成营养菌丝体，最后发育为成熟的菌丝体。

三、放线菌的培养

（一）放线菌的培养条件

放线菌中除致病菌类型外，大多为需氧菌，生长的最适温度为 28～30℃，寄生型放线菌为 37℃，高温放线菌则在 50～60℃ 也能生长。放线菌对酸敏感，最适 pH 为 7.0～7.6。放线菌生长缓慢，需 2 ～7 d 才能长成菌落。

自然环境中的放线菌多数为腐生型的异养菌，容易吸收和利用的碳源主要是葡萄糖、麦芽糖、淀粉和糊精，氮源以鱼粉、蛋白胨、玉米浆和一些氨基酸较为合适，而硝酸盐、铵盐、尿素等可作为速效氮源被放线菌利用。由于放线菌的次级代谢产物较丰富，多数种类都能产生抗生素，对无机盐的要求较高，故在培养放线菌时，一般需要加入各种无机盐及一些微量元素，如钾、镁、铁、锰、铜、钴等。实验室常用的放线菌培养基有查氏（Czapeck）蔗糖硝酸盐琼脂（由硝酸钠、磷酸二氢钾、硫酸镁、氯化钾、蔗糖和琼脂组成）、高氏一号培养基（由可溶性淀粉、硝酸钾、氯化钾、磷酸氢二钾、硫酸亚铁、硫酸镁和琼脂组成）、淀粉铵琼脂（淀粉、硫酸铵、磷酸氢二钾、氯化钠、硫酸镁、碳酸钙、琼脂等)。

对放线菌的培养主要采用液体培养和固体培养两种方式。固体培养可以积累大量的孢子;液体培养则可获得大量的菌丝体及代谢产物。在抗生素的生产中,一般采用液体培养,并在发酵罐中通入无菌空气,以增加发酵液的溶氧度。

(二)放线菌的菌落特征

放线菌是分枝状菌丝体,并且能形成大量的无性孢子,在固体培养基上形成的菌落有较明显的特征。

与细菌和霉菌菌落相比,多数放线菌菌落为圆形,略大于或接近普通细菌菌落,但比真菌菌落小得多,且不能扩散性向外生长。放线菌的基内菌丝伸入培养基内,与培养基结合紧密,不易挑起,与霉菌相似。放线菌幼龄时由于气生菌丝初生,表面光滑或有皱褶,很像细菌菌落,成熟时散落的孢子往往使菌落表面呈粉末状、颗粒状或短绒状。由于不同菌丝与孢子常产色素,且具不同颜色,故使菌落正面、背面常呈现不同色泽。

由于不同种类放线菌的气生菌丝发育程度不同,产孢子能力也不一样,故其菌落特征也有较大差异。放线菌菌落主要分两种类型:

1. 气生菌丝型　该种类型菌落以链霉菌属的放线菌为代表,其突出特点是气生菌丝发达。大量的气生菌丝紧贴在培养基表面相互交织成网状,菌落表面坚实、多皱,质地紧密,不像霉菌菌落那样疏松。由于从基内菌丝到气生菌丝最后成为孢子丝需要一定的时间,故该种类型菌落的形成时间较长,一般时间为一周。菌落表面干燥,多数呈较致密的短绒状、粉末状及颗粒状,菌落不扩散,有时呈同心环状。在没有形成孢子之前颜色较浅,为气生菌丝的颜色,孢子大量成熟后,颜色变得十分鲜艳,种类各异。

产生色素是气生菌丝型菌落的突出特征,基内菌丝、气生菌丝及孢子都能分泌一些色素。其中基内菌丝能分泌水溶性色素,气生菌丝和孢子主要分泌脂溶性色素,常具有不同颜色,故使菌落正面、背面,菌落中心、边缘常呈现不同色泽。

2. 基内菌丝型　基内菌丝型主要是指气生菌丝不发达或根本不长气生菌丝的菌落类型。典型的基内菌丝型菌落是诺卡菌属的放线菌。该菌属中的多数种类几乎不生成气生菌丝,基内菌丝紧贴培养基表面,在生长一定时间后基内菌丝很快断裂为杆状。因此,该种类型菌落较小,与培养基的结合不紧密,结构呈粉质状,用针挑取易粉碎。

四、放线菌的繁殖

(一)放线菌的繁殖方式

放线菌的繁殖方式主要是无性繁殖,即由菌丝细胞自身完成,包括无性孢子(asexual spores)和菌丝断裂(mycelium break)两种方式。在固体培养基上培养时,主要通过无性孢子繁殖,液体发酵则一般是由菌丝体断裂繁殖的。

1. 无性孢子　放线菌形成的无性孢子类型主要有三种:① 由气生菌丝特化的孢子丝发育形成,多数放线菌如链霉菌属的种类普遍采用这种方式;② 由高度特化的孢囊发育形成,当孢囊成熟后,囊破裂并释放出大量的孢子,如游动放线菌属和链孢囊菌属中的一些微生物;③ 在基内菌丝特化的孢子梗上发育而成,该孢子的特点是单个着生,如小单孢菌属的放线菌。

放线菌的孢子通常是孢子丝经横隔式分裂后形成的。该种分裂方式的主要特征是在孢子丝中出现横隔膜,每两个横隔膜之间形成孢子,孢子成熟后便脱离孢子丝,以游离形式释放到周围环境中。放线菌通过横隔分裂方式形成孢子,主要借助两种途径完成:① 细胞膜内陷,再由外向内逐渐收缩，最后形成一个完整的横隔膜，从而将孢子丝分割成许多分生孢子；② 细胞壁和细胞膜同时内陷，再逐步向内缢缩，最终将孢子丝缢裂成一串分生孢子。

孢子成熟后散落在周围的环境中，当遇到合适条件时便开始萌发。孢子首先长出 1～3 个芽管，由芽管进一步延长，长出分枝，越来越多的分枝密集成营养菌丝体，最后发育为成熟的菌丝体。

2. 菌丝断裂　菌丝断裂也是放线菌的一种常见繁殖方式，一般发生在液体培养中。由于振荡、机械搅拌等因素的作用，常常导致菌丝断裂成小的片段，每一个断裂的菌丝片段都能重新生长为新的菌丝体。个别种类的放线菌如诺卡菌属在固体培养基上培养时就可出现菌丝断裂现象，这是该菌的特性决定的。

（二）放线菌的生活史

放线菌为原核生物，其生活史比真核生物简单得多，只有无性世代。图 1－22 所描绘的是链霉菌的生活史：从链霉菌的无性孢子开始，孢子萌发、生长形成基内菌丝；基内菌丝向培养基外部生长成为气生菌丝；气生菌丝成熟、特化成孢子丝；孢子丝分化、发育产生孢子。简单来说就是孢子→菌丝→孢子的循环过程。

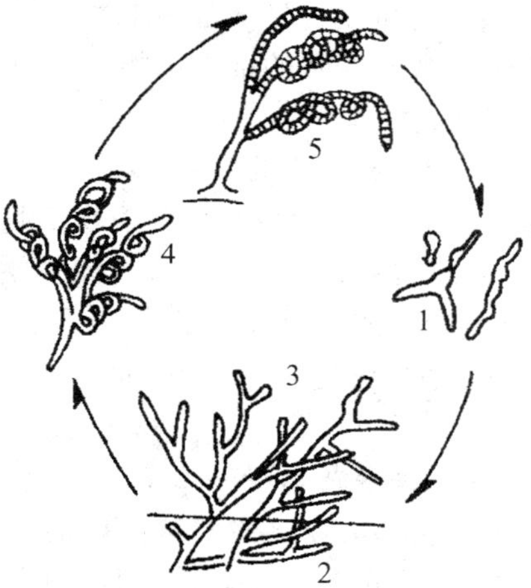

图 1－22　链霉菌生活史简图

1. 孢子萌发；2. 基内菌丝；3. 气生菌丝；4. 孢子丝；5. 孢子丝分化为孢子

五、放线菌的代表属

（一）链霉菌属（*Streptomyces*）

链霉菌属是放线菌目中最大的一个属。由于链霉菌属中的微生物较多，含有数百个种类，为了分类上的方便，我国学者依据其孢子堆、气生菌丝和基内菌丝的颜色及水溶性色素的颜色等将链霉菌属中的微生物分成 14 个不同类群。在这 14 个类群中除吸水类群和轮生类群外，其他 12 个类群完全是根据色素颜色的差异来划分的。在种类的鉴定中，以形态和培养特征为主、生理生化特性为辅，并结合其细胞壁组分和核酸分析的结果来进行判断。

链霉菌属形态上的突出特点是具有发达的基内菌丝和气生菌丝，菌丝无横隔。气生菌丝特化形成的孢子丝及孢子所具有的特征在放线菌中最为显著（图 1－23）。该菌属孢子丝的形态有直形、波曲、钩状和螺旋形，螺旋形的较常见，其中又有松、紧、大、小之分。孢子丝的着生方式有簇生、一级轮生和二级轮生之别。孢子一般是由孢子丝经横隔分裂后形成，孢子形态多样，呈球形、椭圆形、杆形、圆柱形、瓜子形、梭形或半月形等，颜色十分丰富、表面光滑或具有瘤状、刺状、鳞片状、毛发状等附属物。

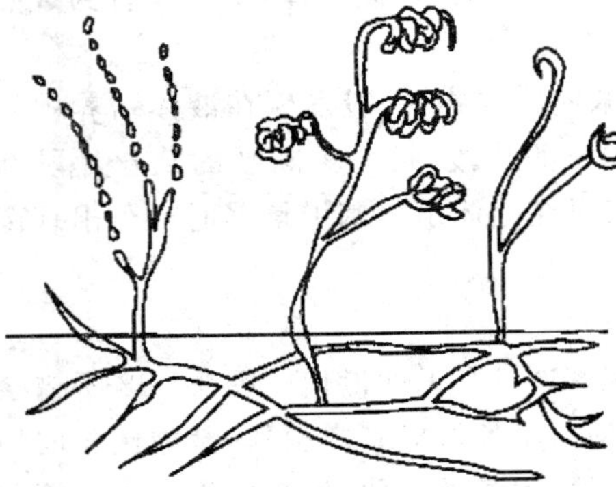

图 1-23　链霉菌属形态

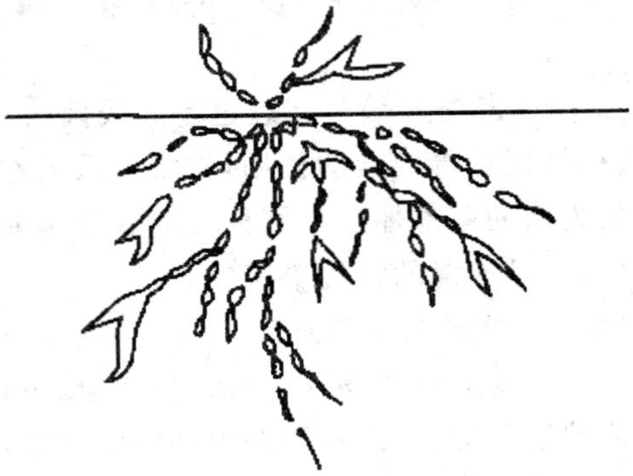

图 1-24　诺卡菌属形态

链霉菌主要分布于含水量较低、有机质含量丰富的中性或微碱性土壤中，多数为腐生、好气性异养菌。由于能产生大量的孢子，故有较强的抗干燥能力。链霉菌孢子对热的抵抗力比细菌芽胞弱，但强于营养体细胞。对链霉菌的保藏一般利用沙土法，在 4℃的冰箱中可存活 1～3 年。

链霉菌的次级代谢产物种类丰富，最重要的就是产生抗生素，是放线菌中产抗生素最多的属。现发现由链霉菌产生的抗生素有 1 000 多种，已经应用于临床的近百种，如链霉素（streptomycin）、卡那霉素（kanamycin）、丝裂霉素（mitomycin）、土霉素（oxytetracycline）等。有的链霉菌能产生多种抗生素，还有一些种类能产生维生素、酶及酶抑制剂等。在链霉菌中也有极少数寄生型的种类能引起植物病害，如疮痂链霉菌（*Streptomyces scabies*）能感染马铃薯和甜菜使之出现疮痂病。

（二）诺卡菌属（*Nocardia*）和拟诺卡菌属（*Nocardiopsis*）

诺卡菌属又名原放线菌属（*Proactinomyces*）。该菌属的典型特征是气生菌丝发育不好，有的甚至不能形成气生菌丝，多数种类的基内菌丝经一段时间培养后（15～96 h）会出现断裂现象，断裂成长短不一的杆状或带叉的杆状体或球状体，以此复制形成新的菌丝体（图 1-24）。一些具有极薄气生菌丝的种也可以产生杆状或椭圆形的孢子。有的基内菌丝断裂出现很早，一般难于观察到菌丝内出现的横隔和断裂过程，所以容易将其误认为是杆状细菌。

诺卡菌为好气性革兰阳性菌，主要分布于土壤，多数为好气性腐生菌，少数为厌气性寄生菌。腐生种类能利用多种含碳化合物如糖类、纤维素等作为碳源。

诺卡菌的菌落一般小于链霉菌菌落，表面多为皱褶，致密干燥，呈黄、黄绿、橙红等颜色。有的呈面团状，有的扁平或突起，无光或发亮呈水浸状，结构呈粉质，一触即碎。

诺卡菌能产生多种抗生素，如抗结核分枝杆菌（*Mycobacterium tuberculosis*）和麻风杆菌（*Mycobacterium leprae*）的利福霉素（rifomycin）、抗革兰阳性菌的瑞斯托菌素（ristocetin）。此外，该菌属的一些种类分解能力强，在石油脱蜡、烃类发酵、污水处理等方面发挥着重要作用。拟诺卡菌属在形态特征上与其相似，有的寄生型的致病种类能引起人和动物的肺部及眼部感染。

（三）小单孢菌属（*Micromonospora*）

小单孢菌属也是一类气生菌丝发育不好的微生物，多数种类不形成气生菌丝。该菌属的基内菌丝无横隔，不断裂，生长到一定阶段在其上分化出很多分枝小梗，在每一个小梗的顶端形成一个孢子，孢子为圆形、椭圆形，表面为刺状或疣状(图 1－25)。由于孢子是单个着生的，故称为小单孢菌。在单轴分枝的孢子梗上产生单生孢子是该属最突出的形态特征。

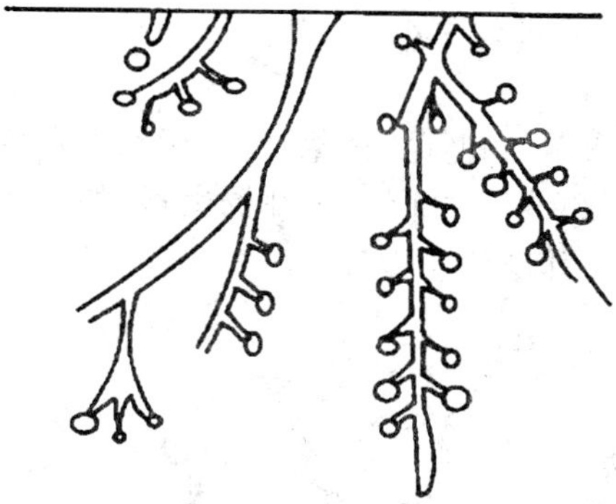

图 1－25　小单孢菌属形态

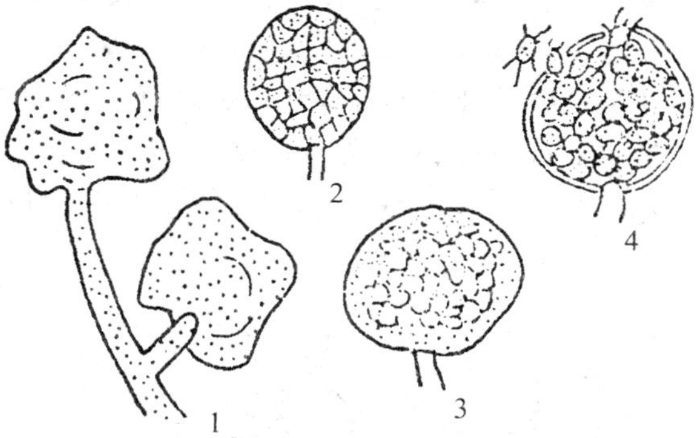

图 1－26　游动放线菌属形态

1. 年幼孢囊；2、3. 孢囊孢子形成过程；4. 孢囊孢子

小单孢菌多数为好气性腐生菌，常分布于土壤、湖底泥土及盐地等自然环境中。该菌属的最适生长温度为 32～37℃。菌落与培养基结合紧密，表面突起，多皱或光滑，成熟的孢子常使菌落呈现橙、红、褐、黑等颜色。

小单孢菌属也是放线菌产生抗生素的主要类型，如庆大霉素(gentamycin)、利福霉素、卤霉素(halomycin)等抗生素都是小单孢菌属产生的。腐生型的小单孢菌具有较强的分解纤维素、几丁质的能力，是土壤和水体中常见的放线菌，具有一定的开发价值。

(四) 游动放线菌属(*Actinoplanes*)

游动放线菌是孢囊放线菌中的一种类型，该菌属能形成孢囊，孢囊内产生孢囊孢子。孢囊一般是在基内菌丝上发育形成的，孢囊孢子带有丛生鞭毛，能游动。产生带有鞭毛的游动孢子是该属放线菌的突出特征。

游动放线菌适于在腐烂的植物和湿度较大的土壤中生长，气生菌丝一般极少或没有，基内菌丝分枝程度不同，菌丝隔膜或有或无。当菌丝发育成熟后，在菌丝顶端及侧枝上可特化成孢囊梗，孢囊梗直形并可形成分枝，顶部发育成一至数个孢囊(图 1－26)。孢囊一般呈球形、棒状或不规则形态，大小相差较大，小的仅为几微米，大的可达几十微米。孢囊壁是由菌丝鞘分化形成的，囊内形成盘卷排列的孢囊孢子。孢囊孢子可借助孢囊壁上的小孔或通过孢囊壁的破裂释放到周围环境中。随着大量孢囊孢子的成熟和释放，孢囊壁也很快地消失。不同种类的游动放线菌的产孢方式不完全一样，有些种类是通过分生孢子进行繁殖的，分生孢子为单个或成链状排列。

该菌属的菌落湿润发亮，生长缓慢，大多需 2～3 周培养后才能形成。其中一些种类能产生抗生素。我国发现的创新霉素(chuangxinmycin)就是由济南游动放线菌(*Actinoplanes jinanensis*)产生的，萘酮类的绛红霉素(purpuromycin)也是游动放线菌的代谢产物。

(五) 放线菌属(*Actinomyces*)

该菌属的突出特征是无气生菌丝，一般也不产生孢子(图 1－27)，大多属于寄生性的病原菌。最早发现的能引起牛颚肿病的牛型放线菌是该菌属的典型种。此外，寄生于人体的衣氏放线菌(*Actinomyces israelii*)能引起后颚肿病及肺部、胸部感染。

放线菌属多数为厌氧或兼性厌氧的微生物，在 CO_2 气体存在的条件下易生长。通过在培养基中加入动物血清或心、脑浸汁等特殊营养物质，可以人工培养该菌属的一些种类。一般在固体或液体培养基中培养 18～48 h 后，即出现发育不完全的基内菌丝，直径小于 1 μm，

菌丝中有横隔，并常常断裂为 V、Y 及 T 等不规则形态进行繁殖。

（六）马杜拉放线菌属（*Actinomadura*）

该属放线菌细胞壁含有马杜拉糖，有生长良好的基内菌丝和气生菌丝，气生菌丝上形成短孢子链，也有的在其末端卷成假孢囊（图 1－28）。该属放线菌也可产生多种抗生素，如抗禽类球虫病的马杜霉素（madumycin），有的种可通过伤口感染引起足分枝菌病。

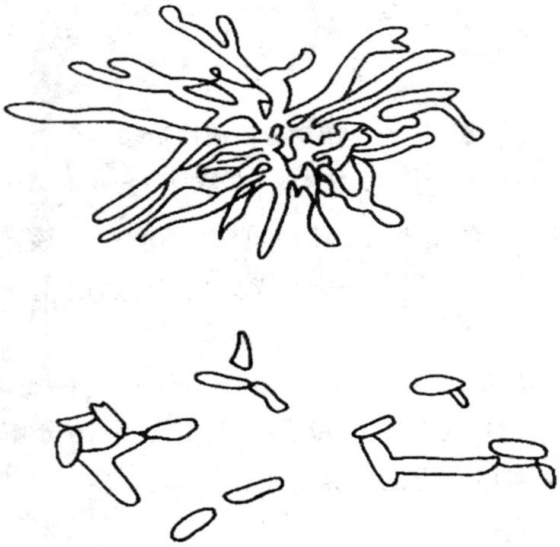

图 1－27　放线菌属形态

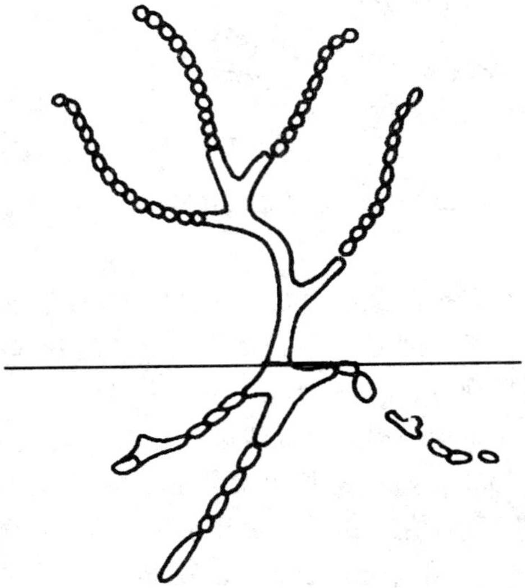

图 1－28　马杜拉放线菌属形态

第三节　其他原核微生物

一、螺旋体

螺旋体（spirochete）是一类细长、柔软有弹性、弯曲呈螺旋状、运动活泼的原核细胞型微生物。

螺旋体大小为（0.1～0.3）μm×（5～250）μm。其基本结构与细菌类似，细胞的主体由细胞质和核区组成，其外围则裹以细胞膜和细胞壁，形成螺旋状的原生质柱。在原生质柱外缠绕着轴丝（axial fibrils），也称为内生鞭毛（endoflagella）或周质鞭毛（periplasmic flagella），轴丝和原生质柱再由三层膜包围，称为外膜（外鞘）。细胞壁含有脂多糖和胞壁酸，革兰染色阴性，但着色较难。螺旋体可在液体环境中游动或沿纵轴旋转和屈曲运动，在固体培养基上可爬行或蠕动。其运动有赖于轴丝，每个细胞具有 2～100 条的轴丝，其一端插入细胞膜中，围着螺旋菌体而缠绕，其化学组成与细菌的鞭毛相似。

以前因未发现螺旋体的细胞壁，曾被认为介于细菌与原虫之间。螺旋体与原虫的主要区别有：① 没有原虫的前后极性；② 细胞结构类似于 G^- 细菌，无核膜，细胞壁与细菌相似，含脂

多糖和胞壁酸，属原核细胞型微生物；③ 以二分裂方式繁殖；④ 轴丝在结构组成上类似于细菌的鞭毛；⑤ 对抗生素和溶菌酶敏感。在生物学分类位置上，螺旋体更接近于细菌而归于广义的细菌范畴，但其胞壁与外膜之间绕有运动器官轴丝，与原虫类似，因而在系统发育上形成一个独特的细菌系。

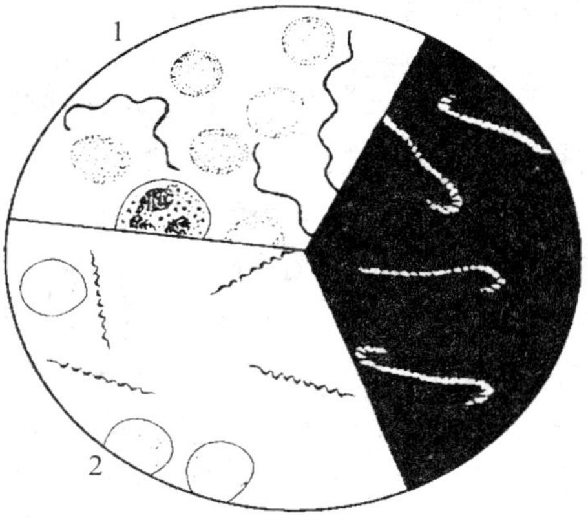

图 1-29　螺旋体

1. 疏螺旋体；2. 密螺旋体；3. 钩端螺旋体

螺旋体在自然界和动物体内广泛存在，种类很多。根据螺旋数目、大小与规则程度以及两螺旋间距离，分为螺旋体目（Spirochaetales）、螺旋体科（Spirochaetaceae），下分八个属，其中，对人和动物有致病性的有以下三个属（图 1-29，表 1-7）：

（1）疏螺旋体属（*Borrelia*）：有 3～10 个稀疏、不规则的螺旋。

（2）密螺旋体属（*Treponema*）：有 8～14 个细密、规则的螺旋。

（3）钩端螺旋体属（*Leptospira*）：螺旋数目较多，且更加细密和规则，菌体一端或两端弯曲呈钩状。

表 1-7　致病性螺旋体及其所致疾病

属	螺旋体	传播媒介	储存宿主	导致疾病
疏螺旋体属（*Borrelia*）	伯氏螺旋体（*B. burgdorferi*）	硬蜱	野栖鼠类、小型哺乳动物	莱姆病
	杜通疏螺旋体（*B. duttonii*）	钝缘蜱	蜱、鼠类、人	蜱传回归热（地方性回归热）
	回归热螺旋体（*B. recurrentis*）	虱	人	虱传回归热（流行性回归热）
密螺旋体属（*Treponema*）	梅毒螺旋体（*T. pallidum*） 雅司螺旋体（*T. pertenue*） 品他密螺旋体（*T. carateum*）	苍蝇	人	梅毒 雅司病 品他病
钩端螺旋体属（*Leptospira*）	问号状钩端螺旋体（*L. interrogans*）	—	家畜、野生动物、吸血昆虫等（鼠类和猪最为常见）	钩端螺旋体病

二、立克次体

立克次体（rickettsia）是一类严格细胞内寄生、革兰染色阴性的原核细胞型微生物。1909 年，美国青年医师 H. T. Ricketts 在研究落基山斑点热时首先发现该类微生物；1910 年，在研究斑疹伤寒时不幸感染而牺牲，为纪念他，流行性斑疹伤寒的病原体命名为立克次体（rickettsia）。

对人类致病的立克次体包括五个属：立克次体属（*Rickettsia*）、柯克斯体属（*Coxiella*）、东方体属（*Orientia*）、埃里希体属（*Ehrlichia*）和巴通体属（*Bartonella*）。立克次体属又分为两个生物群：斑疹伤寒群、斑点热群。它们的共同特点是：① 专性细胞内寄生，以两分裂法繁殖；② 含 DNA 和 RNA 两种核酸；③ 呈多形性，主要为球杆状，革兰染色阴性，大小介于细菌与病毒之间；④ 大多为人畜共患病原体，节肢动物为传播媒介，也可兼为寄生宿主和储存宿主；

⑤ 对多种抗生素敏感。

（一）生物学性状

1. 大小形态　立克次体似小球杆菌，大小约为(0.3～0.6) μm×(0.8～2.0) μm，具多形性，呈现单个、成对、短链或丝状等多种形式。革兰染色为阴性但不易着色，常用 Gimenza、Giemsa、Macchiavello 染色，其中 Gimenza 法最好，染后呈红色，Giemsa 染色呈紫色或蓝色，Macchiavello 则染成红色。

2. 结构　立克次体具有完好的细胞结构，细胞壁类似于革兰阴性菌，主要由肽聚糖和脂多糖构成，包括外膜、肽聚糖及蛋白质类三层。细胞壁外有一层黏液层。但恙虫病立克次体的细胞壁结构无肽聚糖和脂多糖，无黏液层，故恙虫病立克次体应另立为东方体属。胞质膜为双层类脂，胞质内有核糖体，核质集中于中央，含双股 DNA。

3. 繁殖与培养　立克次体的酶系统不完整，不能独立生活，大多为专性细胞内寄生，行二分裂法繁殖，9～12 h 分裂一次。常用培养立克次体的方法有动物接种、鸡胚接种和细胞培养。但五日热巴通体可在无细胞培养基中生长。在细胞培养时(34℃)，繁殖一代约 8～10 h。

（二）致病性与免疫性

1. 导致疾病　立克次体是引起斑疹伤寒、恙虫病和 Q 热等传染病的病原体。人类立克次体疾病见表 1－8。

表 1－8　一些人类立克次体病的流行病学特点

疾病	病原体	传播媒介	储存宿主	传播方式
流行性斑疹伤寒	普氏立克次体	人虱	人	虱粪擦入损伤皮肤
地方性斑疹伤寒	普氏立克次体	鼠蚤	鼠	虱粪擦入损伤皮肤
落基山斑点热	立氏立克次体	蜱	野鼠等	蜱叮咬
恙虫热	恙虫热东方体	恙螨	鼠	恙螨幼虫叮咬
腺热埃立克体病	腺热埃立克体	蜱	啮齿类	蜱叮咬
Q 热	贝纳柯克斯体	蜱	野生小动物、牛、羊	接触、呼吸道、消化道
战壕热	五日热巴通体	人虱	人	虱粪擦入损伤皮肤

除 Q 热柯克斯体可通过呼吸道和消化道感染人外，其余立克次体均经节肢动物如虱、蚤、蜱、螨等叮咬或其粪便污染伤口而传播。立克次体病多数是自然疫源性疾病。斑疹伤寒、Q 热和斑点热的地理分布呈全球性，恙虫病主要流行于东南亚、西南太平洋一带。斑疹伤寒在 20 世纪初的一次流行中曾造成几百万人死亡，这是仅次于疟疾、鼠疫后给人类带来极大灾难的流行病。

2. 免疫性　立克次体有两种抗原，一为群特异性抗原，与其黏液层多糖有关；另一为种特异性抗原，与细胞壁外膜蛋白成分有关。立克次体的抗感染免疫包括体液免疫和细胞免疫，以细胞免疫为主。立克次体感染后，产生的群与种特异性抗体，可促进吞噬细胞的吞噬作用；特异性细胞免疫产生的细胞因子，有激活、增强吞噬细胞清除立克次体的作用。患立克次体病恢复后，一般可获得较强的免疫力。

三、支原体

支原体(mycoplasma)是一类无细胞壁，多形态性，可通过细菌滤器，能在无生命培养基中生长繁殖的最小的原核细胞型微生物。支原体种类较多，在自然界分布很广，也存在于人类、家禽、家畜等动物体内。由于缺乏细胞壁，支原体在微生物学分类上归属于柔膜体纲（Mollicutes）支原体目（Mycoplasmataceae），下分5个科，其中支原体科（Mycoplasmataceae）又分为支原体属（*Mycoplasma*）和脲原体属（*Ureaplasma*），对人致病的主要有肺炎支原体（*M. pneumoniae*）、人型支原体（*M. hominis*）、生殖支原体（*M. genitalium*）、发酵支原体（*M. fermentansf*）、穿透支原体（*M. penetrans*）和解脲脲原体（*U. urealyticum*）。支原体还经常污染传代细胞，给细胞培养和病毒分离带来困难。

（一）生物学性状

1. 形态与结构 支原体大小一般在0.2～0.3 μm，很少超过1.0 μm。在加压过滤下可通过0.22 μm的细菌滤器，在不加压的情况下，0.45 μm的滤膜也不能通过。没有细胞壁，常呈多形态性，有球形、丝状、环状、星状和螺旋形等（图1-30），由于他们能形成有分支的长丝，故称为支原体。革兰染色阴性，但着色困难，Giemsa染色呈淡紫色。最外层为细胞膜，由蛋白质和脂质组成三层结构。内外两层主要是蛋白质，中间层为脂质，在脂质中胆固醇约占36%，因此如两性霉素B、毛地黄苷、皂素等能作用于胆固醇的物质可引起支原体细胞膜的破坏而使其死亡。有些支原体在细胞膜外有由多聚糖构成的荚膜，有毒性，是支原体的一种致病因素。与其他原核生物一样，其基因组是一个环状双链DNA，但相对分子质量比细菌小，只有大肠杆菌的1/5，因此其合成与代谢能力都很有限。

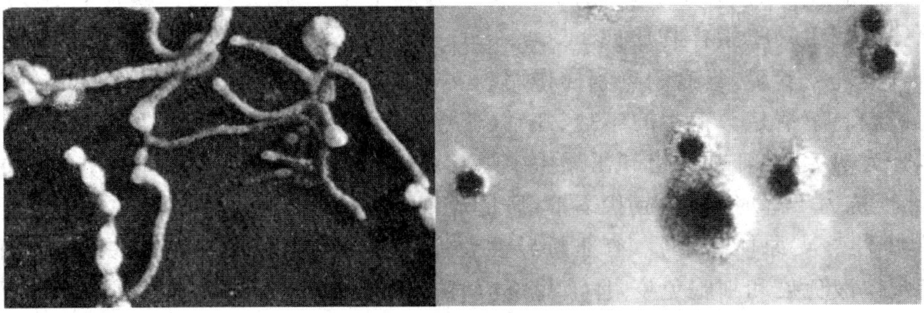

图1-30 支原体

左：电镜观察；右：油煎蛋样菌落

2. 繁殖与培养 支原体以二分裂法繁殖为主，也可通过出芽、分支等方式繁殖。支原体的营养要求比一般细菌高，能在富含胆固醇、10%～20%的动物血清及酵母浸膏的低琼脂培养基上生长繁殖，并须添加核酸提取物、组织浸液、辅酶等，一般最适pH为7.6～8.0，最适温度大多为36～37℃，2～3 d后形成小的“油煎蛋”状的菌落，核心较厚，向下长入培养基，周边为一层薄薄的透明颗粒区，因菌落小（0.1～0.3 mm），一般在低倍镜下观察（图1-30）。多数支原体在含0.3%琼脂的半固体培养基中能形成“彗星状”菌落，肉眼可清晰看到，长度为1～2 mm，具有致密的头部和疏松的尾部，头部在上，尾部在下，厌氧者在培养基中、下部生长，需氧者在培养基表层生长。在液体培养基中生长量较少，一般不易见混浊，仅有小颗粒沉于管低或黏于管壁。多数支原体为兼性厌氧，少数在有氧条件下也能生长。一般在含5%～10%二氧化碳和相对湿度80%～90%的大气环境中生长良好。

3. 与L型细菌的区别 支原体与L型细菌的生物学特性极为相似，如多形态性、能通过细菌滤器、对渗透压较敏感、在固体培养基上菌落呈“荷包蛋”样或颗粒状，但是，L型细菌在自然界中很少存在。另外，两者的主要区别在于L型细菌在脱离诱导因素后可回复原来的细菌型，而支原体不能。具体区别见表1－9。

表1－9　支原体与L型细菌的区别

支原体	L型细菌
在自然界中广泛存在	是细菌在实验室经人工诱导形成的
对渗透压有抗性	对渗透压敏感
油煎蛋样菌落较小，直径小于0.6 mm	油煎蛋样菌落较大，直径0.5～1 mm
在遗传上与狭义细菌无关	在遗传上与原细菌有关
在任何情况下不能变成有细胞壁的细菌	在无诱导因素作用下，易回复为有细胞壁的原菌
生长时一般需要胆固醇	生长时一般不需要胆固醇
液体培养时混浊度极低，仅有小颗粒沉于管底或黏于管壁	液体培养时混浊度低，可黏附于管壁或沉于管底

（二）致病性与免疫性

1. 致病性　支原体致病性较弱，主要寄生于细胞外，除穿透支原体外，一般为表面感染，大多不侵入血液及组织细胞内。支原体可通过黏附作用与宿主细胞结合，从细胞膜获取脂质和胆固醇，并利用支原体膜上的磷脂酶A和C分解宿主细胞膜上的卵磷脂，使细胞膜损伤。有的支原体可产生外毒素样物质或H_2O_2、NH_3等毒性代谢产物，对细胞有毒害。还有蕈状支原体表面有半乳糖荚膜，具有内毒素样作用。支原体易侵犯呼吸道、泌尿生殖道黏膜及关节，确切致病机制尚不清楚。宿主的年龄、性别、营养、遗传因素及环境条件等均有影响。人体主要支原体分为两大类，即呼吸道和泌尿生殖道支原体。这些支原体长期寄居在膜表面，共生或寄生，局部抵抗力下降时发病，症状不重，病情迁延。

2. 免疫性　支原体感染后，有非特异性免疫应答与特异性免疫应答共同发挥作用，可诱发机体产生体液免疫和细胞免疫，体液免疫应答在抗支原体感染中发挥重要作用。不过，支原体诱发的免疫应答可加重机体的病理过程，如肺炎支原体初次感染多见于婴幼儿，但出现临床症状者多为较大儿童或青年。另外，支原体与机体某些组织具有共同抗原，因而可引起自身免疫性疾病，如神经系统的损伤。

四、衣原体

自1907年捷克学者Halberstaeder和Von Prowazek在印度尼西亚爪洼沙眼病人及实验感染的猩猩结膜刮片材料中发现了沙眼包涵体起，足足经历了半个多世纪，直到1956年，才由我国学者汤飞凡、张晓楼、黄元桐、王克乾等首先用鸡胚分离到沙眼衣原体，从而解决了新生儿结膜炎、妇女宫颈炎、男性非淋球菌性尿道炎等病原学问题。这很快引起了全世界的重视，开展了深入广泛的研究。

衣原体(chlamydia)是一类专性活细胞内寄生，在细胞内繁殖有其独特的生活周期，且能通过细菌滤器的原核细胞型微生物。过去人们曾一直视其为病毒，现归于广义的细菌范畴，衣原体与病毒相比有以下不同的特征：① 衣原体呈单细胞结构，圆形或椭圆形体；② 有细胞壁，革兰阴性；③ 同时含有DNA和RNA两类核酸；④ 有核糖体，核糖体RNA的种类类似于细菌(21S、16S和4S)；⑤ 具有较复杂的酶系统，能进行多种代谢，但不能合成带高能键的化合物，必须利用宿主细胞的三磷酸盐和中间代谢产物作为能量来源；⑥ 具有独特的发育周期，以二分裂方式繁殖；⑦ 衣原体对多种抗生素敏感。

衣原体广泛寄生于人类、哺乳动物和禽类。根据《伯杰细菌学分类手册》第 9 版，衣原体目包括 1 个科，1 个属，其下包含沙眼衣原体种（*C. trachomatis*）、鹦鹉热衣原体种（*C. psittaci*）和肺炎衣原体种（*C. pneumoniae*）3 个种。沙眼衣原体种下又可分为 3 个生物变种：沙眼生物变种、淋巴肉芽肿生物变种和鼠生物变种。各种均可对人具有致病性，引起沙眼、泌尿生殖系统感染、包涵体结膜炎和呼吸系统感染等疾病。

（一）生物学性状

1. 原体、始体和发育周期　衣原体在宿主细胞内生长繁殖，具有特殊的发育周期，即两相生活环，如图 1－31 所示。衣原体在显微镜下可见两种大小、形态不同的衣原体颗粒：一种小而致密，称为原体（elementary body，EB）；另一种是大而疏松，称为网状体（reticulate body，RB），亦称始体（initial body）。

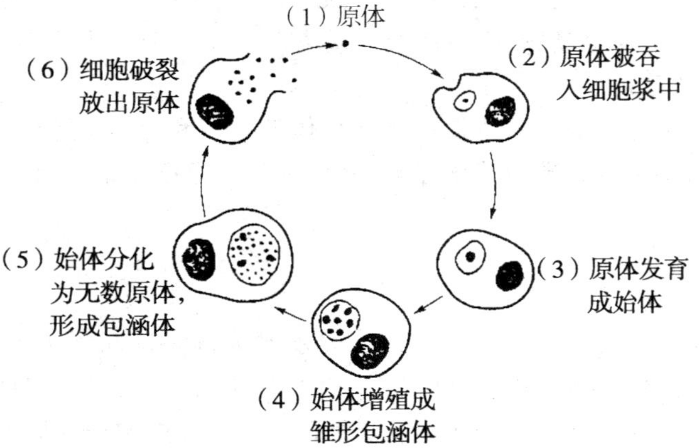

图 1－31　衣原体的发育周期

原体呈球形、椭圆形或梨形，直径 0.2～0.4 μm，有细胞壁，电镜下中央含致密的类核结构，是发育成熟的衣原体，Giemsa 染色呈紫色，Mocchiavello 染色呈红色，普通光学显微镜下勉强可见。原体具有高度感染性，在宿主细胞外较为稳定，无繁殖能力。原体进入宿主细胞后，宿主细胞膜围于原体外形成囊泡，在囊泡内，原体体积逐渐发育、增大成为网状体。

网状体圆形或椭圆形，直径可有 0.5～1 μm，无致密类核结构，而有纤维网状结构，无细胞壁。Macchiavello 染色呈蓝色。代谢活泼，是衣原体发育周期中的幼稚阶段，即繁殖型，不具感染性，以二分裂方式繁殖，在囊泡内发育成众多的子代原体。成熟的子代原体从破裂的感染细胞中释放，再感染新的易感细胞，开始新的发育周期。每个发育周期约 48～72 h。

在易感细胞内含增殖的网状体和子代原体的囊泡即包涵体（inclusion body）。发育时期不同，包涵体的形态和大小都有差别。成熟的包涵体含大量的原体。

值得一提的是，淋巴肉芽肿型衣原体的生活周期通常比沙眼型短，在生活周期末包涵体破裂，导致大量 EB 进入胞质，引起宿主细胞的裂解死亡，从而 EB 得以释放。这一过程在沙眼型衣原体中也可发生；沙眼型衣原体的包涵体还可通过类似胞粒外排的形式，在不破坏宿主细胞的情况下释放出细胞外。这些差异促使淋巴肉芽肿型衣原体在细胞培养中能更有效地在细胞之间传播，在体内则引起更严重的疾病。

2. 培养　绝大多数衣原体能在6～8日龄鸡胚或鸭胚卵黄囊中繁殖，我国学者汤飞凡及其助手张晓楼等人于1956年在国际上首次分离到沙眼衣原体，成为世界上发现重要病原体的第一位中国人。近年来常用细胞培养法，用传代细胞如Hela-299和McCoy(一种传代的滑膜细胞)细胞培养。某些衣原体如鹦鹉热衣原体可使小鼠感染，可进行动物接种培养。

(二) 致病性与免疫性

1. 致病性　不同衣原体所致疾病不同。沙眼衣原体可引起沙眼，据估计，全世界每年有5亿人患沙眼，其中有700万～900万人失明，沙眼成为引起失明的最重要原因。另一重要的危害是沙眼衣原体还可引起泌尿生殖道感染，并可引起多种并发症，如急、慢性盆腔炎，输卵管炎，异位妊娠，睾丸炎，男、女不孕不育症等，更可引起新生儿的结膜炎、肺炎，影响下一代的健康，是性病中最多见的病原体。衣原体性泌尿生殖道炎症已成为目前世界上最多的STD之一。肺炎衣原体主要引起呼吸道感染，成人中10%的肺炎病例和约5%的支气管炎及窦炎由肺炎衣原体引起。近年还发现肺炎衣原体与冠心病和动脉粥样硬化有关，但目前因果关系不明。鹦鹉热衣原体主要感染动物，人可因吸入病禽的感染性分泌物而感染，引起呼吸道症状，临床上称为鹦鹉热或鸟疫。

2. 免疫性　衣原体感染后可诱发机体产生体液免疫和细胞免疫，但免疫力不强，持续时间短，因此衣原体的感染常表现为持续感染、反复感染和隐性感染，有许多报道称持续感染可持续10～20年。

五、蓝细菌

蓝细菌(cyanobacter)是一类含有叶绿素、以水作为供氢体和电子供体、通过光合作用将光能转变为化学能、同化CO_2为有机物质的光能自养型细菌。由于它们具有光合作用系统，曾被藻类学家归为藻类，称为蓝藻或蓝绿藻。蓝细菌在自然界中的分布极为广泛，从水生到陆生生态系统，从热带到南北极都有分布，河流、湖泊和海水等水域中常见。蓝细菌列于《伯杰氏系统细菌学手册》第2版的原核生物第一分类群第13组，属于真细菌，按形态可分为5大类群，包括29个属，代表属有聚球蓝细菌属、鱼腥蓝细菌属、颤蓝细菌属、念珠蓝细菌属等。AAUUUUYGG寡核苷酸序列是蓝细菌的识别标记。

(一) 生物学特性

1. 细胞大小和形态　蓝细菌的细胞一般比细菌大，且不同种类大小差异悬殊，通常直径为3～10 μm，最小的聚球蓝细菌属直径仅为0.5～1 μm，最大的可超过60 μm，如巨颤蓝细菌。

蓝细菌细胞为个体或群体，或细胞成串排列组成藻丝状的丝状体，不分枝、假分枝或真分枝。根据细胞形态差异，蓝细菌可分为单细胞和丝状体两大类。单细胞类群多呈球状、椭圆状和杆状，单生或团聚体，如黏杆蓝细菌和皮果蓝细菌等属；丝状体蓝细菌是由许多细胞排列而成的群体，包括：有异形胞的，如鱼腥蓝细菌属；无异形胞的，如颤蓝细菌属；有分支的，如费氏蓝细菌属。

蓝细菌的细胞有几种特化形式，较重要的是异形胞、静息孢子、链丝段和内孢子。异形胞是存在于丝状体蓝细菌中的较营养细胞稍大，色浅、壁厚、位于细胞链中间或末端，且数目少而不定的细胞。异形胞是固氮蓝细菌的固氮部位。营养细胞的光合产物与异形胞的固氮产物，可通过胞间连丝进行物质交换。静息孢子是一种着生于丝状体细胞链中间或末端的形大、色深、壁厚的休眠细胞，胞内有储藏性物质，具有抗干旱或冷冻的能力。链丝段又称链锁体或藻殖段，是由成串细胞连成丝状的蓝细菌在细胞链断裂时形成的短链片段，具有繁殖功能。内孢子是少数蓝细菌种类在细胞内形成许多球形或三角形的内孢子，成熟后可释放，具有繁殖功能。

2. 细胞结构和化学组成 蓝细菌的细胞构造与革兰阴性细菌相似。细胞核不具有核膜，没有有丝分裂器，细胞壁有内外两层，外层为脂多糖层，内层为含有二氨基庚二酸的肽聚糖层，革兰染色阴性。许多种能不断地向细胞壁外分泌黏液层、荚膜或形成鞘衣，将一群细胞或丝状体结合在一起。细胞膜单层，很少有间体。细胞内含有 70S 核糖体，大多数蓝细菌无鞭毛，但可以“滑行”。蓝细菌不形成叶绿体，光合作用的部位称为类囊体(thylakoids)，数量很多，以平行或卷曲方式贴近地分布在细胞膜附近，其中含有叶绿素 α、β-胡萝卜素、类胡萝卜素和藻胆素(一类辅助光合色素，包括藻蓝素和藻红素)。蓝细菌的细胞内还含有糖原、聚磷酸盐、PHB 以及蓝细菌肽等储藏物以及能固定 CO_2 的羧酶体，少数水生性种类中还有气泡。蓝细菌的这些特征与原核生物相近，故而归于真细菌家族，而藻蓝素占优势的色素使细胞呈现蓝色，因而得名蓝细菌。

在化学组成上，蓝细菌最独特之处是含有两个或多个双键组成的不饱和脂肪酸，而细菌通常只含有饱和脂肪酸和一个双键的不饱和脂肪酸。

3. 繁殖 蓝细菌的繁殖方式与其他原核生物一致，以无性分裂繁殖方式为主，包括二分裂方式、链丝段繁殖，也有少数形成具有繁殖功能的内孢子。

（二）作用及应用

蓝细菌在地球上已存在约 30 亿年，能够进行释放氧气的光合作用，但有别于真核生物的放氧光合作用。蓝细菌可能是地球上生命进化过程中第一个产氧的光合生物，对地球上从无氧到有氧的转变、真核生物的进化起着里程碑式的作用。

蓝细菌的营养极为简单，不需要维生素，以硝酸盐或氨作为氮源，多数能固氮，在水稻田中培养蓝细菌，可以通过氮气的固定来提高稻田和其他土壤的肥力。蓝细菌还是海洋生态系统的重要组成部分和海洋初级生产力的重要组成部分。此外，一些实验证明将蓝细菌作为食物和辅助营养物，可用于治疗肝硬化、贫血、白内障、青光眼、胰腺炎等疾病，对糖尿病、肝炎也有一定的疗效。

六、古细菌

古细菌(archaebacteria)也叫古生菌，是一类很特殊的与一般细菌不同的原核微生物，多生活在极端的生态环境中，如高温、高盐、高酸等。它们与真细菌(eubacteria)在形态上极为相似，为了和“真细菌”区别，被称为“古细菌”(archaebacteria)或“原始细菌”(primitive bacteria)。

（一）古细菌的生物学特性

古细菌具有原核生物的某些特征，如无核膜及内膜系统；也有真核生物的特征，如以甲硫氨酸起始蛋白质的合成、核糖体对氯霉素不敏感、RNA 聚合酶和真核细胞的相似、DNA 具有内含子并结合组蛋白；此外还具有既不同于原核细胞也不同于真核细胞的特征，如：细胞膜中的脂类是不可皂化的；细胞壁不含肽聚糖，有的以蛋白质为主，有的含杂多糖，有的类似于肽聚糖，但都不含胞壁酸、D 型氨基酸和二氨基庚二酸。

现将古细菌和真细菌及真核微生物的主要区别列表比较如下(表 1－10)。

表 1-10 古细菌和真细菌及真核生物的主要区别

项目	古生菌(古细菌)	真细菌	真核生物
细胞壁	种类多样,无肽聚糖(胞壁酸)	种类多样,有肽聚糖(胞壁酸)	动物无细胞壁,其他种类多样,无肽聚糖(胞壁酸)
细胞膜的脂类	醚键脂、支链烃	醚键脂、直链脂肪酸	醚键脂、直链脂肪酸
细胞核	无核膜	无核膜	有核膜
复杂的细胞器	无	无	有
核糖体大小	70S	70S	80S
RNA 聚合酶亚基数	8～12	4	12～14
tRNA 共同臂上的胸腺嘧啶	无	一般有	一般有
蛋白质起始氨基酸	甲硫氨酸	甲酰甲硫氨酸	甲硫氨酸
对氯霉素、链霉素、卡那霉素敏感性	不敏感	敏感	不敏感
对茴香霉素敏感性	敏感	不敏感	敏感

(二)古细菌的分类地位及其与生物进化的关系

产甲烷的细菌、嗜热的细菌等过去一直归为真细菌的范畴,但是,细胞化学组分分析和分子生物学方法尤其是 16S rRNA 序列同源性分析方法的完善,却让我们发现它们和真细菌之间,在分子水平上大相径庭(表 1-10):它们的核糖体 RNA(rRNA)结构序列和一般细菌很不相同,和真细菌 rRNA 的接近程度还不如和真核生物 rRNA 的接近程度高。因此,近年来,为"古细菌"一词命名的美国学者沃斯(C. Woese)提出重新命名,为了更好地区别真细菌和古细菌,把"archaebacteria"改为"archaeotida",即古生菌。沃斯等提出,这些"不一般"的细菌应该代表一个既不同于一般真细菌也不同于真核生物的生物类群,在系统分类上属于新的生物界——古生菌界,这就是三界(域)系统学说,将生物分为三界(域):真细菌(eubacteria)、真核生物(eucaryotes)、古生菌(archaes)。三界系统学说为我们研究生命起源和进化提出了新的思路,在本书中我们仍按照传统分类方法将其放在原核生物中讲解。

第二章　真核微生物

真核微生物是一大类具有真正细胞核，具有核膜与核仁分化的较高等的微生物，细胞内有线粒体等较复杂的细胞结构。真核微生物主要包括菌物界（Mycetalia 或广义的 Fungi）中的真菌（ Eumycota 或狭义的 Fungi，即 True Fungi）、黏菌（Myxomycota 或 Fungi-like protozoa）、假菌（Chromista 或 Pseudofungi）；原生生物界（Protista）中的显微藻类（Algae）和原生动物（Protozoa）等。

真菌（fungi）是一类不含叶绿素，无根、茎、叶分化，具有细胞壁的真核细胞型微生物。与原核细胞型微生物相比，真菌的主要特征是：① 细胞内的核是完整的，包括核仁、核孔和核膜；② 细胞质中含有一些已分化的细胞器，如线粒体、内质网等；③ 细胞分裂方式为有丝分裂，在分裂过程中出现染色体和纺锤丝；④ 除少数类型为单细胞外，大多为多细胞，体积较大，一般是原核生物的几倍、十几倍甚至更大；⑤ 在形态上出现不同程度的分化，既有单细胞球形的酵母菌，也有多细胞高度分化的霉菌菌丝体及大型真菌的子实体（sporocarp or fruit body）；⑥ 大多数真菌的繁殖方式包含无性和有性两个过程，由此构成其独特的生活周期。

真菌中的主要类型有酵母菌、霉菌和大型真菌。其实这些名称都不属于分类上的名词，酵母菌是真菌中单细胞的非菌丝体状的类型，霉菌是单细胞或多细胞的具有菌丝体的类型。大型真菌是一些肉眼可见的体积超常的类型，因其菌体体积大而得名。

第一节　酵母菌

酵母菌（yeast）是一群单细胞的真核微生物。这个术语是无分类学意义的普通名称。通常用于以芽殖或裂殖来进行无性繁殖的单细胞真菌，以与霉菌区分开。极少数种可产生子囊孢子进行有性繁殖。

酵母菌应用很早，与人类关系密切，在酿造、食品、医药工业等方面占有重要地位。早在4 000年前的殷商时代，我国劳动人民就用酵母菌酿酒，多少世纪以来，它便以发酵果汁、面包、馒头和制造某些美味、营养的食品服务于人类。今天，酵母菌的用途更加广泛。酵母菌细胞蛋白质含量高达细胞干重的 50%以上，并含有人体必需的氨基酸。据估计，如果每天生产450 万 kg 酵母菌体，其蛋白质含量相当于 1 万头肉用牛。此外，利用酵母菌体，还可提取核苷酸、辅酶 A、细胞色素 c、凝血质、核黄素等贵重药物。加之酵母菌细胞体积小，表面积大，代谢旺盛，繁殖速度快于动物 2 000 多倍。若以造纸厂、糖厂、淀粉厂、木材水解厂的废液为原料，通过通气培养方式，便可进行工业化的大批量生产，故有些国家酵母菌体生产已商品化，用以补充食物或饲料等。有的酵母菌体能大量产生维生素、有机酸。有的还具有氧化石蜡降低石油凝固点的作用，或者以烃类为原料发酵制取柠檬酸、反丁烯二酸、脂肪酸、甘油、甘露醇、酒精等。

酵母菌也常给人类带来危害。腐生型酵母菌能使食物、纺织品和其他原料腐败变质，少数嗜高渗压酵母菌如鲁氏酵母（*Saccharomyces rouxii*）、蜂蜜酵母（*Saccharomyces mellis*）可使蜂蜜、果酱败坏；有的是发酵工业的污染菌，它们消耗酒精，降低产量或产生不良气味，影响产品质量。某些酵母菌可引起人和植物的病害。例如白假丝酵母(*Candida albicans*,又称白色念珠菌)可引起皮肤、黏膜、呼吸道、消化道以及泌尿系统等多种疾病。新型隐球酵母(*Cryptococcus neoformans*)可引起慢性脑膜炎、肺炎等。

酵母菌主要分布在含糖质较高的偏酸性环境,诸如果品、蔬菜、花蜜和植物叶子上,特别是葡萄园和果园的土壤中。它们多为腐生菌,少数为寄生菌。

一、酵母菌的形态学

(一) 大小与形态

酵母菌的细胞体积比细菌、放线菌等原核生物大得多,一般是细菌的十几倍甚至几十倍。多数酵母菌的大小为(1～5)μm×(5～30)μm,发酵工业中常用的啤酒酵母的平均直径为5～8 μm。不同种类的酵母菌在大小、形态上的差异都很大。酵母菌无鞭毛,不能游动。

酵母菌细胞的形态具有多样性,常见的有圆形、卵圆形、圆柱形、腊肠形及三角形等。由于是单细胞,绝大多数的酵母菌都以散在、游离的形式存在;但也有个别类型的细胞拉长变形成为腊肠状。

(二) 细胞结构

酵母菌的细胞结构与其他真核生物基本相同,主要包括细胞壁、细胞膜、细胞质及细胞核等基本构造(图 2-1),个别种类的酵母菌还带有一些特殊构造。

1. 细胞壁　酵母菌的细胞壁厚度为25～70 nm,重量约占细胞干重的25%。主要成分为葡聚糖(glucan)、甘露聚糖(mannan)、蛋白质及几丁质(chitin)等,由此组成的细胞壁结构既不同于细菌的细胞壁,也不同于植物细胞的细胞壁。

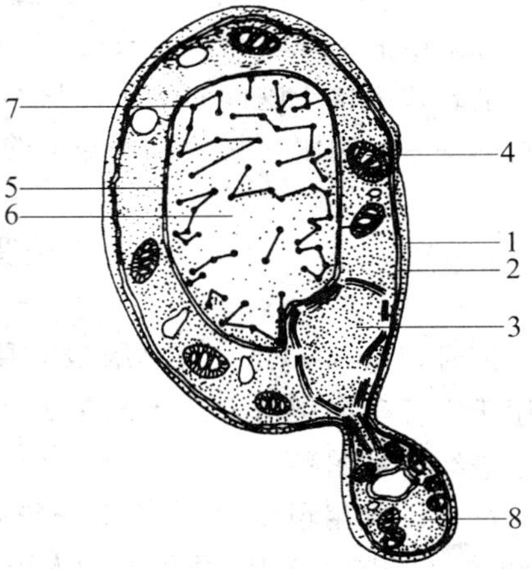

图 2-1　酵母菌的细胞结构

1. 细胞壁;2. 细胞膜;3. 细胞核;4. 线粒体;5. 液泡膜;6. 液泡;7. 液泡粒;8. 芽体

细胞壁的结构呈三明治状排列(图 2-2)。最外层为甘露聚糖,它是借助 α-1,6 和 α-1,2 或 α-1,3 糖苷键连接而成的具有复杂分支的网状聚合分子;内层为葡聚糖,主要是由 β-1,6 和β-1,3 糖苷键连接而成的分支型网状分子,是决定酵母菌细胞壁机械强度的主要物质基础;在内、外层之间夹有一层蛋白质分子,约占细胞壁干重的10%。蛋白质中结构蛋白所占的比例很少,大多以各种形式的酶蛋白存在,如葡聚糖酶、甘露聚糖酶、蔗糖酶、碱性磷酸酶及脂酶等。此外,酵母菌的细胞壁中还含有少量类脂和以环状形式分布在芽体周围的几丁质。

值得注意的是不同种类酵母菌的细胞壁组成并非完全相同,个别种类差异甚至很大。其中有的以甘露聚糖为主;有的以葡聚糖为主,也有的含有较多的几丁质。

酵母菌去壁后同样可以成为原生质体。常用的水解酶是蜗牛酶,由多种存在于蜗牛消化液中的水解酶组成,对酵母菌的细胞壁有较强的水解作用。

2. 细胞膜　如图 2-3 所示,酵母菌细胞膜的成分主要是由蛋白质(其中含有可吸收糖和氨基酸的酶)、类脂(甘油酯、磷脂、甾醇等)和糖类(甘露聚糖等)组成。

在酵母细胞膜上所含的各种甾醇中,尤以麦角甾醇居多。它经紫外线照射后,可形成一种

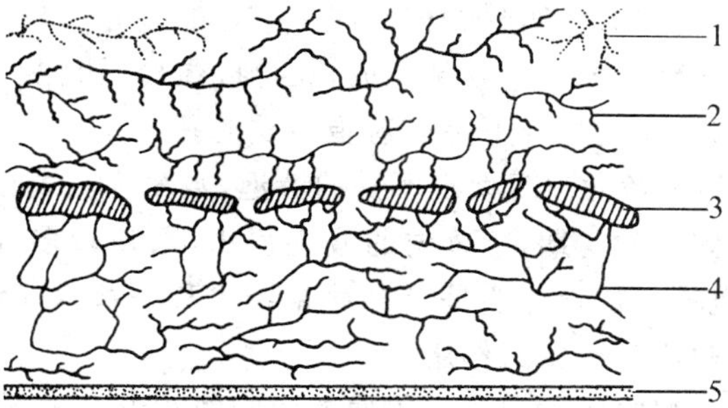

图 2-2 酵母菌细胞壁的结构

1. 磷酸甘露聚糖;2. 甘露聚糖;3. 蛋白质;4. 葡聚糖;5. 细胞质膜

维生素(D_2)。据报道,发酵酵母(*Saccharomyces fermentati*)所含的总甾醇量可达细胞干重的22%,其中的麦角甾醇达细胞干重的9.66%。此外季氏毕赤酵母(*Pichia guilliermondii*)、酿酒酵母(*Saccharomyces cerevisiae*)、卡尔斯伯酵母(*S. carlsbergensis*)、小红酵母(*Rhodotorula minuta*)和戴氏酵母(*S. delbrueckii*)等,也含有较多的麦角甾醇。

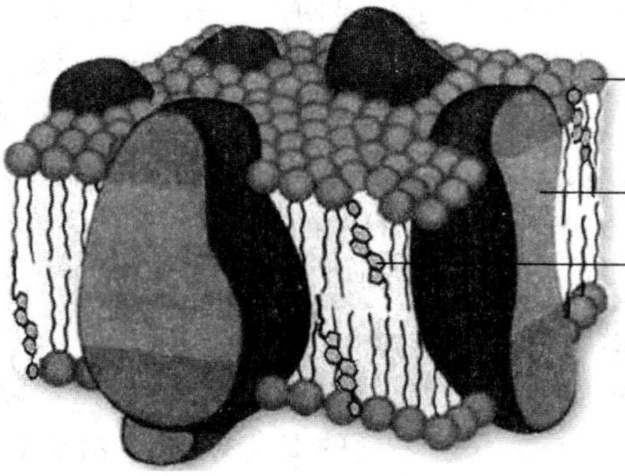

图 2-3 酵母菌细胞膜结构

3. 细胞质和内含物 酵母菌的细胞质主要是由蛋白质、核酸、糖类、脂类及盐类组成的稀胶状溶液,其中悬浮着一些已经分化的细胞器,重要的细胞器有线粒体(mitochondrion)、内质网(endoplasmic retioulum,ER)等。此外,还有液泡(vacuole)和由细胞膜内陷形成的微体(microbody)等结构。

(1) 线粒体:酵母菌的线粒体要比动物细胞的小,一般为(0.3~0.5)μm×(2~3)μm,与其他真核生物相比,数量也很少。在有氧状态时,线粒体数量增多且结构分化得更为明显,由内膜形成的嵴特别发达。线粒体的主要功能是进行能量代谢,内含丰富的酶,参与电子传递和氧化磷酸化过程。在无氧状态时,酵母菌以发酵方式产生能量,细胞内的线粒体数量明显减少。

(2) 内质网:酵母菌细胞的内质网一般在生长初期比较发达,它是由三维结构的管状及层状膜组成的复杂膜系,内侧与细胞核的核膜相通,外侧与细胞质膜相连。内质网分两类,一种是粗面型内质网(rough ER),另一种是滑面型内质网(smooth ER)。粗面型内质网上带有核糖体颗粒,主要作用是参与核糖体的翻译和蛋白质的合成及修饰;滑面型内质网上没有核糖体颗粒,主要参与脂类的合成及运输等。

酵母菌细胞内的核糖体与原核细胞的核糖体有一定的差异。与其他真核细胞的核糖体相同,酵母菌的核糖体由 40S 和 60S 两个亚基组成,在合成蛋白质时两个亚基组合形成 80S 的起始复合物,然后才能在 mRNA 的指导下完成对蛋白质的翻译。

(3) 液泡:酵母菌细胞内经常出现大小不等的液泡,数量为一个或多个。液泡的体积随细胞生长由小变大,在出芽繁殖的初期,芽体内的液泡很小,数量较多,随着芽体的逐渐成熟,小液泡汇集成大液泡。液泡的生物学功能是储存营养物质和一些水解酶,积累细胞内的一些代谢产物和离子,同时还有调节渗透压的作用。

此外,在一些酵母菌细胞内还发现一些附属的由膜演化形成的微体,这些微体内富含各种氧化酶,主要作用是参与对一些特殊营养物质的氧化、分解。

除上述主要结构物质外,在酵母菌的细胞质中含有大量的能源性储藏颗粒。常见的有脂肪颗粒、异染颗粒、糖原颗粒等,可通过染色的方法来观察这些颗粒的存在。

4. 细胞核　酵母菌属于真核细胞型微生物,它的核与高等动植物细胞的核在结构上比较相似,包括核仁、核孔和核膜。利用姬姆萨染色或碱性品红染色都可以观察到细胞核。在电子显微镜下可清楚地看到由双层单位膜组成的核被膜(nuclear lamina),在膜上大量分布着用于核内外信息传递和物质交流的孔道。

酵母菌细胞内的核只有一个,当细胞处于分裂间期时,是以染色质状态存在,核物质的主要成分是 DNA、组蛋白及非组蛋白,由此构成染色质的基本单位——核小体(nucleosome),它是串珠样的丝状结构。当细胞进行分裂时,染色质丝折叠、盘绕、浓缩形成光学显微镜下可见的染色体(chromosome)。啤酒酵母(*Saccharomyces cerevisiae*)共有 17 条染色体,它们既能以单倍体形式存在,也能以二倍体形式存在,其 DNA 的相对分子质量约为 1×10^{10} Da,是高等动、植物细胞的 DNA 的 1/100 甚至更小。与其他细胞生物一样,细胞核的主要功能是携带遗传物质,控制细胞内遗传物质的转录和信息的传递。

除细胞核外,在酵母细胞的细胞质中也发现了核以外的遗传单位,其结构和功能类似于原核生物细胞中的质粒。该遗传单位是一个双链环形的 DNA 分子,由于它的独特性质,可以作为基因工程中的载体,常用于酵母菌等真核细胞的基因操作。

5. 特殊构造　有些酵母菌如新型隐球菌(*Cryptococcus neoformans*)、汉逊酵母(*Saccharomyces hansenula*)的细胞壁外带有荚膜。真菌的荚膜比细菌荚膜厚得多,通过负染色后在显微镜下十分明显,主要成分为磷酸甘露聚糖。少数担子菌和子囊菌亚门的一些酵母菌也带有类似细菌菌毛的毛发状结构,这些结构可能与有性繁殖有关。

二、酵母菌的繁殖方式和生活史

(一) 繁殖方式

酵母菌的繁殖方式比较复杂,与原核细胞相比,除能进行无性繁殖外,还能以有性方式进行繁殖。所谓有性繁殖是指通过不同类型的"异性配子"或"异性细胞"的直接接触而完成的生殖方式。

1. 无性繁殖

(1) 芽殖:芽殖(budding)是酵母菌最常见的繁殖方式。在良好的营养和生长条件下,酵母菌生长迅速,这时可以看到所有细胞上都长有芽体,而且在芽体上还可形成新的芽体,所以经常可以见到呈簇状的细胞团。芽体的形成过程是这样的:在细胞形成芽体的部位,由于水解酶对细胞壁多糖的分解,使细胞壁变薄,大量新细胞物质——核物质(染色体)和细胞质等在芽体起始部位上堆积，使芽体逐步长大。当芽体达到最大体积时，它与母细胞相连部位形成了一块隔壁。隔壁的成分是由葡聚糖、甘露聚糖和几丁质构成的复合物。最后，母细胞与子细胞在隔壁处分离。于是，在母细胞上就留下一个芽痕，而在子细胞上也相应地留下一个芽痕。

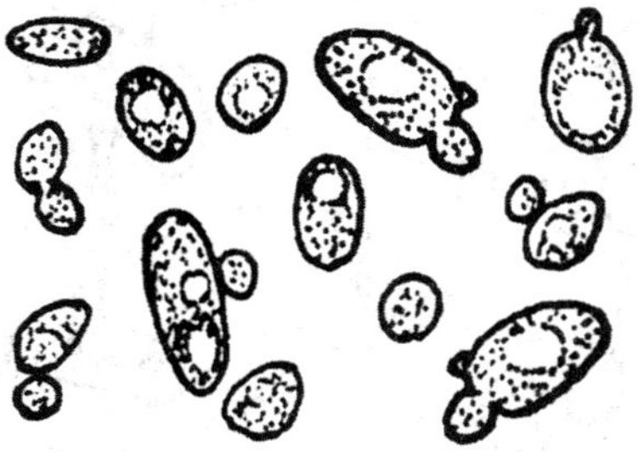

图 2-4　酵母菌的芽殖情况（母子细胞群）

（2）裂殖：酵母菌的裂殖（fission）与细菌的裂殖相似。其过程是细胞伸长，核分裂为二，然后细胞中央出现隔膜，将细胞横分为两个相等大小的、各具有一个核的子细胞。进行裂殖的酵母菌种类很少，例如裂殖酵母属的八孢裂殖酵母（*Schizosaccharomyces octosporus*）等。

除了芽殖和裂殖，少数酵母菌还能以形成掷孢子（ballistospore）或者厚垣孢子（chlamydospore）的方式进行无性繁殖。

2. 有性繁殖　真菌的有性繁殖都是借助形成的各种类型有性孢子完成的。酵母菌形成的有性孢子为子囊孢子（ascospore），产生子囊孢子的结构称为子囊（ascus）。不同种类的酵母菌通过有性繁殖形成的子囊结构并不完全相同，在形态上有的差异较大。子囊内产生子囊孢子，子囊孢子的数目也随菌种而异，有的为四个，有的为八个。

子囊孢子的形成过程是：① 两个不同遗传型的细胞相互接触、细胞壁融合，称为质配；② 两个细胞的核进行融合，称为核配；③ 二倍体的核进行减数分裂，形成子囊孢子，与此同时，营养细胞外壁分化、加厚，形成特定结构的子囊。子囊孢子成熟后，借助一定的方式释放到周围环境中，每个子囊孢子都可萌发、独立生长发育成新的酵母细胞。

由于多数酵母菌都能以子囊孢子进行有性繁殖，故子囊菌亚门中的酵母菌种类最多。

（二）生活史

在酵母菌的生活周期中，既有以出芽方式进行的无性繁殖过程，也有以子囊孢子形式进行的有性繁殖过程。其中无性繁殖过程称为无性世代，有性繁殖过程称为有性世代。由于酵母菌是单倍体生物，因此它的无性世代又称单倍体世代（n），有性世代又称二倍体世代（$2n$），由无性世代和有性世代共同组成酵母菌的生活周期，称为世代交替现象（图 2-5）。

值得注意的是不同种类酵母菌在其生活周期中，无性世代和有性世代的所占的比例差异较大。大体可分三种类型：① 单倍体世代（n）和二倍体世代（$2n$）同等重要；② 单倍体世代（n）占优势；③ 二倍体世代（$2n$）占优势。

三、酵母菌的培养特征

1. 固体培养　将酵母菌接种至固体培养基表面，28℃经 24～48 h 培养后就可观察到长出的菌落。酵母菌都是单细胞微生物，且细胞都是粗短的形状，在细胞间充满着毛细管水，因此它们在固体培养基表面形成的菌落也与细菌相仿，一般都湿润、较光滑、有一定的透明度、容

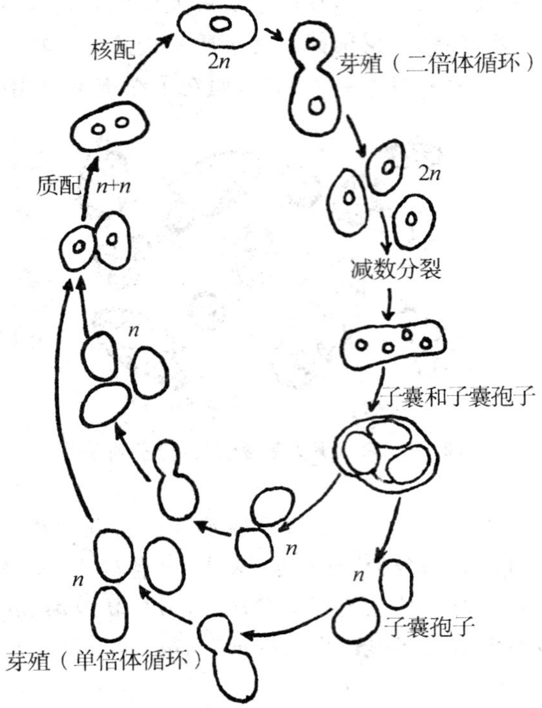

图 2－5　酵母菌的生活史

易挑起、菌落质地均匀以及正反面和边缘、中央部位的颜色都很均一等特点。但由于酵母的细胞比细菌的大，细胞内颗粒较明显、细胞间隙含水量相对较少以及不能运动等特点，故反映在宏观上就产生了较大、较厚、外观较稠和较不透明的菌落。酵母菌菌落的颜色比较单调，多数都呈乳白色，少数为红色，个别为黑色。另外，凡不产生假菌丝的酵母菌，其菌落更为隆起，边缘圆整，而会产生假菌丝的酵母，则菌落较平坦，表面和边缘较粗糙。酵母菌的菌落一般还会散发出一股悦人的酒香味。

2. 液体培养　在液体培养基中进行培养，一般出现明显的沉淀；个别能在培养基中均匀生长或在培养基表面生长并形成菌醭。液体培养基中的生长情况与酵母菌的对氧的利用有关，当好氧生长时，菌体生长旺盛，常使培养基出现混浊状态；而当厌氧生长时，由于不需要氧，菌体一般集中在培养基的底部并能形成很厚的一层沉淀。

四、常见酵母菌

1. 啤酒酵母（*Saccharomyces cerevisiae*）　啤酒酵母是啤酒生产上常用的典型的上面发酵酵母。除用于酿造啤酒、酒精及其他的饮料酒外，还可发酵面包。菌体维生素、蛋白质含量高，可作食用、药用和饲料酵母，还可以从其中提取细胞色素 C、核酸、谷胱甘肽、凝血质、辅酶 A 和三磷酸腺苷等。在维生素的微生物测定中，常用啤酒酵母测定生物素、泛酸、硫胺素、吡哆醇和肌醇等。

啤酒酵母在麦芽汁琼脂培养基上菌落为乳白色，有光泽，平坦，边缘整齐。无性繁殖以芽殖为主。能发酵葡萄糖、麦芽糖、半乳糖和蔗糖，不能发酵乳糖和蜜二糖。

按细胞长与宽的比例，可将啤酒酵母分为三组。第一组的细胞多为圆形、卵圆形或卵形

(细胞长：宽<2)，主要用于酒精发酵、酿造饮料酒和面包生产。第二组的细胞形状以卵形和长卵形为主，也有圆或短卵形细胞(细胞长：宽≈2)。这类酵母主要用于酿造葡萄酒和果酒，也可用于啤酒、蒸馏酒和酵母生产。第三组的细胞为长圆形(细胞长：宽>2)。这类酵母比较耐高渗透压和高浓度盐，适合于用甘蔗糖蜜为原料生产酒精，如台湾396号酵母。

2. 汉逊酵母(*Hansenia zonata*) 细胞为圆形、卵圆形、卵形或腊肠形。营养细胞以多边出芽方式进行无性繁殖，能形成假菌丝。有性繁殖为子囊孢子，子囊形状与营养细胞相同，子囊成熟后破裂，释放出帽形、土星形、圆形或半圆形的子囊孢子。

该菌多能发酵产生乙酸乙酯，并可利用葡萄糖产生磷酸甘露聚糖，成为荚膜的主要成分。通过大量培养可提取荚膜中的多糖成分，应用于纺织及食品工业。此外，该菌对核酸有较强的降解能力，对烃类也有一定的降解和利用能力。

由于汉逊酵母利用的碳源类型广泛，生长能力强，而且带有荚膜，因此它是食品发酵工业中的一种常见污染菌。它们能在饮料表面生长并形成干而皱的菌醭，有的利用酒精作为碳源，给酒精发酵工业带来严重危害。

3. 产朊假丝酵母(*Candida utilis*) 产朊假丝酵母的细胞呈圆形、椭圆形或腊肠形，大小为(3.5～4.5)μm×(7～13)μm。液体培养不产醭，管底有菌体沉淀。在麦芽汁琼脂培养基上，菌落乳白色，平滑，有或无光泽，边缘整齐或呈菌丝状。在玉米粉琼脂培养基上，形成原始假菌丝或不发达的假菌丝，或无假菌丝；能发酵葡萄糖、蔗糖、棉子糖，不发酵麦芽糖、半乳糖、乳糖和蜜二糖。不分解脂肪，能同化硝酸盐。

产朊假丝酵母的蛋白质含量和维生素B含量均高于啤酒酵母。它能以尿素和硝酸盐为氮源，不需任何生长因子。特别重要的是它能利用五碳糖和六碳糖，即能利用造纸工业的亚硫酸废液、木材水解液及糖蜜等生产人畜食用的蛋白质。

4. 热带假丝酵母(*Candida tropicalis*) 细胞呈卵形或球形，大小为(4～8)μm×(5～11)μm。在麦芽汁琼脂培养基表面形成的菌落为白色或奶油色，无光泽或略带光泽，菌落较软且平滑，有的可形成皱褶。培养时间过长时，菌落逐渐变硬，并出现菌丝状特征。

在玉米粉琼脂培养基上培养，可生成大量的假菌丝。假菌丝的形态很典型，具有分枝，上面长有成轮生状或短链状的芽生孢子。

该菌能发酵葡萄糖、麦芽糖、半乳糖、蔗糖，不能发酵乳糖、蜜二糖、棉子糖；不能同化硝酸盐，不能分解脂肪。在液体培养时，可出现菌醭，大量的菌体则沉淀于培养容器的底部。

热带假丝酵母氧化利用烃类的能力强，可用于石油脱蜡。在含有石油馏分的培养基中培养24 h后，可获得相当于烃类重量92%的菌体细胞，因此它是“石油蛋白”生产的重要菌种。也可用农副产品或工业废料来大量培养热带假丝酵母，作为饲料。此外，热带假丝酵母也能导致机体感染，具有一定的致病性。

5. 白假丝酵母(*Candida albicans*) 白假丝酵母又名白色念珠菌。细胞呈圆形或卵圆形，以芽生孢子出芽繁殖，不进行有性繁殖，不能形成子囊及子囊孢子。该菌在玉米粉琼脂培养基上可形成典型的假菌丝，在假菌丝上长有许多芽生孢子，菌丝的顶端或侧枝上可形成厚壁孢子。白色念珠菌在营养琼脂、血琼脂和沙氏培养基上均能较好地生长，菌落呈灰白或奶油色，表面湿润、光滑。

白色念珠菌是一种条件致病菌，在正常人体的体表、口腔及黏膜部位都有分布，一般不致病。当机体受到感染出现菌群失调、抵抗力下降或因肿瘤、艾滋病、器官移植及糖尿病患者长期使用广谱抗生素或进行放疗、化疗等治疗过程时，机体的免疫力减弱，极易导致这类真菌感染。

该菌引起的感染一般为浅部感染，主要侵染皮肤、黏膜，如感染口腔黏膜引起鹅口疮，该病在体质虚弱的婴幼儿中最为常见。如治疗不当扩散至体内后，也可引起内脏感染或中枢神经感染，导致肺炎、肾炎、脑膜炎等疾病的发生。

白色念珠菌对一些唑类药物敏感，如氟康唑(fluconazole)、酮康唑(ketoconazole)等。由于真菌感染机会逐渐增多和药物的不合理使用使该菌对一些常规药物的抗药性增强，因此有必要加强这方面的研究工作，筛选新型的抗真菌药物。

第二节　丝状真菌——霉菌

霉菌(mold)是丝状真菌的统称。与酵母菌一样，霉菌也不属于分类上的名词。在鞭毛菌亚门、接合菌亚门、子囊菌亚门和半知菌亚门中都有霉菌的种类。霉菌的突出特点是具有发育良好的分枝状菌丝体(mycelium)。霉菌的种类很多，在自然界的分布极广，土壤、水体、空气及动植物体中都有它们的踪迹，它们往往在潮湿的条件下大量生长繁殖，多数都能发育成肉眼可见的丝状、绒状或蛛网状的菌丝体。

霉菌与人类的关系十分密切，广泛应用于以发酵为主的食品加工、工业生产、药品制造及生物转化等各个环节中。环境中的腐生型霉菌对自然界物质循环也具有非常重要的作用，尤其是对数量极大的纤维素、半纤维素及木质素的分解和利用主要是通过霉菌完成的。与此同时，由于霉菌污染对工农业所造成的损失也很大，食品、纺织品、皮革、纸张、木器、光学仪器、电工器材甚至药品等都能被霉菌污染，发生霉变。

霉菌还能引起动植物的病害，严重威胁人类的健康。据统计，85%以上的植物传染性病害是由霉菌感染引起的。一些寄生型霉菌也能感染人和动物，导致临床症状，如皮肤癣菌引起的各种癣症。特别是有的种类能产生毒素，目前已发现的毒素有百种以上，如毒性很强的黄曲霉毒素不仅能引起中毒症状，还是强的致癌物质。

一、霉菌的形态学

(一) 霉菌的形态

霉菌是具有分枝菌丝体的、不能进行光合作用的异养型真核微生物，其基本组成单位是菌丝细胞。菌丝(hypha)为一种管状结构，直径一般为3～10 μm，比普通细菌和放线菌大几倍到几十倍，由坚韧的含几丁质的细胞壁包被。菌丝能借助顶端生长进行延伸，并通过多次重复分枝而形成微细的网络结构，称之为菌丝体。

在显微镜下观察到的霉菌菌丝有两种类型，一种是菌丝管腔中无横隔膜，称为无隔菌丝；另一种是有横隔膜，称为有隔菌丝(图 2－6)。无隔菌丝的整个菌丝为长管状的单细胞，细胞内含有多个核，生长时只表现为菌丝延长、细胞核裂殖增多和细胞质量的均匀增加，霉菌中的低等种类如根霉、毛霉、梨头霉等都属于这种类型。在无隔菌丝中一般看不到横隔膜，只有在菌丝体形成繁殖结构时才出现横隔膜，而且这种横隔膜是完全无孔的。有隔菌丝为典型的多细胞结构，两横隔膜之间组成一个细胞。子囊菌、担子菌和半知菌等许多高等种类均属于有隔菌丝类型。不同霉菌的横隔膜结构也不完全相同，主要有下列几种类型(图 2－7)：① 单孔型，隔膜中央具有一个较大的孔口，这种单孔型的隔膜是子囊菌和半知菌菌丝的典型特征；② 多孔型，隔膜上有许多微孔，这些微孔在隔膜上的排列又各有其特征，如白地霉(*Geotrichum candidum*）和一些镰刀菌（*Fusarium*）；③ 桶孔型，这种隔膜有一中心孔，并且该孔的边缘膨大而使中心孔成为"琵琶桶"状，在其外面覆盖一层由内质网膜形成的弧形膜，叫做桶孔覆垫。霉菌的横隔膜可能是由于适应陆地环境而形成的，有隔菌丝的横隔膜在维持菌丝强度、防止胞内物质流失、抵抗干旱等方面发挥着重要作用。

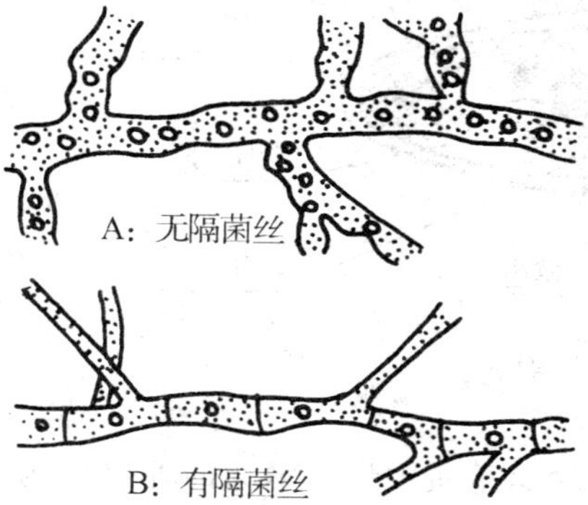

图 2-6　霉菌的菌丝

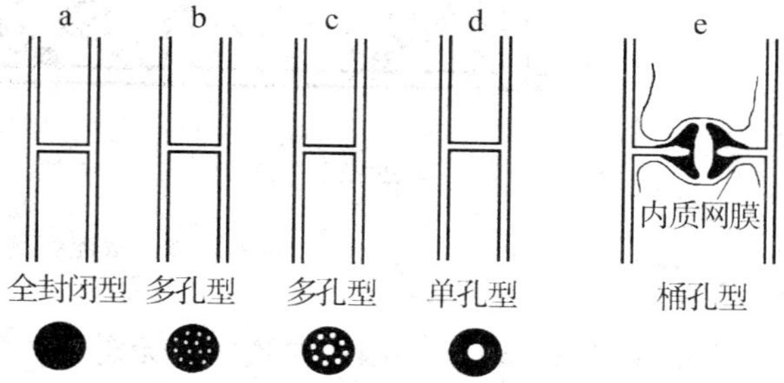

图 2-7　霉菌菌丝的横隔膜结构

霉菌的菌丝在固体培养基内和表面都能生长，向培养基内生长的菌丝主要功能是吸收营养，称为营养菌丝；在培养基表面生长的菌丝为气生菌丝（图 2-8），气生菌丝成熟时往往特化形成具有一定结构的用于繁殖的菌丝，称之为繁殖菌丝。繁殖菌丝能够产生各种类型的孢子。这两类菌丝在长期的进化中，因其自身的生理功能和对不同环境的高度适应，已明显发展出各种特化的结构。

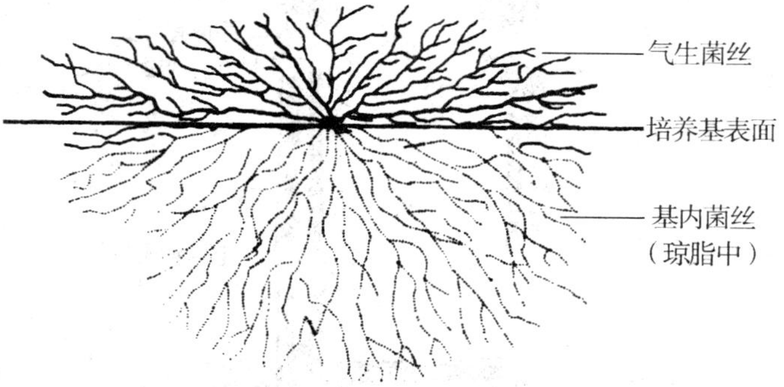

图 2-8　霉菌的菌丝体

二、霉菌细胞的基本结构

霉菌菌丝细胞的最外层是坚韧的细胞壁，紧贴细胞壁的是其原生质膜，在原生质膜包被的菌丝细胞质中，含有核、线粒体、核糖体、高尔基体及液泡等结构。亚显微结构主要由微管和内质网等单位膜结构支持和组成（图 2-9）。

1. 细胞壁　多数霉菌细胞壁的主要成分为几丁质。它是 N-乙酰葡萄糖胺借助 β-1,4 糖苷键连接成的链状聚合分子，该结构与组成植物细胞壁的纤维素相似，不同的是葡萄糖环上的第二碳原子连接的是乙酰胺基，而不是羟基。一些低等水生类型的霉菌如水霉菌，其细胞壁成分为纤维素。几丁质和纤维素分别构成了高等及低等霉菌细胞壁的多层、半晶体网状结

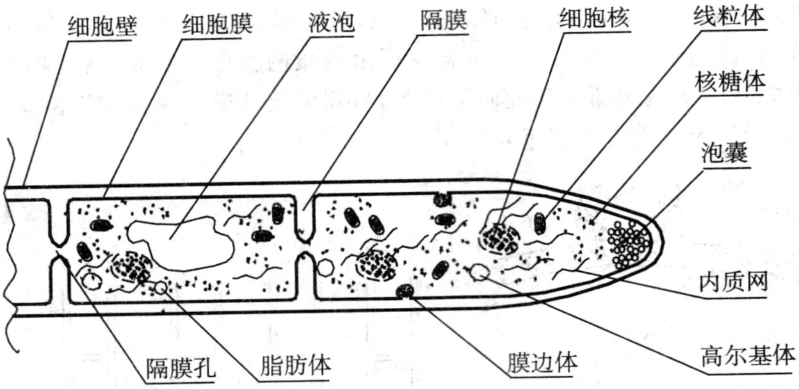

图 2-9　霉菌细胞的基本结构

构——微原纤维(microfibril),它镶嵌在无定形的β-葡聚糖基质中形成坚韧的外层结构,有的还含有少量蛋白质(图 2-10)。

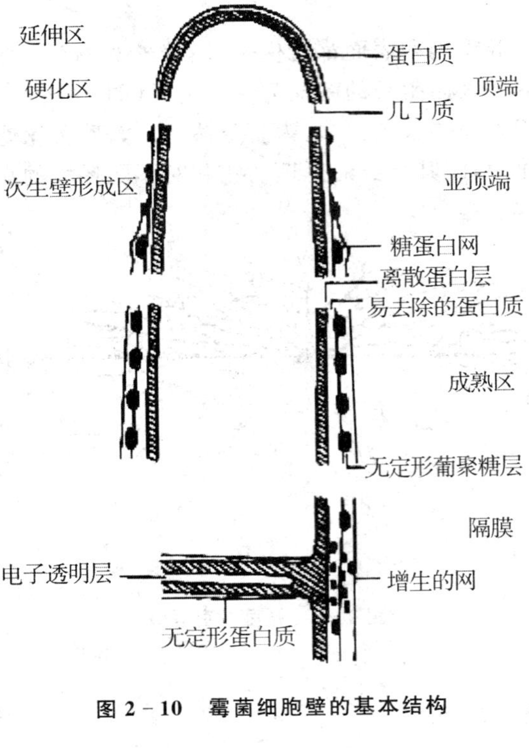

图 2-10　霉菌细胞壁的基本结构

2. 细胞膜　与原核细胞的膜相似,霉菌的细胞膜是一个分隔细胞内、外的半渗透性膜屏障。霉菌的细胞膜中也含有固醇,这种扁平的分子能增强膜的硬度。与其他生物膜结构不同的是在霉菌的细胞壁和细胞膜之间能形成一种特殊的膜结构,称为膜边体(lomasome)。这种由单位膜包围形成的膜边体形状变化很大,有管状、囊状及颗粒状,该结构可能与细胞壁的形成有关。

3. 细胞质和内含物　霉菌菌丝细胞中的细胞质组成与其他真核生物基本相同。主要是由水、蛋白质、核酸、糖类及无机盐等构成的透明的胶状液体。霉菌细胞质分布是不均匀的,在菌丝的不同生长阶段，含量也有一定的差异。幼龄时，细胞质充满整个菌丝细胞，老龄时往往出现大的液泡，作为营养物和废物的储藏场所，其中含有多种物质，常见的有糖原、脂肪滴及异染颗粒等，特别是液泡的高含水量保持了细胞内的高膨胀压。

在细胞质中悬浮着一些细胞器，如线粒体、内质网、核糖体及高尔基体等，这些细胞器在能量产生、蛋白质合成等代谢活动中起着重要作用。

4. 细胞核　霉菌的细胞核是完整的，包括核仁、双层的核膜及核孔。不同种类霉菌的细胞核中含有的染色体数目不同，一般都在一条以上。染色体的结构、组成及功能与高等动植物的基本相同，不同的是霉菌染色体往往是以单倍体形式存在的。在细胞有丝分裂时，染色体要进行复制并随之进行分离。电镜观察结果表明，在两个核形成期间核膜一般不消失，呈哑铃状，这种分裂称为核分离；当减数分裂发生时，随着核分离，核膜完全消失，直至形成两个新的核膜。

三、霉菌的繁殖方式和生活史及培养特征

（一）繁殖方式

霉菌的繁殖能力一般都很强，繁殖方式也较复杂，主要以产生大量的无性孢子为主。在液体培养时能够以菌丝断裂方式进行繁殖。在一定的生长阶段，当条件适宜时，多数霉菌可通过产生有性孢子的方式进行有性繁殖。在霉菌的生长周期中，一般先行无性繁殖，后期行有性繁殖，由此构成其独特的生活史。

1. 无性孢子繁殖　无性孢子是指不经“异性”菌丝细胞配合，由菌丝自身分化或分裂形成的孢子，通过产生无性孢子进行的繁殖称为无性孢子繁殖。霉菌的种类丰富，产生的无性孢子类型最为复杂（图 2－11）。

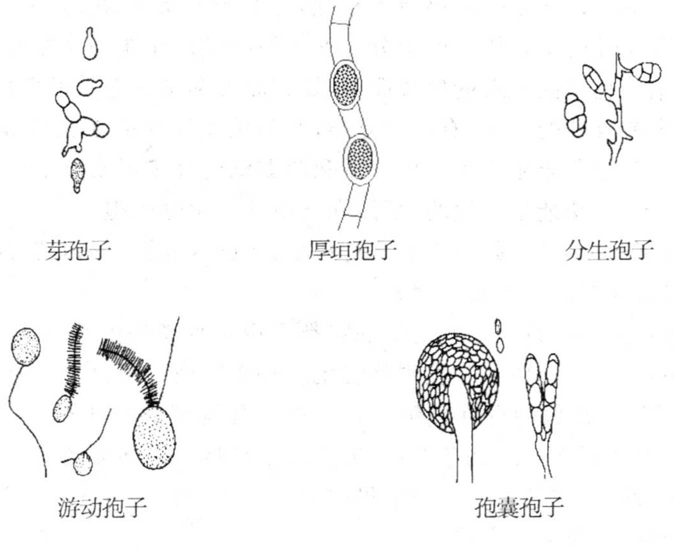

图 2－11　霉菌的各种无性孢子

（1）厚壁孢子：该种类型孢子具有较厚的壁，故名厚壁孢子。其形成过程是：在菌丝的顶端或中间由原生质浓缩、变圆、类脂物质密集，周围的菌丝壁增生并加厚，形成圆形、卵圆形或圆柱形的孢子。厚壁孢子的形成过程与细菌芽胞形成有类似之处，并且对不良环境也有较强的抗性，因此它既是霉菌的一种无性繁殖形式，也是霉菌的休眠体。当环境条件适宜时，厚壁

孢子就会萌发，发育成新的菌丝体。接合菌亚门中的一些种类如总状毛霉(*Mucor racemosus*)往往能借助这种方式进行繁殖。

(2) 芽生孢子(buddingspore)：这种类型孢子的形成过程与酵母菌出芽类似，故名芽生孢子，简称芽孢子。出芽时，菌丝细胞壁变薄并突起形成芽体，细胞核及细胞质进入芽体后原生质浓集，细胞壁收缩，导致芽体与菌丝细胞分离。当出芽速度过快时，芽孢子不脱离母体细胞，可连接成链状，形成假菌丝样的结构。

(3) 关节孢子(arthrospore)：是由菌丝体断裂形成的，一般呈圆柱形。形成与释放过程与放线菌的孢子丝有些相似，由菌丝顶端向基部逐渐形成、成熟。先出现许多横隔膜，然后从隔膜处断裂，形成串状排列的多个孢子。如白地霉(*Geotrichum candidum*)的无性繁殖形成的就是关节孢子。

(4) 孢囊孢子(sporangiospore)：一些霉菌的菌丝发育成熟进入繁殖期后，菌丝的功能出现分化，一部分菌丝发育成孢子囊梗，梗的顶端细胞能特化形成一个圆球形、卵球形或梨形的囊状结构，称为孢子囊，囊内发育形成的孢子就是孢囊孢子。成熟的孢子囊主要由囊体、囊轴及孢子囊梗组成。孢囊孢子是一种内生孢子，其形成过程是：孢子囊内大量积聚细胞质和细胞核；包围了大量细胞核的原生质被分割成许多小块，每一小块原生质中至少含有一个细胞核；原生质小块最后发育成孢囊孢子。当孢囊孢子完全成熟后，一般通过囊体破裂将大量的孢子释放至周围环境中。个别种类霉菌形成的孢子囊不破裂，孢子可从孢子囊上的小孔或管口溢出。

孢囊孢子有两种类型，一类是有鞭毛能运动的孢子，称为游动孢子(zoospore)，水生霉菌产生的孢子多为游动孢子；另一类是无鞭毛不能运动的孢子，称为不动孢子(aplanospore)或静孢子，陆生霉菌产生的孢子多为这种类型，该孢子主要借助空气传播。

(5) 分生孢子(conidium)：与孢囊孢子相比，分生孢子是裸露的，无囊包围，属于外生孢子，它是霉菌的主要无性孢子。用于产生分生孢子的菌丝往往能特化形成一定的结构，霉菌的种类不同，特化的结构也不同。有的比较简单，如红曲霉和交链孢霉可直接由分枝菌丝的顶端细胞分化，形成单个或成簇的孢子；有的较复杂，产孢菌丝往往能特化形成具有一定结构的分生孢子器，通过分生孢子器分泌孢子。如青霉和曲霉都可分化形成分生孢子器，两者的分生孢子器结构虽有所差异，但功能是一致的，都能在其顶端产生分生孢子。

分生孢子多为圆形或卵圆形，着生方式有单生、成链或成簇排列，其特点是产生的量大，这也是决定霉菌繁殖力强弱的一个重要因素。

值得注意的是在同一种霉菌菌丝上不一定都采用一种类型的无性孢子，如在许多霉菌特别是接合菌亚门中，同一菌丝体上常发现孢囊孢子和厚壁孢子共存的现象。

2. 有性孢子繁殖　霉菌的有性繁殖都是借助各种类型的有性孢子完成的。由于霉菌的有性繁殖不如无性繁殖那么普遍和经常，一般只发生在特定的环境条件下，因此人工培养时很难观察到有性孢子及有性繁殖过程。与酵母菌的有性繁殖过程相似，霉菌有性繁殖的基本过程包括质配、核配和减数分裂三个阶段。

(1) 质配阶段：是两个遗传型不同的"性细胞"结合的过程，质配时两者的细胞质融合在一起，但两者的核各自独立，共存于同一细胞中，称为双核细胞。此时每个核的染色体数目都是单倍的(即 $n+n$)。

不同类型霉菌进行质配时所采用的方式有所不同，大体分为五种类型：① 配子结合(gametogamy)。有些霉菌进行有性繁殖的"性细胞"已出现分化，发育成"雌"、"雄"配子，由两个遗传型不同的配子结合形成合子。如果两个配子的大小、形态相似，称为同配生殖。若两者的差异较大，则称为异配生殖。② 配子囊接触(gametangial contact)。两个配子囊相互接触时，雄性的核通过在配子囊壁的接触点溶解成的小孔进入雌配子囊，或是借助两个配子囊之间形成的受精管进入雌配子囊。雌、雄配子囊可以是同形的，也可以是异形的。③ 配子囊配合(gametangial copulation)。这是以两个相互接触的配子囊的全部内容物的融合为特征的质配方式。其中又可分为两种形式：一种是雄配子囊的内容物通过配子囊壁上的接触点小孔转移到雌配子囊中；另一种是两个配子囊细胞直接融合为一，两个配子囊壁接触部位融化而成为一个公共细胞。④ "受精作用"(spermatization)。此过程与植物的受精过程有些类似，多发生于子囊菌和担子菌。两种"性细胞"各自分化成"雄性"配子和"雌性"配子囊，"雄性"配子借助风、水及昆虫等媒介与"雌性"配子囊接触完成质配过程。⑤ 体细胞结合(somatogamy)。一些高等的子囊菌和担子菌可直接利用菌丝细胞作为配子囊进行接合完成质配过程。如果接合发生在相同类型的菌丝细胞之间，称为同宗接合；如果接合发生在不同类型的菌丝细胞之间，称为异宗接合。在担子菌中，常通过两种不同类型的菌丝细胞接合，形成双核菌丝，该现象称为菌丝联结(anastomosis)。

(2) 核配阶段：质配完成后，双核细胞中的两个核进行融合，形成二倍体的合子，此时核的染色体数是双倍的(即 $2n$)。在低等霉菌中，质配后紧接着进行的就是核配，而高等霉菌中，质配后不一定马上进行核配，经常以双核形式存在一段时间，在此期间双核细胞也可分裂产生双核子细胞。霉菌染色体的基因重组一般发生在核配阶段。

(3) 减数分裂：由于霉菌的核是以单倍体形式存在，故二倍体的核还需进行减数分裂才能使子代的染色体数与亲代保持一致，即恢复到原来的单倍体状态。多数霉菌在核配后立刻进行减数分裂，形成各种类型的单倍体有性孢子，但也有少数种类霉菌像酵母菌一样能以二倍体的合子形式存在一段时间，此现象常见于接合菌亚门中的霉菌。

经过上述三个阶段，霉菌最终以有性孢子完成繁殖全过程。霉菌有性孢子的形成是一个相当复杂的过程，有性孢子的类型也随霉菌的种类各异，常见的有性孢子有卵孢子(oospore)、接合孢子(zygospore)和子囊孢子(ascospore)三种类型(图 2－12)。

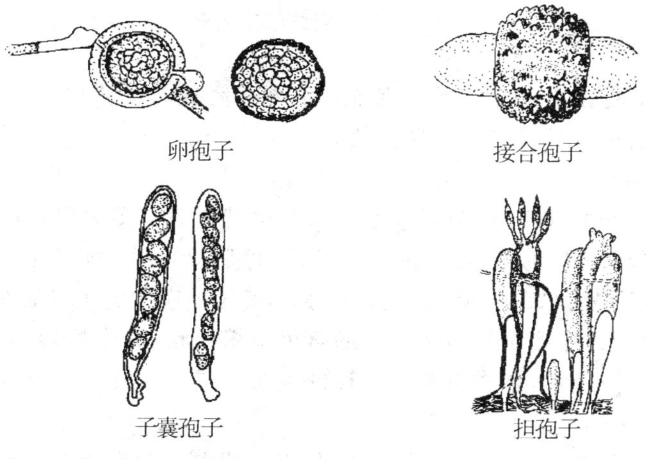

图 2－12　霉菌的各种有性孢子

(二) 霉菌的生活史

霉菌的生活史都是从孢子开始，经过发芽、生长成为菌丝体，再由菌丝体经过无性和有性繁殖最终又产生孢子为止，即孢子→菌丝体→孢子的循环过程。在绝大多数霉菌的生活史中都有无性阶段和有性阶段，它们分别组成无性世代和有性世代，因此霉菌中的世代交替现象十分明显。典型的生活史如下：霉菌的菌丝体发育成熟后可通过各种方式产生并释放出无性孢子，无性孢子萌发形成新的菌丝体。这样的繁殖方式可循环多次，构成霉菌的无性世代。当无性繁殖进行一段时间后，一般在霉菌生长发育的后期并且是在特定的环境条件下，才进入有性繁殖阶段，即在菌丝体上分化出特殊的"性细胞"或配子，经质配、核配和减数分裂等环节，最后产生各种类型的有性孢子，有性孢子萌发再发育成新的菌丝体，上述过程构成霉菌的有性世代（图 2－13）。

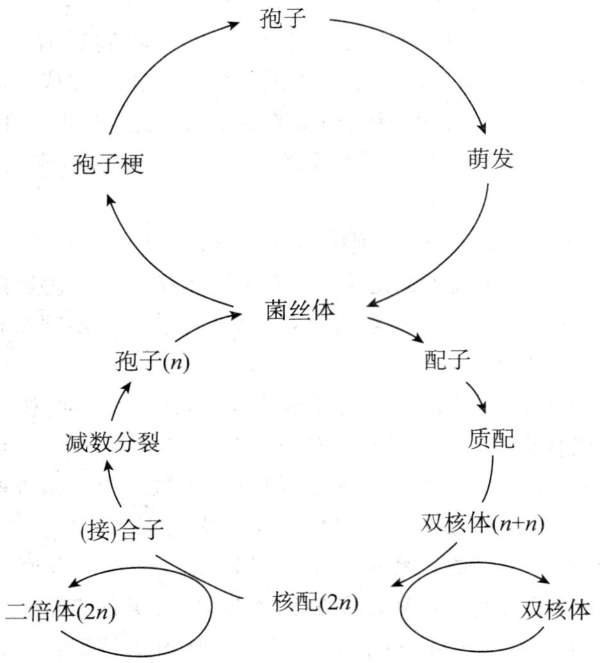

图 2－13　霉菌的生活史

半知菌亚门中的霉菌主要是以无性孢子繁殖方式完成其生活史，还没有发现有性繁殖阶段。由于它们的生活史中只发现了无性世代，故名半知菌。

（三）霉菌的培养特征

大多数霉菌对营养要求不高，只需要水、盐，简单的氮源及碳水化合物就可生长，一般常用沙堡氏琼脂基（主要成分葡萄糖 4％、蛋白胨 1％、琼脂 2％）培养都能生长。但需要弱酸性（pH 4～6）、较低孵育温度（22～28℃），充分湿度和氧气供应才能生长良好。霉菌生长都比较缓慢，大多需孵育数天后才形成明显菌落。菌落可呈棉絮状、绒球状、粉末状或石膏样，其正面和背面可显示各种不同色素，常作为鉴定菌种的参考。镜检可见有纵横交织的菌丝及各种孢子（例如各种癣菌的菌落）。

真菌很容易发生变异，在人工培养基中多次移种或孵育过久，就可出现形态结构、菌落性状、色素以及各种生理性状（包括毒力）的改变，用不同的培养基和温度培养真菌，其性状也有改变，真菌对干燥、阳光、紫外线及一般化学消毒剂耐受性却较强。但对热的抵抗力却不强。60℃以上 1 h 即可杀死孢子及其菌丝，在 1％～3％石炭酸、2.5％碘酊、0.1％升汞及 10％甲醛中可被灭活。用甲醛气体熏蒸被真菌污染的衣物用具，可杀灭真菌菌丝及其孢子。但真菌对一般抗菌素及磺胺药均不敏感。只对二性霉素、酮康唑、制霉菌素等非常敏感，治疗真菌感染常用此药。

四、霉菌的代表属

霉菌的种类繁多且不同种类霉菌之间的差异也较大，下面仅介绍一些与人类关系较为密切的几类重要霉菌。

（一）毛霉属（*Mucor*）

毛霉在自然界的分布很广，空气、土壤等环境中都有毛霉的孢子。毛霉的菌丝体是由管状分枝的无隔菌丝组成，因此可以将毛霉看做是单细胞霉菌。分类位置为接合菌亚门、毛霉目、毛霉属，属低等类型的真菌。

毛霉的镜下形态主要有菌丝、孢子囊梗和孢子囊。孢子囊梗嵌入孢子囊内的部分称为囊轴，在孢子囊内发育形成大量的孢囊孢子（图 2－14）。

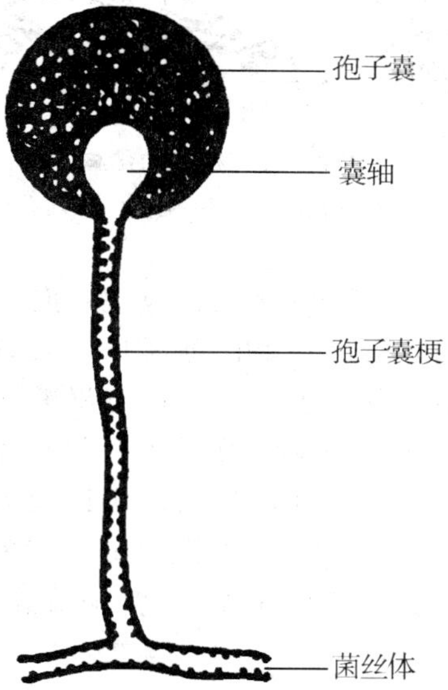

图 2－14　毛霉的结构

毛霉的生活史完整，包括无性繁殖和有性繁殖两个阶段，无性繁殖为孢囊孢子，有性繁殖为接合孢子。

毛霉的应用广泛，有的种类能产生淀粉酶，有的产生蛋白酶，因此可用于工业上的糖化过程和豆豉、豆腐乳等蛋白类食品的发酵。此外，毛霉还经常被用来生产乙醇、乳酸及延胡索酸等，在甾体化合物的生物转化方面也具有重要作用。另一方面，毛霉的害处也较大，它是一种主要的微生物污染源，经常引起蔬菜、果品、衣物和药材等发霉变质，有的毛霉对一些纺织品及皮革等有一定的破坏作用。

（二）根霉属（*Rhizopus*）

根霉与毛霉同属毛霉目，两者的形态、结构有相似之处。根霉的菌丝无横隔，主要由匍匐菌丝、假根、孢子囊梗和孢子囊组成（图 2－15）。假根和匍匐菌丝有别于毛霉，是根霉、梨头霉（*Absidia*）等少数霉菌特有的结构。根霉的菌丝粗大，在显微镜的低倍镜下很容易观察。菌丝在固体培养基上生长迅速，若培养时间延长可充满整个培养皿内的空间，因此很难形成固定的菌落。

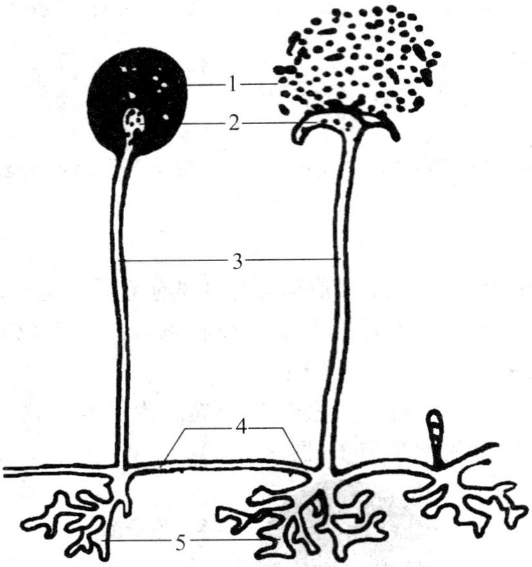

图 2－15　根霉的结构

1. 孢子囊；2. 囊轴；3. 孢子囊梗；4. 匍匐菌丝；5. 假根

根霉具有典型的世代交替现象，无性繁殖方式是孢囊孢子；有性繁殖方式为接合孢子。根霉的孢子囊梗一般是在假根的相对位置上生出，顶端膨大发育成孢子囊，囊轴为半圆形，囊轴与孢囊梗之间有横隔。孢囊孢子多数为球形，成熟时分泌黑色素。

根霉的营养要求不高且易于在含淀粉等多糖的环境中生长，因此含有淀粉的食品如果保存不当，特别容易污染根霉。根霉对其他物品的腐蚀能力也很强，可广泛引起包括皮革在内的多种物品发生霉变。而另一方面，产生淀粉酶这一特性使根霉成为工业上重要的糖化菌种。此外，根霉还经常被用于生产乙醇、乳酸等，它在甾体化合物的生物转化方面也有重要作用。

（三）青霉属（*Penicillium*）

青霉菌的菌丝有横隔，呈丛状着生并有明显分枝。气生菌丝发育成熟时特化成分生孢子梗，梗的顶端可出现多次分枝，在分枝末端生长出一轮或几轮对称的梗基和小梗，在最外层小梗的顶端可产生串状排列的分生孢子。这样的产孢结构称为分生孢子器，青霉菌的分生孢子器在显微镜下呈扫帚状，故名帚状枝或青霉穗（图 2－16）。帚状枝的形态、结构，如梗基的生长轮数等都可作为青霉菌分类鉴定的依据。

在青霉菌中只发现了生活史中的无性阶段，即产生大量分生孢子的无性繁殖，还没有观察到明显的有性世代，因此在分类位置上属于半知菌类。

青霉菌的种类很多，在自然界的分布广泛，如橘青霉常生长在腐烂的柑橘皮上，呈现青绿色污染斑。在空气、土壤等环境中也有大量的青霉菌的孢子，常常导致物品腐败。

青霉菌是抗生素的重要生产菌，其中的产黄青霉（*Penicillium chrysogenum*）是青霉素的发酵生产菌种。除产生抗生素外，青霉菌也常用于有机酸、酶制剂的生产。由于它分解有机物的能力强，故广泛用于一些特殊有机化合物的生物转化。

（四）曲霉属（*Aspergillus*）

曲霉是发酵工业和食品加工业的重要菌种，已被利用的近 60 种。2 000 多年前，我国就用

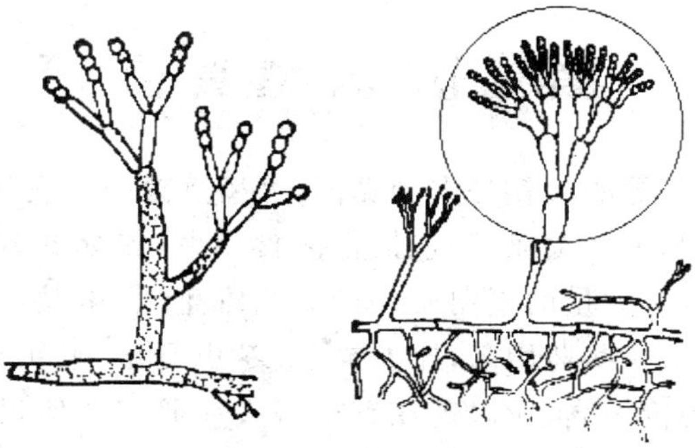

图 2－16　青霉的结构

于制酱，也是酿酒、制醋曲的主要菌种。现代工业利用曲霉生产各种酶制剂（淀粉酶、蛋白酶、果胶酶等）、有机酸（柠檬酸、葡萄糖酸、五倍子酸等），农业上用作糖化饲料菌种。例如黑曲霉、米曲霉等。

曲霉广泛分布在谷物、空气、土壤和各种有机物品上。生长在花生和大米上的曲霉，有的能产生对人体有害的真菌毒素，如黄曲霉毒素 B_1 能导致癌症，有的则引起水果、蔬菜、粮食霉腐。

曲霉菌丝有隔膜，为多细胞霉菌。在幼小而活力旺盛时，菌丝体产生大量的分生孢子梗。分生孢子梗顶端膨大成为顶囊，一般呈球形。顶囊表面长满一层或两层辐射状小梗（初生小梗与次生小梗）。最上层呈小梗瓶状，顶端着生成串的球形分生孢子（图 2－17）。以上几部分结构合称为“孢子穗”。孢子呈绿、黄、橙、褐、黑等颜色。这些都是菌种鉴定的依据。分生孢子梗生于足细胞上，并通过足细胞与营养菌丝相连。曲霉孢子穗的形态，包括分生孢子梗的长度、顶囊的形状、小梗着生是单轮还是双轮，分生孢子的形状、大小、表面结构及颜色等，都是菌种鉴定的依据。

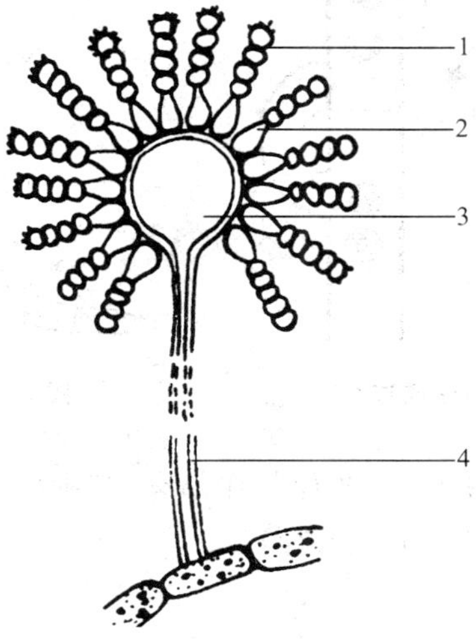

图 2－17　曲霉的分生孢子器结构

1. 分生孢子；2. 小梗；3. 顶囊；4. 分生孢子梗

曲霉属中的大多数仅发现了无性阶段，极少数可形成子囊孢子，故在真菌学中仍归于半知菌类。

第三节　大型真菌

真菌中还有一种比较高等的菌就是大型真菌，大型真菌因为它的个体比较大而得名，在分类上大多属于担子菌亚门和子囊菌亚门，包括很多食用菌，比如蘑菇、木耳、金针菇等，这些食用菌不仅味道鲜美，而且含有大量的蛋白质、氨基酸、维生素、多糖，还具有抗癌、抗衰老、增强免疫力的功效。另外也包括一些药用菌，比如灵芝、冬虫夏草、猴头菇、马勃等，它们都具有重要的药用价值，因为它们的价格高，所以现在有很多人在研究如何很好地人工栽培它们，来促进它们的广泛应用。

一、大型真菌的形态学

大型真菌菌丝细胞的特点是常有两个核，称为双核结构。真菌的双核结构是通过锁状联合的方式形成的。锁状联合就是真菌在菌丝的顶端细胞的侧面生出小的突起，然后原来的双核菌丝细胞的一个核进入突起处，两个核同时进行有丝分裂，接下来在两对子核之间形成横隔，生成双核的末端细胞和单核的侧生细胞，还有一个单核的次末端细胞。最后侧生细胞和次末端细胞融合后，就形成了双核细胞，同时两个顶端细胞移到中间部位等待下一次锁状联合（图 2－18）。

大型真菌的菌丝按照它的生长顺序，可以有初级菌丝、次级菌丝、三级菌丝之分，初级菌丝的细胞是单核的，次级菌丝由双核菌丝构成，三级菌丝是由次级菌丝发育而来的，也是双核菌丝，三级菌丝围绕着担子并且和担子一起组成担子果，也就是子实体（图 2－19）。

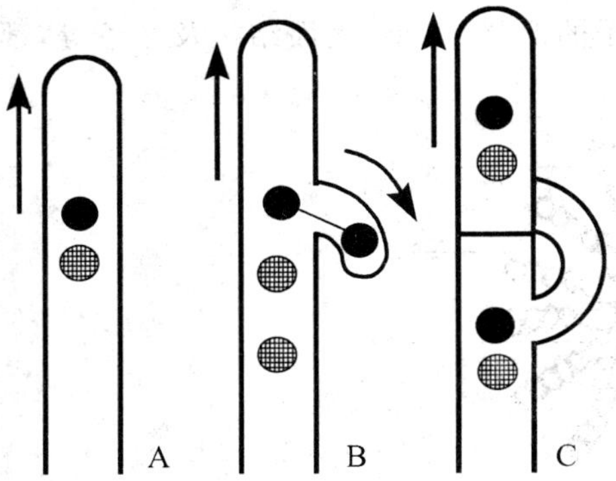

图 2－18　锁状联合的形成过程

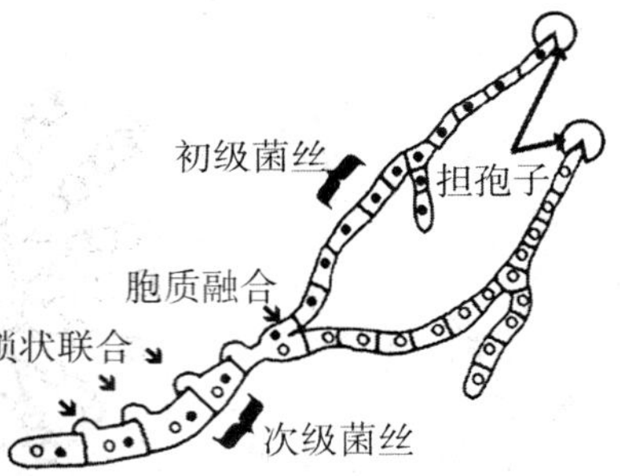

图 2－19　担子菌的菌丝

大型真菌的子实体形态五花八门，各种各样都有，有伞状、笔状、花朵状、舌状、树枝状，有些还有网裙一样的菌裙（图 2－20～图 2－25）。

图 2-20　白黄侧耳

图 2-21　暗褐寓褶伞

图 2-22　变绿枝瑚菌

图 2-23　褐枝瑚菌

图 2-24　灰树花

图 2-25　长裙竹荪

二、大型真菌的繁殖方式和生活史

因为大型真菌的两性孢子已经分化得很明显了，所以它可以通过两性孢子、细胞接合进行繁殖。它的生活史是：初级菌丝→次级菌丝→三级菌丝（子实体）→子实体层→担子→担孢子。

第三章　病　毒

人类对病毒(virus)的最初认识应追溯到公元前500年和公元前300年左右，当时在欧洲和中国分别有了狂犬病和天花的记载。经历了许多世纪之后的17～19世纪，显微镜的成功研制让人们真正认识到了细菌；但一直到19世纪，人们发现了烟草花叶病的致病因子可以通过细菌滤器，并称之为病毒，此时病毒才被真正认识。

20世纪以来，病毒的培养技术经历了动物接种、鸡胚接种到目前的体外单层细胞培养技术的广泛应用，特别是50年代后期，电子显微技术的建立和推广，使人们对病毒的形态结构以及病毒在细胞中的生长繁殖有了更深入的研究和更清晰的认识。

病毒属于微生物界，有其独特的性质：一是病毒的体积微小，能通过细菌滤器；二是病毒只含有一种核酸RNA或者DNA；三是病毒没有细胞结构，没有进行新陈代谢必需的原料、场所和酶系统等；四是病毒不经过分裂繁殖，而是以复制的方式进行增殖；五是病毒对抗生素有抵抗力，但受干扰素抑制；六是具有感染性，绝大多数病毒能使人和动植物致病，据估计，人类传染病中约有75%是由病毒引起的。

20世纪70年代，人们发现了不同于常规病毒的类病毒和朊病毒。类病毒是只有RNA、无蛋白质结构的粒子，主要引起植物疾病；朊病毒则是一种没有任何核酸成分的蛋白质大分子，能引起人和动物的亚急性海绵状脑病，如牛的疯牛病。类病毒和朊病毒的发现使人们对病毒的特征和起源有了崭新的思考。

第一节　病毒的大小、形态、化学组成、结构和分类

一、病毒的大小

病毒是世界上最小的生物，它比细菌还小很多，仅仅比蛋白质分子略大(图3－1)。绝大多数病毒必须用电子显微镜才能观察。测量病毒大小的单位是纳米，多数单个病毒粒子的直径在100 nm左右，也就是说，把10万个左右的病毒粒子排列起来才可能用眼睛勉强看到。

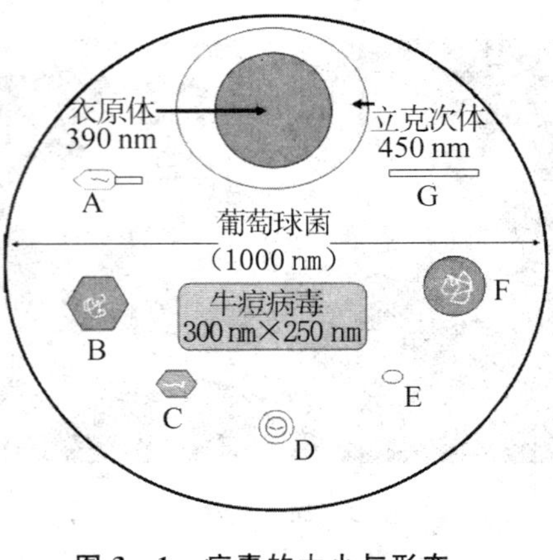

图3－1　病毒的大小与形态

A. 大肠杆菌噬菌体；B. 腺病毒；C. 脊髓灰质炎病毒；D. 乙脑病毒；E. 蛋白分子；F. 流感病毒；G. 烟草花叶病毒

二、病毒的形态

多数动物病毒呈球形或近似球形，如脊髓灰质炎病毒(poliovirus)、流感病毒(influenza virus)、腺病毒(adenovirus)等；多数植物病毒为杆状，如烟草花叶病毒；痘苗病毒(vaccinia virus)则为砖形；而大多数细菌噬菌体则具有头和尾的结构，呈蝌蚪状，如大肠杆菌噬菌体。有些病毒也有其多样性，如流

感病毒，新分离株常呈丝状，细胞内稳定传代后呈直径约为100 nm的拟球形颗粒。

三、病毒的结构和化学组成

由于病毒没有细胞结构，故单个病毒个体不能称作单细胞，这样就产生了病毒粒与病毒体(virion)这个名词。病毒粒有时也称为病毒颗粒或病毒粒子，专指成熟的、结构完整的和有感染性的单个病毒。

(一) 病毒的基本结构

病毒的种类很多，但结构有相似之处。一般来说，一个完整的病毒颗粒都由蛋白质或多肽组成的衣壳和核心(DNA 或 RNA)组成(图 3-2)。衣壳及其包裹的核酸合起来构成核衣壳，有些病毒的核衣壳就是完整的病毒颗粒，而有的病毒在核衣壳的外面还有一层包膜。

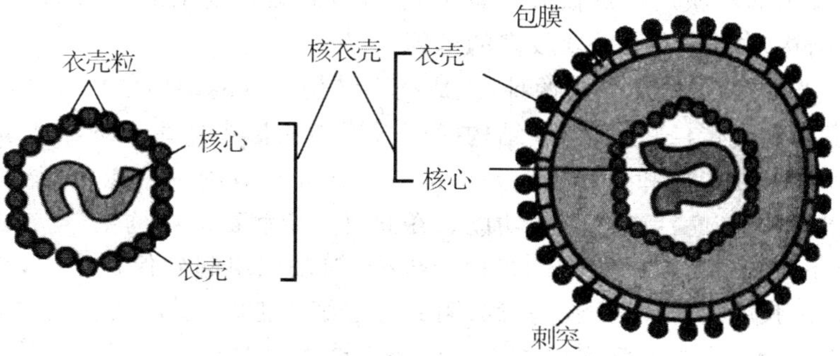

图 3-2 病毒的结构示意图

(二) 病毒的化学组成

病毒主要由核酸和蛋白质组成。核酸位于病毒的中心，为病毒核酸基因组，其携带病毒复制所需的遗传信息。蛋白质是病毒的外壳，包围着病毒核酸基因组，构成病毒一定的形态。病毒的蛋白质可分为结构蛋白和非结构蛋白。结构蛋白构成病毒的外壳、包膜子粒和存在于病毒体中的酶蛋白等，赋予病毒各种不同的形态；非结构蛋白在病毒复制增殖过程中起一定的作用。所有的病毒蛋白基因均由病毒基因组编码。

1. 核酸　病毒只含一类核酸(DNA 或 RNA)，至今还没发现一种病毒同时兼有两类核酸。大多数植物病毒的核酸为 RNA，少数为 DNA；噬菌体的核酸大多数为 DNA，少数为 RNA；动物病毒，包括昆虫病毒，则部分是 DNA，部分是 RNA。含 DNA 的病毒称为 DNA 病毒，含 RNA 的病毒称为 RNA 病毒。

无论是 DNA 还是 RNA，都有单链(ss)和双链(ds)之分。RNA 病毒多数是单链，极少数为双链；DNA 病毒多数为双链，少数为单链。病毒核酸还有线状和环状之分，如玉米条纹病毒的核酸为线状单链 DNA，大丽菊花叶病毒的核酸为闭合环状双链 DNA。但 RNA 病毒核酸都呈线状，罕见环状。

此外，病毒核酸还有正、负链的区别。凡碱基排列顺序与 mRNA 相同的单链 DNA 或 RNA，称(+)DNA 链或(+)RNA 链，凡碱基排列顺序与 mRNA 互补的单链 DNA 和 RNA，称(－)DNA 链或(－)RNA 链。如烟草花叶病毒的核酸属于(+)RNA，副黏病毒的核酸为(－)RNA。正链(+)RNA 具有侵染性，可直接作为 mRNA 合成蛋白质，负链(－)RNA 没有侵染性，必须依靠病毒携带的逆转录酶的作用，再通过转录成正链后才能作为 mRNA 合成蛋白质。

大部分病毒的遗传物质为DNA，少数RNA病毒能以RNA为遗传物质。病毒的核酸主要也由4种核苷酸组成。但病毒所含的核苷酸数比高等生物少得多，一般只含10^3～10^6个核苷酸。

有些RNA病毒的核酸分子还有分段现象。如流感病毒的核酸分为8个节段，每个节段都有自己独特的核苷酸序列，分别转录一种蛋白质。有些分段核酸分散在不同的病毒颗粒中，如烟草脆裂病毒的核酸就分藏在两种长短不一的颗粒中，长颗粒含2.5×10^6 Da的RNA，有RNA复制基因，具有侵染性；短颗粒含$(0.6\sim7.3)\times10^6$ Da的RNA，有蛋白质外壳基因。烟草脆裂病毒只有在长颗粒和短颗粒一起感染细胞时才能正常复制。

病毒的核酸含量随病毒种类而异，通常在1%～50%。一般形态结构复杂的病毒，核酸含量较多，如结构简单的新城疫病毒核酸含量不到1%，而结构复杂的T_2噬菌体核酸含量超过50%，这是因为结构复杂的病毒需要较多的基因。

2. 蛋白质　病毒的蛋白质分为两种，组成病毒结构成分的结构蛋白和非结构蛋白。结构蛋白主要是病毒的衣壳蛋白，还有包膜结构中镶嵌于脂质层中的蛋白质。衣壳蛋白对核酸具有保护作用，同时，衣壳蛋白和包膜蛋白是病毒与易感细胞吸附的位点；非结构蛋白是病毒复制过程的中间产物，具有酶活性或其他功能。在此仅介绍病毒的结构蛋白。

（1）衣壳蛋白：衣壳是包围核酸的蛋白质外壳，对基因组起到保护作用，免其受到外界环境的影响。对无包膜的病毒而言，在病毒吸附到宿主细胞上时，蛋白质衣壳上的吸附蛋白与宿主细胞上的受体结合。大多数病毒的衣壳是由一个个衣壳粒以非共价键、按一定对称形式有规律地排列而成的。病毒的衣壳主要有两种对称型：螺旋对称型，如烟草花叶病毒（TMV）二十面体对称型，如腺病毒。有少数病毒，如T_4噬菌体是由二十面体对称的头部和螺旋对称的尾部所组成，从而可称为复合对称型。（图3－3）

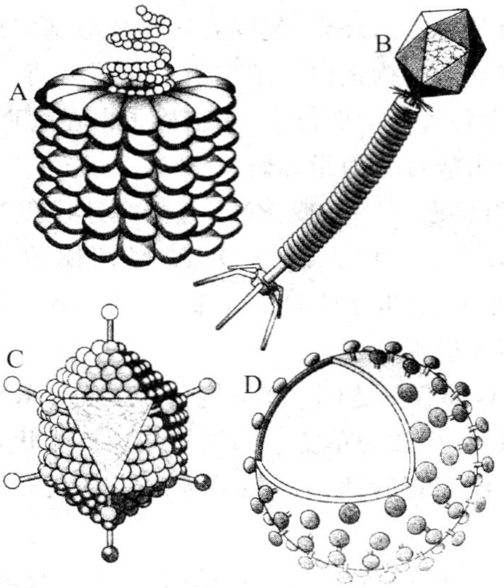

图3－3　病毒的对称方式

A. 螺旋对称；B. 复合对称；C. 二十面体对称；D. 有包膜的病毒

衣壳蛋白的主要功能是：构成病毒的壳体，保护病毒的核酸。无包膜病毒的壳体蛋白参与病毒的吸附、侵入，决定病毒的宿主嗜性，同时它们还是病毒的表面抗原。

(2) 包膜蛋白：包膜蛋白是构成病毒包膜结构的蛋白质，包括包膜糖蛋白和基质蛋白两类。主要功能是：是病毒的主要表面抗原，它们与细胞受体相互作用启动病毒感染发生，有些还介导病毒的侵入。还可能具有凝集脊椎动物红细胞、细胞融合以及酶等活性。基质蛋白构成膜脂双层与核衣壳之间的亚膜结构，具有支撑包膜、维持病毒结构的作用，并在病毒出芽成熟过程中发挥重要作用。

(3) 酶蛋白：病毒虽无完整的酶系统，但常含有一些特殊的酶，如噬菌体的溶菌酶。此外，呼肠孤病毒科、弹状病毒科、正黏病毒科和副黏病毒科病毒粒中含 RNA 多聚酶，反录病毒科含反转录酶，均与核酸复制有关。

3. 脂类　许多病毒粒子的外面包围着一层弹性膜，叫做包膜。许多病毒的包膜内存在脂类化合物，如磷脂、脂肪酸、甘油三酯和胆固醇等。这些脂类几乎都是由病毒粒子在细胞内成熟，在细胞膜处以芽生方式释放，直接从寄主细胞膜上得到。病毒脂类的存在与病毒的吸附和侵入有关。

4. 碳水化合物　除病毒的核酸中含戊糖外，有的病毒还含有少量的碳水化合物。有包膜病毒中碳水化合物以寡糖侧链的形式与蛋白质结合形成包膜糖蛋白。

5. 其他组成　在某些动物、植物病毒中存在多胺类有机阳离子，包括丁二胺、亚精胺、精胺等，它们大都结合于病毒核酸，对核酸的构型有一定影响。在某些病毒的病毒体中，还发现有其他相对分子质量小的组分，如 ATP，它为噬菌体尾鞘收缩提供能量。

四、病毒的分类

(一)“真病毒”

上述病毒即“真病毒”至少含有核酸和蛋白质两种成分。病毒的种类繁多，已报道的有 4 000 余种，病毒科学有序的分类对病毒的起源与进化、病毒的鉴定和病毒性疾病的防治都具有重要意义。病毒有多种不同的分类体系，如按宿主可将病毒分为动物病毒、植物病毒和细菌病毒(噬菌体)，其中动物病毒又可分为脊椎动物病毒和昆虫病毒。病毒的分类主要依据其生物学特征，如病毒体特性、形态学、核酸基因组、蛋白质等，在此不作详细叙述。病毒常用的分类依据有：① 病毒核酸的类型，如 DNA 病毒、RNA 病毒、双链或单链、线状或环状、分节段或不分节段；② 病毒的形态，如球形、杆形、砖形、蝌蚪形等；③ 衣壳粒的数目、排列方式和对称形式；④ 包膜的有无；⑤ 病毒的抗原性；⑥ 宿主的种类；⑦ 传播方式或媒介种类等。

(二) 亚病毒(subvirus)

亚病毒是一类比病毒更简单的生命形式，包括类病毒、拟病毒和朊病毒。

1. 类病毒(viroid)　类病毒是当今所发现的最小的、只含单独侵染性 RNA 一种组分、专性细胞内寄生的分子生物。如马铃薯纺锤形块茎类病毒(potato spindle tuber viroid，PSTV)是瑞士学者 T. O. Diener 于 1967—1971 年研究发现的，它的大小仅为 50 nm 长，呈棒状，由裸露的闭合环状 ssRNA 分子构成，相对分子质量为 1.2×10^5 Da。PSTV 的 RNA 环由两个核苷酸长度分别为 179 和 180 的互补核苷酸链组成，核苷酸链间以氢键形成 122 个碱基对。整个棒状结构含 27 个内环，最大的螺旋分段含有 8 个碱基对，最大的内环含有 12 个核苷酸(图 3-4)。类病毒具有一定的耐热性，90℃仍可存活。一些植物类病毒可通过种子传播。

2. 拟病毒(virusoid)　拟病毒只含不具单独侵染性的 RNA 组分，它是一类包被于植物病毒

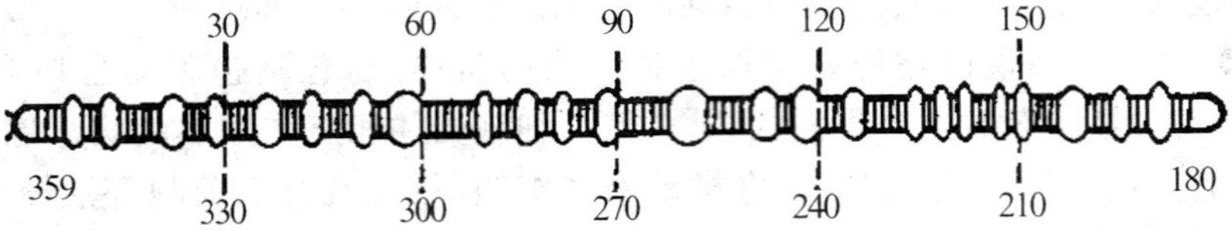

图 3-4　马铃薯纺锤形块茎类病毒(PSTV)结构示意图

粒子中的类病毒。如绒毛烟斑驳病毒(velvet tobacco mottle virus，VTMoV)是绒毛烟上分离到的一种直径仅为 30 nm 的二十面体病毒，其基因组除含有大分子线状 ssRNA(RNA-1)外，还含有类似于类病毒的环状 ssRNA(RNA-2)及其他的线状形式(RNA-3)。研究表明，绒毛烟斑驳病毒的 RNA-1 和 RNA-2 单独接种时都不具有感染性，只有 RNA-1 和RNA-2联合感染才产生绒毛烟斑驳病，这种环状 ssRNA 分子类似于类病毒的 RNA 分子，称为拟病毒。

拟病毒只有和病毒核酸 RNA-1 合在一起才能感染和复制(依靠辅助病毒的存在才能复制)，而辅助病毒的复制不需要拟病毒的存在。

3. 朊病毒(prion，virino)　朊病毒又称蛋白侵染颗粒(proteinaceous infectious particle)，它是一类能引起哺乳动物亚急性海绵样脑病的病原因子，其中包括人的库鲁病(Kuru)、克-雅病(Creutzfeldt - Jakob disease，CJD)、格-史综合征(Gerstmann - Straussler syndrome，GSS)、致死性家族失眠症(fetal familial insomnia，FFI)和动物的羊瘙痒症(scrapie)、牛海绵脑病(spongiform encephalopathy)等。此类病毒能引起人和动物致死性的中枢神经系统疾病，且具有不同于一般病毒的生物学特性和理化性质，如羊瘙痒病因子无免疫性，对紫外线、辐射、非离子型去污剂和蛋白酶等一些能使病毒灭活的理化因子有较强的抗性。

朊病毒的化学本质是蛋白质，即朊病毒蛋白(prion protein，PrP)。如羊瘙痒病因子的蛋白相对分子质量为 $2.7\times10^4\sim3.0\times10^4$ Da，由于该蛋白来源于羊瘙痒病，则以 PrP^{sc} 表示。事实上，正常人和动物的细胞 DNA 中含有编码 PrP 的基因，且细胞内的 mRNA 水平与是否感染瘙痒病因子无关，表明 PrP 是细胞组成型基因表达的产物。细胞的 PrP 称为 PrP^c，是相对分子质量 $3.3\times10^4\sim3.5\times10^4$ Da 的膜糖蛋白。正常细胞表达的 PrP^c 与羊瘙痒病的 PrP^{sc} 为同分异构体，PrP^c 具有 43% 的 α-螺旋和 3% 的 β-折叠，PrP^{sc} 约有 34% 的 α-螺旋和 43% 的 β-折叠。多个 β-折叠使 PrP^{sc} 溶解度降低，对蛋白酶抗性增强。

Prusiner 等研究认为，PrP^{sc} 来源于 PrP^c 以及 PrP^c 翻译后的加工，并非 PrP^c 蛋白的共价修饰，具体形成过程有待进一步阐明。有人认为 PrP^{sc} 感染宿主细胞后与 PrP^c 结合，形成 PrP^{sc} - PrP^c 复合体，导致 PrP^c 构型发生改变并转变为 PrP^{sc}，产生的两个 PrP^{sc} 分子再分别与 PrP^c 分子结合，产生 4 个 PrP^{sc} 分子，最终导致 PrP^{sc} 分子数目呈指数增加。目前，一系列研究结果都支持 Prusiner 等提出的朊病毒仅由蛋白质组成以及 PrP^{sc} 来源于 PrP^c 和 PrP^c 翻译后的加工这一假说。有关朊病毒的本质、朊病毒的繁殖及其传播方式和致病机理等有待进一步阐明。

第二节　病毒的增殖

病毒是专性的活细胞内寄生物，只能在活的宿主细胞内进行繁殖。它的繁殖方式不同于细菌的分裂，而称为复制(replication)。病毒的生活史(life cycle)意味着一系列的过程，先是病毒进入特异性的宿主细胞，在其中复制病毒材料，最后装配成完整的病毒粒子。成熟的病毒粒子最终从宿主细胞中释放出来，使宿主细胞裂解，完成病毒的一个复制周期。图 3－5 所示为 dsDNA 病毒增殖过程。

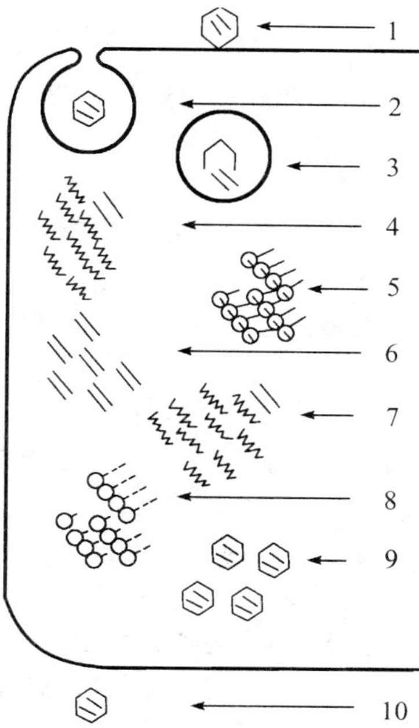

图 3－5 dsDNA 病毒增殖过程示意图

1. 吸附；2. 侵入；3. 脱壳；4. 早期 mRNA 的转录；5. 早期蛋白质的翻译；6. 病毒 DNA 的复制；7. 晚期 mRNA 的转录；8. 晚期蛋白质的翻译；9. 装配；10. 释放

病毒增殖的时间因种而异，如脊髓灰质炎病毒在神经细胞中增殖需 6～8 h，单纯疱疹病毒在上皮细胞中增殖需 12～30 h，腺病毒在呼吸道细胞中的复制周期则需 48 h。病毒复制周期基本上可分为：吸附、侵入和脱壳、生物合成、装配及释放。研究病毒的复制周期有助于了解病毒的致病机理，从而采取有效措施阻断其正常复制，达到防治病毒性疾病的目的。

一、吸附

吸附(attachment or adsorption)是决定感染成功与否的关键环节。病毒吸附于敏感细胞需要病毒表面特异性的吸附蛋白与细胞表面受体相互作用。病毒吸附蛋白(virus attachment protein, VAP)一般由衣壳蛋白或包膜上的糖蛋白突起充当。细胞表面受体(virus receptor, 也称为病毒受体)则为有效结合病毒粒子的细胞表面结构，大多数噬菌体的病毒受体为细菌细胞壁上的磷壁酸分子、脂多糖分子以及糖蛋白复合物，有的则位于菌毛、鞭毛或荚膜上。大部分动物病毒的病毒受体为镶嵌在细胞膜脂质双分子层中的糖蛋白，也有的是糖脂或唾液酸寡糖苷。植物病毒迄今尚未发现有特异性细胞受体，其进入植物细胞的机制是通过伤口或媒介传播。

病毒的细胞受体具有种系和组织特异性，决定了病毒的宿主谱。不同种属的病毒其细胞受体不同，有的甚至同种不同型的病毒以及同型不同株的病毒受体也不相同；另一方面，有些不同种属的病毒却有相同的细胞受体，其吸附和感染可对其他病毒的感染产生干扰。

VAP与病毒受体的结合需要一定的温度条件，以促进与酶反应相类似的化学反应。在0～37℃内温度越高病毒吸附效率也越高。病毒吸附细胞的过程可在几分钟到几十分钟的时间内完成。

二、侵入和脱壳

一旦病毒粒子和宿主细胞的受体结合，病毒核酸会以特定的方式侵入(penetration)细胞。

1. 直接侵入　病毒吸附到宿主细胞膜上与受体结合，侵入的同时衣壳破损，病毒核酸进入细胞质。

2. 胞吞作用(endocytosis)　完整的病毒被吞入(类似吞噬作用)胞内成为内体，再与溶酶体融合，由溶酶体酶消化衣壳，释放出病毒核酸。

3. 融合(fusion)　病毒的包膜与细胞膜融合，核衣壳进入细胞。酶消化衣壳，释放出病毒核酸。

病毒进入细胞的过程叫做侵入。宿主细胞内的酶类消化衣壳，使之溶解释放出核酸的过程称之脱壳(uncoating)。有包膜病毒脱壳包括脱包膜和脱衣壳两个步骤，无包膜病毒只需脱衣壳，方式随病毒不同而异。注射式侵入的噬菌体和某些直接侵入的病毒可以直接在细胞膜或细胞壁表面同步完成侵入和脱壳。病毒粒子以内吞方式或直接进入细胞后，经蛋白酶的降解，先后脱去包膜和衣壳。以膜融合方式侵入的病毒，其包膜在与细胞膜融合时即已脱掉，核衣壳被移至脱壳部位并在酶的作用下进一步脱壳，病毒核酸游离并进入细胞的一定部位进行生物合成。病毒脱壳必须有酶的参与，脱壳酶来自宿主细胞，有的为病毒基因编码。

三、生物合成

病毒侵入宿主细胞后，脱去衣壳，将核酸基因组释放于细胞内，病毒粒子已不存在，失去了感染性，随即开始了病毒核酸和蛋白质的生物合成(biosynthesis)。从最初失去感染性至最终细胞内出现复制的病毒子代粒子的过程称为隐蔽期(eclipse phase)。而潜伏期(latent phase)是指最初失去感染性开始到子代病毒能游离存在于细胞外的时间，因此潜伏期包括隐蔽期和病毒从细胞中释放病毒颗粒所需要的时间。因此，病毒的生物合成是在隐蔽期进行的。

病毒的生物合成主要包括病毒基因组的复制、mRNA的转录、病毒蛋白质的翻译和翻译后加工成熟过程。因为病毒只含有少量的蛋白质和自身的遗传信息，不能独立地进行代谢。在宿主细胞内的病毒实际上只相当于独立存在的基因组，它必须利用宿主细胞提供的化学结构材料、能量和酶系统，由病毒基因组支配细胞的遗传体系，指令合成病毒核酸和蛋白质。DNA病毒的基因组除作为核酸复制的模板外，还为蛋白质合成提供了产生mRNA的遗传密码。(＋)RNA病毒基因组的功能除核酸复制外，还可直接作为mRNA，合成病毒特异性蛋白。各种病毒有不同的生物合成场所，如腺病毒的基因组和核衣壳装配及成熟在宿主细胞核中进行，而脊髓灰质炎病毒的生物合成在细胞质中进行。

病毒生物合成的重要步骤是mRNA的合成，根据核酸基因组类型和mRNA合成方法不同可将病毒分成6类：① dsDNA(±DNA)；② ssDNA(＋DNA)；③ dsRNA(±RNA)；④ ssRNA(＋RNA)；⑤ ssRNA(－RNA)；⑥ 逆转录病毒ssRNA(＋RNA)。不同核酸类型病毒的mRNA合成方式不同，可简单概括为如图3-6所示。

四、装配(assembly)

病毒的结构成分核酸与蛋白质分别合成后，在细胞核内或细胞质内组装成核衣壳。绝大

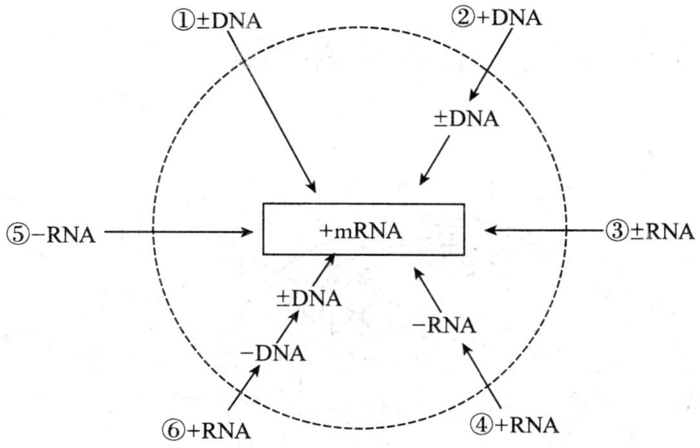

图 3-6 不同核酸类型病毒的 mRNA 合成方式

多数 DNA 病毒在细胞核内组装，RNA 病毒与痘病毒类则在细胞质内组装。无包膜病毒组装成核衣壳即为成熟的病毒体。病毒的早期蛋白，即非病毒结构成分不组装入病毒，残留在感染细胞中。

五、释放(release)

绝大多数无包膜病毒释放时被感染的细胞崩解，释放出病毒颗粒，宿主细胞膜破坏，细胞迅即死亡。绝大多数有包膜病毒通过细胞内的内质网、空泡，或包上细胞核膜或细胞膜以出芽方式释放而成为成熟病毒，在一段时间内逐个释出，对细胞膜破坏轻，宿主细胞死亡慢。

从单个病毒吸附开始至所有病毒释放，此过程称为感染周期或复制周期。一个感染细胞一般释放的病毒数为 100～1 000 个。

第三节 病毒的人工培养

病毒只能在活细胞内寄生，培养病毒必须首先培养病毒的宿主细胞。病毒的人工培养是指用人工方法培养细胞后再接种病毒，使病毒在活细胞内大量增殖。病毒人工培养方法包括动物接种、鸡胚培养和细胞培养(器官培养、组织培养和细胞培养)，其中常用的为细胞培养法。

一、动物接种

幼鼠对许多病毒感染都很敏感，将病毒接种于动物体内，可使其增殖。每种病毒都有自己的易感宿主，对病毒敏感的实验动物还有豚鼠、大鼠、兔和猴等。

二、鸡胚培养

受精鸡胚用于接种和繁殖病毒具有价廉、无菌，易于操作的优点，并可选择不同的接种部位(图 3-7)。病毒在鸡胚上增殖的现象包括组织坏死、出现痘疤、血凝试验阳性等。因许多病毒表面具有血凝素抗原，它们与红细胞上的受体结合，可发生血球凝集的现象，常用以测定病毒的滴度。

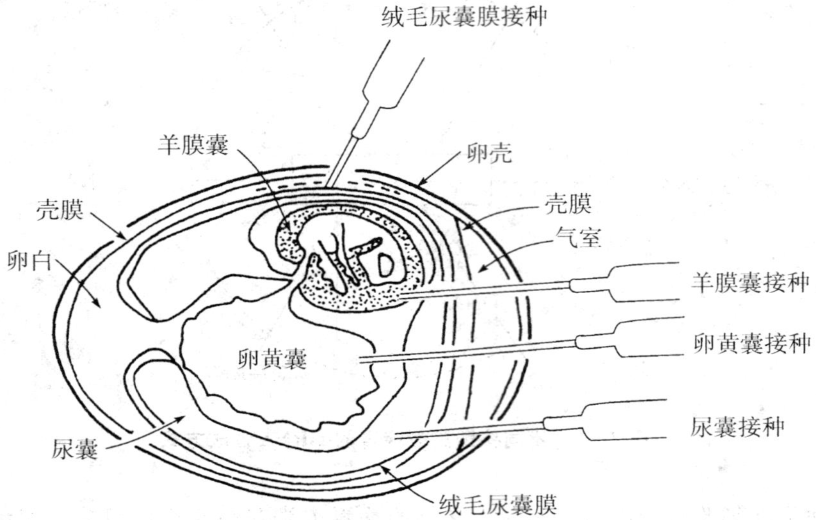

图 3-7　鸡胚构造和病毒接种部位示意图

三、细胞培养

（一）细胞培养(cell culture)

细胞（组织）培养是实验室常用的方法，几乎所有的动物病毒均可进行细胞培养，唯乙型肝炎病毒例外。将离体组织标本（如人胚胎肾、肺、瘤组织等）洗净、切碎和用胰酶消化后可获得单细胞悬液。细胞可接种至含 10%～20%胎牛血清的细胞培养液中，于细胞培养瓶中恒温培养数天，细胞贴壁生长，胰酶消化可获得单细胞悬液。如将病毒接种至上述单细胞悬液，则病毒即大量增殖。

细胞培养中有三种标准的细胞系可供选用；① 胚胎肺中的人成纤维细胞；② 新生瘤细胞系；③ 初级猴肾细胞。除以上原代细胞外，人胚胎二倍体细胞及各种传代细胞系（主要从肿瘤组织中分离）也常应用，但不得用于制备疫苗。

（二）病毒在细胞内增殖的现象

1. 细胞病变(cytopathogenic effect，CPE)　病毒感染宿主细胞并在细胞内大量增殖的直接结果是产生细胞病变效应(CPE)，可作为病毒在宿主细胞内增殖的检测指标。病毒的致细胞病变效应随病毒种类和细胞浆型不同而异，可直接导致细胞死亡。一般认为病毒 DNA 可能编码一种能抑制细胞 RNA 和蛋白质合成的蛋白质，宿主细胞的大分子合成受到抑制，最后导致死亡，这种毒性蛋白质是在病毒复制时产生的。病毒致死作用也可能与细胞溶解酶失常有关，因病毒引起的细胞膜损伤而释放出溶解性酶类，导致宿主细胞溶解。病毒引起的细胞病变除死亡和溶解外，还可能造成细胞浆空泡形成（空斑）、细胞变圆、脱落、凝集或互相融合。细胞融合的结果可能形成有一定界限的巨细胞或界限不清的合胞体(syneytium)或多核细胞。图 3-8 所示为麻疹病毒(measles virus)感染细胞后的病变效应。

2. 红细胞吸附　某些病毒（如正黏病毒、副黏病毒等）感染培养的宿主细胞后，宿主细胞表面可表达病毒特异性抗原成分——血凝素，导致感染细胞能吸附动物红细胞。该红细胞的吸附现象可作为病毒在细胞内增殖的指标或病毒的初步鉴定。

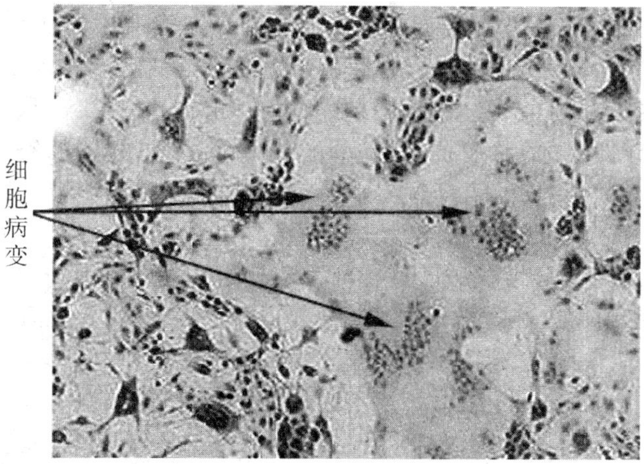

图 3－8 麻疹病毒(measles virus)感染的细胞病变效应

3. 形成包涵体 某些病毒侵染细胞后,在细胞内存留的痕迹,经特殊染色,能用普通光学显微镜观察到的小体叫做包涵体(inclusion body)。它们可能是病毒复制的部位,也可能是病毒颗粒或亚颗粒的聚集物。包涵体的大小、形态、数量、存在的细胞种类、部位等均具有重要的诊断意义。如狂犬病病毒引起的包涵体,位于神经细胞的细胞质内,呈圆形、嗜酸性,称为内基小体(negri body);而腺病毒引起的包涵体,位于细胞核内,嗜碱性;麻疹病毒引起的包涵体位于感染细胞的细胞核和细胞质内,嗜酸性。包涵体的形态、大小、细胞内的位置和染色性等对病毒的鉴定有一定的意义。常见病毒感染宿主细胞后形成的包涵体如图 3－9 所示。

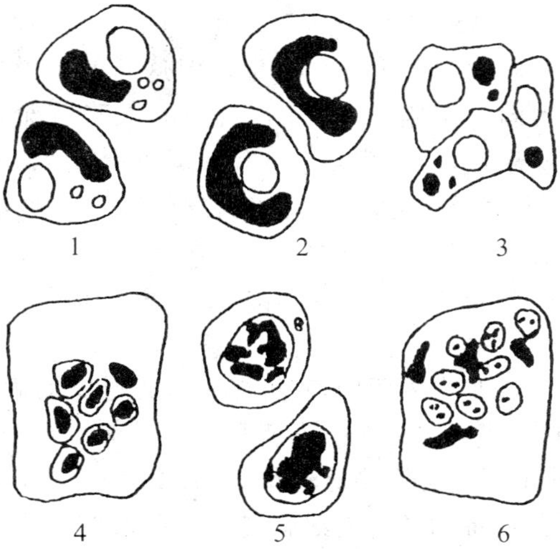

图 3－9 病毒感染细胞后形成的包涵体

1. 牛痘苗病毒感染后在细胞浆内形成的嗜酸性包涵体(顾氏小体);2. 呼肠病毒感染后在核周胞浆内形成的嗜酸性包涵体;3. 狂犬病毒感染后在细胞浆内形成的嗜酸性包涵体(内基小体);4. 单纯疱疹病毒感染后在核内形成的嗜酸性包涵体;5. 腺病毒感染后在核内形成的嗜碱性包涵体;6. 麻疹病毒在核内和胞浆内形成的嗜酸性包涵体

4. 细胞代谢改变 病毒感染细胞后可抑制宿主细胞代谢,使培养液的性质如 pH 发生改变,可作为病毒增殖的参考依据。

肿瘤病毒感染细胞后，一般不导致死亡，而是引起细胞性质的变化，称为转化（transformation），并能将所获新特性传于后代。这种遗传学的稳定变化属于恶性转化。转化细胞的关键特征是：① 失去接触抑制（正常细胞相接触时即停止生长）；② 高度密集生长，即所谓“疯长”；③ 出现病毒特异性抗原：肿瘤抗原（tumor antigen，TA）和肿瘤特异性移植抗原（tumor specific transplantation antigen，TSTA）；④ 转化细胞移植易感动物，引起肿瘤；⑤ 增加植物血凝素的凝集能力；⑥ 引起形态学变化。

在转化细胞中，病毒特异性核酸已整合到宿主细胞的基因组中去。DNA 病毒的核酸可直接整合，而 RNA 病毒则需先经逆转录合成互补的 DNA 链，然后再整合到宿主细胞染色体上。

第四节　干扰现象和干扰素

一、干扰现象

有些病毒感染宿主细胞后，不一定会引起细胞病变，用显微镜观察不到细胞有病毒感染的痕迹，但一种病毒感染宿主细胞后，可抑制另一种病毒的增殖，这种现象称为干扰现象（interference）。如鼻病毒感染的细胞可干扰副流感Ⅰ型病毒的增殖，从而不会产生宿主细胞感染流感Ⅰ型病毒后出现的红细胞吸附现象。病毒的干扰现象有助于对那些不引起 CPE 的病毒的存在与否作出判断。

20 世纪初，早在干扰素被发现之前病毒间的干扰现象就已为病毒学家所重视。干扰现象没有特异性，可以发生在异种病毒之间，也可发生在同种异型病毒株之间，甚至同一种病毒的无毒株与有毒株之间、灭活病毒与活病毒之间也可发生干扰现象。干扰现象不仅发生在动物机体水平，在组织培养细胞上也同样发生。但这并不是说任何病毒之间都有干扰现象，例如也有两种病毒感染同一细胞后，病毒在其中的增殖情况宛如单纯病毒感染时那样良好（如牛痘苗病毒与疱疹病毒，麻疹病毒与脊髓灰质炎病毒）。病毒间的干扰现象在病毒疫苗的制备和预防接种上有着重要意义。例如病毒的减毒活疫苗能阻止毒力较强病毒株的感染；机体被毒力较弱的呼吸道病毒感染后，可在一定时间内对另一些病毒不易感。由于病毒间干扰现象的存在，在制备多价病毒疫苗以及免疫接种时就必须考虑到这一问题，以免影响疫苗预防接种的效果。

病毒干扰现象的原因可能是多方面的，有可能是首先感染的病毒改变了宿主细胞的表面受体或是代谢途径，使得它们不会为另一病毒所利用。目前已经证明，在许多病毒-细胞系统中有缺损性干扰颗粒（defective interfering particle，DIP）的存在，它们干扰完整病毒的复制。再一个原因就是首先入侵的病毒诱导宿主细胞产生一种活性物质——干扰素，进而抑制了另一种病毒的增殖。

二、干扰素

干扰素（interferon，IFN）是 1957 年 Isaacs 和 Lindenmann 在研究病毒之间的干扰现象时发现的具有抗病毒活性的物质。随后研究发现 IFN 除不仅具有抗病毒增殖活性外，还有抑制细胞分裂、免疫调节、抗肿瘤等多种生物学活性。干扰素是机体细胞受病毒感染或机体在其他 IFN 诱导剂作用下由细胞基因组控制产生的一类蛋白质，具有抗病毒增殖等多种生物学活性，其活性的发挥又受细胞另一基因组的调节和控制。必须指出的是，干扰素是一种分泌到细胞外的蛋白质，其本身并不能直接杀灭病毒，而是通过诱导其他效应蛋白质产生抗病毒活性，它具有多方面生物学功能，且为广谱抗病毒活性物质。

（一）干扰素的性质和种类

1. 干扰素的性质 干扰素是由大多数脊椎动物感染病毒后所产生的糖蛋白，相对分子质量约在 15 000～25 000 Da，其结构因动物种类不同而异，且同种动物的不同组织产生的干扰素在生物学性质上也有区别。如白细胞产生的干扰素在白细胞中最有效，而成纤维细胞产生的另一类型干扰素对成纤维细胞病毒感染显示保护作用。因此干扰素的作用受到细胞种类的限制，如人产生的干扰素才对人类有效。

2. 干扰素的种类 人类干扰素有 3 种，由白细胞产生的干扰素称为 α 干扰素，由成纤维细胞产生的干扰素称为 β 干扰素，由淋巴细胞受到促有丝分裂剂激活或致敏 T 淋巴细胞受抗原刺激而产生的干扰素称为 γ 干扰素（免疫干扰素）。3 种人干扰素的性质如表 3－1 所示。目前这三种干扰素都能利用基因工程技术进行生产，称为重组干扰素。

表 3－1 3 种人干扰素的性质比较

IFN	细胞来源	诱导剂	56℃ 30 min	pH 2.0	抗病毒作用	抗肿瘤作用	免疫调节作用
IFN－α	白细胞		稳定	稳定	较强	较弱	较弱
IFN－β	成纤维细胞	病毒、poly I:C	稳定	稳定	较强	较弱	较弱
IFN－γ	T 淋巴细胞	各种抗原、ConA、PHA	灭活	灭活	较弱	较强	较强

（二）干扰素的产生和作用机制

一般认为，在正常情况下，宿主细胞基因组中存在着 IFN 基因，但受阻遏物和操纵子的控制，IFN 基因处于被抑制的状态，干扰素基因不能转录和翻译成蛋白质，从而不产生 IFN。当病毒感染（或在其他 IFN 诱导剂作用下），IFN 阻遏物失活，IFN 基因去抑制而激活，通过转录和翻译合成 IFN 蛋白。IFN 作用同一细胞的另一组基因和（或）迅速释放到细胞外作用于同种细胞膜上的 IFN 受体，细胞内抗病毒蛋白（antiviral protein，AVP）基因去抑制而激活，转录并翻译产生几种 AVP，最终抑制病毒的增殖（图 3－10）。

（三）干扰素诱导剂

病毒是常见的干扰素诱导剂，其中双链 RNA 病毒诱导 IFN 能力较强。微生物如细菌、立克次体、原虫和衣原体等以及细菌的 LPS、真菌多糖等微生物代谢产物可诱导干扰素产生。人工合成的双链 RNA（如 poly I:C）、多核苷酸等大分子物质也是干扰素诱导剂。其次还有小分子物质卡那霉素等、有丝分裂素植物血凝素（PHA）和刀豆蛋白 A（ConA）、中药黄芪等。

（四）干扰素的制备和应用

干扰素具有广谱抗病毒作用，现已作为一种抗病毒药物在临床上使用。人类白细胞中天然干扰素含量极低，20 世纪 80 年代开始人们已利用基因工程方法生产干扰素，即把干扰素目的基因克隆到微生物或动植物细胞，使其分泌干扰素。采用 DNA 重组技术制备干扰素，纯度可达 95％以上，价格比动物细胞产生的干扰素低廉得多，临床可用于抗病毒和免疫功能低下的病人的辅助治疗。

干扰素除抗病毒作用外还有抑制细胞生长、免疫调节和抗肿瘤活性，不仅能抑制病毒引起的肿瘤，而且也能抑制非病毒性肿瘤，具有良好的应用前景。

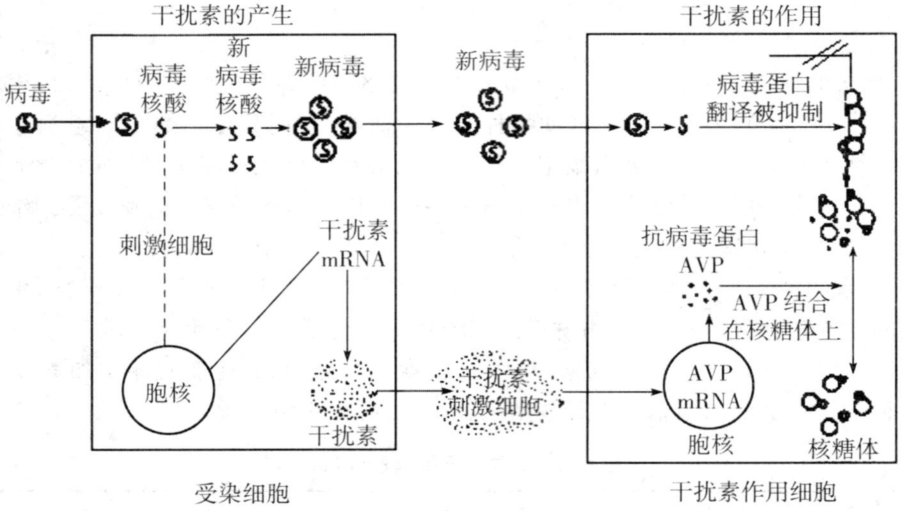

图 3－10　干扰素的产生与作用机制

第五节　噬　菌　体

噬菌体是一类病毒，原指细菌病毒，近年来发现真菌、藻类都有噬菌体。噬菌体体积微小，只有在电子显微镜下才能看见，是一种非细胞结构的生命，但只有进入宿主细胞才具有生命特征，并具有寄主专一性。

一、噬菌体的生物学性状

1. 形态与结构　目前已知噬菌体蛋白质衣壳有三种基本形态：① 蛋白质亚单位排列呈二十面体对称型，称为球形噬菌体。② 双对称型，即头部为二十面体对称，尾部为螺旋对称，称为蝌蚪形噬菌体。③ 蛋白质亚单位呈螺旋对称排列成中空柱状，称为丝状噬菌体。

噬菌体大多呈蝌蚪形，大肠杆菌 T_4 噬菌体是其典型代表，图 3－11 所示为大肠杆菌 T_4噬菌体的电镜照片。大肠杆菌 T_4噬菌体的结构如图 3－12 所示，它由头部和尾部两部分组成。头部为稍长的二十面体对称型，大小约为 80 nm×110 nm，内部含有双链、线状 DNA 分子，相对分子质量为 1.12×10^8 Da；尾部由尾领(collar)、尾鞘(sheath)、尾髓(tail core)、基板(base plate)、尾刺(spike)和尾丝(tail fibers)组成，长短约为 110 nm×20 nm，尾丝可伸展，幅度可达 140 nm。

2. 化学组成　噬菌体是侵染细菌的病毒，它具有病毒的一系列特征，主要由核酸和蛋白质组成。核酸只有一种，即 DNA 或 RNA，它是噬菌体的遗传物质。噬菌体核酸多数是双链、线状 DNA(T_1、T_4、T_7、λ 噬菌体等)，也有双链环状 DNA(PM_2)，单链环状 DNA(ΦX174，fd 等)，双链线状 RNA(噬菌体 Φ6)和单链线状 RNA(Qβ，f_2 等)。噬菌体基因组的大小变化很大，可以从 3.6×10^3 bp 直到 2.5×10^5 bp。噬菌体蛋白组成头部和尾部结构，除了对内部核酸有保护作用外，还参与对宿主细胞受体的识别并与之结合。尾鞘蛋白的收缩有助于噬菌体头部核酸“注入”宿主细胞内，一次完成侵入与脱壳的作用。

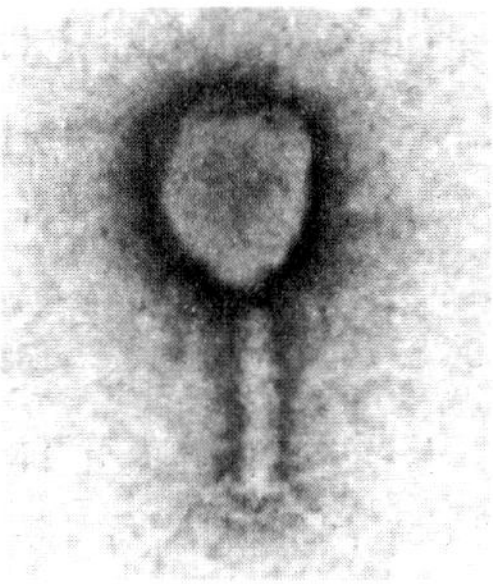

图 3-11 大肠杆菌 T_4 噬菌体电镜照片

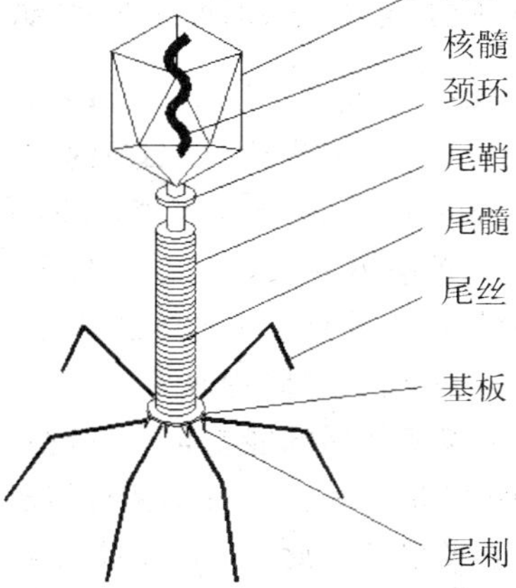

图 3-12 大肠杆菌 T_4 噬菌体模式图

二、噬菌斑(plaque)及噬菌体效价

自然环境中凡有细菌存在的地方都可能有相应噬菌体的存在。分离细菌噬菌体可取污水、粪便等作为分离材料。将材料接种于肉汤培养基中经短时间孵育后过滤除菌,或者将材料加入含有指定细菌的培养液中经培养后过滤除菌,所得的滤液加入待分离噬菌体的相应宿主菌细胞继续孵育。如培养液由最初的混浊状态变为透明澄清,则表明培养液中已有噬菌体增殖。将增殖的噬菌体与敏感宿主菌混合在熔化了的固体琼脂培养基中倾注平板,经孵育后,则平板上出现如图 3-13 所示的由噬菌体裂解宿主细胞而形成的透明的溶菌空斑称为噬菌斑。不同噬菌体的噬菌斑形态和大小各有不同。

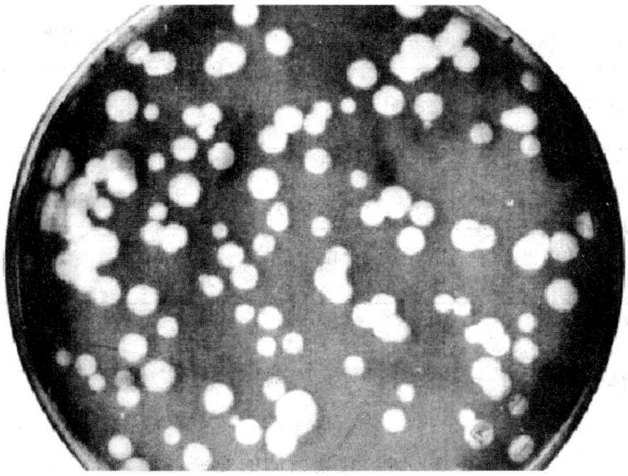

图 3-13 噬菌斑

为了判断噬菌体数目的多少,可通过连续稀释法在液体培养基中进行测定,以最大稀释度还能溶解相应细菌判为该噬菌体的效价。或者采用固体培养基作噬菌斑计数,可测定噬菌斑形成单位(plaque forming unit,PFU)数目,常以每毫升噬菌体液能出现的噬斑数(PFU/mL)表示。噬菌体的浓度又称为效价或滴度(titer)。

三、噬菌体与宿主细胞生活周期

(一) 烈性噬菌体(virulent phage)

噬菌体感染宿主细胞后，在细胞内迅速增殖，最后使细胞裂解而死亡，这类噬菌体称为烈性噬菌体(virulent phage)。烈性噬菌体所经历的生活周期叫做溶菌生活周期。

1. 吸附　噬菌体的吸附有2个阶段：① 可逆阶段，由随机碰撞或静电引力或氢键作用而相互接触，无任何特异性；② 不可逆特异性结合阶段，不仅噬菌体与相应细胞表面产生牢固结合，且病毒粒子表面发生结构改变。

实验表明噬菌体尾部能与宿主细胞壁表面上的受体发生特异性结合。受体的成分多种多样，如脂多糖、脂蛋白等。一种细菌可被多种噬菌体感染，不同的感染噬菌体在同一寄主细菌的不同受点上吸附。因此，一个寄主细菌(例如大肠杆菌)与一种噬菌体(例如 T_4)饱和吸附后，并不妨碍和另一种噬菌体(例如 T_6)再吸附。

2. 侵入　噬菌体侵入宿主细胞的方式较为复杂，通常是将核酸注入细胞，蛋白质留在细胞外，从吸附到侵入的时间间隔很短，只有几秒到几分钟。大肠杆菌 T-系噬菌体能水解细菌细胞壁肽聚糖，其作用相似于溶菌酶，使细胞壁产生小孔，可以导致细菌细胞内容物漏出。但在正常病毒繁殖过程中，小孔很快会被细菌修复。

3. 生物合成　噬菌体的复制比较复杂，如 T_4 噬菌体的核酸为 dsDNA，转录和翻译分为三期，如图3-14所示。它的复制循环仅需20～30 min，但与其他病毒比较，除早期转录、晚期转录外还增加了次早期转录的阶段。

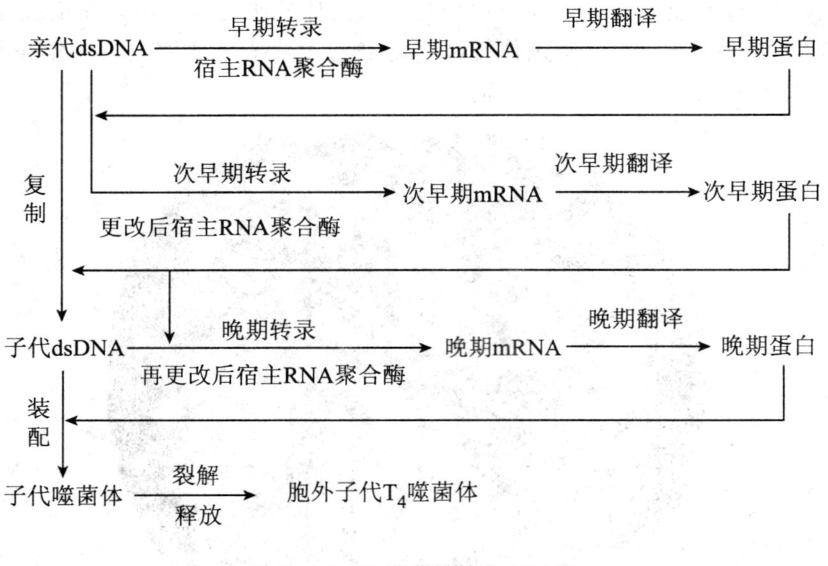

图3-14　T_4 噬菌体的复制过程

(1) 早期转录：利用细菌的RNA聚合酶，以噬菌体DNA为模板来合成噬菌体mRNA，早期mRNA翻译的蛋白质含有噬菌体的RNA聚合酶(如 T_7 噬菌体)或更改蛋白质(如 T_4 噬菌体)，即能与细菌原RNA聚合酶结合，更改其性质，使它只能转录噬菌体DNA。

(2) 次早期转录：利用噬菌体RNA聚合酶或更改后的宿主RNA聚合酶来合成噬菌体的次早期mRNA及次早期蛋白质(DNA聚合酶、DNA分解酶、溶菌酶等)，或进一步更改宿主

RNA 聚合酶，为后期转录做准备。

(3) 后期转录：子代核酸复制后，利用噬菌体 RNA 聚合酶或再更改后的宿主 RNA 聚合酶来合成晚期 mRNA 和噬菌体粒子结构蛋白质。

4. 装配噬菌体 在生物合成时，分别合成噬菌体 DNA、头部蛋白质亚单位、尾鞘、尾髓、基板和尾丝等部件，最后 DNA 收缩聚集，被头部蛋白质包围形成二十面体的结构，随之尾部也逐步装配起来，如图 3-15 所示。

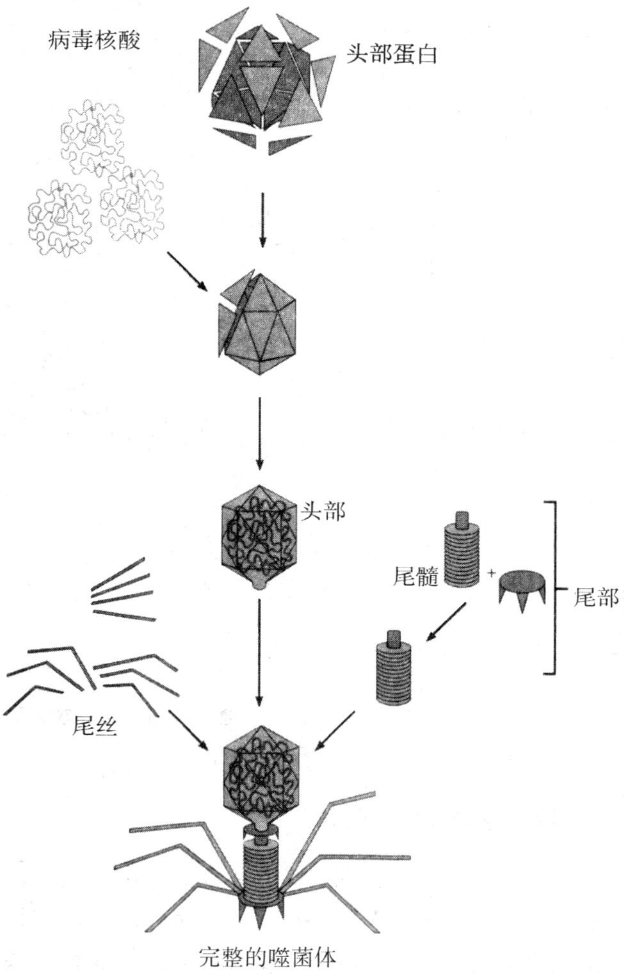

图 3-15 T_4 噬菌体的组装

5. 释放 大多数噬菌体由宿主细胞裂解而一次性释放出来，一个周期大约为 25 min，每一个感染细胞可释放 100～250 个子代噬菌体颗粒。宿主细胞的裂解是 T_4 噬菌体诱导的溶菌酶作用的结果。溶菌酶虽在次早期转录时合成，但因受阻不能到达细胞壁部位而发挥作用。最后细胞裂解是受噬菌体基因控制的。有些噬菌体如丝状噬菌体成熟后不破坏细胞壁，而是从宿主细胞中“钻”出来。

(二) 温和噬菌体与溶原生活周期

噬菌体感染宿主细胞后，并不立即引起宿主细胞裂解，噬菌体与细胞建立稳定的共存关系，噬菌体 DNA 整合(integration)至细菌染色体中，并随宿主细胞的分裂而一代一代传下去，这类噬菌体称为温和性噬菌体(temperate phage)或溶原噬菌体(lysogenic phage)，如 *E. coli* λ噬菌体是一个典型的温和噬菌体。通常把整合到宿主细胞染色体上，并随同宿主一起复制的噬菌体基因组叫作前噬菌体或原噬菌体(prophage)。把带有前噬菌体的细菌叫作溶原菌(lysogenic bacteria)。溶原性细菌对同源的或其本身的噬菌体不敏感，这种特性称为“免疫性”，即这些噬菌体进入溶原性细胞后，既不能增殖，也不导致细胞裂解。因此在测定溶原细菌的噬菌体时必须同时加入非溶原性的指示菌。溶原菌能以极低的频率自发裂解，产生子代噬菌体，特别是在 UV 等理化因素作用下可使绝大部分乃至全部溶原菌裂解释放子代噬菌体，理化因素的这种作用称为诱导。

温和性噬菌体感染宿主细胞后既可以进行溶解性循环(lytic cycle)，也可以进行溶原性循环(lysogenic cycle)(图 3-16)。噬菌体 DNA 呈线状进入宿主细胞，然后环合。溶解循环中，以双链环状闭合 DNA 为模板复制核酸和生物合成蛋白质，然后自身装配起来，产生完整的病毒颗粒，最后细胞破裂，成熟的噬菌体释放出来。在溶原性循环中，噬菌体 DNA 失去自主性，整合（insertion，又称插入）到细菌 DNA 中，此时的细菌即为 λ 噬菌体的溶原菌，前噬菌体可随细菌的分裂而不断增殖，但不溶解细菌。反向的剪切过程可以自发发生，自发消除频率很低，约 $10^{-5} \sim 10^{-2}$。也可经诱变剂（如紫外线、X 射线、丝裂霉素 C 等）诱导产生，结果使噬菌体的增殖进入溶解性周期。

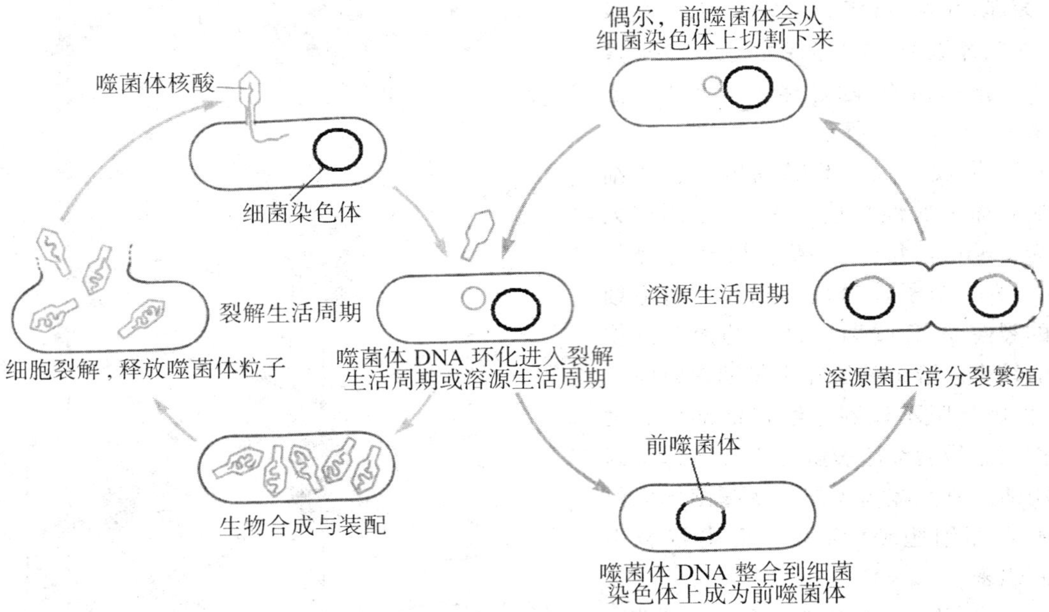

图 3－16　温和噬菌体的生活周期

四、噬菌体的应用

噬菌体可用于细菌的鉴定和分型。由于噬菌体的溶菌具有高度的特异性，故可用已知噬菌体去鉴定未知细菌，如鼠疫耶尔森菌苗、霍乱弧菌的鉴定就采用了噬菌体溶菌法。不仅如此，噬菌体还具有型特异性，即某型噬菌体仅裂解某型细菌，故可用于细菌的分型，如用葡萄球菌噬菌体对葡萄球菌进行分型；伤寒沙门菌 Vi 噬菌体可将有 Vi 抗原的伤寒沙门菌分为 96 个噬菌体型。

由于噬菌体的结构简单，基因数较少，又易于大量增殖，噬菌体已成为分子生物学研究的重要工具。三个核苷酸决定一个氨基酸的三联密码这一重要发现就是通过研究噬菌体基因与蛋白质的关系后得到的。在遗传工程研究中，也利用噬菌体作为载体将目的基因带入宿主细胞中去，细菌在增殖过程中可表达目的基因产物。近年在基因工程抗体研究方面，也利用噬菌体表达的产物存在于噬菌体表面这一特性，通过多轮的抗原吸附—洗脱—扩增而大大简化筛选过程，并且噬菌体表达的抗体具有产量高、活性强、特异性好等优点。目前，已将噬菌体用于基因工程抗体库的建立。

噬菌体分布广泛，在发酵工业中应严防噬菌体的污染，在菌种选育时可筛选抗噬菌体的突变株。噬菌体还可供作抗病毒药物和抗肿瘤抗生素筛选的实验模型。也可通过测定标本中的噬菌体或应用噬菌体效价增殖试验，检测标本中的未知细菌。

第六节 病毒与人类的关系

一、病毒在医药工业中的应用

病毒在医药工业上具有重要的作用。灭活的病毒可用于免疫动物生产抗病毒血清，也可作为灭活疫苗用于病毒性疾病的防治。病毒的培养可用于筛选所需的抗病毒药物。病毒生物合成过程的研究有助于我们对药物抗病毒机理的深入了解，进而合成和筛选疗效高和毒副作用小的抗病毒药物。

现代基因工程技术也进一步拓展了病毒在药物研究和生产领域的应用范围。如通过大规模培养宿主细胞，接种定向构建的重组腺病毒，可获得用于肿瘤基因治疗的生物药物。同时，可将所需的蛋白质目的基因克隆到病毒基因组中，获得的重组病毒感染大规模培养的宿主细胞，在病毒的增殖过程中则大量表达目的基因产物，从而制备基因工程蛋白质药物。通过对病毒的分子改造，还可得到无感染危险，且具有某种病毒特性的假病毒，用于抗病毒药物的定向筛选，如筛选抗病毒与宿主细胞表面受体结合的药物等。

对病毒的深入研究是我们寻找有效的抗病毒药物和战胜病毒性疾病的基础。

二、病毒与人类疾病

在人类的传染病中，病毒性疾病占75%以上，而且病毒性疾病易传染、危害大、病死率高，致病机制复杂，至今尚无治疗病毒性疾病的特效药，再加上某些病毒的感染与人类肿瘤的发生关系密切，由此可见病毒对人类健康危害极大。本节主要介绍几种常见的人类病原性病毒。

（一）流行性感冒病毒

流行性感冒简称流感，是由流感病毒（influenza viruses）引起的急性呼吸道传染病，能引起心肌炎、肺炎、支气管炎等多种并发症。由于流感病毒具有高度传染性，所以极易发生流行，甚至是世界范围的大流行。例如1917—1919年，欧洲爆发流感，导致2 000万人死亡，是人类有史以来最严重的一次流感爆发，而第一次世界大战的死亡人数也只是850万人。

我国是流感多发国，自1957年以来的3次世界性大流行都起源于我国。

1. 生物学性状 流感病毒属正黏病毒科，分甲、乙、丙三型，呈球形或丝状，直径80～120 nm。三型病毒具有相似的生化和生物学特征。如图3-17所示，病毒由三层构成，内层为病毒核衣壳，含核蛋白（NP）、P蛋白和RNA。NP是可溶性抗原（S抗原），具有型特异性，抗原性稳定。P蛋白（P_1、P_2、P_3）可能是RNA转录和复制所需的多聚酶。中层为病毒囊膜，由一层类脂体和一层膜蛋白（MP）构成，MP抗原性稳定，也具有型特异性。外层为两种不同糖蛋白构成的辐射状突起，即血凝素（hemagglutinin，H）和神经氨酸酶（neuraminidase，N）。H能引起红细胞凝集，是病毒吸附于敏感细胞表面的工具，N则能水解黏液蛋白，水解细胞表面受体特异性糖蛋白末端的N-乙酰神经氨酸，是病毒复制完成后脱离细胞表面的工具。H和N均有变异特性，故只有株特异的抗原性，其抗体具有保护作用。

根据NP的抗原性，将流感病毒分为甲、乙、丙三型。按H和N抗原不同，同型病毒又分若干亚型。流感病毒的抗原性变异就是指H和N抗原结构的改变，主要是H。在亚型内部经常发生小变异（量变），称为抗原漂移（antigenic drift）。甲型流感病毒的抗原变异较快，2～3年可发生一次，乙型流感病毒的抗原变异很慢。大的抗原变异出现的亚型（质变）即称抗原转

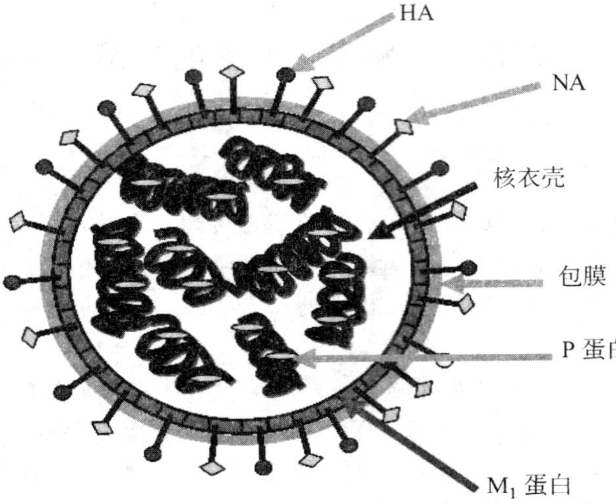

图 3-17　流感病毒结构图

变(antigenic shift),其为 H 和(或)N 都发生了大的变异,由此而产生新的亚型,可引起世界性大流行。变异的病毒株称为变种。甲型流感病毒大约每隔十几年发生一次大变异。自 1933 年以来甲型病毒已经历了四次抗原转变:1933—1946 年为 H0N1(原甲型,A0),1946—1957 年为 H1N1(亚甲型,A1),1957—1968 年为 H2N2(亚型甲型,A2),1968 年以后为 H3N2(香港型,A3)。一般新旧亚型之间有明显的交替现象,在新的亚型出现并流行到一个地区后,旧的亚型就不再能分离到。另外,每个亚型中都发生过一些变种。乙型流感染毒间同样有大变异与小变异,但未划分成亚型转变。丙型流感病毒尚未发现抗原变异。

2. 致病性与免疫性　流感病毒经呼吸道传播而侵入机体,并在宿主细胞内大量增殖,引起细胞变性、死亡和组织炎症,产生显著的流行性感冒临床症状,如发热、咳嗽等。流感病毒感染痊愈后机体可获得对同型流感病毒的免疫力。

3. 传播途径与预防　流感的主要传染源是患者和隐性感染者。流感病毒主要经飞沫及接触传播。人群对病毒普遍敏感。在我国,流感的多发流行季节主要在 11 月到次年的 2 月,某些流感会延伸到春季,甚至夏季。因此,在这些季节里要提高警惕,注意身体健康。

预防流感的发生要从以下几方面着手:① 注射疫苗;② 均衡营养,提高身体素质;③ 流感流行期间,远离人群集中的地方;④ 食醋熏蒸消毒;⑤ 开窗通风,增加湿度;⑥ 与流感患者保持距离。

4. 抗流感病毒化学药物　目前,正式上市的抗流感药物大体分为两类:以 20 世纪 60 年代中期发现的金刚烷胺(amantadine)为代表,只对甲型流感病毒有预防和治疗作用,属于离子通道阻断剂;神经氨酸酶抑制剂,对甲型和乙型流感病毒均有效。另外,还有一些以流感病毒复制过程的不同环节为靶点的药物,正处于实验室研究或临床研究阶段。

禽流感属于甲型流感病毒,所有抗流感病毒药物均可用于抗禽流感病毒,美国疾病预防与控制中心推荐使用离子通道阻断剂:金刚烷胺及金刚乙胺;以及神经氨酸酶抑制剂:奥塞米韦(oseltamivir phosphate,tamiflu,达菲)、扎那米韦(zanamivir)用于禽流感的防治。

(二) 乙型肝炎病毒

病毒性肝炎是严重危害广大人民群众的一种常见病。根据卫生部的调查(1992—1995

年），我国人群甲肝感染率为 80.9%；乙肝感染率为 57.6%；据此推算，我国约有 9.7 亿人已感染过甲肝病毒；6.9 亿人已感染或正在感染乙肝病毒，1.2 亿人携带乙肝病毒。病毒性肝炎已成为一个十分严重的公共卫生问题，应引起社会各界的重视，加强预防，减少发病，控制流行。限于篇幅，我们在这里只介绍一下乙型肝炎和乙肝病毒的有关知识。

1. 生物学性状　1963 年 Blumberq 在两名多次接受输血治疗的病人血清中，发现一种异常的抗体，它能与一位澳大利亚土著人的血清起沉淀反应。直到 1967 年才明确这种抗体与乙型肝炎（简称乙肝）有关，1970 年在电子显微镜下观察到乙型肝炎病毒（hepatitis B virus，HBV）的形态，1986 年将其列入嗜肝 DNA 病毒科。

HBV 呈球形，直径为 42 nm，具有双层衣壳，因 Dane 首先在乙型肝炎病毒感染者的血清中发现，故又称为 Dane 颗粒。电镜下可见如图 3－18 所示的三种形式的乙型肝炎病毒颗粒，即大球形颗粒（Dane 颗粒，42 nm）、小球形颗粒（22 nm）和管形颗粒［22 nm×（50～700）nm］。

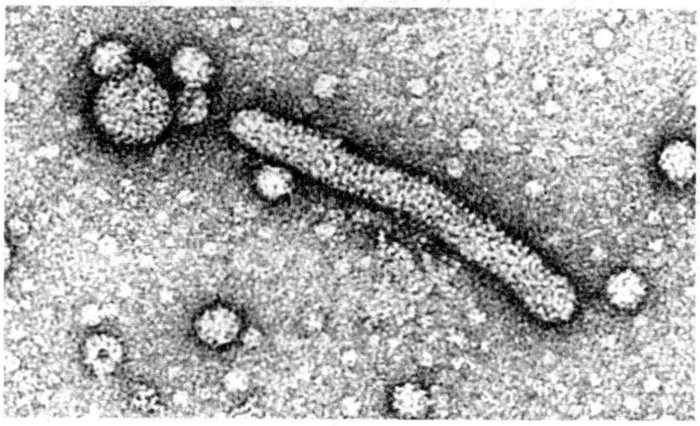

图 3－18　三种形式的乙型肝炎病毒颗粒

Dane 颗粒是完整的 HBV 颗粒，含双层衣壳。外衣壳相当于一般病毒的包膜，由脂质和蛋白质组成，内衣壳是 20 面体立体对称的核心结构，含 DNA 和 DNA 多聚酶（图 3－19）。小球形颗粒主要由乙肝表面抗原 HBsAg 组成，不含 DNA，无感染性。管形颗粒为一串聚合的小球形颗粒。

乙型肝炎病毒的抗原主要由病毒外衣壳上的表面抗原 HBsAg、Pre S_1、Pre S_2 和病毒内衣壳上的核心抗原 HBcAg、e 抗原（HBeAg）组成。HBsAg 是由 226 个氨基酸组成的相对分子质量为 27 000 Da 的蛋白质，其 N 末端与 Pre S_2（55 个氨基酸组成）相连，同时，由 119 个氨基酸组成的 Pre S_1 与 Pre S_2N 端相连。Pre S_1、Pre S_2 可能介导 HBV 与宿主细胞表面的受体结合。HBcAg 是相对分子质量为 22 000 Da 的蛋白质，而 HBeAg 为血清中相对分子质量为 19 000 Da 的可溶性蛋白。

2. 致病性与免疫性　乙型肝炎病毒感染机体后，病毒在肝细胞中不断复制和增殖，并导致组织损伤。感染 HBV 后，部分可发生原发性肝癌。

HBV 感染可刺激机体产生一系列抗体和免疫细胞。HBsAg 是 HBV 感染的主要标志，它可刺激机体产生相应的抗体（抗－HBs），并对机体产生保护作用。HBcAg 抗原性强，能刺激机体产生抗体（抗－HBc）。若该抗体为 IgM，表明 HBV 在体内复制，具有传染性；若该抗体为 IgG，则表明机体曾受到 HBV 的感染。HBeAg 与 HBV 的 DNA 聚合酶在血清中的消长基本对应，可作为体内病毒复制和感染者血清是否具有传染性的指标。

乙型肝炎病毒感染常采用抗原抗体检测、血清 HBV 的 DNA 和 DNA 聚合酶检测等，其中 HBV 的 HBsAg、HBeAg、抗－HBs、抗－HBe、抗－HBc 称为“两对半”，是临床乙型肝炎病毒

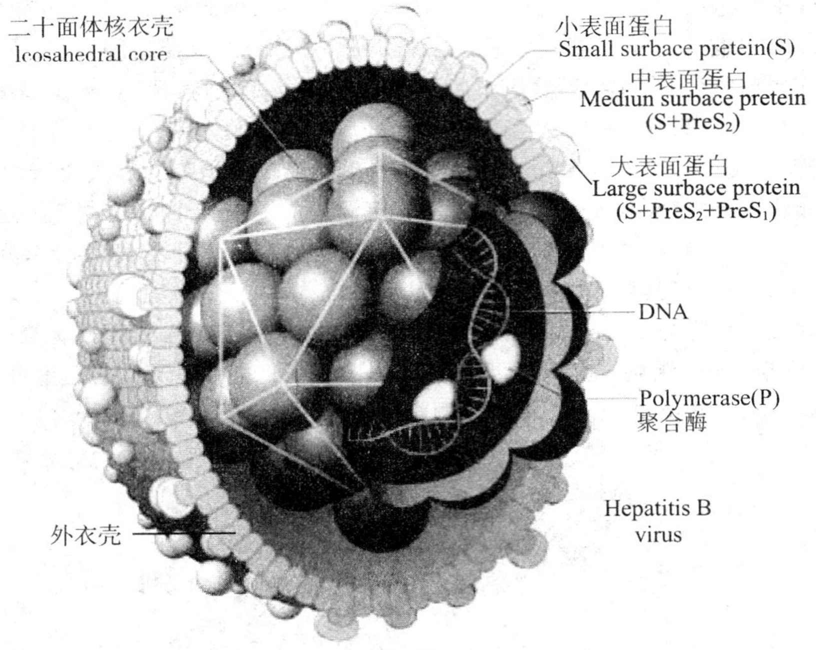

图 3-19 乙型肝炎病毒结构图

感染的检测指标(表 3-2)。

表 3-2 HBV 抗原抗体检测结果的临床分析

HBsAg	HBeAg	抗-HBs	抗-HBe	抗-HBc	临床判断
+	−	−	−	−	感染 HBV,结合肝功能判断病情
+	+	−	−	−	急慢性乙肝或无症状携带者,传染性强
+	+	−	−	+	同上
−	−	+	+	+	乙肝恢复期
−	−	+	+		乙肝恢复期
−	−	−	−	+	感染过 HBV
−	−	+	−	−	接种过乙肝疫苗或乙肝已恢复
−	−	−	−	−	未感染过 HBV

3. 传播途径与预防　乙型肝炎病毒常通过输血和被污染的注射器针头传播;外科手术、口腔治疗、针刺、剃须刀或牙刷等也可传播;乙型肝炎患者或 HBV 携带者的唾液、精液、阴道分泌物中均可检测到乙型肝炎病毒,故可通过密切接触和性接触传播;母婴传播也是 HBV 感染的重要途径。

注射乙肝疫苗是最有效的预防乙型肝炎病毒感染的方法,可用于非 HBV 携带者、新生儿。目前,我国已全面采用基因工程法生产乙肝疫苗。

4. 抗病毒药物　目前对乙肝尚无可靠的特效药物。由于临床型别不同,轻重不一,故其应用的药物也有所不同。急性乙肝大多在 3~6 个月内能自愈。如临床症状重笃或黄疸深重者,可用静脉输注高渗葡萄糖液、维生素 C、天门冬氨酸钾镁等的支持疗法,不主张应用肾上腺皮质激素。慢性乙型肝炎的病理机制复杂，它既有肝炎病毒的存在，又有机体免疫功能失调。所以治疗乙型病毒性肝炎必须顾及抗病毒及免疫调控两方面，才能达到治疗的目的。目前常用的药物主要包括以下几大类：

（1）直接影响乙肝病毒的药物：这类药物主要以核苷类似物为主，如拉米夫定、阿德福韦酯、恩替卡韦等。它们可以抑制乙肝病毒的增殖，其优点是可以口服，服一个月左右即可起效，但是这类药物也存在一些缺点，如必须长期服药，停药后有的病人会复发，而且较容易使乙肝病毒变异，病毒变异后宜终止治疗。另一类药物如干扰素。目前用于慢性乙型肝炎治疗的干扰素主要是α-干扰素，α-干扰素治疗慢性乙型肝炎已有20多年了，基本有了共识：α-干扰素治疗慢性乙型肝炎是一种有效的药物，但疗效不满意，停药后随访一年血清 HBV-DNA 和 HBeAg 的阴转率只有约20%～40%。α-干扰素的抗 HBV 感染的作用，主要是抑制 HBV 复制，表现为血清 HBeAg 转阴后 HBV-DNA 转阴，难以清除 HBV，因此治疗后复发率较高。如何提高α-干扰素对慢性乙型肝炎的治疗效果，是当前临床研究的热点。

（2）间接影响乙肝病毒的药物：这类药物比较多，常用的有胸腺肽类、转移因子、抗乙肝免疫核糖核酸、猪苓多糖、左旋咪唑涂布剂等。它们没有直接抑制或杀灭病毒作用，主要是通过提高或调节人体的免疫系统功能，从而起到一定的抗病毒作用，临床上主要是和其他抗病毒药物联合使用。

（3）影响乙肝病毒的中药：这类药物也比较多，常用的中草药包括苦参、虎杖等。常用中成药包括乙肝健、乙肝清热解毒片或冲剂、乙肝散、肝炎灵等等。这类药物临床实验证明均有一定的疗效，但是这些药物的有效作用及其机制尚待确证。

（三）人类免疫缺陷病毒

1983年，在法国巴斯德研究所工作的 Montagnier 等人从一患有淋巴腺综合征的男性同性恋者的血液中分离得到一种新的逆转录病毒，称之为腺病相关病毒(LAV)。同年，美国病毒学家 Gallo 也从艾滋病患者的口腔白细胞中分离出类似的逆转录病毒，称之为人类T淋巴细胞病毒型(HTLV-Ⅲ)，后来证明 LAV 和 HTLV-Ⅲ是同一病毒，统一命名为人类免疫缺陷病毒(HIV)。

艾滋病是由人类免疫缺陷病毒(human immunodeficiency virus, HIV)引起的疾病，在医学上全称为“获得性免疫缺陷综合征”(acquired immune deficiency syndrome, AIDS)，顾名思义，艾滋病是发生于人体免疫系统的疾病。

1. 生物学性状　如图3-20所示，艾滋病病毒(HIV)颗粒呈球形，直径90～130 nm。病毒的核心呈中空锥形，由两条相同的单链 RNA 链、逆转录酶和蛋白质组成。核心之外为病毒衣壳，呈二十面体立体对称，含有核衣壳蛋白质。最外层为包膜，包膜是病毒的外套，由双层脂蛋白构成，其中的蛋白是病毒识别攻击宿主细胞所必不可少的。核衣壳则由核心蛋白包着 RNA(核糖核酸)而形成。与正常的核酸复制(由 DNA 到 RNA)不同，HIV 利用逆转录酶使 RNA 转变为 DNA(脱氧核糖核酸)

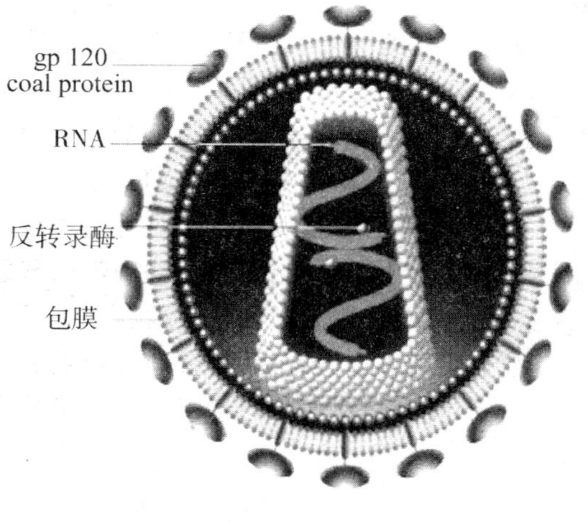

图3-20　HIV结构图

来进行其自身的复制增殖，所以称为逆转录病毒。

HIV 的抵抗力较弱，56℃、30 min 即可灭活，但在 20～22℃可存活 7 d；0.2%次氯酸钠、0.3%过氧化氢和 50%乙醇处理 5 min 均可灭活病毒。

1. 传播途径与预防　HIV 主要通过三种方式传播：① 同性或异性间的性行为；② 输血或使用含 HIV 的血液制品、器官或骨髓移植、人工授精和使用被 HIV 污染注射器及针头等；③ 母婴传播。要说明的是，只有带病毒的血液、精液或阴道分泌物成功进入人体内——血管中，才能构成 HIV 的传播。而与艾滋病人及艾滋病病毒感染者的日常生活和工作接触（如握手、拥抱、共同进餐、共用工具、办公用具等）不会感染艾滋病，艾滋病不会经马桶圈、电话听筒、餐具、卧具、游泳池或公共浴室等公共设施传播，也不会经咳嗽、打喷嚏、蚊虫叮咬等途径传播。绝大多数染上 HIV 的患者要经过 5～10 年的时间才发展成为病人，一般会在发病后的 2～3 年内死亡。

目前尚无有效的 HIV 疫苗，因此控制 HIV 的传播途径是唯一有效的预防方法：① 已感染 HIV 的女性应避免妊娠及哺乳，以免将病毒传染给胎儿；② 输血或器官组织的移植应做好术前的检验（无论供应者或受用者）；使用彻底消毒的注射器；③ 皮肤或黏膜的破损伤口应避免接触感染者体液；④ 采取安全的性生活方式。

2. 抗病毒药物　1995 年以来，抗艾滋病病毒治疗上取得了明显的进展。新的药物不断涌现，抗逆转录病毒的联合疗法逐步规范化。随着西方国家对 HIV 感染者加强临床管理，实施高效抗逆转录病毒疗法（highly active antiretroviral therapy，HAART），使其艾滋病的发病率和死亡率明显下降，HIV 感染者/艾滋病患者存活期延长、生活质量提高。

目前已批准生产的抗病毒药物有：

（1）逆转录酶抑制剂（RTI）：抑制逆转录酶的活性，从而降低病毒复制，可分为核苷类逆转录酶抑制剂（NRTI）和非核苷类逆转录酶抑制剂（NNRTI）。NRTIs 通过阻断病毒 RNA 基因的逆转录，即阻断病毒双股 DNA 的形成，使病毒失去复制的模板来阻断 HIV－1 复制。NNRTIs 是一组与核苷无关、化学结构完全不同的特异性抑制剂，通过与酶活性点附近的 p66 疏水区结合而抑制逆转录酶。它们高度抑制 HIV－1，不抑制其他逆转录病毒和 DNA 多聚酶，故细胞毒性很小，抗病毒选择指数（IC_{50}）很高，缺点是易产生耐药性。

属于核苷类逆转录酶抑制剂的药物品种有：zidovudine（齐多夫定）；didanosis（去羟肌苷）；zalcitabine（扎西他滨）；stavudine（司他夫定）；lamivudine（拉米夫定）；abacavir（阿巴卡韦）等。属于非核苷类逆转录酶抑制剂的药物品种有：nevirapine（奈韦拉平）；efavirdine（依非韦伦）；delavirdine（地拉韦定）等。

（2）蛋白酶抑制剂（PI）：PI 是基于肽类的化合物，它们或竞争性抑制蛋白酶活性，或作为互补蛋白酶活性点的抑制剂，能抑制蛋白酶的功能使新产生的病毒不成熟，有很强的抗病毒作用，多位点的变异才会产生耐药性。

属于核苷类逆转录酶抑制剂的药物品种有：saquinavir（沙奎那韦）；indinavir（印地那韦）；ritonavir（利托那韦）；nelfinavir（奈非那韦）；amprenavir（安普那韦）；lopinavir（洛匹那韦）等。

第四章　微生物的营养

微生物从外界环境中获得和利用营养物质以满足正常生长和繁殖需要的基本生理过程称为营养(nutrition)。能够满足微生物生长繁殖及完成各种生理活动所需的物质统称为营养物质(nutrient),在微生物学中,营养物质包括非常规物质形式的光能在内。与其他生物一样,当微生物处于适宜的环境条件时,能够以其独特的方式不断地从外界吸收所需要的各种营养物质。这些营养物质对微生物的作用可以概括为:参与细胞的结构组成;提供细胞生长、繁殖所需的能量;代谢调节物质和必要的生理环境等。营养物质是微生物生存的物质基础,也是其生长繁殖的前提条件,而营养则是微生物维持和延续自身生命形式的一种生理过程。

第一节　微生物的营养需求

一、微生物细胞的化学组成

微生物细胞的化学组成与其他生物细胞的化学组成基本相同,由各种元素构成细胞内的各类生理活性物质,并进一步形成相应的一些结构。作为微生物细胞,由于结构简单、繁殖迅速、代谢方式原始等特性使其化学成分与高等动植物相比又有一些独特之处,研究其化学组成能正确理解微生物的营养需求和生理特性。

(一) 组成元素(chemical elements)

微生物细胞最基本的组成单位是各种化学元素,按细胞对其需要量的大小不同,将组成微生物细胞的化学元素分为主要元素(macroelement)和微量元素(trace element)。主要元素包括碳、氢、氧、氮、磷、硫、钾、钙、镁、铁等,其中碳、氢、氧、氮、磷、硫这六种元素可占细胞干重的97%;微量元素是指那些含量极低且在不同类型微生物细胞中含量差异较大的一些元素,主要有锌、锰、铜、锡、钨、钼、硒、钴、镍、硼等。微生物细胞内的元素组成和所占的比例不是固定不变的,微生物的类型、所处的环境、菌株的培养时间等都会在一定程度上对其造成影响,如硫细菌、铁细菌含有较多的硫、铁,幼龄菌比老龄菌含氮量高。

(二) 化学组成

微生物细胞中的各类化学元素绝大多数是以化合物的形式存在的。重要的组成物质有水、无机物和有机物。水构成细胞的液形成分;简单无机物、有机物和以这些物质为基础合成的蛋白质、核酸、糖类及脂类等复杂生物大分子组成细胞的固形成分。

1. 水　水是维持细胞正常生命活动必不可少的一种重要物质。细胞内的水主要是以两种形式存在的:一种是自由水;另一种是结合水。自由水以游离态存在,是细胞物质的溶剂,为细胞代谢提供一个液体环境;结合水与其他化合物紧密结合,直接参与细胞的结构组成。

微生物细胞的含水量较高,可占其重量的70%～90%,不同种类、不同部位含水量有一定的差别,如细菌、霉菌和酵母菌的营养体分别为80%、85%和75%左右,霉菌孢子约含39%,而细菌芽胞核心部分的含水量则低于30%。细胞湿重(wet weight)与干重(dry weight)之差即为细胞含水量。

细胞中水的主要生理功能将在下面五大营养要素中详细讲解。

2. 固形成分

(1) 蛋白质:微生物细胞中主要的固形成分是蛋白质,约占细胞固形成分的40%～80%,分布在菌体各部分。蛋白质的存在方式有两种:一是简单蛋白,如鞭毛蛋白、球蛋白和一些水解酶蛋白;二是复合蛋白,如核蛋白、糖蛋白及脂蛋白等,其中核蛋白占蛋白总量的50%以上。

蛋白质在微生物细胞中发挥着各种各样的生物学作用:① 参与微生物细胞的结构组成;② 多数以酶的形式存在,催化细胞内进行的各种生化反应;③ 参与营养物质的运输;④ 与细胞的生长繁殖及遗传变异有关。可以说微生物的各种生理现象和生命活动都离不开蛋白质。

(2) 核酸:微生物细胞内的核酸有脱氧核糖核酸(DNA)和核糖核酸(RNA),约占细胞固形成分的10%～15%。对于不同种类的微生物,其细胞内DNA的存在状态是不同的:其中真菌的DNA与蛋白结合形成与高等生物类似的染色体;细菌和放线菌的DNA基本是以原核、游离形式存在的,同时还存在于质粒中。RNA一般存在于细胞质中,除少量以游离状态存在外,多数都与蛋白质结合,形成核蛋白体。核酸是微生物遗传和变异的物质基础。对于细胞型微生物,DNA上携带全部的遗传基因,通过DNA的复制和细胞分裂将基因传递给子代,RNA主要参与控制蛋白质的生物合成。另外,微生物细胞DNA的(G+C)%常作为现代微生物分类的一个重要依据。

(3) 糖类:糖类的含量受微生物种类影响较大,一般约占固形成分的10%～30%,某些种类含糖量可占30%以上。糖类在细胞中的存在方式较复杂,既有以复杂组成成分存在的类型,如脂多糖、肽聚糖、荚膜多糖、真菌多糖等,也有以游离形式存在的类型,如糖原、淀粉等。前者主要组成微生物细胞的结构物质,后者主要是细胞内的储藏性碳源和能源,微生物可以分解利用。最简单的糖是单糖,其中又以戊糖和己糖最重要,戊糖中的核糖和脱氧核糖是核酸的组成成分,葡萄糖则是细胞的主要供能物质,它经过一系列氧化反应,释放出能量,供细胞生命活动的需要。

(4) 脂类:脂类含量约占固形成分的1%～10%,极个别类型偏高,如结核杆菌体内的脂类含量高达40%。主要的脂类有脂肪酸、磷脂、糖脂、蜡脂和固醇等。磷脂是构成微生物细胞内各种膜的主要成分;脂蛋白、脂多糖及固醇则是微生物细胞的重要组分;脂肪酸可以结合糖或蛋白质,也可以以游离状态存在,游离态的脂肪酸也是微生物细胞内的能源性物质。

(5) 维生素:细菌细胞中的维生素主要是水溶性B族维生素,主要作用是构成细胞中的酶和辅酶,在微生物代谢过程中起重要作用。

除上述固形成分外,微生物细胞中还有无机盐及一些特殊成分,如肽聚糖、磷壁酸、二氨基庚二酸等。无机盐可以调节细胞的渗透压、维持酶活性;特殊成分的含量虽然很低,但对微生物细胞生长是必不可少的。

二、微生物的营养要素

微生物可利用的营养物质种类虽然繁多,但在细胞中的生理功能是相似的。按照营养物质中所含主要元素成分及在微生物生长繁殖中的生理功能不同,可将其分为碳源、氮源、无机盐、生长因子和水五大营养要素。

(一) 碳源(carbon source)

碳源是满足微生物生长的最基本的营养要素,主要为微生物生长提供碳素来源,是指含碳元素的各种化合物。微生物吸收和利用碳源主要用于合成细胞骨架和细胞中的含碳物质,同时为代谢产物提供碳素，并为异养微生物生长繁殖提供能量。由于绝大部分碳源物质在细胞内生化反应过程中能为机体提供维持生命活动所需的能源，因此碳源物质通常也是能源物质，但是有些以CO_2作为唯一或主要碳源的微生物生长所需的能源则并非来自碳源物质。

微生物可以利用的碳源有多种类型，分为无机碳源和有机碳源两类。无机碳源主要是CO_2及碳酸盐（CO_3^{2-}或HCO_3^-）；有机碳源的种类非常丰富，常见类型有糖类及其衍生物、脂类、醇类、有机酸和烃类等，其中糖类是最广泛应用的有机碳源，此外在特定情况下，蛋白质的降解产物也能作为碳源被利用。利用有机碳源的微生物称为异养微生物，而以无机碳源为主要碳源的微生物称为自养微生物。

微生物种类不同，利用碳源的能力也不同。能利用无机碳源的微生物种类较少，特别是对CO_2这样已经被彻底氧化的碳源，要想吸收和利用必须消耗大量的能量。多数微生物都能吸收和利用一些有机碳源，但对各种有机碳源的吸收和利用能力也存在较大的差异。因此，可以依据微生物利用碳源能力的差异来对其进行分类鉴定。

（二）氮源（nitrogen source）

氮源是指那些含氮元素的各种化合物或简单分子，是为微生物生长提供氮素来源的营养物质的统称。氮源一般不作为能源，主要为微生物细胞合成生命大分子物质如蛋白质、核酸等提供氮素，并为含氮代谢产物提供氮素，和碳源同为微生物的主要营养物。只有个别种类的细菌能利用氨基酸、铵盐或硝酸盐同时作为氮源和能源。

氮源可分为无机氮源和有机氮源两大类。无机氮源是一些无机含氮化合物，主要有铵盐、硝酸盐、NH_3及N_2等；而有机氮源主要是动物或植物蛋白及其不同程度的降解产物（胨、肽、氨基酸等），也称为蛋白质类氮源，如鱼粉、黄豆饼粉、花生饼粉、牛肉膏、蛋白胨、玉米浆等。对于大多数微生物来说，无机氮源和有机氮源都可以作为其生长的氮源，但对氮源的利用具有选择性。细菌可以利用铵盐、硝酸盐作为氮源，放线菌、霉菌可利用硝酸盐作为氮源，而牛肉膏、蛋白胨等有机氮源中由于含有多种营养因子，故可作为多数微生物的氮源物质。

由于一些无机氮源的相对分子质量小、结构简单，很容易被微生物吸收和利用，在较短时间内就可满足菌体生长需要，故称之为速效氮源，如硫酸铵就是一种速效氮源，该分子中的氮是以还原态形式存在的，可直接被微生物细胞吸收利用。相反，大多数有机氮源的相对分子质量大且存在形式较复杂，在被微生物利用之前还需经进一步的降解。因此微生物吸收和利用这样的氮源需要一段时间，称之为迟效氮源。如黄豆饼粉、花生饼粉中所含的氮主要是以蛋白质形式存在，这种类型氮源不能直接被微生物利用，属于典型的迟效氮源。一般来说速效氮源有利于菌体的快速生长，但由于维持时间短，表现为发酵持续能力差；而迟效氮源由于是被微生物缓慢吸收和利用的，故在培养基中存留的时间长，有利于菌体合成代谢产物。因此，在微生物的发酵生产中，必须在培养基中添加一定比例的速效氮源和迟效氮源，通过控制速效氮源和迟效氮源的加入量及加入时间来调整微生物的生长期和代谢产物合成期，达到提高发酵产量的目的。

个别种类的微生物能够吸收并利用环境中的游离氮气作为氮源，这些微生物称为固氮微生物。它们能通过体内特有的固氮酶将分子态的氮转化为氨和其他氮化物，这一复杂生理过程称为生物固氮作用。具备固氮能力的微生物既有细菌，也有放线菌和真菌，统称为固氮菌。

（三）无机盐（inorganic salt）

无机盐是微生物生命活动中必不可少的一类营养物质。无机盐主要是指含有磷、硫、镁、钾、钠、钙、铁等矿质元素的各种无机化合物，一般以盐酸盐、硫酸盐、磷酸盐、碳酸盐及硝酸盐形式存在。它们为细胞生长提供必需的各种矿质元素，同时也为微生物细胞提供一些微量元素，以满足细胞各种生理活动的需要。与碳源和氮源相比，微生物细胞对无机盐的需求量很低，对一些微量元素的需要量更是十分微小，当培养基中含有微量元素的无机盐过量时，往往会抑制微生物的生长。

对大量元素而言，首选的无机盐是 K_2HPO_4 和 $MgSO_4$，可同时提供四种需要量最大的元素。对于微量元素而言，除非做精密的营养代谢研究，一般无需专门添加。

微生物生长所需的一些矿质元素、相应存在形式的无机盐及其生理功能见表 4-1。

表 4-1　微生物生长所需的矿质元素、存在形式及其生理功能

矿质元素		主要供应方式	重要生理功能
大量元素	磷	$H_2PO_4^-$、HPO_4^{2-}、PO_4^{3-}	构成核酸、磷脂、辅酶，参与磷酸化，调节 pH
	硫	H_2S、S、$S_2O_3^{2-}$、SO_4^{2-}	构成氨基酸、酶活性基、维生素，提供能源
	镁	$MgSO_4$、$MgCl_2$	组成酶活性部位，酶激活剂，维持膜活性
	钾	KH_2PO_4、K_2HPO_4、KNO_3	作为酶激活剂，维持渗透压，物质运输有关
	钠	NaCl、NaH_2PO_4	物质运输有关，维持渗透压，维持酶稳定性
	钙	$CaCl_2$、$CaCO_3$、$Ca(NO_3)_2$	降低膜透性，调节 pH，酶辅因子，芽胞抗热
	铁	$FeSO_4$	构成细胞色素、酶活性基，提供能源
微量元素	钴	$CoCl_2$	构成维生素 B_{12}、酶辅基
	锰	$MnSO_4$	多种酶激活剂，参与羧化反应
	铜	$CuSO_4$、$CuCl_2$	多元酚氧化酶活性基，与孢子色素形成有关
	锌	$ZnSO_4$	酶的活性基，酶的激活剂
	钼	$MoSO_4$	参与酶组成，促进固氮作用

无机盐对微生物细胞的生理功能是多方面的，主要作用包括：① 作为细胞内一般分子和一些特殊分子的结构成分；② 作为酶或辅酶的组成部分；③ 作为酶的调节剂，参与调节酶的活性；④ 调节并维持细菌细胞内的渗透压、氧化还原电位、pH 等；⑤ 可以作为一些特殊类型细菌的能源，如硫细菌、铁细菌；⑥ 维持生物大分子和细胞结构的稳定性。

（四）生长因子（growth factor）

生长因子是指微生物正常代谢所必需的、而需求量极微量的有机营养因子。广义的生长因子主要有维生素、氨基酸、各类碱基（嘌呤及嘧啶）、脂肪酸、卟啉及其衍生物、甾醇、胺类等，狭义的生长因子一般仅指维生素。

不同类型微生物对维生素生长因子的需要程度不同。有些微生物如一些天然野生型细菌能利用所吸收的营养物质合成自身所需要的各种维生素，在培养这些类型细菌时，不需外源供给维生素。这些类型细菌的细胞中含有合成各种维生素的酶，合成能力强。也有些微生物因缺少合成某种或多种维生素的酶，从而丧失了合成维生素的能力，在培养这些类型微生物时，必须外源加入相应的维生素。对微生物生长起重要作用的维生素主要是 B 族维生素，这些维生素是微生物细胞中各种酶活性基的组成部分，缺少它们，酶的活性就会失去，细胞内的各种代谢就会停止，表现为微生物不能生长。

微生物对氨基酸、碱基等生长因子的需要也与微生物细胞本身的特性有关。氨基酸是合成蛋白质的前体，碱基则是合成核酸的原料，它们都是微生物生长所必需的。有些微生物在生长过程中可以通过吸收利用一些简单的碳源和氮源来合成这些生长因子；还有些微生物由于自身遗传基因的改变、环境条件的影响等导致细胞不能合成这些生长因子，必须在培养基中补充相应的氨基酸、碱基或含有这些生长因子的营养物质。

（五）水

除蓝细菌等少数微生物能利用水中的氢还原CO_2以合成糖类物质外，其他微生物都不能把水当作真正的营养物质，但是，由于水在微生物代谢中不可缺少，因而，仍将水作为一种营养要素来考虑。

水是地球上整个生命系统存在和发展的必要条件，微生物也不例外。水在微生物细胞中的生理功能主要有：① 发挥溶剂与运输介质的作用，营养物质的吸收与代谢产物的分泌必须以水为介质才能完成；② 是细胞的组成成分，充足的水分有助于维持细胞内一定的压力，是细胞维持自身正常形态的重要因素；③ 维持蛋白质、核酸等生物大分子稳定的天然构象；④ 水的比热高，是热的良好导体，能有效地吸收代谢过程中产生的热并及时地将热迅速散发到体外，从而有效控制细胞内温度的变化；⑤ 参与细胞内一系列代谢反应，并提供氢、氧元素；⑥ 微生物通过水合作用和脱水作用控制由多亚基组成的结构，如酶、微管、鞭毛及病毒颗粒的组装与解离。

微生物生长的环境中水的有效性以水活度值（water activity，α_w）表示，即一定温度和压力条件下，溶液的蒸气压力与同样条件下纯水的蒸气压力之比，纯水的α_w为1.00。微生物一般在α_w 0.60～0.99的条件下生长，细菌所需水活度较酵母菌和霉菌高，而嗜盐微生物则较低。

第二节　微生物的营养类型

一、营养类型的划分依据

微生物的营养类型实质为利用营养物质的特定方式。营养物质的种类繁多，在微生物生长中所起的作用也不相同，人们常在不同层次和侧面上划分微生物的营养类型。一般选择最重要的营养物质——碳源作为微生物营养类型划分的一个主要依据。由于在营养物质的利用中不可避免要涉及微生物的能量来源，故微生物的能源也是营养类型划分的重要依据。此外，营养物质的性质、微生物吸收营养物质的方式、营养代谢中的供氢体及合成某些生长因子的能力等在某种程度上都可作为营养类型的划分依据。

（一）按碳源划分

根据微生物生长所需的碳源不同，可将其分为自养型（autotrophy）和异养型（heterotrophy）。

1. 自养型微生物　是指那些能够利用简单无机物质作为碳源的微生物类型，如硫细菌。主要的无机碳源是CO_2和碳酸盐。自养型微生物广泛分布于土壤及水环境中，它们在自然界的物质循环中发挥着重要作用。

2. 异养型微生物　是指那些只能以复杂有机物质作为碳源的微生物类型。异养型微生物的自身合成能力差，不能以简单的无机物合成复杂的细胞物质。多数微生物都属于这种类型。

（二）按能源划分

按微生物生长的能量来源可以将其分为光能营养型（phototrophy）和化能营养型（chemotrophy）。

1. 光能营养型微生物　光能营养型微生物的能源来自于光辐射能，在细胞内有细菌叶绿素等光合色素，通过吸收自然光，利用光合磷酸化反应产生菌体细胞生长所需的能量，如蓝细菌。在地球早期生态环境的演化过程中，光能型微生物起着重要的作用。

2. 化能营养型微生物　化能营养型微生物的能源来自于无机物或有机物氧化过程中释放的化学能。在微生物中化能营养型的种类和数量占优势，大多数细菌、真菌、原生动物都是该型。

二、微生物的营养类型

综合碳源、能源及供氢体性质的差异，可将微生物的营养类型分为光能无机自养型（photolithoautotrophy）、光能有机异养型（photoorganoheterotrophy）、化能无机自养型（chemolithoautotrophy）和化能有机异养型（chemoorganoheterotrophy）四种基本类型，见表 4－2。

1. 光能无机自养型　简称光能自养型，这种类型微生物能吸收光能并以 CO_2 作为主要或唯一的碳源进行生长。红硫细菌、绿硫细菌就属于该种营养类型，它们能以 H_2S 为供氢体，还原 CO_2 为细胞物质。

2. 光能有机异养型　简称光能异养型，这种类型微生物能吸收光能，利用有机物作为碳源及供氢体，但不能以 CO_2 作为主要或唯一的碳源。红螺细菌属于这种营养类型，它能利用异丙醇作为供氢体，将 CO_2 还原为细胞物质，并同时在细胞内积累丙酮。光能异养型微生物生长时，大多数需要外源的生长因子。

表 4－2　微生物的基本营养类型

营养类型	能源	主要或唯一碳源	供氢体	代表类型
光能（无机）自养型	光能	CO_2	H_2S、S、H_2 或 H_2O 等无机物	着色细菌、蓝细菌、藻类
光能（有机）异养型	光能	简单有机物及 CO_2	有机物	红螺菌科细菌（即紫色非硫细菌）
化能（无机）自养型	无机物	CO_2 或碳酸盐	H_2S、H_2、Fe^{2+}、NH_4^+ 或 NO_2^- 等无机物	硝化细菌、铁细菌、硫细菌、氢细菌
化能（有机）异养型	有机物	有机物	有机物	多数细菌、全部真核微生物

3. 化能无机自养型　简称化能自养型，这类微生物生长所需的能量来自于无机物氧化过程中释放出的化学能，它们能够以 CO_2 或碳酸盐作为主要或唯一的碳源来合成细胞结构物质，而供氢体是 H_2S、H_2、Fe^{2+}、NH_4^+ 或 NO_2^- 等无机物。由于氧化会导致这些无机物中元素的化合价发生变化，从而使这些元素的存在形式发生改变，因此该类微生物对自然界中的一些重要元素的循环、物质转换起到关键作用。如土壤中的硝化细菌能以亚硝酸作为能源，通过氧化 NO_2^- 使之成为 NO_3^-，从中获取 ATP，再以 CO_2 或碳酸盐为碳源来合成细胞物质。

4. 化能有机异养型 简称化能异养型，它们以有机物氧化时所产生的化学能为能源，并以有机物作为碳源，其合成代谢中的供氢体也是一些有机中间产物。因此，有机物对于这种类型微生物来说既是碳源又是能源。在化能营养型微生物中，该型是主要类型，大多数细菌、真菌及原生动物都属于该类型，特别是所有的病原性微生物都属于此种类型。

在表 4-2 中还可看到，根据利用的有机物性质不同，可以将化能有机异养型微生物分为腐生型和寄生型两类。前者利用无生命的有机物质作为碳源，如土壤中动、植物的尸体和残体；后者则利用有生命的有机物质作碳源，主要借助寄生方式生活在活体细胞或组织间隙中，从宿主体内获得生长所需的营养物质。寄生型的微生物绝大多数都是致病性的微生物，寄生的结果会导致宿主发生病变。

这里需要指出的是微生物营养类型的划分不是绝对的，不同营养类型之间的界限并非十分严格。在特定环境条件下，有些自养型微生物可以利用有机物进行生长，一些异养型微生物也可以利用 CO_2 或碳酸盐作为碳源生长。有些微生物在不同条件下生长时，其营养类型也会发生改变。例如当紫色非硫细菌处于有机质丰富的环境时，可以利用有机物作为碳源进行生长，属于异养型微生物；该菌在缺乏有机质的环境中也可通过同化 CO_2 进行生长，此时又为自养型微生物；在光照和厌氧条件下该菌可利用光能生长，为光能营养型微生物；而在黑暗和好氧条件下，则成为化能营养型微生物。同样，在寄生型和腐生型之间，还存在一些兼性的中间类型，如大肠杆菌既可以在人体肠道中行寄生生活，也可以在自然环境中行腐生生活，这种方式称为兼性腐生（facultive metatrophy）或兼性寄生（facultive paratrophy）。微生物营养类型的可变性有利于提高微生物对环境条件改变的适应能力。

第三节 营养物质的运输

微生物的结构非常简单，大多数都是单细胞生物，没有专门的摄食器官或相关结构，因此，对营养物质的运输只能借助其细胞壁和细胞膜的渗透来实现。影响营养物质向细胞内运输的因素主要有三点：

1. 微生物细胞的透过屏障 细胞壁和细胞膜组成了微生物细胞的屏障结构，若为有荚膜或黏液层的微生物，荚膜或黏液层也参与此屏障结构。该结构对各种营养物质具有自由或选择性的通透作用。其中细胞壁主要起机械阻挡作用，由于其孔径较大，一般的营养物质可以自由通过，但是 G^+ 细菌的细胞壁结构较为紧密，对营养物质的吸收会有一定影响。细胞膜对营养物质的运输起关键作用，它对营养物质具有选择性的通透作用。细胞膜带有极性，膜上有微孔，特别是在膜上有一些与营养物质运输有关的蛋白——转运蛋白（transport proteins），这些蛋白作为营养物质的载体，能通过多种方式完成营养物质的跨膜转运过程。

2. 营养物质本身的性质 营养物质分子的大小、溶解性、极性、所带电荷等会在一定程度上影响其运输方式和运输的难易程度。

3. 微生物细胞所处的环境条件 如 pH、介质的离子强度会通过影响营养物质的电离程度来影响其进入细胞；温度会通过影响营养物质的溶解度、细胞膜的流动性、运输系统中酶的活性等在一定程度上影响其运输方式和运输效率。

根据微生物细胞吸收营养物质的特点，一般将跨膜运输方式分为被动扩散（passive diffusion）、促进扩散（facilitated diffusion）、主动运输（active transport）和基团转位（group translocation）四种主要类型。

一、被动扩散

被动扩散又称为单纯扩散(simple diffusion),是借助细胞内外物质的浓度梯度进行的物理扩散,当物质进出膜时不需要膜上的转运蛋白。这种扩散的驱动力是浓度梯度,扩散方向总是从高浓度到低浓度。扩散的主要特点是:① 不消耗能量;② 不需要转运蛋白参与;③ 扩散的速率随浓度梯度的降低而减小,营养物质(包括气体)由浓度高的一侧向浓度低的一侧运动,当达到平衡时,朝一个方向的被动扩散运动就停止。但是,由于细胞内消耗营养物质的过程是不会停止的,如呼吸作用,使得这种平衡永远达不到,因此被动扩散是细胞始终进行的一种扩散。

能够以被动扩散的方式进入细胞的物质种类并不多,但是属于非特异性扩散,这是细胞膜的结构特点决定的。细胞膜是有极性的,组成膜的磷脂双层排列是极性向外、非极性向内,这就使得一些相对分子质量小、极性低的脂溶性物质容易通过细胞膜。而且,细胞膜上的含水小孔的大小和形状对参与扩散的营养物质也有一定的选择性。同时,温度提高使细胞膜的流动性增强,也有利于营养物质的扩散。

由于被动扩散能力有限,因此它不是微生物运输营养物质的主要方式。能以该运输方式出入细胞的物质有水、脂肪酸、乙醇、甘油、苯和一些氨基酸分子,一些气体分子包括 O_2 和 CO_2 等也可借助该方式进行扩散。

二、促进扩散

促进扩散与被动扩散相似,都是借助细胞内外营养物质的浓度梯度完成的,也不需消耗能量,但与被动扩散不同之处是,促进扩散中还需要细胞膜上的转运蛋白(transport protein)参加,每种转运蛋白只运输相应的物质,具有较强的特异性和选择性。在膜的外侧溶质分子与特异的转运蛋白结合,在膜的内侧释放(图 4-1)。

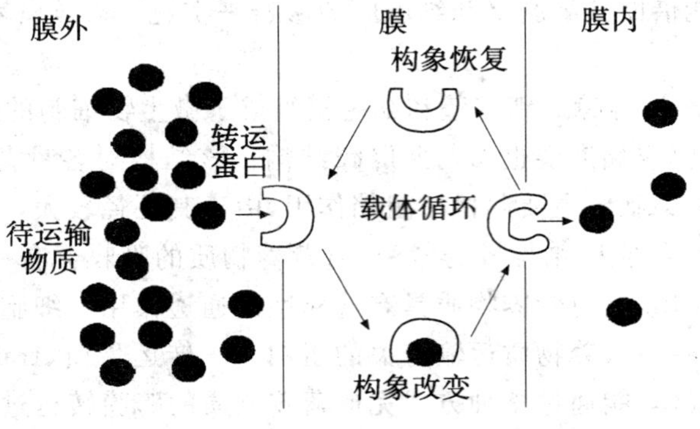

图 4-1　促进扩散示意图

转运蛋白又称为渗透酶(permease)、移位酶(translocase)、载体蛋白(carrier protein),大多是诱导酶,只有在环境中存在机体生长所需营养物质时才会合成。当环境中的营养物质浓度比细胞内浓度高,并且微生物细胞需要吸收该营养物时,促进扩散才能发生。当细胞快速利用营养物质使得细胞内外浓度相等时,运输终止。因为转运蛋白的参与,使得促进扩散具有酶的作用特征:在一定浓度范围内,载体可提高运输速率,但不能改变浓度平衡点,但是当被运输物质浓度过高使酶被饱和时,运输速率就不再增加;能进行促进扩散的物质具有特异性。除了转运蛋白作为载体介导促进扩散以外，一些抗生素如缬氨霉素也可起到载体的作用。

通过促进扩散进入细胞的营养物质主要有氨基酸、单糖、维生素、甘油及无机盐等。

三、主动运输

主动运输是广泛存在于微生物细胞中的一种主要的物质运输方式，是指物质从低浓度一侧通过细胞膜向高浓度一侧转运，消耗能量是主动运输的一个重要特征，同时还需要特异性的转运蛋白参加。如正常生活细胞内 K^+ 的浓度比细胞外高，而 Na^+ 则比细胞外低，K^+ 的内流，Na^+ 的外流就要通过所谓的"钠-钾泵"的主动运输来完成的。"泵"即指转运蛋白，实质是一种酶，对被运输的营养物质具有高度的选择性。某种营养物质经主动运输后，其胞内浓度要远远高于胞外浓度，因此，主动运输可以改变运输的平衡点。在特异性的转运蛋白协助下，主动运输能够逆浓度梯度运输细胞需要的一些营养物质，因此这种运输方式能在环境中营养物质浓度明显低于细胞内浓度时发生，使细胞在普遍低浓度营养物的自然界环境中得以生存，故对微生物细胞的生长繁殖是十分重要的。

在主动运输中，转运蛋白与运输营养物之间亲和力的大小是由转运蛋白的构象决定的，并且转运蛋白的构象可以伴随运输过程发生改变，但是与促进扩散不同的是，这种变化需要消耗能量。在膜的外表面转运蛋白对营养物显示了高的亲和力，使得营养物能与转运蛋白特异性结合；当营养物被运输穿过膜时，转运蛋白的构象发生改变，产生了对营养物具有低亲和力的结构，导致营养物在细胞内释放（图 4－2）。

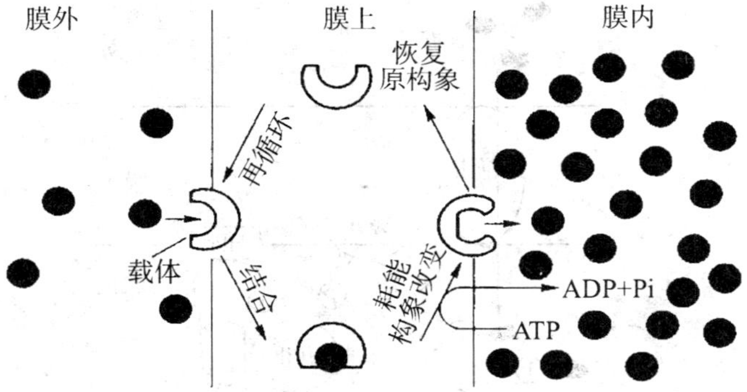

图 4－2　主动运输示意图

按运输营养物质的特点不同可以将转运蛋白分为三类：① 单向转运蛋白（uniporters）是指只能沿一个方向运输一种类型化合物的蛋白；② 同向转运蛋白（symporters）是指能沿单一方向同时运输两种类型化合物的蛋白；③ 反向转运蛋白（antiporters）是指能同时转运两种类型的化合物但运输方向相反的蛋白。多数的微生物往往只能借助单向转运蛋白来运输相应的营养物质，少数微生物可以利用同向及反向转运蛋白来运输不同的营养物质。

主动运输所需要的能量来自质子动力（proton motive force，PMF）或 ATP 的水解，能量的来源因微生物的种类不同而不同。通过主动运输的物质主要有氨基酸、无机离子如 Na^+、K^+ 等，还有乳糖、葡萄糖、麦芽糖等糖类。

四、基团转位

基团转位严格来说，不能算是第四种运输方式，而是一种特殊形式的主动运输，其特点是被运输的营养物质在由细胞膜外向膜内运输中发生了化学变化，常常被化学修饰，如葡萄糖经过修饰后在其分子上增加了一个磷酸基团，变为磷酸葡萄糖。以基团转位方式运输的营养物质主要是糖类，除糖类外，脂肪酸、核苷、碱基等营养物也可通过这种方式进入微生物细胞。基团转位主要存在于厌氧型和兼性厌氧型细菌中，尚未在好氧型细菌及真核生物中发现，也未发现氨基酸通过这种方式进行运输。

基团转位一般是由细胞内的特殊复杂运输系统完成的，这些运输系统常常由多种酶和特殊蛋白构成。研究比较清楚的基团转位系统是细菌细胞内的磷酸烯醇式丙酮酸-磷酸糖转移酶系统，简称磷酸转移酶系统（phosphotransferase system，PTS ）。PTS 系统中主要由五种不同的蛋白质组成，包括酶Ⅰ、酶Ⅱ（含有 a、b、c 三个亚基）和一种热稳定的可溶性蛋白（heat stable carrier protein，HPr）。在上述成分中，只有酶$Ⅱ_b$、$Ⅱ_c$对糖有特异性，酶Ⅰ、酶$Ⅱ_a$和 HPr 对运输的物质无特异性。HPr、酶$Ⅱ_b$和Ⅱc 亚基位于细胞膜上，其他都游离存在于细胞质中。PTS 系统运输糖的基本过程是：① 磷酸烯醇式丙酮酸（PEP）在酶Ⅰ催化下将其磷酸基团转位给 HPr，使其磷酸化，同时释放出丙酮酸；② 带有磷酸基团的 HPr－P 将磷酸基团依次转移给酶Ⅱa、Ⅱb 和Ⅱc，同时游离出 HPr；③ 酶Ⅱc－P 将其磷酸基团转位到相应的糖分子上，使之磷酸化，酶Ⅱc 又重新释放出来，再参与下一个糖分子的磷酸化过程。经过上述过程，糖从细胞膜外被运输到膜内，而糖分子上还多了一个磷酸基团（图 4－3）。

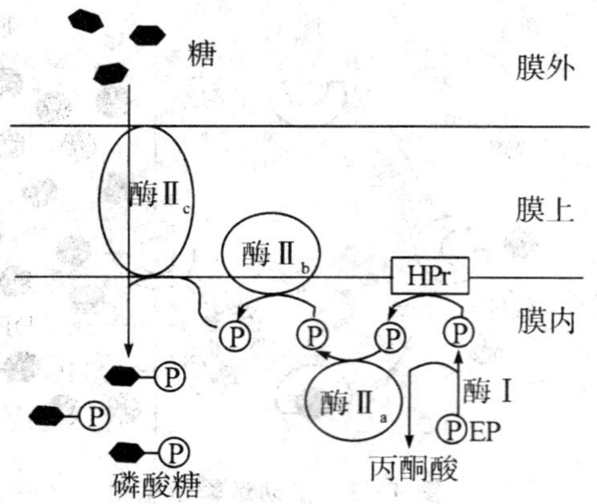

图 4－3 磷酸转移酶系统对糖类基团转位的典型过程

综上所述，现将四种运输方式的特点和异同小结于表 4－3 中。

表 4－3　营养物质运输方式的比较

项目	单纯扩散	促进扩散	主动运输	基团转位
运输方向（浓度）	高→低	高→低	低→高	低→高
平衡浓度	[内]＝[外]	[内]＝[外]	[内]＞[外]	[内]＞[外]
消耗能量	－	－	＋	＋
载体蛋白参与	－	＋	＋	＋
化学修饰	－	－	－	＋
运输速度	慢	快	快	快
运输分子特异性	－	＋	＋	＋
载体饱和效应	－	＋	＋	＋
举例	H_2O、O_2、CO_2、甘油、乙醇、氨基酸、盐类	SO_4^-、PO_4^{3-}、糖	氨基酸、糖类、Na^+、K^+ 等无机离子	葡萄糖、果糖、甘露糖、嘌呤、核苷、脂肪酸等

注："－"表示"否，没有"，"＋"表示"是，有"。

第四节　培　养　基

培养基（medium）是人工配制的满足微生物生长繁殖或积累代谢产物的营养基质。人们要认识、研究微生物或者想要大量得到微生物代谢产物，就首先要对微生物进行人工培养，即在适宜的条件下，利用培养基来培养微生物。掌握培养基的配制原则、了解培养基的种类和应用是微生物学研究和微生物发酵生产的基础。

一、培养基的配制原则

配制培养基必须根据微生物的种类、培养的目的进行全面考虑。在具体配制培养基时主要注意以下四点原则：

（一）营养合适并协调

1. 选择适宜的营养物质以满足微生物的营养需要　微生物的生长离不开碳源、氮源、无机盐、生长因子及水这五大营养要素，但微生物的种类不同，对营养物质的需求也不相同，因此，选择适宜的营养物质对培养微生物非常重要，应有针对性地选择营养物质。

一般的自养型微生物能利用简单的无机物合成细胞生长所需的复杂有机物，故其培养基的组成主要是由无机物构成；异养微生物的合成能力弱，不能利用无机物合成有机物，在进行人工培养时需加入一些有机营养物质；细菌多用牛肉膏蛋白胨培养基，放线菌常用高氏合成培养基，而酵母菌用麦芽汁培养基，霉菌则常用查氏合成培养基。对于一些特殊营养类型的微生物，培养时还需添加一些生长因子以满足其独特的营养要求。如为了使肠膜明串珠菌很好地生长，需要在合成培养基中添加 30 多种生长因子；而对于链球菌、淋病双球菌等病原菌，必须在含有血液或血清的有机培养基中才能生长。因此，在对一些营养要求尚不明确的微生物进行大量培养之前，需要详细考察其营养要求。

2. 控制营养物质的浓度并注意各营养物的比例　培养基中营养物质的浓度在一定范围内影响微生物的生长速度。浓度过低时不能满足微生物的营养需要；浓度过高时可能会对微生物生长产生抑制作用；浓度适宜才能对微生物生长有促进作用。因此，培养基中营养物的浓度并非越高越好，过高的浓度不但造成浪费，还会给微生物的生长带来危害。

此外，各种营养物质的比例也十分重要，尤其是碳源和氮源的比例即碳氮比（C/N 比）对微生物的生长繁殖和积累代谢产物的影响最大。氮源不足时，菌体生长速度慢、不利于积累代谢产物；氮源过剩时，菌体生长过于旺盛，同样不利于代谢产物的积累。在抗生素的发酵生产中，为了获得大量的代谢产物，必须控制好培养基的碳氮比。不同微生物需求的 C/N 比不同，一般细菌和酵母菌的 C/N 比约为 5∶1；霉菌约为 10∶1。此外，抗生素生产中可通过调节速效氮（或碳）源与迟效氮（或碳）源之间的比例来控制菌体生长与抗生素的合成协调。

（二）理化条件适宜

指培养基的 pH、渗透压、水活度和氧化还原势等理化条件较为适宜。

1. 调节微生物生长所需的适宜 pH　培养基的 pH 对微生物生长的影响较大。每种微生物生长都有其适宜的 pH 范围。普通细菌和放线菌生长的最适 pH 为 7.0～7.6，真菌为 4.0～6.0，藻类为 6.0～7.0，原生动物为 6.0～8.0。值得注意的是微生物生长的最适 pH 和积累代谢产物的最适 pH 经常不一致，所以在发酵生产中要根据发酵的不同阶段来适当调节培养液的 pH。此外，在发酵后期，由于会产生一些酸性的代谢产物，往往使培养液的 pH 下降，如不及时调节也会对微生物的生长及有用代谢产物的积累带来不利影响。

为了使培养基的 pH 保持恒定，可以在培养基中加入缓冲剂。常用缓冲剂是 K_2HPO_4 和 KH_2PO_4 的磷酸盐混合物。该混合物可以使培养基的 pH 维持在 6.4～7.2。对于大量产酸的微生物可以在相应培养基中加入 $CaCO_3$。$CaCO_3$ 难溶于水，不会使培养基的 pH 过度升高，但由于它能不断中和微生物发酵产生的酸，故可控制培养基的 pH 范围。

2. 渗透压和水活度　与微生物细胞渗透压相等的等渗溶液最适宜微生物的生长，高渗溶液会使细胞发生质壁分离，低渗溶液则会使细胞吸水膨胀，对于各种缺壁细胞尤为致命。

水活度 α_w 在前面已做过介绍，各种微生物生长繁殖范围的 α_w 值在 0.60～0.998。

（三）适当的物理状态

根据培养基中凝固剂的用量多少，培养基的物理状态可以分为液体、固体和半固体。液体培养基主要用于大量培养微生物、获得微生物的发酵产物；固体培养基主要用于微生物的分离、鉴定、计数和菌种保藏等；半固体培养基可用来观察微生物的运动性、对微生物进行鉴定或保藏菌种。因此配制培养基时应根据用途选择合适的物理状态。

（四）灭菌处理并维持无菌状态

由于在培养基的配制过程中会带来一定的污染，培养基中的各营养物也并非是无菌的原料，因此配制好的培养基必须马上进行灭菌处理，使之达到无菌状态。只有无菌状态的培养基才能使用或保存，否则培养基中的杂菌就会生长，干扰目的菌株。对培养基的灭菌一般采用高压蒸汽灭菌：121.3℃维持 15～30 min，针对培养基中的一些特殊成分，如不耐热的糖、易沉淀的磷酸盐和钙、镁、铁等离子可适当调整方法。

除上述原则外，在培养基的配制过程中还要考虑到培养基的氧化还原势、培养目的及培养基的制作成本等方面的因素，特别是在工业发酵中，培养基的用量很大，价格低廉的原料会大大降低生产成本。

二、培养基的类型及其应用

培养基的类型有多种，可以按照不同的分类原则进行划分。

(一) 按培养基的来源

可以将其分为天然培养基、半合成培养基和合成培养基。

1. 天然培养基(complex media) 是用天然原料或一些经过人工降解的天然有机营养物质配制的，因其化学组分不清楚或不恒定又称非化学限定培养基。例如牛肉膏蛋白胨培养基、麦芽汁培养基、基因克隆技术中常用的 LB 培养基。天然培养基的优点是营养丰富、种类多样、配制方便、价格低廉，缺点是成分不清楚、不稳定，因此，只适合于实验室中一般的菌种培养以及工业上较大规模的微生物发酵生产。

2. 合成培养基(synthetic media) 又称组合培养基或综合培养基，是按微生物营养要求精确设计，由化学成分完全了解的高纯度化学试剂配制而成的，也称化学限定培养基。如培养放线菌的高氏一号培养基，培养真菌的查氏培养基等。合成培养基的优点是成分精确、重现性高，缺点是价格较贵、配制麻烦，且微生物在其中生长速度较慢，一般适用于营养、代谢、生理、生化、遗传、育种、生物测定等对定量要求较高的研究工作。

3. 半合成培养基(semi-synthetic media) 又称半组合培养基，指一类主要以化学试剂配制，同时加有某些天然成分的培养基。如培养真菌的马铃薯蔗糖培养基。

(二) 按培养基的物理状态

根据培养基中凝固剂的有无和多少，可以将其分为液体、固体和半固体培养基。液体培养基的溶剂是水，而固体和半固体培养基中除水外还需添加凝固剂。作为理想的凝固剂应具备的条件有：① 不能被微生物分解利用；② 有适当的熔点和凝固点，在微生物生长的温度范围内应是固体状态；③ 透明度好、黏附力强；④ 对微生物无毒害作用；⑤ 价格低廉、使用方便。凝固剂主要有琼脂(agar)、明胶及硅胶。琼脂是最常用的凝固剂，一般微生物都不能分解利用。固体培养基中琼脂的添加量为 1.8%～2.5%，半固体培养基为 0.2%～0.8%。

1. 固体培养基(solid media) 在实验室中，固体培养基一般是加入平皿或试管中，制成平板培养基或斜面培养基。用天然固态基质也可直接配制得到固体培养基，如用麸皮、米糠、木屑、纤维或稻草粉配制的培养真菌的培养基，用马铃薯片、胡萝卜条、大豆、植物组织直接配制的培养基。固体培养基在科学研究和生产实践中应用广泛，可用于菌种分离、鉴定、菌落计数、检验杂菌、选种育种、菌种保藏、生物活性物质的生物测定、获取大量真菌孢子以及大规模生产等。

2. 半固体培养基(semi-solid media) 半固体培养基中琼脂含量为 0.2%～0.8%，在容器中倒置时不会流出，但剧烈振荡后呈破散状态。一般在试管中将其做成直立柱状，常用于观察微生物的运动力和趋化性、厌氧菌的培养分离和计数、对微生物进行鉴定或保藏菌种。

3. 液体培养基(liquid media) 液体培养基使用时，可以通过搅拌或振荡增加培养基的通气量，同时使营养物质分布均匀，主要用于生产上大量培养微生物、获得微生物的发酵产物，或是实验室中进行基础理论和应用方面的研究，如生理生化试验。

(三) 按照培养基的用途

按用途可以将培养基分为以下五种常用类型。

1. 基础培养基(basic medium) 是含有基本营养物质，用于满足一般微生物生长繁殖的培养基，如普通琼脂培养基。牛肉膏蛋白胨培养基为最常用的基本培养基，其液体组成为牛肉膏、蛋白胨、氯化钠和水。在液体培养基中若加入2%左右的琼脂,即为固体培养基。

2. 加富培养基(enrichment medium)　在基础培养基中加入一些特殊的营养物质,以满足营养要求较高的微生物生长,又称营养培养基。特殊营养物质有血液、血清、酵母浸膏、动植物组织液等。该培养基一般用来培养营养要求较苛刻的异养型微生物,如肺炎球菌和溶血性链球菌必须在血琼脂培养基上才能很好生长。加富培养基还可以用来富集和分离某种特定微生物,使其形成生长优势从而实现分离。

3. 鉴定培养基(differential medium)　是用于鉴别不同类型微生物的培养基,一般在培养基中加入某种特殊化学物质,特定微生物的某种代谢产物与之发生特定生化反应,由于在反应发生时往往会出现一些现象,故常用于对菌株的鉴定和分类。如在培养基中加入某种糖类及指示剂,可鉴别微生物发酵分解糖的能力。鉴别培养基主要用于微生物的快速分类鉴定,常用的有鉴别产蛋白酶菌株的酪素培养基、明胶培养基,鉴别产淀粉酶菌株的淀粉培养基,鉴别产 H_2S 菌株的醋酸铅培养基,鉴别水中大肠杆菌的伊红美蓝培养基等。

4. 选择培养基(selective medium)　是用于从混杂材料中分离目的菌株的培养基。利用微生物对某些化学物质的敏感性差异或微生物本身的特殊营养要求不同,在培养基中加入相应的特殊化学物质或营养物质,从而抑制混杂微生物的生长,而目的微生物却不受影响,从而达到筛选目的。例如在培养基中加入胆酸盐,可选择性地抑制革兰阳性菌生长,有利于革兰阴性肠道杆菌的分离;在培养基中加入高浓度氯化钠,则可抑制多种细菌生长,但对金黄色葡萄球菌生长却不产生影响,有利于对该类细菌的分离;在培养基中加入10%酚数滴可抑制细菌和霉菌生长,从而分离放线菌。

5. 厌氧培养基(anaerobic medium)　也叫还原性培养基,是专门用于培养厌氧微生物的培养基。要求培养基中营养物质的氧化还原电位(Eh)不能高,Eh值一般控制在－420～－150 mV比较合适。通常是在培养基中加入还原剂以降低环境中的氧化还原电位,如液体培养基中可加入巯基乙酸钠、谷胱甘肽等。

除培养基外,微生物生长的环境也十分重要,要求环境中不能有氧。厌氧措施主要有:① 以惰性气体来替代空气,排除环境中的游离氧;② 接种微生物后,必须采取隔离空气的措施,如在培养基上用凡士林或石蜡封闭,以隔绝外界的空气进入。目前已有专门用于培养厌氧菌的装置,如厌氧培养箱。

除上述类型培养基外,还有分析培养基,常用于分析某些化学物质如抗生素的浓度;组织培养物培养基,用于培养病毒、衣原体等专性寄生的微生物,等等。

三、常用的培养基

1. 细菌培养基　细菌的营养要求一般较高,因此培养细菌的培养基组成成分中常含有营养物质较丰富的复杂有机物,如牛肉膏、蛋白胨等。实验室中常用的细菌培养基就是牛肉膏、蛋白胨培养基,又称营养肉汤(nutrient broth)。

营养肉汤的组成为:牛肉膏 3 g、蛋白胨 10 g、NaCl 5 g、水 1 000 mL,调 pH 至 7.2～7.4,121℃灭菌 20～30 min。

在上述液体培养基中加入 1.8%～2.0%的琼脂即为营养琼脂(nutrient agar)培养基,它是常用的培养细菌的固体培养基。

2. 放线菌培养基　放线菌多数为腐生型需氧菌,常以糖类特别是淀粉、糊精等多糖作为碳源,并需要各种无机盐和一些微量元素,以满足其生长及合成抗生素的需要。实验室中常用的放线菌培养基为高氏一号培养基。

高氏一号培养基的组成为：可溶性淀粉 20 g、K_2HPO_4 0.5 g、KNO_3 1 g、$MgSO_4 \cdot 7H_2O$ 0.5 g、$FeSO_4 \cdot 7H_2O$ 0.01 g、NaCl 0.5 g、琼脂 20 g、水 1 000 mL，调 pH 至 7.0～7.6，121℃灭菌 20～30 min。

3. 真菌培养基　与细菌和放线菌相比，真菌的营养要求不高，也比较容易培养。一般来说，单糖、双糖、糊精和淀粉等都可作为碳源。实验室中常用查氏培养基培养霉菌，用麦芽汁培养基培养酵母菌。

查氏培养基的组成为：蔗糖 30 g、$NaNO_3$ 3 g、$MgSO_4 \cdot 7H_2O$ 0.5 g、$FeSO_4$ 0.01 g、K_2HPO_4 1 g、KCl 0.5 g、水 1 000 mL，pH 自然，121℃灭菌 20～30 min。

麦芽汁培养基是由单一麦芽汁组成的天然培养基，糖度一般为 8～10 Balling 度，调 pH 至 6.0～6.5，115℃灭菌 15～20 min。

麦芽汁的制作方法是：将干麦芽粉加 4 倍水，在 55～65℃下保温糖化 3～4 h，用碘液检查至完全糖化为止。新制备的麦芽汁糖度较高，故在使用前需加水稀释。

以上仅为几种培养普通微生物的常用培养基，如果要培养一些营养要求特殊的微生物，还需采用特殊的培养基或对原有的培养基组成进行调整，以满足微生物生长的需要。

第五章 微生物的生长及其控制

微生物的生长包括了微生物的个体生长和群体生长。

在适宜的条件下,微生物不断地从外界吸收营养物质,进行新陈代谢活动,如果同化或合成作用的速率高于异化或分解作用的速率,原生质总量增加,表现为菌体的重量增加,体积增大,这种现象称为微生物个体生长(growth)。

随着生长的延续,微生物细胞内各种细胞结构及其组成按比例成倍增加,最终通过细胞分裂,导致微生物细胞数目的增加。菌体数量增多的现象称为繁殖(reproduction)。单细胞微生物如细菌,细胞数目的增加就表现为个体数目的增加。多细胞微生物如某些霉菌,细胞数目的增加如不伴随着个体数目的增加,只能叫生长,只有通过形成无性孢子或有性孢子,使菌体数目增加的过程才叫繁殖。

微生物的生长和繁殖虽有所区别,却又紧密联系。微生物没有生长,就难以繁殖,没有繁殖,细胞也不可能无休止地生长。微生物的生长是一个量变过程,是繁殖的基础,而繁殖是生长的结果,繁殖又为新的个体的生长创造了条件。当环境条件适宜时,生长与繁殖始终是交替进行的。这样,原有的个体已经发展成一个群体(population)或培养物(culture)。微生物群体在生长过程中个体体积和重量的变化不易察觉,所以常以细胞数量的增加或以细胞群体的总重量的增加作为生长的指标。

微生物广泛存在于自然界,多数为单细胞生物,其生命活动易受各种因素的影响。环境条件不适宜时,微生物可发生代谢障碍,生长繁殖受到抑制甚至死亡。微生物的生长繁殖也影响其生存的环境,绝大多数微生物对人类和动植物有益,对工农业及药物生产有利,也有危害人类的一面,如食品和工农业产品的霉腐变质,实验室中动植物细胞或微生物纯培养物的污染,发酵工业中杂菌的污染;动植物体受病原微生物感染而患各种传染病等。因此如何控制微生物的生长或消灭有害微生物,在实际应用中具有重要意义。

第一节 测定微生物生长与繁殖的方法

一、微生物的个体生长与繁殖

细菌的个体生长包括细胞结构的复制与再生、细胞的分裂与控制。细胞通过新陈代谢合成新的细胞物质和细胞结构,如 DNA、RNA、蛋白质、酶及其他大分子物质,细胞壁物质的合成,细胞重量和体积的增加,使菌体开始繁殖过程。DNA 复制完成后随着细胞膜和细胞壁的生长而被分开,与此同时,细胞赤道附近的细胞膜从外向中心作环状推进,闭合形成一个垂直于细胞长轴的细胞质隔膜。此时母细胞的细胞壁也从四周向中心延伸,横隔壁形成,把细胞质隔膜分为两层,将一个细菌分裂成两个大小相等的子细菌,完成一次分裂。

霉菌营养体的基本单位是菌丝,根据菌丝中是否有隔膜,把所有菌丝分为单细胞菌丝和多细胞菌丝。菌丝的生长,意味着细胞的延长、分裂和细胞质的合成,主要以顶端生长的方式进行。顶端生长虽在菌丝生长中占主导地位,但也不排除其他生长的可能。酵母菌常以单个细胞存在，以出芽形式进行无性繁殖，有性孢子为子囊孢子。

二、测定群体生长繁殖的方法

微生物的群体是指单一纯培养物的群体。微生物特别是单细胞微生物，体积很小，个体生长很难测定且没有实际应用价值。所以除特定的研究目的外，一般所说的微生物生长是指群体生长。群体生长更具有科研和生产上的意义。微生物群体在生长过程中个体体积和重量的变化不易察觉，常以细胞数量的增加或以细胞群体总重量的增加作为生长指标。主要是直接或间接测定微生物的数量、重量和生理指标等方法。

（一）计数法

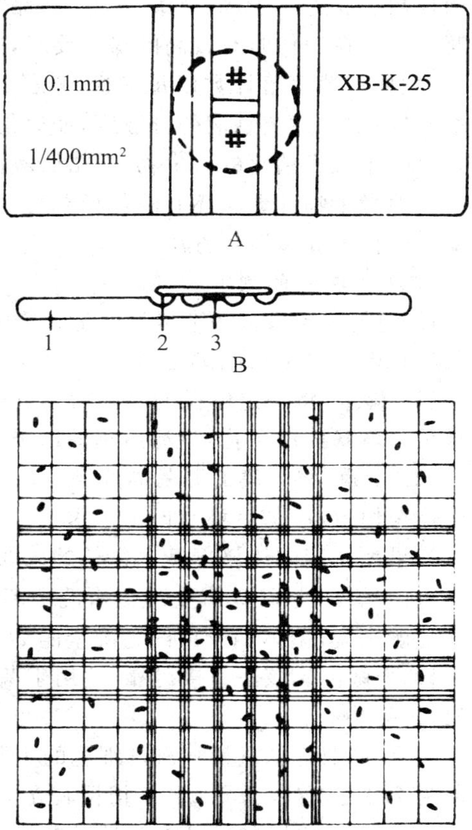

C 计数区的结构

图 5－1　血球计数板

1. 显微计数法　这是一种常用的方法，适用于单细胞微生物或丝状微生物所产生的孢子。用血球计数板或细菌计数板在显微镜下直接计数。测定方法简单、速度较快、需要的设备少同时可观察细胞形态，过浓的菌液稀释后也能计数。由于此法既包括活菌又包括死菌，又称全菌计数法。

计数板是一特制的载玻片，上面有一特定的计数室（总面积 1 mm^2，高 0.1 mm），由 25（或 16）个中格组成，每个中格又被划分为 16（或 25）个小格，总计 400 个小格组成（图 5－1）。将稀释的单细胞微生物悬液置于计数板载玻片与盖玻片之间的计数室内，在显微镜下计算出每毫升样品所含菌数。

菌数/mL＝每小格平均菌数×400×10 000×稀释倍数

2. 比浊法　这是测定生长的迅速方法。其原理是菌体不透光，光束透过菌悬液时可引起光的散射或吸收，降低透光率。在一定范围内，菌悬液中的单细胞微生物细胞浓度与浑浊度成正比，与透光度成反比。菌越多，越显浑浊，透光量越少。因此测定菌悬液的光密度或透光率可以反映出细胞的浓度。浊度计、分光光度仪是测定菌悬液细胞浓度的常用仪器。测定波长常在可见光 450～650 nm。比浊法比较简便，但测得结果既包括活菌又包括死菌，样品颜色和杂质都有可能影响测定结果。一般在用此法测定细胞浓度时，应先用计数法作对应计数，取得经验数据，并制作菌数对 OD 值的标准曲线，将未知细胞数的菌悬液与已知细胞数的菌悬液相比，可求出未知菌悬液所含的细胞数。

在日常的科研工作中，有时对菌数的要求并不十分精确，只要求在一定的范围内，此时可采用目测比浊法。目测比浊法是以不同浓度的氯化钡与稀硫酸配制成系列标准比浊管，形成硫酸钡的梯度沉淀，分别代表相对的细菌浓度（用相应的细菌标定）。以硫酸钡沉淀产生的浊度为标准，目测某一未知浓度的菌液与比浊管进行比较，可推测该菌的大致浓度。此法操作方便，设备要求低，但只适用于粗略的菌数测定。

3. 平板计数法　这是一种常用的活菌计数法，原理是依据每个活的、分散的微生物在适宜的培养基、适宜的培养条件下能形成菌落。取一定量的稀释菌悬液与培养基在其凝固前混匀，制备混菌平板，或涂布于凝固的培养基表面制备涂菌平板，经培养后长出的菌落数就是稀释液中含有的活细胞数，可以计算出供测样品中的活细胞数。由于各种原因，平板上的单个菌落可能并不是由一个菌体细胞形成的，因此在表达单位样品含菌数时，可用单位样品中菌落形成单位(colony forming unit，CFU)来表示，即 CFU/mL 或 CFU/g。

平板计数法设备要求不高，结果较为准确，广泛应用于教学、生产和科研中，是最为常用的活菌计数法。适用于水、土壤、食品、药品等各种材料的细菌检验，即使样品中含菌量极少也可以测出。但在操作时有较高的操作要求，操作者需要有熟练的技术，重要的是要掌握好菌液的浓度，例如细菌菌落计数以每平板(直径 9 cm)中有 30～300 个菌落为宜，过多过少均影响结果准确性；要注意菌悬液的分散度，如聚集成簇或成链会使计数偏低。此外，此法所需时间较长且仅限于形成菌落的微生物，严格厌氧菌的计数要应用严格的厌氧技术。

其他微生物计数法还有液体稀释法、薄膜过滤计数法等，现在更有多种多样的快速、简易、自动化的仪器和装置等方法。

(二) 细胞量的测定

1. 测定细胞重量法　尽管微生物个体微小，但仍有一定重量，因此可用于对单细胞、多细胞及丝状微生物生长的测定。

(1) 湿重：将一定体积的培养物通过离心或过滤将菌体分离，经洗涤再离心后直接称重即为湿重。丝状体微生物，过滤后用滤纸吸去菌丝之间的水分，再称湿重。

(2) 干重：将收集的湿菌体洗涤后，放入干热器加热烘干或在较低的温度(40℃或 80℃)真空干燥至恒重，冷却后称重即为干重。

如果要测定固体培养基上生长的放线菌或丝状真菌，可先将其加热至 50℃，使琼脂熔化，过滤得菌丝体，再用 50℃生理盐水洗涤菌丝。再用上述方法测其湿重或干重。

一般来说，菌体的干重约为湿重的 20%～25%，即 1mg 干菌体＝4～5 mg 湿菌体＝(4～5)$\times 10^9$个菌体。该法直接可靠，适用于菌体浓度较高的样品，但要求样品中不含非菌体的干物质。

2. 测定细胞总氮量　氮是细胞的主要物质，大多数细菌的含氮量为其干重的 12.5%，酵母菌为 7.5%，霉菌为 6.0%。根据其含氮量再乘以 6.25，即可推知其粗蛋白的含量。

3. DNA 含量测定　DNA 是微生物重要的遗传物质，每个细菌的 DNA 含量平均为 8.4 $\times 10^{-5}$ ng，相当恒定。因此提取一定体积培养物的 DNA，测其含量，可直接反映菌体物质的量变并可计算出菌体的数量。

4. 其他生理指标测定　微生物新陈代谢的结果，必然要消耗或产生一定量的物质，导致生理指标如呼吸强度、耗氧量、酶活性、生物热、发酵糖产酸量等发生变化，可借助特定的仪器测定相应的指标。这是一种间接方法，主要用于科学研究，分析微生物生理活性等。

第二节　微生物的生长规律

一、细菌的群体生长

细菌的繁殖主要是无性二分裂法，每分裂一次，为一个世代。每经过一个世代，群体数增加一倍。所以细菌的群体生长是按指数速度进行的。这种类型的群体生长称为指数生长。这是单细胞微生物的生长特征。

将一定量的细菌接种到定量适宜的液体培养基中培养，定时取样计数菌数，以时间为横坐标，细菌数的对数为纵坐标，可绘出一条曲线，称为细菌的生长曲线(growth curve)。按生长繁殖速度的不同，生长曲线(图5-2)可划分为四个时期，即：① 延迟期；② 对数期；③ 稳定期；④ 衰亡期。生长曲线代表了细菌在适宜的环境中生长繁殖直至衰老全过程的动态变化，正确认识和掌握生长曲线各期的特点对指导发酵生产和科学研究是十分必要的。

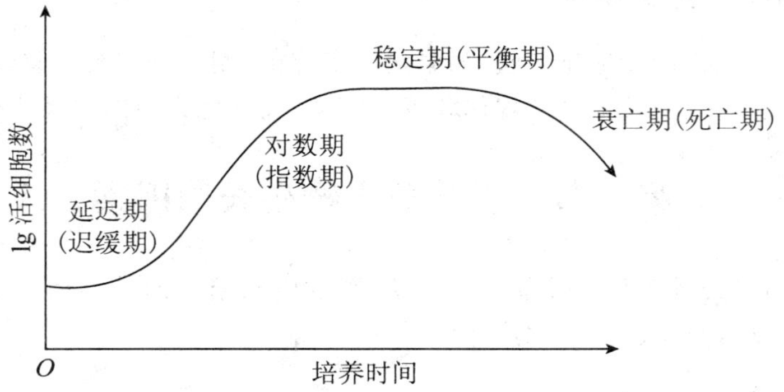

图5-2 细菌的生长曲线

(1) 延迟期(lag phase)：又称停滞期、适应期、迟缓期或调整期，是细菌适应环境的繁殖前准备时期，此期细菌生长速率等于零，细菌数几乎保持不变，甚至稍有减少，但合成代谢活跃，体积增大，对不良环境如渗透压、温度和抗生素等敏感。出现延迟期是由于细菌需要适应新的环境，合成新的酶、辅酶及必需的中间代谢产物。延迟期的长短与菌种、菌龄、接种前后培养基成分和其他培养条件的差异等因素有关。在延迟期后期，少数细胞开始分裂，曲线略有上升，进入下一阶段。

(2) 对数期(logarithmic phase)：又称指数期(exponential phase)。此期细菌生长繁殖迅速，菌数呈几何级数增加，即 $2^0 \rightarrow 2^1 \rightarrow 2^2 \rightarrow 2^n$。此期细胞代谢活跃，菌体内各成分按比例有规律地增加，代时最短，活菌数和总菌数非常接近。是研究菌体生物学性状如形态、大小、染色性和基本代谢、生理的良好材料，是噬菌体吸附的最适菌龄，也是发酵生产用作种子和药敏试验的最适菌龄。

对数期细菌代时(G)除与菌种、营养成分和温度有关外，营养物的浓度也影响微生物的生长速率和总生长量。凡是处于较低浓度范围内，可影响微生物生长速率和总生长量的营养物，称为生长限制因子(growth-limited factor)。

(3) 稳定期(stationary phase)：又称平衡期、恒定期或最高生长期。由于培养基中营养物质消耗和营养物质比例失调，有害代谢产物如酸、醇、毒素或 H_2O_2 等积累，以及培养基 pH、氧化还原电位、温度等改变，逐渐不适宜细菌的生长繁殖。其特点是新增殖的细胞数和死亡的细胞数处于动态平衡，生长速率逐渐趋向于零，活菌数相对稳定。这时菌体产量达到了最高点并维持稳定。细胞开始贮存糖原、异染颗粒和脂肪等贮藏物，细菌的芽胞多在此期形成，某些次级代谢产物如毒素、抗生素等也在此期开始产生。稳定期的长短与菌种和培养条件有关。

(4) 衰亡期(decline phase 或 death phase)：此期菌体死亡的速率超过菌体繁殖的速率，活菌数急剧下降。此时细胞形态改变，出现畸形或衰退型，有时发生自溶，形成的芽胞成熟。

了解细菌的生长曲线对研究细菌生理学和指导生产实践有重要意义。例如，为了尽量减少菌数的增加，在无菌制剂和输液的制备中就要把灭菌工序安排在延迟期，以保证输液质量和减少热原质的污染；在大量培养细菌时，选择适当的菌种、菌龄、培养基及控制培养条件，可缩短延迟期。对数生长期的细菌生长繁殖迅速，代谢旺盛，利用此期细菌作为连续发酵的种子，以缩短生产周期，实验中多采用此期细菌进行形态结构、生理代谢等的研究。稳定期是细菌代谢产物增多并大量积累的时期，在这一时期适当补充营养物质、调节 pH、调整温度等以延长稳定期，积累更多的代谢产物，可提高发酵产量。芽胞在衰退期成熟，有利于菌种保藏。

二、霉菌的群体生长规律

霉菌在分批培养时，菌丝体呈絮状，如果给以不停的搅拌，便可使菌丝均匀地分布于培养液中。在这种情况下，其生长繁殖的规律和细菌相似，表现为典型的生长曲线。

第三节　影响微生物生长的因素

微生物在适宜的外界条件下才能生长繁殖，影响生长繁殖的外界因素很多。其中最主要的因素为营养、温度、pH、氧气。分别讨论如下：

一、营养物质

满足微生物的营养物质需求，是微生物生长繁殖的首要条件。微生物所需的基本营养物质可分为碳源、氮源、无机盐、生长因子以及水。详见本书第四章。

二、温度

温度是影响微生物生长的最重要的因素之一，微生物的生命活动受温度的影响极为明显，任何微生物的生长都在一定的温度范围内，最低生长温度是指微生物能进行生长繁殖的最低温度界限，在此温度下微生物生长速率很低，如果低于此温度则生长可完全停止；最高生长温度是指微生物生长繁殖的最高温度界限，在此温度下微生物细胞易于衰老和死亡。最适生长温度是指维持最大生长速率的温度，但不一定是一切代谢活动的最佳温度。根据微生物生长的最适温度不同，将微生物分为嗜冷、兼性嗜冷、嗜温、嗜热和超嗜热或嗜高温微生物五种不同的类型（表 5－1）。

表 5－1　微生物生长的温度范围

微生物类型	生长温度(℃)		
	最低	最适	最高
嗜冷微生物 (psychrophiles)	0 以下	15	20
兼性嗜冷微生物 (psychrotrophs)	0	20～30	35
嗜温微生物 (mesophiles)	15～20	20～45	45 以上
嗜热微生物 (thermophiles)	45	55～65	80
超嗜热或嗜高温微生物 (hyperthermophiles)	65	80～90	100 以上

绝大多数微生物适合在中等温度范围内生长，虽然多数病原菌是嗜温菌，它们最适的生长温度为37℃，接近自然宿主的体温。

三、pH

环境中的pH对微生物的生命活动影响很大，微生物总体的生长pH范围极广，绝大多数种类都生长在pH 4～9，少数种类能在pH小于2或大于10的条件下生长。细菌的pH范围一般仅为3或4个pH单位，真菌生长的pH范围比细菌广。与温度相似，微生物也有其最适pH和一定的pH范围。最适生长pH偏于碱性范围内的微生物，有的是专性嗜碱微生物，它们不能在中性环境中生长；有一些为兼性嗜碱性微生物，它们能在碱性条件下生长，也能在中性条件下生长。最适生长pH偏于酸性范围内的微生物也有两类，一类是专性嗜酸微生物；另一类为兼性嗜酸性微生物，如一些真菌。微生物在最适pH条件下，如果其他条件也适合，则生长速率最高。多数病原性细菌在中性或微碱性（相似人体环境）中生长良好。无论微生物的外部环境条件的影响如何，细菌内部的生化反应最适pH总在中性。一般胞内酶的最适pH值都接近中性，而周质空间的酶和胞外酶的最适pH值则较接近环境的pH。

微生物在基质中生长繁殖，营养物质不断被消耗，同时改变了基质的氢离子浓度。例如尿素细菌分解尿素后产生氨，基质pH上升；乳酸菌分解葡萄糖产生乳酸，基质pH下降。所以，在生产实践中pH的变化是一种生产指标，要经常测定和控制培养基的pH，可采用加缓冲剂或调节酸、碱等方法。缓冲剂有近百种，不同的缓冲剂适用于不同的pH范围，广泛使用的磷酸盐如K_2HPO_4和KH_2PO_4适用于pH 6～8；也可通过选用不同的培养基组成成分如蛋白质、氨基酸等来调整环境pH；工业生产中，如果大量产酸，常以$CaCO_3$作缓冲剂。

四、氧气

微生物种类不同，对氧的需求不同，可分为好氧菌、微好氧菌、耐氧菌、兼性厌氧菌和专性厌氧菌五种类型。各自的特点如下：

1. 专性好氧菌（strict aerobe）　好氧呼吸产能，必须在有游离氧气的环境中才能生长，绝大多数真菌和许多细菌都是专性好氧菌，如结核分枝杆菌、绿脓杆菌、白喉棒状杆菌和枯草芽胞杆菌等。

2. 微好氧菌（microaerophilic bacteria）　只能在较低的氧分压下（少于空气中氧含量）的条件下生长最好，其产能方式也是通过呼吸链并以氧为最终氢受体。如霍乱弧菌及少数拟杆菌属的种。

3. 耐氧菌（aerotolerant anaerobe）　一类可以在分子氧存在下进行厌氧生活的厌氧菌，只能以发酵产能，但分子氧对其无毒害。细胞内存在SOD和过氧化物酶，但缺乏过氧化氢酶。一般的乳酸菌多数为耐氧菌，如乳链球菌、乳酸乳杆菌及肠膜明串珠菌等。

4. 厌氧菌（anaerobe）　只能在无氧或基本无氧的条件下才能生长，分子氧对其有剧毒，即使短期接触空气，也会抑制其生长甚至死亡。通过发酵、无氧呼吸、甲烷发酵或光合磷酸化等获得能量。细胞内缺乏SOD和细胞色素氧化酶，大多数还缺乏过氧化氢酶。如破伤风梭菌、双歧杆菌属、光合细菌及产甲烷菌等。

5. 兼性厌氧菌（facultative anaerobe）　在有氧和无氧条件下均能生长，但在有氧的条件下生长得更好，以有氧时进行呼吸产能为主，无氧的时候通过发酵或无氧呼吸产能。细胞内含有SOD和过氧化氢酶。许多细菌和许多酵母菌都属此类。

五种类型菌在半固体培养基上的生长状态如图 5－3 所示。

五、水的活度

微生物的生活离不开水。水活度值（water activity，a_w），是指在一定的压力和温度条件下，溶液的蒸气压力与纯水蒸气压力之比。纯水的 a_w 为 1.00，溶液中溶质越多，a_w 越小。微生物生长的最低水活度在 0.60～0.99。微生物不同，其生长的最适 a_w 不同（表 5－2）。高于或低于所需要的 a_w 值，都会影响微生物的生长速率和总生长量。

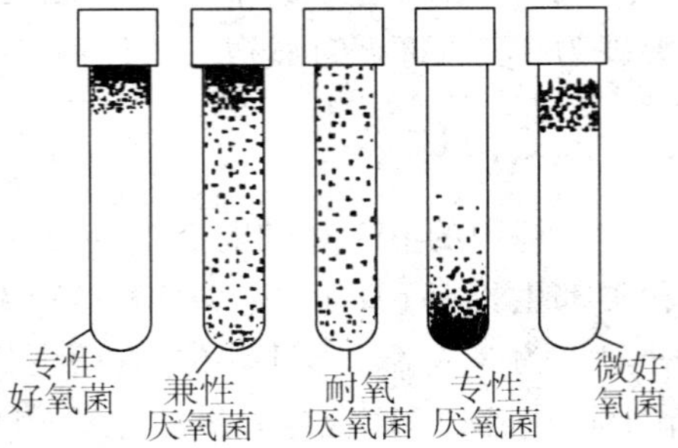

图 5－3　氧与细菌生长的关系

表 5－2　不同微生物生长最适 a_w

微生物	a_w
一般细菌	0.91
酵母菌	0.80
霉菌	0.76
高渗微生物	
细菌	0.76
真菌	0.65
酵母	0.60

第四节　消毒灭菌

微生物极易受到环境条件的影响。在合适的环境条件下，微生物可进行正常的生长繁殖；如环境条件不适宜，微生物会发生变异；但如环境条件超过一定限度，则会引起微生物生长的抑制，甚至死亡。

微生物广泛存在于人类生活的环境中，控制微生物能够保证公共卫生和人体健康。例如水的净化，牛奶的消毒，食物和药物的保存和制造过程等都需要采取控制微生物的措施，有助于阻止微生物进入人体，或阻断可能导致疾病发生的某一环节，也有一些方法如化学药剂可直接杀死或抑制机体内的微生物，用于治疗疾病，从而保障社会公众的健康水平。微生物的危害性还表现在引起工农业原料、产品、食品、生活用品以及药物的腐变与霉烂。全世界每年由于霉腐微生物引起的损失是极其巨大又难以确切估计的。全世界每年因霉变而损失的粮食就占其总产量的 2%左右，这是一笔极大的浪费，必须采取有效的控制方法。

影响微生物生长繁殖的因素可分为物理、化学、生物等三方面。其中生物因素主要包括细菌素、噬菌体和抗生素，它们对微生物生长的影响分别在细菌、病毒和抗生素中介绍。这里主要讨论各种物理、化学因素对微生物生长的抑制与致死的影响，以及它们在实践中的应用。

在控制微生物方面经常用到如下术语：

灭菌(sterilization):杀灭物体或介质中所有微生物的方法。包括杀灭病原微生物和非病原微生物、繁殖体和芽胞。

消毒(disinfection):杀死物体或介质中所有病原微生物,但不一定杀死细菌芽胞的方法。通过消毒可以达到防止病原微生物感染或传播的作用。

防腐(antisepsis):是利用理化方法防止或抑制微生物生长繁殖,微生物一般不死亡,但可防止食物腐败、物质霉变,亦称抑菌(bacteriostasis)。例如日常生活中以干燥、缺氧、低温、盐腌或糖渍、加防腐剂等防腐方法来保藏食物。

无菌(asepsis):指不含任何活微生物的状态。往往是灭菌处理的结果。

无菌操作(asepsis technique):主要是防止外界环境微生物污染实验材料、破坏实验微生物的纯培养状态,同时防止实验微生物污染环境或感染人体的操作方法。无菌操作所用的器具和材料,必须经灭菌处理。

死亡(death):对微生物细胞来说,是指不可逆地失去生长、繁殖的能力。

杀菌(bacteriocidation):指菌体虽死,但形体尚存。

溶菌(bacteriolysis):指菌体被杀死后,其细胞发生溶化、消失的现象。

抑制(inhibition):是在亚致死剂量因子作用下导致微生物生长停止,移去这种因子后生长仍可以恢复的生物学现象。

化疗(chemotherapy):即化学治疗。是指利用具选择毒性的化学物质如磺胺、抗生素等杀死组织内的病原微生物或病变细胞,但对机体本身无毒害作用的治疗措施。

一、控制微生物的物理方法

用于消毒灭菌的物理因素主要有热力、辐射、过滤和超声波等。

(一) 热力灭菌法

微生物必须在适宜的温度范围内才能良好生长繁殖。低于最低生长温度时,微生物的生长受到抑制,新陈代谢降低,处于休眠状态,所以低温适于保藏微生物。高温是最可靠而普遍应用的灭菌法,高温可使微生物中的DNA断裂、蛋白质变性凝固、酶失活、核糖体解体或破坏细胞膜结构等从而导致微生物死亡。热力灭菌法是利用高温杀死微生物的方法。该法简便、经济、有效,应用非常广泛。

热力灭菌法又分为干热灭菌法和湿热灭菌法两大类。

1. 干热灭菌法(dry heat sterilization)　干热灭菌法的主要作用机制是脱水干燥和大分子变性。在干燥条件下,一般细菌的繁殖体 80～100℃ 1 h 可被杀死;芽胞则需 160～170℃ 2 h才能被杀死。常用的干热灭菌法包括:

(1) 灼烧法:直接用火焰灭菌。适于微生物实验室接菌环、接菌针、试管口、瓶口等的灭菌。

(2) 焚烧法:直接点燃或在焚烧炉内焚烧。是一种彻底的灭菌方法,适用于废弃的污染物品、尸体等。

(3) 干烤法:利用在密闭的干烤箱中高热空气灭菌的方法。在 160～170℃维持 1～2 h 可杀灭包括芽胞在内的一切微生物以彻底灭菌。适用于高温下不变质、不损坏、不蒸发的物品,如一般玻璃器皿、瓷器、金属工具、注射器、药粉等。为避免包装纸与棉花等纤维物品烧焦引起火灾,需注意温度不宜超过 180℃。同时应注意玻璃器皿等必须洗净烘干,不能沾有油脂等有机物。

2. 湿热灭菌法(moist heat sterilization)　湿热灭菌法比干热灭菌法更有效。多数细菌和真菌的营养细胞在60℃左右处理5～10 min后即可被杀死,真菌的孢子稍耐热些,在80℃以上的温度才能被杀死,细菌的芽胞最耐热,一般要在120℃下处理15 min才能被杀死。

(1) 巴氏消毒法(pasteurization):此法是根据结核杆菌在62℃时15 min致死而规定的,因巴斯德首创而得名,是一种较低温度消毒法。具体方法可分为两类:低温维持法(low temperature holding method, LHT),即63℃下维持30 min;高温瞬时法(high temperature short time, HTST),即72℃下维持15 s。巴氏消毒法的优点是可以保留食品风味和营养价值,适用于牛奶、酒类、酱油等食品消毒。现在,牛奶等食品一般都采用超高温灭菌,即135～150℃维持2～6 s,即可达到杀菌和保质,不仅缩短了时间,也提高了经济效益。

(2) 煮沸法(boiling):煮沸100℃ 5 min可杀死细菌的繁殖体,1～3 h可杀死芽胞。此法主要用于外科器械、注射器、胶管、食具和饮用水的消毒。因被灭菌物品要浸湿,其应用受到一定限制。如于水中加入1%～2%碳酸氢钠,可增高沸点至105℃,加速芽胞死亡,既可提高杀菌力,又可防止金属器械生锈。

(3) 流通蒸汽消毒法:又称常压蒸汽消毒法,是利用一个大气压下100℃的水蒸气维持15～30 min进行消毒,可杀死细菌的繁殖体,但不能保证杀死芽胞。可采用Arnold流通蒸汽灭菌器或普通蒸笼进行。常用于一般外科器械、注射器、食具等的消毒。

(4) 间歇灭菌法(fractional sterilization):因由Tyndall创名,故又称丁达尔灭菌法(tyndallization)。是利用反复多次的流通蒸汽消毒法杀死细菌的繁殖体和芽胞的灭菌法。方法是将物品置于Arnold流通蒸汽灭菌器或普通蒸笼内,100℃的水蒸气维持15～30 min,杀死其中的细菌繁殖体,冷却后置于37℃培养箱过夜,使其中可能残存的芽胞萌发成繁殖体,次日再用同法重复灭菌。如此连续3次,可将所有繁殖体和芽胞全部杀死,又不破坏被灭物品的成分。此法的缺点是灭菌比较费时,一般只用于不耐热的药品、营养物、特殊培养基(如含有血清、卵黄等的培养基)等的灭菌。在缺乏高压蒸汽灭菌设备时亦可用于一般物品的灭菌。

(5) 常规高压蒸汽灭菌法(normal autoclaving):是灭菌效果最好、目前应用最广泛的方法。灭菌的温度取决于蒸汽的压力,在一个大气压下,蒸汽的温度为100℃,但在密闭的高压蒸汽灭菌器内,加热时蒸汽不能外溢,随着饱和蒸汽压力的增加,温度也随着增高,杀菌力大为增强,能迅速杀死繁殖体和芽胞。

此法适合于一切微生物学实验室、医疗保健机构或发酵工厂,适用于各种耐热物品的灭菌,如一般培养基、生理盐水、各种缓冲液、玻璃器皿、金属用具、工作服等。常采用温度121℃(压力为103.5kPa或15 lb/in^2),时间维持15～20 min,即可达到灭菌的目的。也可采用在较低的温度(113～115℃,即55.2～68.9kPa或8～10 lb/in^2)下维持20～30 min的方法,如对含有在高温下易被破坏成分的培养基(如含糖组合培养基)可进行低压灭菌。

高压蒸汽灭菌锅是每一个微生物学实验室、医院必备的设备。使用高压蒸汽灭菌时,要注意事先保证排出锅内冷空气,否则压力虽上升,但混合蒸汽的温度达不到饱和蒸汽的温度。还需注意锅内水量,避免烧干;物品摆放疏松以使蒸汽流通;到达灭菌时间,停止加热后,待锅内压力自行下降至零后,缓缓打开排气阀门,使内外压力平衡,才可以取出灭菌物品;最后,要定期检测高压蒸汽灭菌锅的性能。

(6) 连续加压灭菌法(continuous autoclaving):此法适用于大规模的发酵工厂中作培养基灭菌用,也称"连消法"。方法主要是将培养基在发酵罐外连续不断地进行加热、维持和冷却,再进入发酵罐。培养基一般在135～140℃下处理5～15 s。优点是:① 因采用高温瞬时灭菌，可最大限度减少营养成分的破坏，提高了原料的利用率，比采用"实罐灭菌"(121℃，30 min)产量提高5%～10%；② 适于自动化操作，降低操作人员的劳动强度；③ 总的灭菌时间较分批灭菌时间明显减少，缩短了发酵罐的占用周期，提高了利用率；④ 由于蒸汽负荷均匀，提高了锅炉利用率。

（二）辐射

1. 日光与紫外线(ultraviolet light)　紫外线是日光中有效的天然杀菌成分。紫外线波长在100～400 nm，在200～300 nm时有杀菌作用，其中以265～266 nm波长的紫外线杀菌力最强。核酸、嘌呤、嘧啶和蛋白质等很多物质能吸收紫外线，核酸的最大吸收峰在265 nm。当微生物被照射时，DNA吸收紫外线，在链间或链内相邻的胸腺嘧啶之间形成二聚体，从而改变了DNA的分子构型，干扰了DNA复制，造成微生物死亡。如果照射时间或照射剂量不足，则可引起微生物发生突变。此外，紫外线还对病毒、毒素和酶类有灭活作用。

把受紫外线照射而损伤的微生物细胞立即暴露于可见光下时，其中一部分细菌又能恢复正常生长，这种现象被称为光复活作用(photoreactivation)。这是由于在微生物细胞中的光复活酶在可见光下获得光能而被激活，使嘧啶二聚体重新分解成单体。

实际应用时常使用的人工紫外灯，是将汞置于石英玻璃灯管中，通电后汞化为气体，释放出紫外线。紫外线杀菌力强，但释放能量较低，穿透力差，不能透过普通玻璃、纸张、尘埃和水蒸气等，故紫外线只适用于空气和物体表面的消毒。人工紫外线广泛用于微生物实验室、医院、公共场所、动物房的空气或不耐热物品表面消毒等。一般无菌室内装一支30W的紫外灯管，照射30 min即可杀死空气中的微生物。空气的湿度超过55%～60%时，紫外线的杀菌效果迅速下降。使用紫外线消毒时，要注意个人防护，不能在紫外灯下操作，紫外线会损伤皮肤和眼结膜。此外，紫外线可能诱导产生环境中有害变化而间接影响微生物的生长，如臭氧、过氧化物等，对人体健康也有一定影响。

2. 电离辐射(ionizing radiation)　电离辐射光波短、能量强、穿透力高，能使吸收它们的原子离子化或激发出高能电子，从而导致许多细胞发生有害的化学变化，引起细胞死亡。其中最实用的杀菌射线是X射线、γ射线及阴极射线等。主要用于不耐热的塑料注射器、吸管、导管等，也可用于食品的消毒，而且不破坏其营养和风味。

（三）过滤除菌(filtration)

过滤除菌是利用滤器(filter)机械地滤除流体(液体和气体)中细菌的方法。过滤除菌主要用于一些不耐热、不能以化学方法处理的液体如血清、毒素、抗毒素、酶、抗生素、维生素的溶液、细胞培养液等。另外，制药及发酵工业上大量采用的无菌空气也采用过滤除菌。过滤除菌设备有多种，它们的除菌机制不同。

空气通过无菌棉花加活性炭过滤可得无菌空气，棉花纤维错综交织，利用惯性、拦截、吸附及静电等作用滤除空气中的灰尘和细菌。药品生产中GMP(药品生产质量管理规范)所要求的净化空气，就是通过初效、中效和高效过滤后获得的。微生物实验用的试管、烧瓶的棉塞既能达到通气又能起到过滤除菌的作用。

滤膜是由高分子材料如醋酸纤维或硝酸纤维制成的比较坚韧的具有微孔的膜，灭菌后使用。根据其孔径的不同，可分为微滤膜(>0.1 μm)、超滤膜(0.1～0.01 μm)、纳滤(Nanofiltvcction，NF)；150～1 000截留分子量和反渗透膜(RO，氯化钠截留率≫99%)。根据不同的目的要求可选择不同类型的滤膜。微滤膜用于医药生产及医药制品的无菌检查已经相当广泛，已被纳入许多国家药典。现已能生产制造的微孔直径约为0.1～100 μm，这一技术特别适用于大体积溶液的消毒，如工业生产上啤酒、饮料及加热易破坏的药液。对水样和其他材料的微生物计数和鉴定也常采用滤膜法。超滤膜可用于病毒、大分子有机物和蛋白等的分离截留。纳滤可截留小分子有机物、COD、BOD、重金属离子等。反渗透可截留无机盐。纳滤和反渗透主要用于纯水和矿泉水制造，食品发酵工业、制药行业的生物制剂和无菌水的制备，污水处理系统等。细菌滤膜滤器(membrane filter)利用孔径为 0.22～0.45 μm 的微孔滤膜，只允许液体通过，而截留溶液中的细菌。一般细菌滤器只能除去细菌而不能除去比细菌小的微生物，如病毒、支原体等。

(四) 其他物理方法

1. 干燥　水是微生物的自身组成成分，也是其生长繁殖的必备物质。微生物在干燥环境中细胞脱水和细胞内盐类浓度增高，停止代谢活动，可导致死亡。各种微生物对干燥的抵抗力不同，金黄色葡萄球菌、链球菌、结核分枝杆菌、酵母菌等耐干燥力较强，芽胞的抵抗力更强，但真菌菌丝不耐干燥。飞沫或痰液中的微生物由于有机物的保护，可以增强其抵抗干燥能力，这与结核病及其他呼吸道感染的传播有密切关系。

干燥是去除或破坏微生物的重要自然方法。药材、食品、粮食等物品经干燥后，水分降至低点(3%左右)，可以抑制微生物生长。用浓盐液或糖浆处理药物或食品，使细菌细胞内水逸出，也是储存食品和药品的方法之一。

2. 超声波杀菌　不被人耳感受的高于 20 000 Hz 的声波，称为超声波。超声波可引起微生物的细胞壁破裂，内含物外溢，是破碎细胞的一种常用方法。高频率比低频率的杀菌效果好，球菌较杆菌抗性强，细菌芽胞具有更强的抗性。超声波裂解细菌的机制主要是它通过水时发生的空化作用(cavitation)。

3. 渗透作用　水或其他溶剂经过半透膜而向低溶质浓度进行扩散的现象称为渗透(osmosis)，半透膜两侧的压力差即为渗透压(osmotic pressure)。

细胞质膜是一种半透膜，它将细胞内的原生质与环境中的溶液(培养基等)分开。一般当微生物细胞置于低渗溶液或水中时，水将从溶液进入细胞引起细胞吸水膨胀而破裂。将微生物细胞置于高渗溶液(如 20%NaCl 水溶液)中，会造成细胞质失水而发生质壁分离，导致生长停止甚至死亡。因此提高环境的渗透压，就可以达到控制微生物生长的目的。例如用盐(浓度通常为 10%～15%)腌制的鱼、肉就是通过加盐使新鲜鱼、肉脱水，使微生物不能在其中生长；新鲜水果通过加糖(浓度一般为 50%～70%)制成果脯、蜜饯，抑制微生物生长与繁殖，起到防止腐败变质的效果。

二、控制微生物的化学方法

化学方法是用化学药品来杀死微生物或抑制微生物生长与繁殖的方法。包括用于消毒和防腐的化学消毒剂和防腐剂，用于治疗的化学治疗剂等。化学方法很少能达到灭菌要求，主要起消毒防腐的作用。

消毒剂(disinfectant)：指能杀灭病原菌和微生物繁殖体的化学物质，毒性大，不能直接用于机体组织。

防腐剂(antiseptic)：指能抑制微生物生长繁殖的化学物质。在饮料、生物制品中加入防腐剂，可防止微生物生长。

化学治疗剂(chemotherapeutant)：用于化疗目的的化学物质，它能选择性地作用于病原微生物新陈代谢的某个环节。最重要的化学治疗剂主要为各种抗生素、磺胺类药物和中草药中的有效成分等。

抗菌剂(antimicribial agents):干扰和抑制微生物生长及生命活动的药剂的统称。

抑菌剂(bacteriostatic agents):用于抑制微生物生长繁殖的药剂。当移去抑菌剂后,微生物又可恢复生长繁殖能力。

杀菌剂(bactericidal agents):用于杀灭微生物的药剂。这种杀灭作用属不可逆过程,即使除去杀菌剂,微生物仍不可能生长。在一些情况下,杀菌剂引起细胞溶解,称为溶菌剂(bacteriolytic agents)。

实际上,消毒剂和防腐剂之间无本质区别,一种化学物质在高浓度下是消毒剂,在低浓度下是防腐剂,一般统称为消毒防腐剂。消毒防腐剂不仅作用于病原菌,同时对机体组织细胞也有损害作用,所以只能用于体表(皮肤、黏膜、浅表伤口等)、器械、排泄物和周围环境的消毒。理想的消毒剂应是杀菌力强、作用迅速、无腐蚀性、能长期保存、对人畜无毒性或毒性较小的化学药品。化学治疗剂的最大特点是具有选择性,能杀灭或抑制微生物,而对机体没有毒性或不产生明显毒性,包括磺胺类药物、抗生素和中草药中的有效成分等。

(一) 消毒剂的种类、作用机制和适用范围

化学消毒防腐剂种类很多,作用机制多种多样,归纳起来有三个方面:① 蛋白质变性作用;② 破坏细胞的表面结构;③ 改变酶的功能基团或直接干扰细胞的正常代谢。一种化学消毒剂对微生物的影响常是多方面的,但以某一方面为主。常用的消毒剂的种类、作用机制和用途见表 5-3。

表 5-3 常用的防腐剂和消毒剂

抗微生物剂	用 途	作用机制	备 注
0.05%~0.1%升汞	非金属物品器皿消毒	与蛋白质中的—SH 结合使失活	杀菌作用强,腐蚀金属器械,遇肥皂和蛋白质时失去作用
2%红汞	皮肤、黏膜、小创伤消毒	与蛋白质中的—SH 结合使失活	作用小但无刺激性
0.02%~0.1%硫柳汞	皮肤、手术部位消毒,生物制品防腐	与蛋白质中的—SH 结合使失活	杀菌力弱,抑菌力强
1%硝酸银	皮肤、新生儿滴眼预防淋球菌感染	沉淀蛋白质,使其变性	刺激皮肤
0.1%~0.5%硫酸铜	游泳池、供水池消毒	与蛋白质—SH 结合使失活	遇有机物失活
0.1%高锰酸钾	皮肤、尿道、阴道消毒,蔬菜、水果消毒	氧化蛋白质的活性基团	久置失效,随用随配
3%过氧化氢	口腔黏膜消毒,冲洗伤口	创建厌氧环境,氧化蛋白质	不稳定
0.2%~0.5%过氧乙酸	塑料、玻璃器材及洗手	氧化蛋白质的活性基团	原液对皮肤金属有腐蚀性

续表

抗微生物剂	用　途	作用机制	备　注
0.2～0.5 ppm 氯	饮水及游泳池消毒	破坏细胞膜、酶、蛋白质	刺激性强
10%～20%漂白粉	饮水消毒，地面、厕所及排泄物消毒	破坏细胞膜、酶、蛋白质	有效氯易挥发，有腐蚀及褪色作用，不能用于金属及衣物消毒
2%～2.5%碘酊	皮肤消毒	蛋白质中的酪氨酸碘化作用	不能与红汞同用，有刺激性，用后用酒精脱碘
0.05%～0.1%新洁尔灭	外科手术洗手，皮肤黏膜消毒，浸泡手术器械	蛋白质变性，溶解细胞膜上的脂肪	遇肥皂及其他合成洗涤剂作用减弱
0.05%～0.1%杜灭芬	皮肤创伤，金属、橡皮、塑料类物质消毒	蛋白质变性，溶解细胞膜上的脂肪	遇肥皂及其他合成洗涤剂作用减弱
醋酸 5～10 mL/m^3 加等量水蒸发	空气消毒	改变 pH，蛋白质凝固，破坏细胞膜和细胞壁	刺激皮肤
生石灰加水按 1∶4 或 1∶8 配成糊状	消毒排泄物及地面	改变 pH，蛋白质凝固，破坏细胞膜和细胞壁	腐蚀性大，应新鲜配制
3%～5%石炭酸	地面、家具、器皿的表面消毒	凝固蛋白质，破坏细胞膜	杀菌力强，有特殊气味
2%～5%来苏儿	地面、家具、器皿的表面消毒	凝固蛋白质，破坏细胞膜	腐蚀性强
2%～4%龙胆紫	浅表创伤消毒	与蛋白质的羧基结合	对葡萄球菌作用较好
70%～75%乙醇	皮肤消毒，体温计消毒	蛋白质变性，溶解脂肪，脱水剂	有刺激性，不宜用于黏膜及创面，易挥发
0.5%～10%甲醛	物品消毒，接种箱、接种室的熏蒸	破坏蛋白质氢键或氨基	尸体防腐 2%，穿透力弱，对组织有过敏毒性，受有机物干扰
2%(pH 8 左右)戊二醛	外科器械的消毒	破坏蛋白质氢键或氨基	不稳定，对皮肤有毒性
环氧乙烷	手术器械，毛皮，食品，药品	有机物烷化，酶失活	易爆，对皮肤有毒，需要维持湿度

（二）影响消毒剂发挥作用的因素

消毒剂的作用效果受环境、微生物种类及消毒剂本身等多种因素的影响，合理使用可提高消毒效果，否则会减弱消毒效果，使用时应加以注意。影响消毒效果的主要因素有以下几种：

1. 消毒剂的性质、浓度和作用时间　各种消毒剂的理化性质不同，对微生物的作用方式各异。例如表面活性剂对革兰阳性菌的杀菌效果比对革兰阴性菌好；龙胆紫对葡萄球菌作用较强。同一种消毒剂的浓度不同，其消毒效果也不同。绝大多数消毒剂在高浓度时杀菌作用大，当浓度降低至一定程度时只有抑菌作用，但醇类例外，以 70%～75%浓度的乙醇或 50%～80%异丙醇的杀菌力最强，原因可能是高浓度醇类可使菌体表面蛋白质迅速凝固，导致乙醇等无法继续渗入菌体内部发挥作用。消毒剂在一定浓度下，对细菌的作用时间愈长，消毒效果也愈强。

2. 微生物的种类与数量　同一消毒剂对不同微生物的杀菌效果不同。例如 70%乙醇可杀死一般细菌繁殖体，但不能杀灭细菌的芽胞；5%石炭酸 5 min 可杀死沙门菌，而杀死金黄色葡萄球菌则需 10～15 min；一般消毒剂对结核杆菌的作用要比对其他细菌繁殖体作用差。因此，必须根据消毒对象选择合适的消毒剂。微生物的数量越大，所需消毒时间就越长。

3. 环境因素　被消毒物品的温度、pH、环境中的有机物的存在等都影响消毒剂发挥作用。一般温度升高，可提高消毒效果，例如 2%戊二醛杀灭炭疽杆菌芽胞 10^4/mL，20℃时需 15 min，40℃需 2 min，56℃时需 1 min。细菌在适宜的 pH 环境中的抵抗力较强，酚类在酸性溶液中效果最好。环境中的有机物常与消毒剂结合而影响其杀菌效果。在对皮肤或器械消毒时，应先洗净再用药，对痰、排泄物的消毒，应选用受有机物影响小的消毒剂。

第六章 微生物的遗传和变异

微生物与其他任何生物一样具有遗传性(inheritance)和变异性(variation)。生物通过无性繁殖或有性繁殖方式繁衍后代,保证生命在世代间的连续,并使子代与亲代相似,这种世代间子代与亲代相似的现象就是遗传。微生物在一定条件下,其生物学特性包括形态、结构、代谢、繁殖、毒力、抗原性和对药物的敏感性等性状相对稳定,并能代代相传,子代与亲代之间表现出相似性,遗传性使微生物保持了种属的稳定性。但是生物的子代与亲代之间,子代的不同个体之间总是存在不同程度的差异,这种现象称为变异。变异性能使微生物产生变种和新种,使物种得以发展和进化。

第一节 遗传变异的物质基础

一、证明核酸是遗传物质基础的实验

(一)转化实验

肺炎球菌(*Streptococcus pneumoniae*)有致病型和非致病型。致病型有荚膜,表面光滑,称为S型,感染小鼠会导致小鼠患败血症而死亡;非致病型无荚膜,表面粗糙,称为R型。1928年Griffith在肺炎球菌中发现转化现象,结果如图6-1所示。

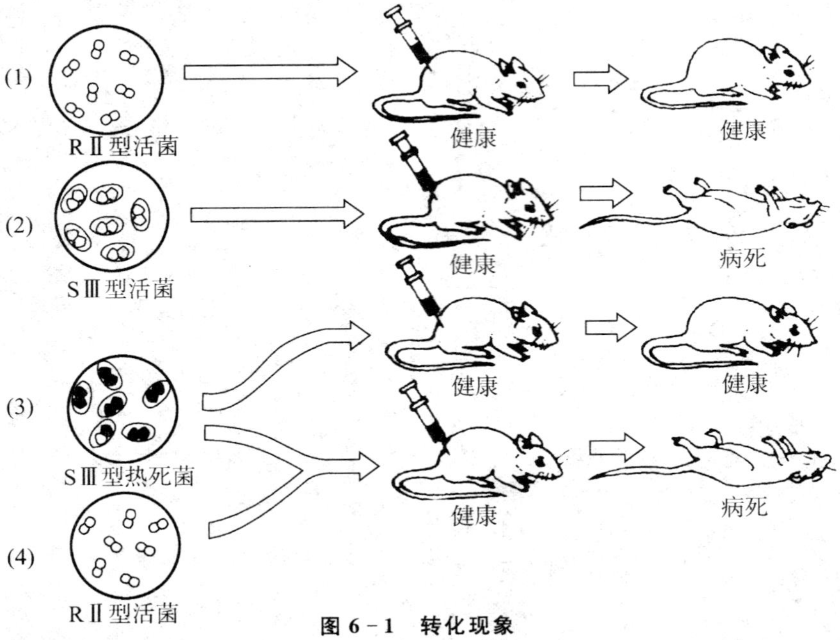

图6-1 转化现象

(1)活的RⅡ菌→注射小白鼠→小白鼠不死亡 (2)活的SⅢ菌→注射小白鼠→小白鼠死于全身感染,并分离到SⅢ菌 (3)加热杀死的SⅢ菌→注射小白鼠→小白鼠不死亡 (4)活的RⅡ与加热杀死的SⅢ菌混合→注射小白鼠→小白鼠死于全身感染,并分离到SⅢ菌

以上结果表明活的RⅡ菌吸收了能产生荚膜的物质而具有形成荚膜的能力，并显示毒力。当时将这种物质称为转化因子，但并不清楚其化学本质。

1944年，Avery等对转化本质进行了深入的研究，证明转化因子是DNA，只有SⅢ的DNA才能将RⅡ转化为SⅢ（图6-2），DNA纯度越高转化活性也越高，用DNA酶处理则转化活性消失。

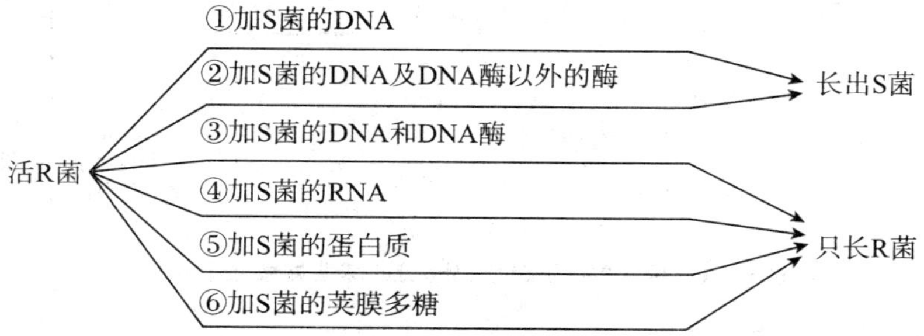

图6-2　证明转化因子是DNA的实验

（二）噬菌体感染实验

1952年Hershey和Chase发表了证明DNA是噬菌体遗传物质基础的噬菌体感染实验。首先，他们将*E. coli*培养在以放射性$^{32}PO_4^{3-}$或$^{35}SO_4^{2-}$作为磷源或硫源的组合培养基中，用T_2噬菌体分别感染，获得含^{32}P-DNA（噬菌体核心）或含^{35}S-蛋白质（噬菌体外壳）的两种实验用噬菌体。接着他们进行了以下两组实验（图6-3和图6-4）。在噬菌体感染过程中，其蛋白质外壳未进入宿主细胞，进入的只有DNA，但经增殖、装配后，却能产生一大群既有DNA核心又有蛋白质外壳的完整噬菌体颗粒。这就有力地证明了在噬菌体DNA中，含有包括合成蛋白质外壳在内的整套遗传信息。所以DNA是遗传物质。

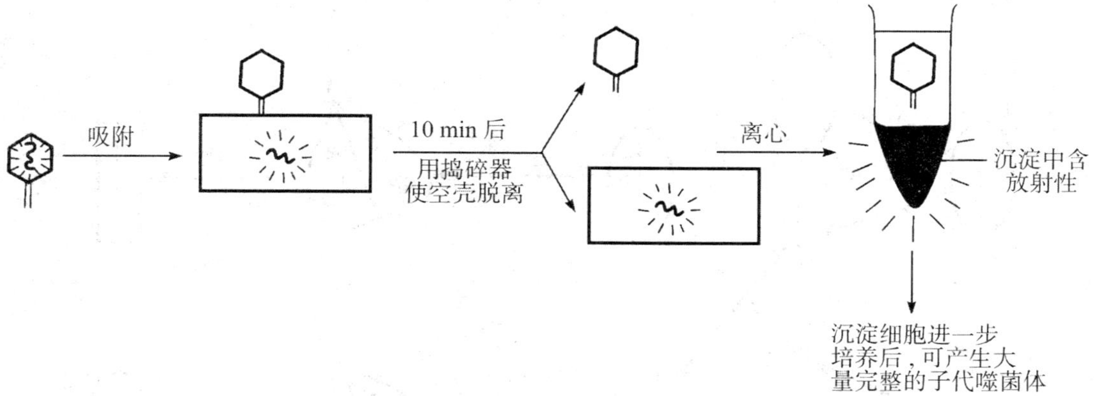

图6-3　用含^{32}P-DNA（核心）的噬菌体做感染实验

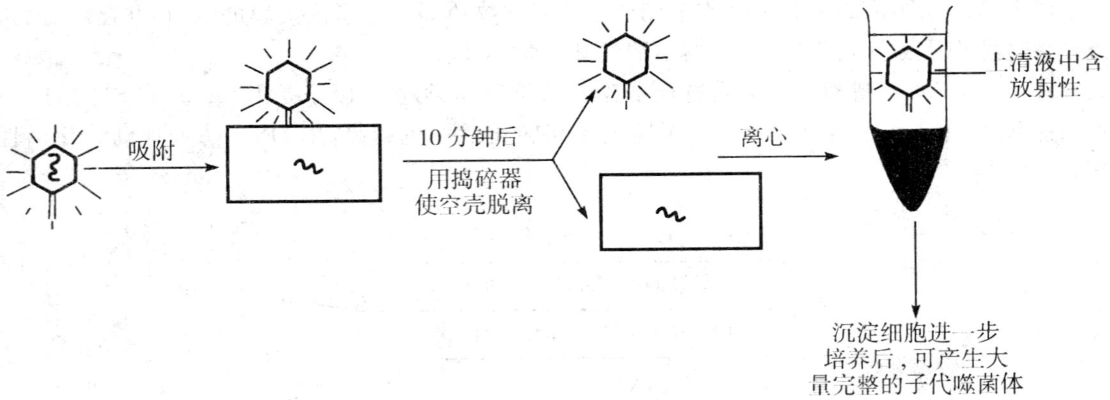

图 6-4　用含^{35}S-蛋白质(外壳)的噬菌体做感染实验

（三）植物病毒拆开重建实验

1956 年 Fraenkel－Conrat 用含 RNA 的烟草花叶病毒（tobacco mosaic virus，TMV）证明 RNA 也可作为遗传物质。将 TMV 放在一定浓度的苯酚溶液中振荡，可将它的蛋白质外壳与 RNA 核心分离。分离后的 RNA 在没有蛋白质包裹的情况下，也具有感染烟草并使其出现典型症状的能力，并且在病斑中也可分离出正常的病毒颗粒。但由于 RNA 是裸露的，因此感染频率较低。

在实验中，还选用了另一株与 TMV 近缘的霍氏车前花叶病毒（Holmes ribgrass mosaic virus，HRV）。当用 TMV 的 RNA 与 HRV 的蛋白质外壳重建后的杂合病毒去感染烟草时，烟叶上出现的是典型的 TMV 病斑，再从中分离出来的新病毒也是未带有任何 HRV 痕迹的典型 TMV 病毒。反之，用 HRV 的 RNA 与 TMV 的蛋白质外壳进行重建时，也可获得相同的结论（图 6－5）。由此证实，病斑的遗传信息不是由蛋白质传递的而是由 RNA 来传递的。这充分说明，在 RNA 病毒中，遗传的物质基础也是核酸，只不过是 RNA。

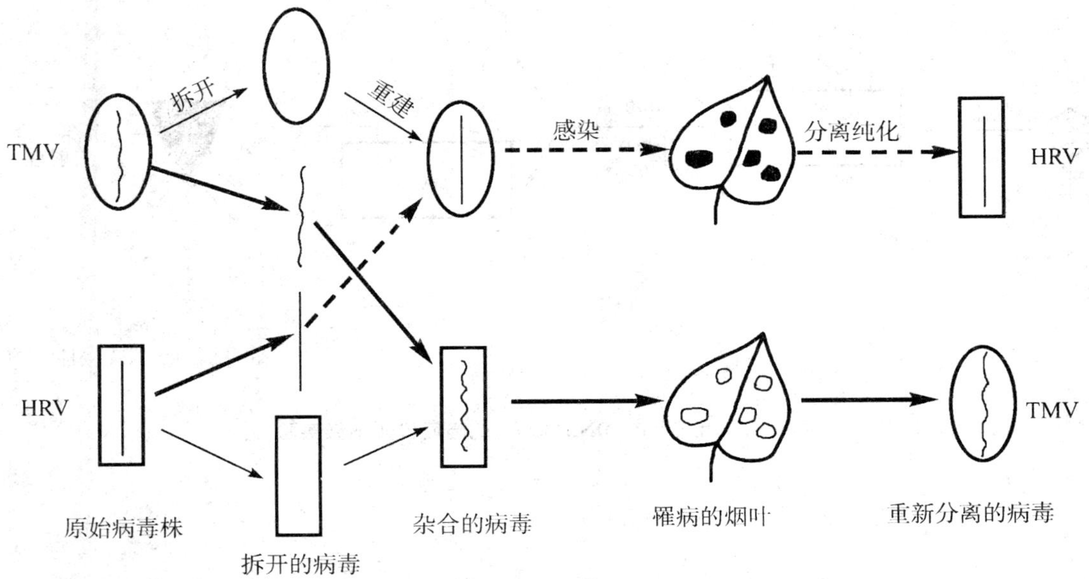

图 6－5　TMV 重建实验示意图（粗箭头表示遗传信息的去向）

至此，一个共同的结论已经确信无疑：只有核酸才是负荷遗传信息的真正物质基础。

二、微生物的遗传物质

核酸作为一切生物遗传的物质基础，主要有 DNA 和 RNA 两种类型。一切有细胞结构的生物（真核生物和原核生物），DNA 是其遗传的物质基础；而病毒和噬菌体则是 DNA 或 RNA；微生物的遗传物质是以染色体（chromosome）和染色体外的遗传物质形式存在的。染色体是所有生物遗传物质——DNA 的主要存在形式。另外，微生物还有质粒、细胞器 DNA（真核微生物中）等所谓的核外遗传物质，而核内 DNA 为主要的遗传物质。

（一）真核微生物的遗传物质

真核微生物（酵母菌、霉菌等）与高等动植物一样，具有真正的细胞核结构。细胞核的遗传物质是以细胞分裂间期的染色质（chromatin）和细胞分裂期的染色体（chromosome）的形式而存在的，它们的主要化学组成是线状双链 DNA 分子和蛋白质（主要是组蛋白）。染色质的结构单位为核小体（nucleosome），每个核小体（图 6－6）大约由 200bp 的 DNA 和 5 种组蛋白构成。四种组蛋白（H_{2A}、H_{2B}、H_3 和 H_4）各 2 个分子构成一个扁圆体（组蛋白八聚体），双链 DNA 分子在其上环绕约 $1\frac{3}{4}$ 圈（约 146bp），两者构成核小体的核心颗粒。在 DNA 分子“进”、“出”扁圆体处（即核心颗粒上的 146bpDNA 两端分别延伸 10bp，即 166bpDNA 可缠绕两整圈），连接一个 H_1 分子。连接两个核小体核心颗粒之间的 DNA 称为连接 DNA（linker DNA），平均长度大约 50～60 bp。一个个核小体排列成串珠状染色质纤丝（约 10nm），它首先螺旋化形成直径约 30nm 的螺线管（solenoid），再进一步高级结构化，最终形成能在光学显微镜下可见的染色体（图 6－7）。

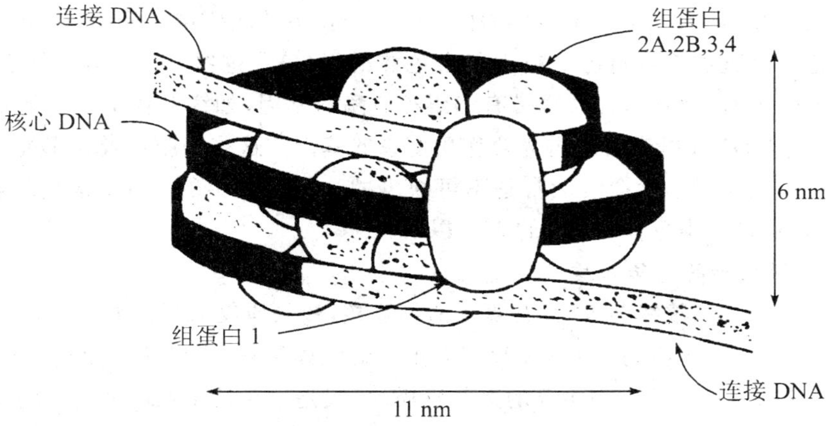

图 6－6　核小体结构模式图

真核微生物一般含有多条染色体，如酿酒酵母（*Saccharomyces cerevisiae*）有 16 条染色体，构巢曲霉（*Aspergillus nidulans*）具有 6 条染色体等。真核微生物的基因组远远大于原核微生物，具有多个复制起始位点，大部分含有内含子（即不被翻译的部分），存在大量重复序列。

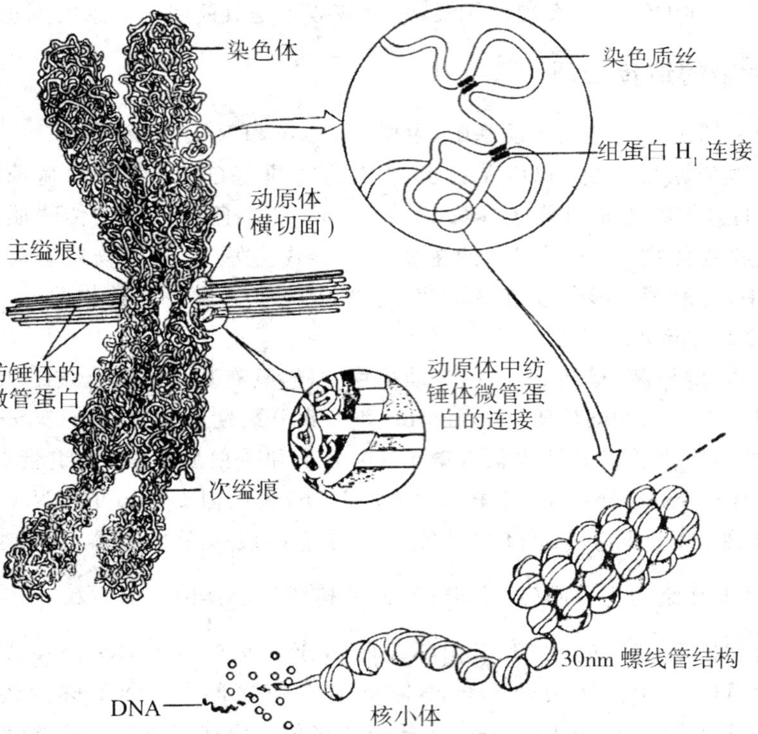

图 6－7　真核生物染色体的构成

细胞器 DNA 是真核微生物中除染色体外遗传物质存在的另一种重要形式。真核微生物具有的细胞器包括叶绿体(chloroplast)、线粒体(mitochondrion)、中心粒(central)、毛基体(kinetosome)等。这些细胞器都有自己的独立于染色体的 DNA。这些 DNA 与其他物质一起构成具有特定形态的细胞器结构,并且携带有编码相应酶的基因,如线粒体 DNA 携带有编码呼吸酶的基因,叶绿体 DNA 携带有编码光合作用酶系的基因。这些细胞器及其 DNA 结构复杂而多样,功能不一,而且对于生命活动常是不可缺少的。细胞器中的 DNA 常呈环状,都可进行半保留复制,数量只占染色体 DNA 的 1% 以下。

（二）原核微生物的遗传物质

原核微生物(细菌、放线菌等)没有真正的细胞核,核物质仅为裸露的 DNA,称为拟核或类核(nucleoid)。原核微生物的核 DNA 没有真正的染色体形态,为叙述方便我们也将其称做染色体。染色体 DNA 是原核生物主要的遗传物质,一般是一条几乎裸露的共价闭合环状的(covalently closed circular,CCC)双链 DNA 分子,有一个复制起始点和终点,是能进行独立自主复制的一个完整的核酸序列,构成一个复制单位。基因组 DNA 相对分子质量较小,重复序列较少。以目前研究得最深入的原核生物大肠埃希菌为例,其 DNA 约含 4.7×10^3 kp(kilobase pair,千碱基对),长度为 1 100～1 400μm,含有约 4 300 个基因,其中重复序列约占 1%。大肠埃希菌环状染色体在细胞中以紧密缠绕成的、较致密的、不规则小体形式存在,其中 DNA 占 80%,其余为 RNA 和蛋白质。用 RNA 酶或蛋白酶处理类核,可使之由致密变得松散(图 6－8),这表明 RNA 和某些蛋白质分子起着稳定类核的作用。

典型的原核微生物通常只含有一条染色体,染色体 DNA 是环形的。但是也有例外,如类球红细菌(*Rhodobacter sphaeroides*)有两条染色体,而布氏螺旋体(*Borrelia burgdorferi*)和铅青链霉菌(*Streptomyces lividans*)的染色体是线形的。

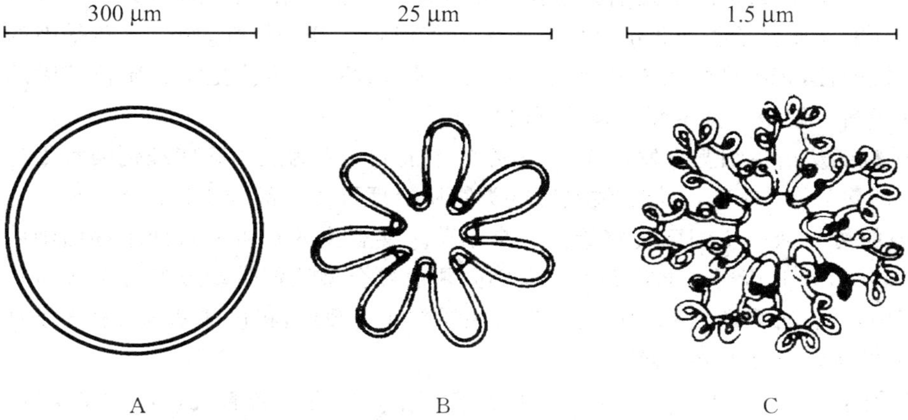

图 6-8 大肠埃希菌染色体的基本结构特征

A:未螺旋的双链 DNA;B:由 RNA"连接物"形成环;C:超螺旋、折叠的染色体

(三) 病毒和噬菌体的遗传物质

除新近发现的朊病毒(蛋白质侵染因子)外,已知所有的病毒和噬菌体的遗传物质都只含有 DNA 或 RNA 中的一种。病毒和噬菌体的遗传物质包含着一套基因,通常又叫做病毒和噬菌体的基因组。病毒和噬菌体的核酸类型多种多样:可以是双链,也可以是单链;可以是单正链,也可以是单负链;可以是环状的,也可以是线状的;可以是一个完整的核酸分子,也可以是分成多个节段的。病毒和噬菌体核酸结构的多样性,导致它们采用不同的方式产生 mRNA 和进行核酸的复制。

三、质粒

质粒(plasmid)通常是指细菌细胞内、染色体外、能自主复制的遗传物质。许多质粒既可以游离于细胞质中自主复制,也可以整合入宿主细胞染色体中,随染色体复制而复制,这种质粒又称为附加体(episome)。质粒不仅与微生物遗传物质的转移有关,也与某些微生物的致病性、次级代谢产物(如抗生素)的合成以及微生物的抗药性有关,它又是基因工程中最常用的载体,因而对质粒的研究日益受到重视。原核生物的细菌、放线菌中均已发现质粒,真核生物的某些酵母菌中也发现有质粒存在。

(一) 质粒的基本特性

1. 质粒一般是闭合、环状、双链 DNA(CCC dsDNA)分子 有超螺旋和开环式两种存在形式。自然的质粒大小从 1.0~1 000 kb 以上,典型的质粒约为染色体的 1/20。

2. 能自主复制 质粒可独立于宿主染色体外自主复制。质粒复制后在细胞分裂时能随染色体一起分配至子细胞,继续存在并保持固有的拷贝数。拷贝数少的为严紧型质粒,染色体与质粒拷贝数的比例一般为 1∶(1~2),如 F 质粒,严紧型质粒通常是分子量较大的接合型质粒。拷贝数多的为松弛型质粒,正常情况下染色体与质粒拷贝数的比例为 1∶(10~30),如 ColE1 质粒。在培养液中加入氯霉素可使松弛型质粒拷贝数扩增至 1 000~3 000 个。

3. 不相容性(incompatibility) 两种不同类型的质粒若能稳定地共存于一个宿主细胞

内，这种现象称为质粒的相容性。反之，则称为不相容性。由于质粒的不相容性与它们之间的亲缘关系有关，因而可将质粒分成若干不相容群。

4. 质粒所携带的基因不是细胞生长所必需的　这点与染色体不同，染色体基因能满足细胞生命活动的需要。质粒所带的基因只决定宿主细胞的某些特性，如带抗药基因的质粒可使细菌产生抗药性，带有产抗生素基因的质粒则可使放线菌产生抗生素。质粒基因编码的这些特性有利于宿主细胞在特定环境条件下的生存。

5. 质粒能从宿主细胞自发消除，但消除频率很低　人为应用某些理化因素处理可大大提高质粒的消除频率，如高温、紫外线及吖啶类物质处理可使一部分质粒消除。

6. 质粒可以从一个细菌转移给另一个细菌　接合型质粒可通过两个细菌细胞的直接接合而主动转移，如 F 因子。非接合型质粒则必须由接合型质粒带动或通过噬菌体转导而转入其他细菌内，如青霉素酶质粒。遗传工程常用质粒作为载体，将供体基因转移至受体细胞中。

（二）医药方面的重要质粒

1. F 因子(fertility factor)　F 因子即致育因子，“F”意指致育性，具有“接合”的能力。含有 F 因子的细菌，能长出性菌毛(F pili)的称为雄性菌或 F^+ 细菌，不含 F 因子的细菌称为雌性菌或 F^- 细菌。一般认为，F^+ 细菌能通过性菌毛与 F^- 细菌表面上的受体接合，F^+ 细菌的 F 因子转移至 F^- 细菌，这种转移方式称为接合。

F 因子的相对分子质量约为 62×10^6 Da，全长 94.5kb，约等于 2% 核染色体 DNA。F 因子的遗传图如图 6－9 所示，含有转移区 tra，使得质粒从一个细胞转移到另一个细胞；调节 DNA 复制的区域如复制起始区 oriV，不相容基因 inc 等；还含有多个转座子如 Tn 1 000 等，有助于实现附加体的功能。

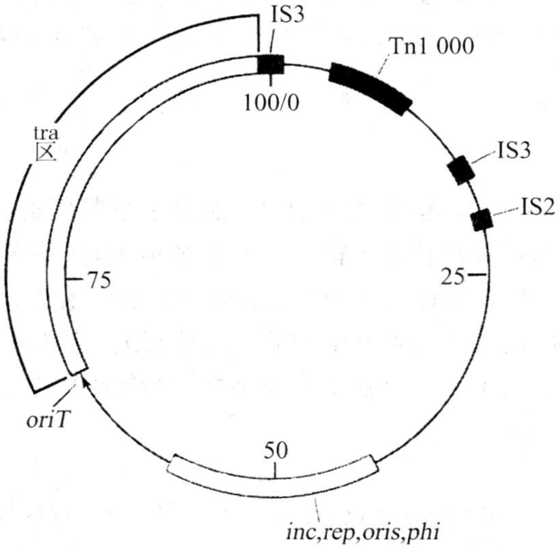

图 6－9　F 质粒遗传图

tra，转移功能；oriT，转移起始位点；oris，复制起始位点；inc，不相容性；rep，复制功能

2. R 质粒(drug－resistance plasmid)　即抗药质粒。根据抗药质粒能否借接合而转移，分为接合型和非接合型抗药质粒。

(1) 接合型抗药质粒由两部分组成：抗药决定因子(resistant determinant，r－det)和抗药转移因子(resistant transfer factor,RTF)。两者均可自行复制。前者决定抗药性,后者决定抗药性是否可以转移。两者共同存在才能将抗药性转移。图 6－10 显示抗药质粒 R1－19 的解离与整合。RTF 和 r－det 两部分既可解离成两个独立自主复制的质粒,也可整合为一个大质粒。在 r－det 之中同时含有抗链霉素、氯霉素、磺胺、氨苄青霉素、卡那霉素/新霉素以及汞的抗性基因。

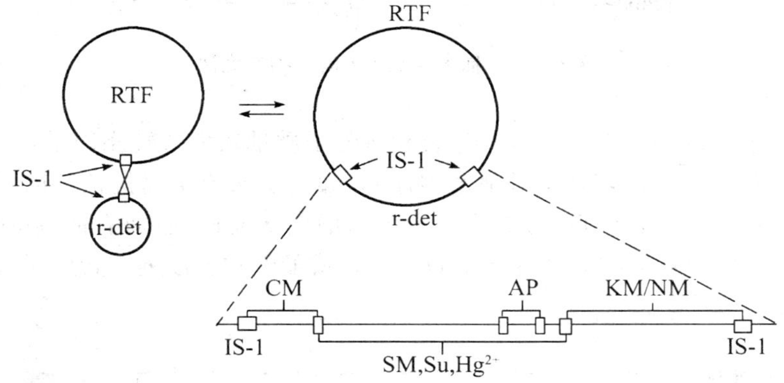

图 6－10　R 质粒的遗传图

CM:氯霉素;SM:链霉素;AP:氨苄青霉素;KM:卡那霉素;NM:新霉素

(2) 非接合型抗药质粒,也可简称为 r 质粒。它们在结构上没有 RTF,只有 r－det。因此,含有这种抗药质粒的细菌只具有抗药性,不能进行接合转移。如金黄色葡萄球菌所含有的青霉素酶质粒,可通过转导方式在细菌间转移。

抗药质粒能使宿主菌具有抗药性,而一个抗药因子可携带多重抗药基因。由于质粒的自主复制,抗药性可遗传给后代;又由于它们的致育性,能从抗药菌传递给敏感菌,在同种、种间甚至属间传播,导致抗药性迅速广泛地蔓延,给人类带来极大危害,应引起普遍重视。

3. Col 质粒　是编码大肠菌素(colicin)的质粒。存在于大肠杆菌和某些其他细菌中,它所产生的大肠菌素是蛋白质类的抗菌物质,能杀死或溶解同种属或近缘细菌的不同型菌株。Col 质粒对维持肠道内正常菌群的平衡有一定的作用。根据细菌产生的大肠菌素可将肠道细菌分成不同的细菌素型,有利于流行病学的调查。

四、转座因子

转座因子(transposable element)又称跳跃基因(jumping gene),是一类能够在细胞基因组中转移位置的一段 DNA 序列。转座因子可以在同一染色体上转移位置,也可以在染色体和质粒间或质粒和质粒间转移位置。转座因子的转座行为,使 DNA 分子发生各种遗传学上的分子重排,在生物变异及进化上具有重大意义。

早在 20 世纪的 40 年代,美国遗传学家 B. McClintock 已在玉米中发现转座因子,目前已证实在真核及原核生物中均有存在,且某些噬菌体本身就是转座因子。

(一) 原核生物的转座因子

原核生物中的转座因子,按其结构与遗传性质可以分为三类。

1. 插入序列(insertion sequence,IS)　IS 是比较短的 DNA 序列,一般大小约 750～1 600 bp,IS 除了带有和它的转座功能相关的基因即转座酶(transposase)外,不含有任何其他已知基因。IS 两端通常有颠倒重复序列(inverted repeat,IR),IR 的长度约 15～25 bp。IS 可独立存在于 DNA 中,也可成为转座子的一部分。IS1 结构示意图见图 6－11。

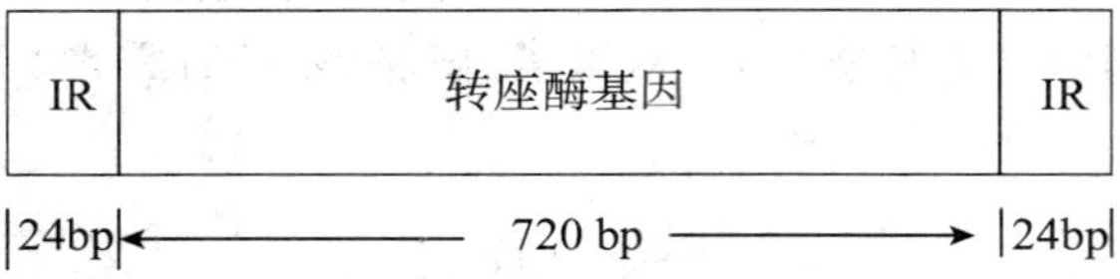

图 6－11　插入序列 IS1 的结构示意图

2. 转座子(transposon,Tn)　Tn 是一类相对分子质量较大的转座因子,一般大小约为 2～25kb,除了有转座功能外,还含有其他基因序列,如抗生素或金属抗性基因,产细菌毒素基因,某些糖发酵基因等。有些 Tn 两端接一个短的颠倒重复序列,而有的 Tn 两端接的就是 IS,两个 IS 可构成顺向重复(direct repeat,DR)序列或颠倒重复序列。转座子 TnA 的结构示意图见图 6－12。

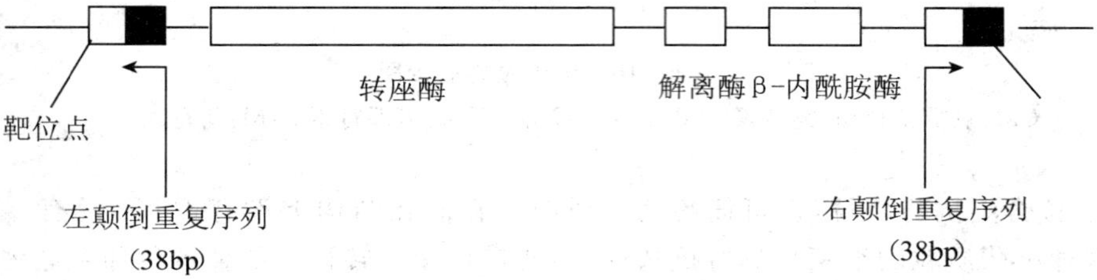

图 6－12　转座子 TnA 的结构示意图

3. 转座噬菌体(mutator phage,Mu 噬菌体)　Mu 噬菌体是一类特殊的温和噬菌体,在宿主染色体上并没有固定的整合位置,能以几乎随机的方式插入宿主菌染色体上,并导致宿主菌变异,故称为突变噬菌体或诱变噬菌体。Mu 噬菌体已成为研究细菌变异的工具之一,用作生物诱变剂。

(二)转座机制

1. 保守性转座　使受体获得了转座因子,并在转座因子与受体 DNA 的连接处形成若干碱基对的重复,即靶序列重复,而供体分子则失去转座因子。

2. 复制性转座　这种转座方式是通过形成共整合体,使受体和供体都有一个拷贝的转座因子。

(三)转座的遗传学效应

转座因子不仅能在两个没有任何同源性的基因组之间转座,而且还能引起一系列异常重组,带来相应的遗传学变化。

1. 引起插入突变　转座因子插入在宿主染色体的某一结构基因内,就造成该基因功能的丧失。如果插入的位置是一个操纵子(operon)的前端基因,就有可能发生一个极性突变(polar mutation),即不仅被插入的基因灭活,而且使得插入位置下游的所有基因均不能表达或基因表达大为降低。

2. 插入位置上出现新的基因,如抗药性基因等。

3. 造成受体 DNA 分子插入位置上少数核苷酸对的重复——靶序列重复。

4. 促使发生染色体畸变，包括缺失和倒位等。

5. 转座因子可以从插入位置上消失；这一过程称为切离（excision），精确切离可导致回复突变，不准确切离则导致新的突变。

由于转座现象的普遍性和转座引起的遗传学效应明显，转座因子除了它本身在遗传学中的意义外，在许多场合是遗传学研究中的一个有用的工具。利用转座子得到的各种突变株可进行基因转移和定位分析，并还可以用于基因工程，构建一些不同质粒融合或复制子融合的特殊菌株，这不仅对分子遗传学的基础研究，而且对基因工程菌的构建都有潜在的用途。

五、关于朊病毒的遗传物质问题

朊病毒（virino）也即蛋白侵染因子（prion，proteinaceous infectious agents）是一种比病毒更小、仅含具有侵染性的疏水蛋白质分子，是一类能引起哺乳动物的亚急性海绵样脑病的病原因子。近年引发世界尤其是欧洲国家恐慌的疯牛病即牛海绵状脑病（spongiform encephalopathy）、羊瘙痒症（scrapie）等都是由此朊病毒引起的。纯化的感染因子称为朊病毒蛋白（PrP）。在正常人和动物细胞的 DNA 中都有编码 PrP 的基因。且无论受感染与否，宿主细胞中 PrP mRNA 水平保持稳定，即 PrP 是细胞组成型基因的表达产物，为一种膜糖蛋白，称为 PrP^c。PrP^c 与引发羊瘙痒病的 PrP^{sc} 是同分异构体，一级结构相同，但折叠程度不同，PrP^{sc} 的 β 折叠程度大为增加而导致溶解度降低，对蛋白酶的抗性增强。

有人认为 PrP^{sc} 进入细胞后与 PrP^c 结合，形成 PrP^c－PrP^{sc} 复合体，使 PrP^c 构型变化为 PrP^{sc}，即形成 2 个 PrP^{sc} 分子，2 个 PrP^{sc} 分子再分别与 2 个 PrP^c 分子结合，进入下一轮循环，PrP^{sc} 可呈指数增加。

尽管至今仍有人认为朊病毒含有很少量的核酸物质，但尚无确切证据表明 PrP^{sc} 的增殖是由核酸控制的。

第二节　基因突变

一、微生物的变异现象

微生物所具有的全部基因组成就叫做基因型（genotype），微生物在特定条件下所表现出来的全部性状称为该微生物的表型（phenotype），表型决定于基因型和外界环境。微生物的变异有基因型突变和表型改变两种。基因型突变：是指可遗传的变异，由于基因发生改变而使微生物改变原来的性状，这种变异可稳定地遗传下去。表型改变：在外界环境改变时，微生物在一定时间内所表现出来的某一性状的改变，称为表型改变。它是暂时的、非遗传性变异，其变异性状一般不能遗传，不属于真正的变异。

（一）形态结构的变异

微生物的大小形态在一般情况下都是正常的，典型的，只不过在不同的生长时期有所不同。微生物在不适宜的温度、pH、盐浓度、有害代谢产物、化学药品等不利环境中生长，常出现多形性与退化型。例如，鼠疫杆菌的陈旧培养物或在含 3％NaCl 的培养基上可呈现球形、棒形、哑铃形等多形性改变。细菌在青霉素或溶菌酶作用下细胞壁出现缺陷，呈多形性。L 型细菌是形态变异的典型例子。

细菌的特殊构造如荚膜、芽胞、鞭毛也会出现变异。如产荚膜细菌长期在人工培养基上传代接种，可失去生成荚膜的能力。像有鞭毛的普通变形杆菌在琼脂平板上生长，菌落形似薄膜，所以称之为H菌落，而把它接种到含0.1%的石炭酸的培养基上，细菌失去鞭毛，只有几个零散的单个菌落，这样的菌落称O菌落，通常我们把失去鞭毛的变异称为H－O变异，但这个变异是可逆的。又如有芽胞的炭疽芽胞杆菌在42℃培养10～20 d，则丧失形成芽胞的能力，使得炭疽杆菌毒力相应减弱。

（二）菌落变异

细菌的菌落主要有光滑型（smooth，S）和粗糙型（rough，R）两种类型，S型菌落表面光滑、湿润、隆起、边缘整齐，R型菌落表面粗糙、干燥而平坦、边缘不整齐。细菌从光滑型变成粗糙型，称为S→R变异，不仅菌落形态发生改变，细菌的毒力、生化反应能力、抗原性等均发生改变。如新从动物体分离的肺炎球菌呈S型，具有荚膜、毒力较强；实验室培养日久后菌落变异为R型，荚膜消失、毒力减弱。

（三）毒力的变异

细菌的毒力变异包括毒力的增强和减弱，通过变异后有些细菌毒力增强了，有些变弱了。卡-介二人（Calmette，Guerin）曾把有毒力的牛型结核杆菌在含有胆汁的甘油马铃薯培养基上培养，经过13年230次传代终于获得了保持抗原性的减毒株，作为活疫苗（即卡介苗）给人接种以预防结核病。又如弱毒肺炎球菌通过小白鼠腹腔传代，可提高其毒力。

（四）酶活力变异

微生物的生化活动是通过一系列酶的活动实现的。在外界环境影响下，酶活性会发生变异。例如，大肠杆菌在不含乳糖的培养基中不产生乳糖酶，不分解利用乳糖；当培养基中有乳糖存在时，经一段时间诱导，细菌便能产生乳糖酶，分解乳糖。这种在诱导物作用下产生的酶称为诱导酶，乳糖为诱导物。乳糖操纵子学说可解释这一现象。这种酶活性变异仅是表型改变，属非遗传性变异。此外，营养缺陷型也是一种酶活性变异的表现，属于基因型突变。

（五）抗药性变异

原来对某种抗菌药敏感的细菌发生变异，变成对该药物具有抗性的菌株，这种变异现象称为抗药性变异。自从抗生素广泛应用以来，细菌对抗生素的抗药性在不断地增长，像金黄色葡萄球菌抗青霉素的菌株已从1946年的14%上升到了现在的80%以上，肺炎球菌对青霉素的抗药性也达到了50%以上，甚至于还有些细菌变异后产生了对药物的依赖性，比如痢疾志贺菌链霉素依赖株离开链霉素甚至不能生长。细菌出现的抗药性变异给临床治疗带来很大困难，已经成为当今医学上的重要问题。

抗药性变异起因于自发突变和遗传物质的转移加上药物的选择作用（见抗生素章），它们属于可遗传变异。此外还有一种诱导抗药性，它们的诱导机制（图6－13）类似于上述乳糖诱导酶的产生。图中调节基因可产生一种阻遏物，此阻遏物可结合到操纵区“O”（operator）上，这就阻止了抗药结构基因a、b、c、d的转录，而使它无法发挥作用。当诱导物存在时，诱导物与阻遏物结合，使之不能与操纵区结合，则转录正常进行，抗药基因开始发挥作用而产生灭活抗生素的酶。如具有代表性的青霉素酶是一种诱导酶。当诱导物青霉素存在时，可诱导细菌产生青霉素酶而表现抗药性。如青霉素不存在时就不产生青霉素酶而没有抗药性。这类抗药性变异的前提是细菌必须具备有控制诱导酶产生的基因，不涉及基因型的变化，因此仅属于表型改变。

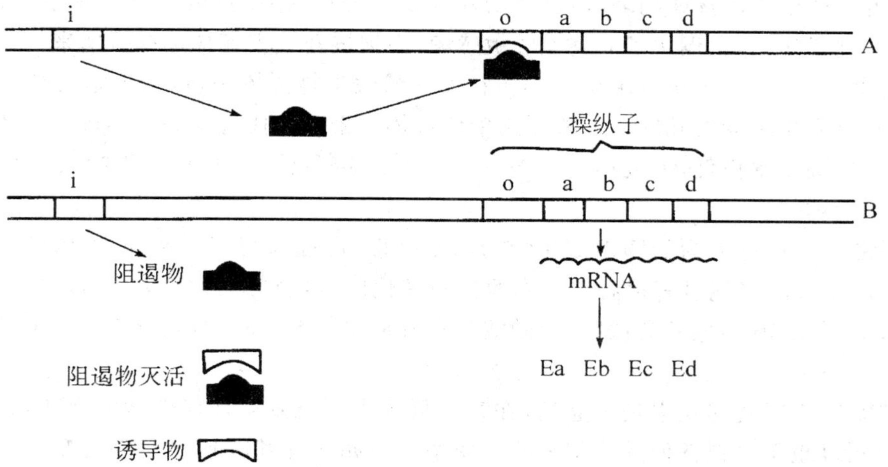

图 6-13 药物对抗药基因作用的诱导

a,b,c,d:抗药结构基因 Ea,Eb,Ec,Ed:灭活抗生素的酶

o:操纵区 i:调节基因

mRNA:信使 RNA A,B:遗传物质 DNA 分子链

二、基因突变

(一) 基因和突变

基因(gene)一词是由丹麦生物学家 W. Johansen 于 1909 年提出来的,其概念在不断发展中。目前认为基因是遗传单位,即产生一条多肽链或 RNA(tRNA 或 rRNA)分子所必需的全部核苷酸序列。一个基因在染色体上的特定位置称为基因座位(gene locus)。

基因符号常以说明该基因功能特性的 1 个或 2、3 个英文字的前面 3 个字母来表示,应小写且用斜体。例如组氨酸基因用 *his*(histidine 的前 3 个字母)表示,*hisA*,*hisB* 等代表组氨酸的各个不同基因。与核糖体中较大的蛋白质亚基有关的基因用 *rpl*(由 ribosomal protein large 3 个单词的第 1 个字母组成)表示。该基因功能的存在或缺陷以在基因符号右上角加上“+”或“-”表示,如 his^- 表示组氨酸基因有缺陷,已丧失了合成组氨酸的功能。对药物的抗性或敏感性则以 r 或 s 加在基因符号的右上角来表示,如对链霉素(streptomycin)有抗药性或敏感性分别写作 str^r 或 str^s。

突变(mutation)是指微生物遗传物质的核苷酸序列发生了稳定的可遗传的变化,可导致微生物的某些性状发生可遗传的变异。广义的突变包括基因突变和染色体畸变。

染色体畸变是较大范围内遗传物质的改变,如染色体的插入、缺失、重复、易位或倒位等。

基因突变(gene mutation)是指 DNA 链上的一对或少数几对碱基发生置换、缺失或插入而引起的突变,其涉及的范围很小,所以又叫点突变(point mutation)。狭义的突变指的就是基因突变。基因突变较为常见,这里主要讨论基因突变。

(二) 基因突变的规律

1. 自发性和不对应性 突变可以自然发生,称为自发突变(spontaneous mutation)。就微生物的某一群体而言,基因突变的发生,从时间、个体、位点和所发生的表型变化等方面都带有明显的随机性。不对应性是指突变的性状与引起突变的原因间无直接的对应关系。例如,抗药性突变与微生物所接触的环境条件(药物存在与否)不存在直接的对应关系,药物的存在只是起一个选择作用,它淘汰了非突变的敏感菌,而把抗药性突变株选择了出来。

2. 稀少性　突变率(mutation rate)指在实质的微生物群体中,每一细胞的某一性状在每一世代中独立发生突变的几率。一般可用单位群体在繁殖一代过程中所形成突变体的平均数来表示。自发突变率极低,一般在 10^{-9}～10^{-6}。在一定条件下,某种微生物某一性状的自发突变率是稳定的。

3. 诱发性　通过人为的物理或化学的因素处理,可提高突变频率,称为诱发突变即诱变(induced mutation)。能显著提高突变率的各种理化因素叫诱变剂(mutagen)。如紫外线、高温、辐射及化学药物(如碱基类似物、亚硝酸盐和各种烷化剂)等。诱发突变率一般比自发突变率增高 10～10^5 倍。

4. 独立性　突变的发生是独立的,在某一群体中可能发生任何性状的突变,某一基因的突变,既不提高也不降低任何其他基因的突变率。假如两种基因独立发生突变的几率分别是 10^{-a} 和 10^{-b},两者同时发生突变的几率是 $10^{-(a+b)}$,即两者的乘积。抗性突变的发生彼此独立无关,这对于药物治疗方面具有指导意义。

5. 稳定性和可遗传性　基因突变是遗传物质发生改变的结果,具有相对稳定的结构,可以遗传给后代。

6. 可逆性　从自然界获得的未发生突变的原始菌株称为野生型(wild type)菌株,发生突变后性状改变了的菌株称为突变株(mutant)。由野生型向突变型的过程叫正向突变(forward mutation),而从突变型经过又一次突变成为与野生型有相同表型的过程叫做回复突变(back mutation)。

(三) 基因突变的类型

基因突变的类型很多,如按突变体表型特征的不同,可分以下几种类型:

1. 营养缺陷型(auxotroph)　营养缺陷型指的是微生物基因突变后,由于代谢过程中一些酶的缺陷而不能合成某种生长因子(维生素、氨基酸或核苷酸),必须依靠外界供给才能正常生长的突变型。突变前的亲本株称原养型(prototroph),可以在没有该生长因子的基本培养基上生长;营养缺陷型只能在含该生长因子的完全培养基上才能生长。营养缺陷型在医药工业和理论研究方面有很大用途:如利用营养缺陷型突变株必须在某种生长因子存在时才能生长的特点,用于氨基酸和维生素含量的测定;利用营养缺陷型突变株对一种氨基酸的合成缺陷,提高对生物合成途径接近的另一种氨基酸的合成能力,用来生产另一种氨基酸;用作遗传学研究和菌种选育时出发菌株的标记,进行遗传、生化代谢、生物合成等方面的研究;在 Ames 试验中用于检测某种新药是否具有诱变和致癌作用。

2. 高产突变株　医药工业产品的生产菌种需要经过不断地自然选育或人工诱变处理,得到高产突变株以提高产量和质量,提高工厂的经济效益。例如,青霉素产生菌最初每毫升发酵液只含有 20 单位青霉素,主要通过诱变再配合其他措施,目前产量已提高数千倍。

3. 抗性突变型(resistant mutant)　可分为抗药性、抗噬菌体和抗紫外线等突变型。抗性突变在遗传学研究中可作为重要的选择性标记。将噬菌体敏感株突变为抗噬菌体突变株可防止生产过程中噬菌体的污染。

4. 条件致死突变型(conditional lethal mutant)　许多突变型在不同环境下呈现不同的表型。条件致死突变型是指在某一条件下呈现致死效应而在另一条件下却不表现致死效应的突变型。常用于分离生长繁殖必需的突变基因。例如温度敏感突变型(temperature-sensitive

mutant, Ts)，可在较低的温度下(如 25～30℃)生长，在较高温度下(如 42℃)不能生长。

以上的分类仅是为了分析问题的方便。实际上，它们之间是互有联系而难以截然区分的，在遗传学研究中，如果仅从研究者能否在大量群体中迅速检出和分离出个别突变体这一角度来看，则突变型只有选择性突变和非选择性突变两种类型，前者具有选择性标记如抗药性、营养缺陷型，后者为非选择性标记，只有一些性状的数量差别，如菌落大小、色素变化和代谢产物量的多少等。

三、基因突变的分子机制

基因突变是遗传结构的改变，即 DNA 分子中碱基序列改变的结果，可以自发地产生，也可以通过人工诱变处理而产生。根据基因突变产生的过程，可将基因突变分为自发突变和诱发突变。

(一) 自发突变机制

自发突变是指在没有人工参与下生物体自然发生的突变，这并不是说自发突变是没有原因的。自发突变可能有以下几种机制：

1. 背景辐射和环境因素的诱变　不少自发突变实质上是由于一些原因不明的低剂量诱变因素的长期综合诱变效应，包括内源性和外源性因素。外源性的诱变因素如充满宇宙空间的各种短波辐射、高温以及环境中存在的各种低浓度的诱变物质。内源性的诱变因素如微生物自身的各种代谢产物。例如过氧化氢是普遍存在于微生物体内的一种代谢产物，同时又是一种诱变剂。微生物自身所携带的转座因子，其转座行为也可引起自发突变。

2. 碱基结构的变化

(1) 互变异构效应：DNA 的四种碱基中，T 和 G 有酮式和烯醇式两种互变异构状态，C 和 A 有氨基式和亚氨基式两种互变异构状态。由于平衡一般倾向于酮式或氨基式，因此，在 DNA 双链中总是以 A－T、G－C 配对的形式出现。但在偶然情况下，T 会以稀有的烯醇式出现，复制时 T 与 G 配对，再下一轮复制时，G 与 C 配对，从而 A－T 就变成了 G－C 碱基对。同样，如果 C 以稀有的亚氨基式出现，则复制时就与 A 配对，再下一轮复制时，A 与 T 配对，从而 G－C 就变成了 A－T 碱基对。G、A 的互变异构也产生同样的碱基置换效应。

(2) 5-甲基胞嘧啶(MeC)自发脱氨作用：在细菌和病毒的 DNA 中约有 5%的 MeC，它和 G 正常配对。但 MeC 偶尔自发脱氨后就成为 5-甲基尿嘧啶(5-MeU)，即胸腺嘧啶 T。这样 G－MeC 配对变为 G－T 配对，再下一轮复制时，T 与 A 配对，从而 G－MeC 就变成了 A－T 碱基对。甲基化的胞嘧啶可能是自发突变的热点(hot spot)。

3. 环出效应　即环状突出效应，在 DNA 复制过程中，如果模板链上一个或几个核苷酸偶尔向外突出成环，则在新合成的 DNA 链继续复制时就会越过该环出部位，导致缺失突变(图 6-14)。若是新合成的 DNA 链环出则导致插入突变。

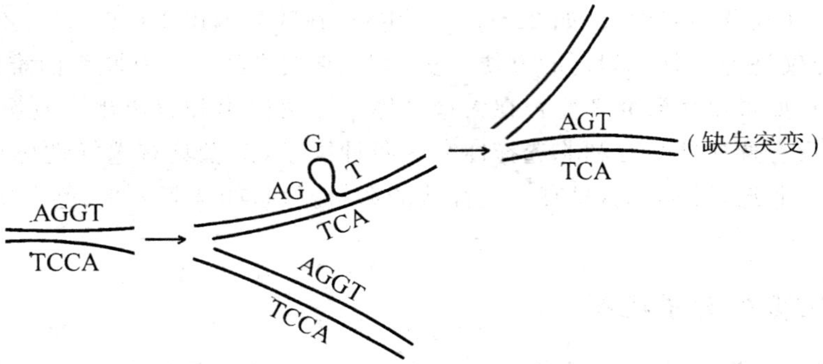

图 6-14　环出效应引起自发突变示意图

（二）诱变机制

凡能提高突变率的任何理化因子，都可称为诱变剂(mutagen)。诱变剂种类很多，作用方式多种多样。即使是同一种诱变剂，也常有几种作用方式。从遗传物质结构变化的特点可将突变分为：碱基置换(substitution)、移码突变(frame-shift mutation)、缺失(deletion)或插入突变(insertion)等。

1. 碱基置换　诱变剂使某个碱基发生变化，因而引起 DNA 复制时碱基配对的错误，一对碱基被另一对碱基所置换。包括转换(transition)和颠换(transversion)。转换是两种嘧啶互换或两种嘌呤互换，颠换是嘧啶和嘌呤互换(图 6-15)。

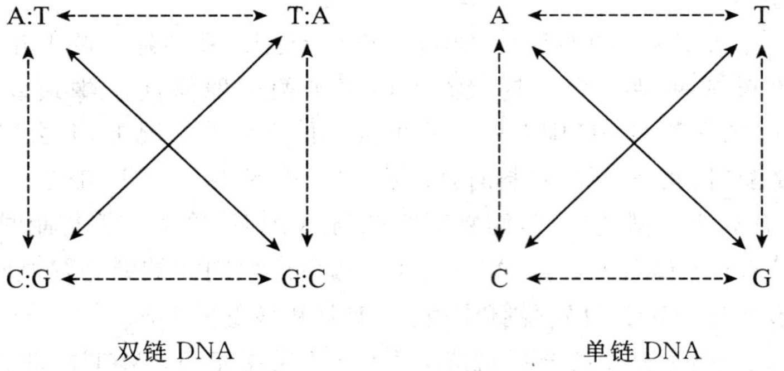

图 6-15　碱基的置换

根据化学诱变剂是直接还是间接地引起置换，又可把置换的机制分为 2 类。

(1) 碱基类似物(base analog)的异构和错配：5-溴尿嘧啶(5-BU)、5-氨基尿嘧啶(5-AU)、2-氨基嘌呤(2-AP)和 8-氮鸟嘌呤(8-NG)等碱基类似物的作用是通过活细胞的代谢活动掺入 DNA 分子中后引起的间接效应。以 5-BU 为例：5-BU 是胸腺嘧啶的代谢类似物。当把某一微生物培养在含有 5-BU 的培养液中时，细胞中有一部分新合成的 DNA 中的 T 就被 5-BU 所取代。碱基正常配对见图 6-16。5-BU 一般以酮式状态存在于 DNA 中，可与 A 配对；它有时可以烯醇式状态出现于 DNA 中可与 G 配对。当烯醇式的 5-BU 取代 C 与 G 配对时，导致 G—C 到 A—T 的转换；当 5-BU 先以酮式取代 T 掺入，在复制过程中出现烯醇式与 G 配对，则造成 DNA 分子碱基对从 A—T 到 G—C 的转换(图 6-17)。同样，A 的类似物 2-氨基嘌呤(2-AP)能以氨基式与 T 配对，也能以亚氨基式与 C 配对，从而诱发两个方向的转换，但它更容易诱发 A—T 到 G—C 的转换。

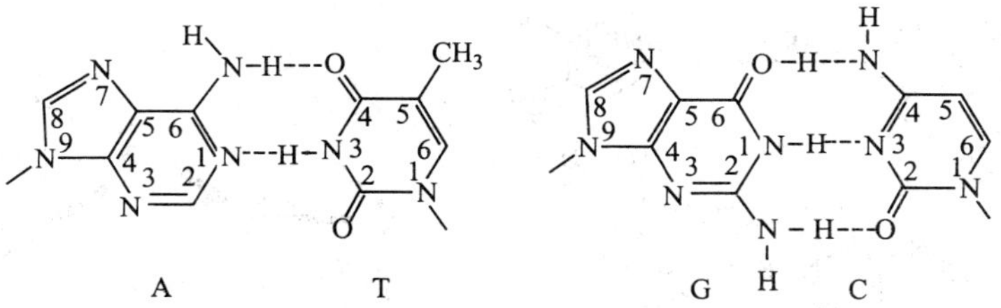

图 6－16　DNA 的正常碱基配对

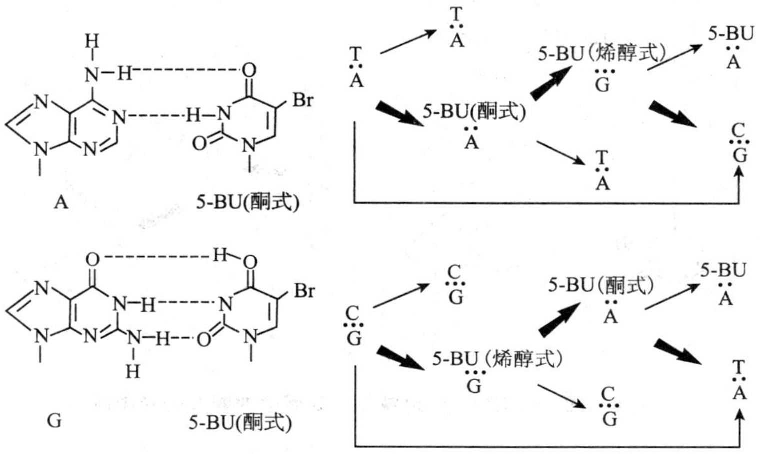

图 6－17　碱基类似物 5－BU 引起碱基转换图解

(2) 直接和核酸碱基发生化学反应的诱变剂：许多化学物质能以不同方式作用于 DNA 的碱基，改变其配对性质而引起置换突变。常用的有：亚硝酸（HNO_2）、羟胺（NH_2OH）、各种烷化剂如硫酸二乙酯（DES）、甲基磺酸乙酯（EMS）、亚硝基胍（NTG）等。例如，亚硝酸能使碱基发生氧化脱氨，使腺嘌呤（A）变成次黄嘌呤（H），胞嘧啶（C）变成尿嘧啶（U），可引起碱基对转换而造成突变，具体过程见图 6－18，而鸟嘌呤脱氨不引起碱基对转换。

(3) 引起碱基置换的物理因素：紫外线、X 射线、高热等物理因素也是引起碱基置换的重要诱变剂。

紫外线可引起 DNA 发生多种变化，如 DNA 链磷酸-戊糖骨架断裂、嘧啶的水合作用以及形成胸腺嘧啶二聚体等。最主要的诱变机制是形成胸腺嘧啶二聚体。当 DNA 两链之间形成胸腺嘧啶二聚体时，会阻碍双链的分开与复制；当同一条链上相邻的两个胸腺嘧啶形成二聚体时，会阻碍碱基的正常配对。紫外线照射造成的 DNA 损伤常诱导产生一种应急修复（SOS repair）反应，结果大大提高了细胞的存活力；但由于 SOS 修复是倾向差错的修复（error-prone repair），修复时不仅原有的损伤保留下来，并且含有错配的碱基对，所以造成突变率增加（图 6－19）。

2. 移码突变　是一种由于 DNA 分子中的一对或几对核苷酸的增加或缺失而造成的基因突变。移码突变使三联体密码发生错读，引起突变点以后所有的氨基酸错译，导致该基因产物完全失活（图 6－20）。当插入或缺失的核苷酸数目为三的整数倍时，则该位点后的阅读框可

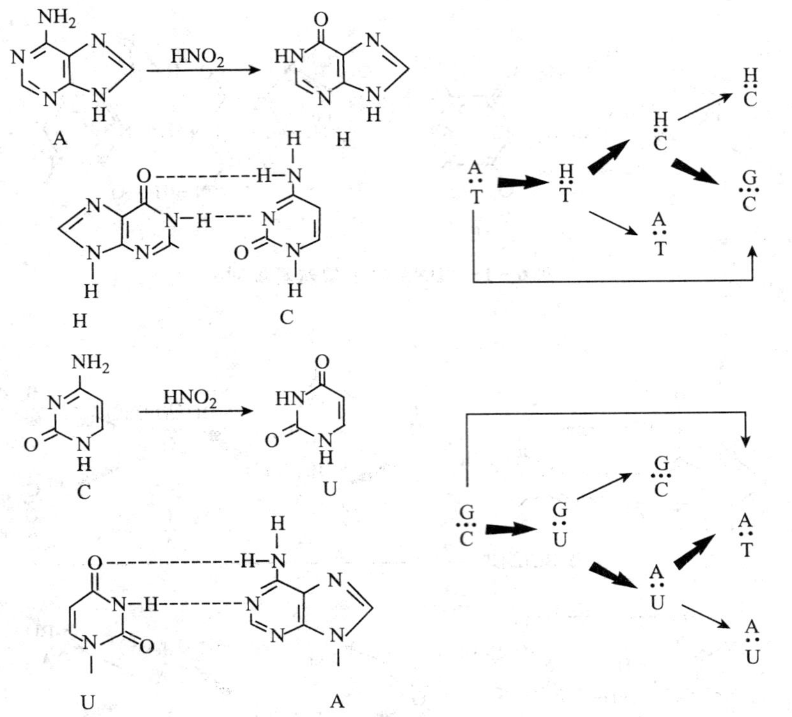

图 6-18　由 HNO_2 引起碱基脱氨而致的碱基转换图解

以恢复，氨基酸顺序又恢复正常。当移码突变（+1 或 −1）的邻近位置再一次的移码突变（−1 或 +1）时，并且在两突变位点之间的氨基酸序列对肽链功能影响不大时，则突变表型可以回复。吖啶类染料（如原黄素、吖啶黄、吖啶橙和 α-氨基吖啶等）和 ICR 类化合物（它们由美国肿瘤研究所 Institute for Cancer Research 合成而得名，它们是一类由烷化剂与吖啶类化合物相结合的化合物）都是移码突变的有效诱变剂。

许多化学诱变剂的诱变作用不是单功能的，如常用的诱变剂亚硝酸既能引起碱基对的转换作用，又能诱发染色体畸变作用。

3. 缺失或插入突变　指较大范围的核苷酸序列的缺失或插入所导致的突变。缺失突变常导致缺失位整个基因及裂缝两端的基因活性受损；插入突变导致插入位整个基因灭活，甚至产生极性突变。生物诱变剂（转座因子）以及理化诱变剂，如电离辐射、烷化剂等能诱发缺失或插入突变。

4. 体外诱变　是在体外（细胞外）使 DNA 片段的特定位点或区域按照人们的意愿发生变化（置换、插入、缺失等），并且将发生了变化的 DNA 片段导入体内（细胞内），以分析这些变化对机体的影响，所以这是一个从体外到体内的“逆向”过程，故称之为“反求遗传学”。体外诱变目前大致可分为三种类型：区域随机诱变、寡核苷酸定位诱变以及聚合酶链式反应（PCR）定位诱变。

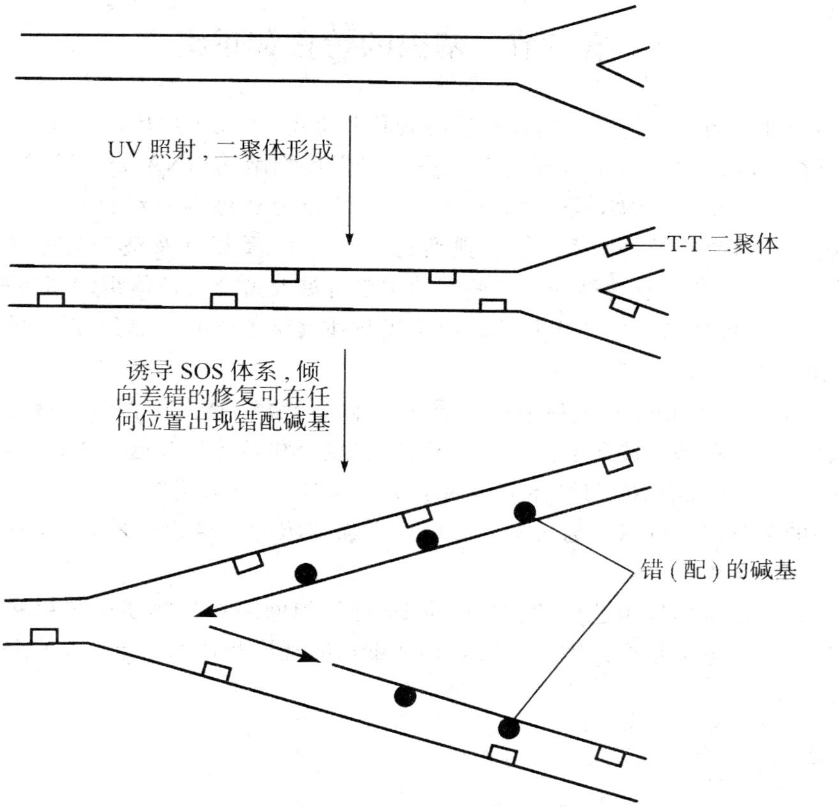

图 6－19　SOS 修复

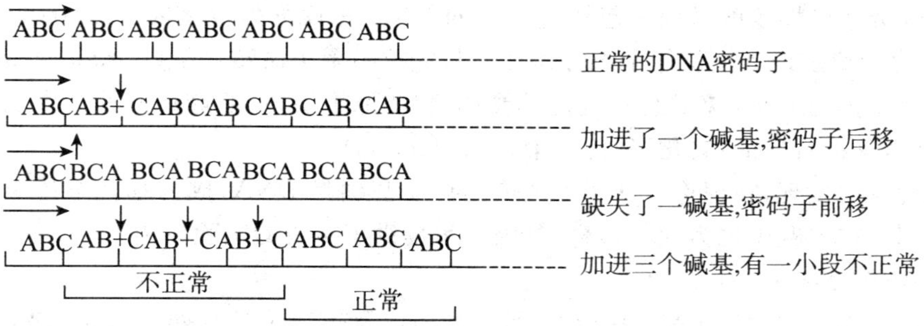

图 6－20　移码突变示意图

第三节 基因的转移和重组

两个不同性状菌体之间通过遗传物质的转移和重组，可发生遗传性变异。

基因重组（gene recombination）是指来自不同亲代细胞的 DNA 分子通过重新组合，成为带有双亲遗传信息的新 DNA 分子的过程。产生的新分子称为重组体（recombinant）DNA。产生有性孢子的微生物的基因重组通过典型的有性生殖，重组涉及整个染色体组。不进行典型有性生殖，并且不产生有性孢子的一些真菌中也有涉及整个染色体组的基因重组，但不进行减数分裂，称为准性生殖。原核生物的基因重组只涉及染色体的一部分，形成的是部分二倍体（partial diploid）。

基因转移（gene transfer）是指遗传物质从供体菌（提供 DNA 的菌体）转移至受体菌（接受 DNA 的菌体）。细菌基因转移的主要方式有转化、接合和转导。在这些方式中，供体菌只有部分 DNA 片段转移入受体菌，与受体菌基因组中同源 DNA 区段进行交换、重组，从而使受体菌获得供体菌的部分遗传性状。通过酶的处理而去除细胞壁获得原生质体，并进行原生质体融合也会带来基因重组。

基因突变是微生物发生遗传性变异的重要原因，细胞间遗传物质的转移和重组是微生物发生遗传性变异的另一重要原因。基因转移和重组的理论和技术也是杂交育种和基因工程的重要基础之一。

一、转化

转化（transformation）是细菌中最早发现和研究的基因转移途径，英国医生 Griffith 在 1928 年首先于肺炎链球菌发现转化现象，以后在多种细菌以及部分放线菌中发现。转化是指受体菌直接从周围环境中吸收供体菌游离的 DNA 片段，并整合入受体菌基因组中，从而获得了供体菌部分遗传性状的过程。起转化作用的 DNA 片段称为转化因子（transformation factor），经转化后稳定地表达供体菌部分遗传性状的重组子叫做转化子（transformant）。如果提取病毒或噬菌体的 DNA 来转化感受态的受体菌（或原生质体、原球体），并产生正常的子代病毒或噬菌体，这种特殊的“转化”称为转染（transfection）。

转化现象的发现，在理论上证明了遗传的物质基础是 DNA，成为现代遗传学和分子生物学的里程碑。在实践中也为菌种选育、基因工程提供了重要的实验方法。

（一）转化的条件

转化成功与否与供体 DNA 片段的大小、性质以及受体菌是否处于感受态有着密切联系。一般而言用于转化的 DNA 片段分子量在 10^6～10^8 时转化率较高，细菌染色体片段或质粒 DNA 均能被成功转化。试验表明，受体菌表面的 DNA 结合位点只能与双链 DNA 结合，而不与单链 DNA 结合，与受体菌同源的、未变性的双链 DNA 分子是有效的转化因子。肺炎链球菌可以和多种来源的 DNA 相结合，而最终能发生转化的只能是同源的供体 DNA 分子。

只有受体菌处于感受态时转化才能成功。所谓感受态（competence）是指受体菌能够从周围环境中吸收外源 DNA 分子并实现转化的生理状态。处于感受态的细胞，其吸收 DNA 的能力比一般的细胞大 1 000 倍以上，而且吸收速度也很快，一般只需 5～10 min。并不是所有种类的细菌都能自然出现感受态，能自然出现感受态的细菌也只是在生长周期的某一特定时期才出现感受态，一般是在对数生长期的后期。感受态是由受体细胞的遗传性所决定的，同时亦受细胞的生理状态、菌龄和培养条件等的影响。根据细菌出现感受态的方式，可以将转化分为三种类型：

1. 自然转化(natural transformation)　自然转化是自发地出现感受态而发生的转化，是细菌细胞在一定的生长阶段出现的生理现象。自然转化首先是在肺炎链球菌中发现的，近年来的研究表明，自然转化可能是自然界基因交换的重要方式。另外，枯草杆菌、流感嗜血杆菌、淋病奈瑟球菌以及桑格沙门菌等都可以发生自然转化。

2. 人工转化(artificial transformation)　人工诱导感受态而发生的转化，即人为地对细菌采用理化方法处理，使细菌(甚至是本来不具备自然转化能力的细菌)具有接受外源 DNA 的能力。如加入 Ca^{2+}、冷热激处理大肠杆菌，可以使之处于感受态。也有报道称在转化时加入环腺苷酸(cAMP)，可以使感受态水平提高一万倍。人工转化是基因工程的基础技术之一，但在大部分情况下是指将外源质粒 DNA 转化到受体菌中。

3. 原生质体转化　将 DNA 分子和聚乙二醇(PEG)一同加入原生质体，造成细胞摄取 DNA。也可使用电穿孔法，即用高压脉冲电流在细胞膜上击出小孔，使 DNA 分子通过小孔而导入细胞，又称电转化。适用于多种细菌、放线菌以及真核细胞的转化。

(二) 转化过程及机制

不同种类的细菌转化过程及机制不完全相同，这里主要以研究最多的肺炎链球菌的自然转化为例来说明转化的过程及机制。自然转化的过程是从感受态的受体菌结合并吸收外源 DNA 开始，单链供体 DNA 片段进入受体菌的基因组，通过同源 DNA 区段的交换重组整合入受体菌的基因组，再通过 DNA 复制、细菌分裂出现稳定的转化子。

1. 转化因子的获得、结合与吸收

(1) 转化因子的获得：转化因子(DNA 片段)的获得可通过以下两个途径：① 供体菌溶解后释放；② 人工提取 DNA。转化频率通常仅为0.1%～1.0%，最高也只有 10%，转化因子在浓度只有 $1\times10^{-5}\mu g/mL$ 时仍具有转化功能。

(2) 细胞表面的结合：现已证实转化因子双链 DNA 分子，首先要与感受态受体菌细胞表面的 DNA 结合受体相结合。先经短暂的可逆结合再转变为不可逆结合，这种结合对于双链 DNA 是特异性的，因为 DNA－RNA 杂交分子或 RNA、单链 DNA 都不能与该受体结合。对于肺炎球菌，每个细菌细胞可以结合大约 10 个大小在 15～20 kb 的 DNA 分子。

(3) 转化因子的吸收：细菌吸收外源 DNA 的方式因菌种而异。G^- 的嗜血杆菌(*Haemophilus*)仅吸收双链 DNA，但必须是同源 DNA；而 G^+ 链球菌(*Streptococcus*)和芽胞杆菌(*Bacillus*)只吸收单链 DNA，而且能吸收非同源的 DNA(如小牛胸腺 DNA)。

以肺炎链球菌为例，当双链 DNA 与受体菌细胞表面发生特异性结合后，核酸内切酶(可能位于细胞壁上)首先将其切成约 10^7 Da 大小的片段，然后再由核酸外切酶(可能位于细胞膜上)将其中一条链降解，降解中产生的能量协助把另一条链推进受体细胞。

2. 转化因子的整合　吸收进入受体菌的单链 DNA，以某种被保护的形式(如与特异 DNA 结合蛋白形成复合物和/或包裹在小囊泡内)被转运到受体菌染色体同源区段。在细胞 RecA 蛋白以及核酸酶、聚合酶、连接酶等参与下，未被降解的单链供体 DNA 部分或整个地插入受体细胞基因组中，与受体菌染色体同源区段发生置换性重组，从而使供体 DNA 和受体菌同源区段形成杂合双链分子，同时未被整合的供体 DNA 剩余片段，以及被置换下来的受体菌单链 DNA 均被降解。

3. 转化子的产生　单链转化 DNA 完成整合形成双链分子后，可通过两条途径产生转化子。一条是通过错配修复，将不配对的受体菌碱基切除再经修复合成后形成转化子。若切除的是不配对的供体碱基则不产生转化子。另一条途径是杂合双链分子不经错配修复，而直接发生染色体复制，再经细胞分裂在部分子代细胞中出现转化子(图 6－21)。若转化子是质粒DNA，由于质粒本身是个复制子，它可以独立存在自主复制，从而可以不发生 DNA 的整合，转化子也表达质粒编码的表型。

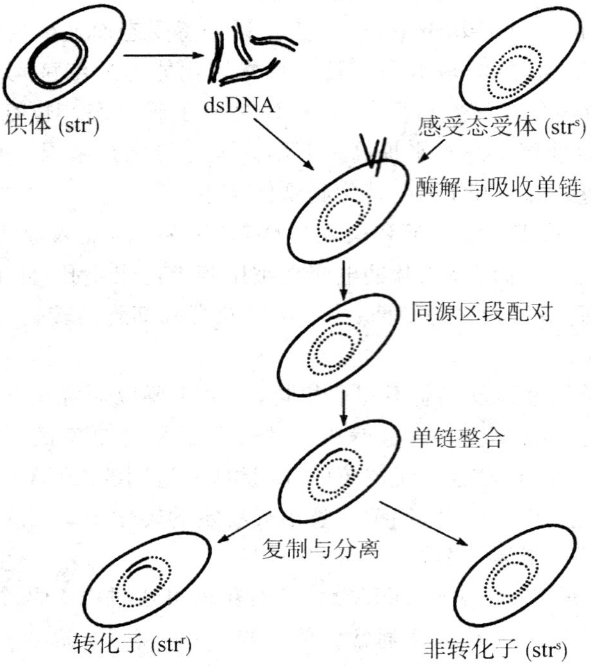

图 6－21　转化过程示意图

二、接合

(一) 接合的现象和概念

供体菌细胞和受体菌细胞通过性菌毛的作用直接接触，遗传物质自供体菌转移至受体菌，使受体菌获得供体菌的部分遗传性状，这种基因转移方式称为接合(conjugation)。获得供体菌部分遗传性状的受体菌称为接合子(conjugant)。接合现象在细菌和放线菌中都有发现，广泛存在于革兰阴性菌中，几乎包括了所有肠道菌群的细菌，如大肠杆菌(*E. coli*)、沙门菌(*Salmonella*)、志贺菌(*Shigella*)、假单胞杆菌(*Pseudomonas*)等，在某些革兰阳性菌中也有发现，在放线菌中研究得较多的是链霉菌属，尤其对天蓝色链霉菌(*Streptomyces coelicolor*)研究得最为详细。

接合作用与供体菌中所含的接合型质粒有关。现以典型的 F 质粒/*E. coli* 接合体系的接合作用为例来加以说明。F 质粒是一种附加体，它既可脱离染色体在细胞内独立存在，也可以整合到染色体上，含 F 质粒的菌株细胞表面产生 1～4 根性菌毛，接合时作为供体菌。根据细胞中是否存在 F 质粒及其存在方式的不同，可分为以下四种接合型菌株(图 6－22)。

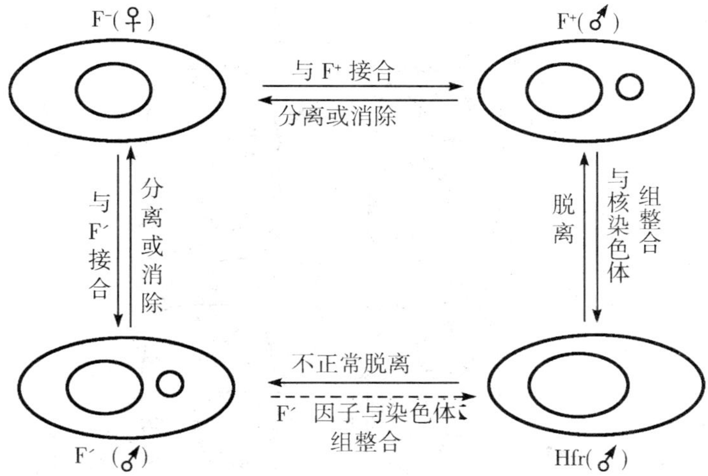

图 6-22　F 因子的存在方式及其相互关系

1. F^- 菌株(F minus,雌性)　在 F^- 菌株细胞内不含 F 质粒,细胞表面也无性菌毛。接合时作为受体菌。

2. F^+ 菌株(F plus,雄性)　在 F^+ 菌株细胞内存在游离的 F 质粒,它控制着性菌毛的生成以及自身接合转移。当 F^+ 与 F^- 细胞接合时,只是 F 质粒转移而细菌染色体很少转移。

3. Hfr 菌株　在 Hfr 菌株中,F 质粒整合于宿主细胞染色体上,成为宿主细菌染色体的一部分,随着染色体复制而复制,但编码性菌毛以及接合转移的能力仍然保留。当 Hfr 菌株与 F^- 菌株接合时,能带动细菌染色体转移入 F^- 菌株,并以很高频率与受体菌染色体重组,重组频率比 F^+ 与 F^- 菌株接合时高出数百倍以上,所以称为高频重组菌株(high frequency recombination,简称 Hfr 菌株)。但很少能使 F^- 菌株变成 F^+ 菌株。

4. F'菌株　Hfr 菌株中的 F 质粒也可以自细菌染色体上正常切离下来,Hfr 菌株又变回 F^+ 菌株。但偶尔不正常切离时,可形成携带一小段细菌染色体基因的特殊 F 质粒,称为 F'(F prime)质粒或 F'因子,含有 F'因子的菌株称 F'菌株。当 F'与 F^- 细胞接合时,可使 F^- 菌株也变成 F'菌株,它既获得了 F'因子,同时又获得了 F'菌株携带的宿主菌的遗传性状。这种通过 F'因子的转移而使受体菌改变遗传性状的现象叫做 F'因子转导或性导(F'- duction 或 sexduction)。

(二) 接合的机制

1. $F^+ \times F^-$ 的接合　首先 F^+ 菌株通过性菌毛连接 F^- 菌株,接着性菌毛收缩使 2 个细胞紧密靠近,直接接触形成接合对。在 F 质粒 *tra* 基因群控制下,F 质粒 DNA 的一条链在转移起始点(*oriT*)处断裂,5′端延伸入 F^- 菌。几乎在转移同时,F^+ 菌和 F^- 菌细胞内质粒进行滚环复制。最后接合对分离,结果 F^- 菌转变为 F^+ 菌;而原来的 F^+ 菌供体仍然是 F^+ 菌株。在 F^+ 与 F^- 菌株接合时,仅 F 质粒转移而 F^+ 菌的染色体转移频率很小(图 6-23)。

2. $Hfr \times F^-$ 的接合　Hfr 与 F^- 菌株形成接合对后,首先 Hfr 菌株染色体 DNA 的一条链在 F 质粒的 *oriT* 处断裂,5′端按照 *oriT*→小部分 F 质粒→染色体→大部分 F 质粒的顺序向 F^- 菌转移。整个染色体 DNA 全部转移入 F^- 菌大约需要 100 min。接合作用易受环境条件影响常常中断,整个染色体 DNA 进入 F^- 菌的可能性极小。最靠近 F 质粒的 *oriT* 的染色体基因能率先高频转移,其后的基因转移频率逐渐降低。因为大部分 F 质粒要在最后才能转移,在此之前接合往往已经中断。所以,$Hfr \times F^-$ 接合的最终结果绝大多数是:Hfr 菌仍是 Hfr 菌,F^- 菌仍是 F^- 菌,只

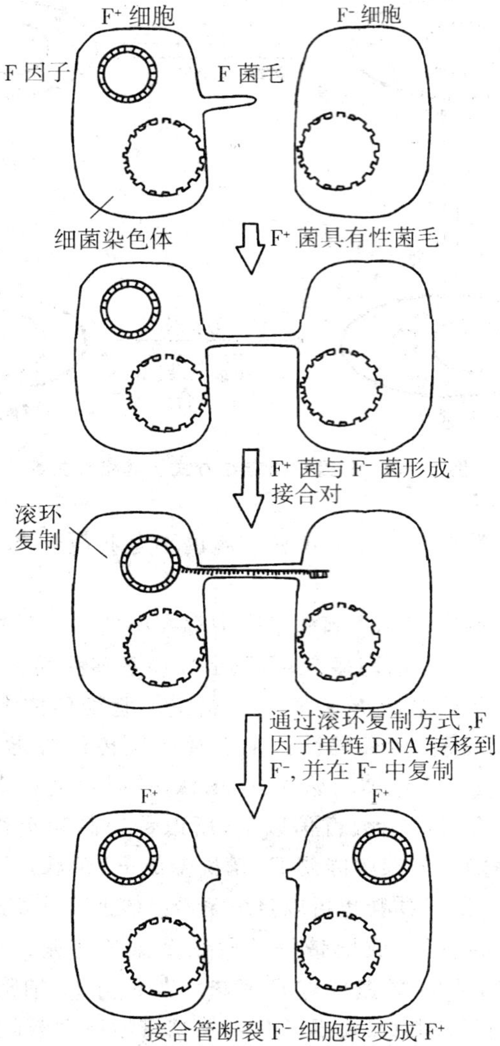

图 6-23　$F^+ \times F^-$ 的接合

是部分供体菌染色体基因进入 F^- 菌，通过基因重组形成接合子(图 6-24)。

3. $F' \times F^-$ 的接合　$F' \times F^-$ 的接合过程与 $F^+ \times F^-$ 一样，F' 因子转移入 F^- 菌，结果 F' 菌供体仍然是 F' 菌，而 F^- 菌变成了 F' 菌。由于 F' 因子在 F' 菌株中可以独立存在自主复制，其携带的细菌染色体基因也同时表达，从而使受体菌能高效表达供体菌的遗传标记。

(三)中断杂交实验和染色体图

由于在不同的 Hfr 菌株中，F 质粒在染色体 DNA 上的整合位置和方向不同，因而开始进入 F^- 菌株染色体基因也不同。如果用不同的 Hfr 菌株与 F^- 菌株进行接合，则进入 F^- 菌株的染色体基因也呈现方向不同而排列有一定顺序的基因连锁群。分析这些基因连锁的特点证实大肠杆菌的染色体呈环状。

对某一特定的 Hfr 菌株，F 质粒在染色体上的整合位置和方向是一定的。许多试验表明，Hfr 染色体是以恒定速率转移的。如果在接合的不同时间用剧烈搅拌以分散接合中的细菌。

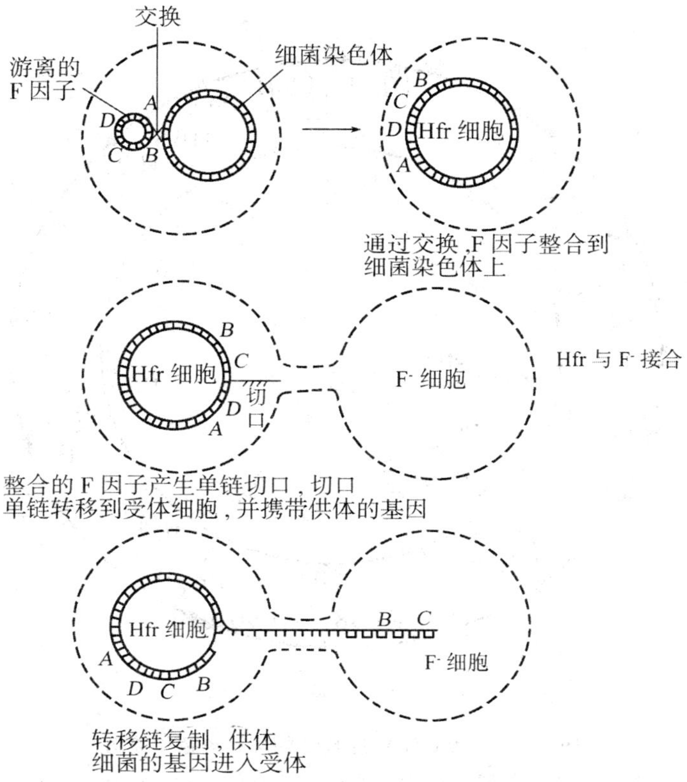

图 6 - 24　Hfr×F⁻ 的接合

终止接合作用(中断杂交)，然后分析已转移到 F^- 菌株的基因顺序，基因转移的顺序就反映了基因在染色体上的顺序，而某一基因进入受体菌的时间也就反映了该基因在染色体上的位置。因此利用基因转移所需要的时间可进行染色体的基因定位，这种技术称为中断杂交试验(interrupted mating experiment)，可用来绘制染色体图，以时间(min)为单位。中断杂交技术能很精确地定位相隔 3 min 以上的基因。迄今，利用该技术以及其他基因定位技术，在大肠埃希菌的环状染色体上已有约 1 717 个基因座位被定位(图 6 - 25)。

三、转导

以噬菌体为媒介，将供体菌的遗传物质转移入受体菌，通过基因重组而使受体菌获得了供体菌的部分遗传性状，这种基因转移方式称为转导(transduction)。作用噬菌体称为转导噬菌体(transducing phage)，它们可以是温和噬菌体，也可以是烈性噬菌体，但都是缺陷噬菌体。通过转导获得新的遗传性状的受体菌叫做转导子(transductant)。1952 年，J. Lederberg 和 N. Zinder 等人首先在鼠伤寒沙门菌中发现了转导，转导现象在自然界较普遍，在低等生物进化过程中很可能是产生新基因组合的一种重要方式。转导主要可分为 2 种类型：普遍性转导和局限性转导。

(一) 普遍性转导(generalized transduction)

通过完全缺陷噬菌体将供体菌任何 DNA 片段转移至受体菌的现象，称为普遍性转导。普遍性转导几乎可以转导供体菌基因组的任何基因，故而得名。其转导频率约为 10^{-8} ～

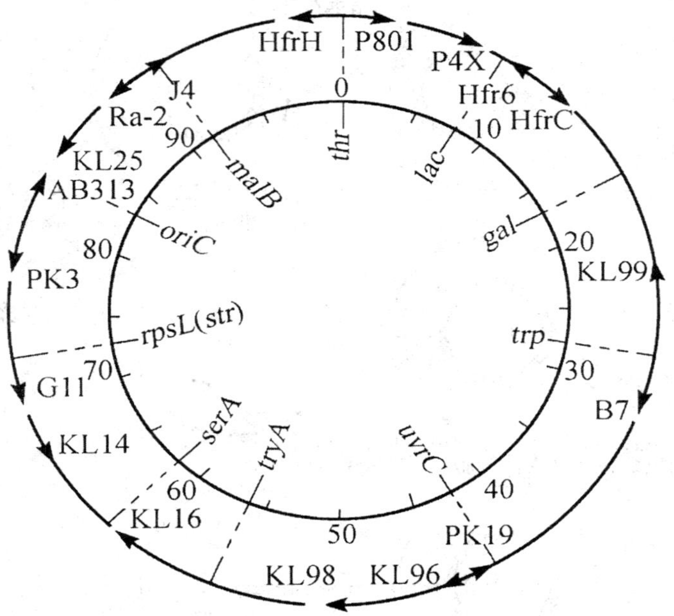

图 6-25　大肠埃希菌 K12 的环状染色体简图

基因符号：thr，苏氨酸；lac，乳糖；gal，半乳糖；trp，色氨酸；uvrC，紫外线损伤的修复；tyrA，酪氨酸；serA，丝氨酸；rpsL，核糖体小亚基蛋白；oriC，复制起点；malB，麦芽糖

10^{-5}，上面提到的鼠伤寒沙门菌的转导即属于此类。普遍性转导又可分为以下两种：

1. 完全转导(complete transduction)　在烈性噬菌体感染供体菌后，裂解周期立即开始；而温和噬菌体需经诱导后才进入裂解周期。此时，噬菌体的 DNA 及衣壳蛋白合成，宿主菌的 DNA 被降解成不同大小的片段。当噬菌体的 DNA 装配入衣壳时，偶尔装配错误，装入与噬菌体 DNA 大小相似的供体菌 DNA 片段，形成转导噬菌体。这种噬菌体不含噬菌体的 DNA，是完全缺陷的噬菌体，又称为假噬菌体。当供体菌裂解后，释放大量正常的噬菌体和极少数的转导噬菌体。当噬菌体再感染受体菌，则转导噬菌体将其衣壳内所含的供体菌基因转移至受体菌，通过交换重组，供体菌基因整合入受体菌基因组，形成重组子即转导子。由于普遍性转导的噬菌体是完全缺陷的，因此转导子并非溶原菌，而是遗传性状稳定的转导子，从而实现了完全转导(图 6-26)。

2. 流产转导(abortive transduction)　经普遍性转导进入受体菌的供体菌 DNA，如果既不能整合入受体菌基因组和复制，也不迅速消失，仅仅进行转录、翻译和性状表达，这种现象称为流产转导。发生流产转导的细胞，在进行细胞分裂时，外源 DNA 片段只能交给其中一个子细胞，另一个子细胞仅获得该片段的部分表达产物，在表型上仍然表现轻微的供体菌的性状，随着分裂的进行，表现该性状的菌体逐渐被“稀释”，在选择性培养基上只能形成微小菌落(图 6-27)。

(二) 局限性转导(restricted or specialized transduction)

局限性转导是指通过部分缺陷的温和噬菌体，把供体菌的少数特定基因转移到受体菌的现象。该现象于 1954 年在大肠杆菌 K 12菌株中首先发现。在局限性转导中所用的噬菌体只

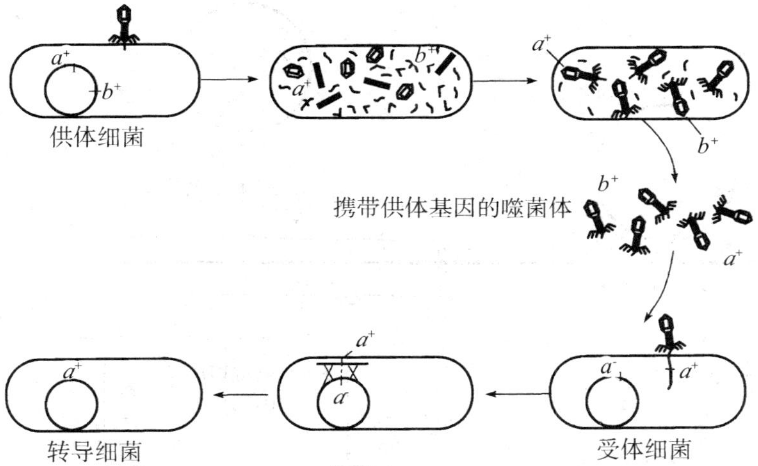

图 6-26　普遍性转导机制

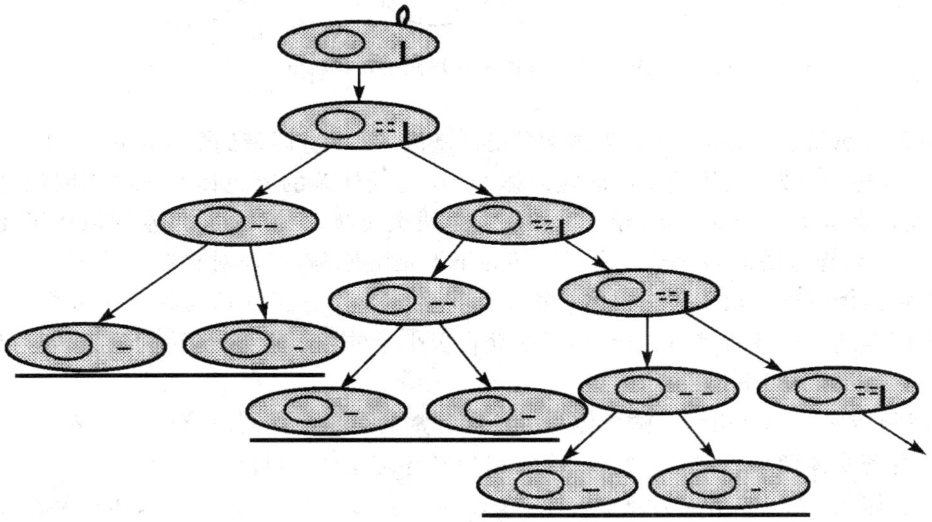

图 6-27　流产转导示意图

能是温和噬菌体。现以 *E. coli* K 12的 λ 噬菌体为例来说明局限性转导发生的过程及机制(图 6-28)。

1. 低频转导　当 λ 噬菌体感染宿主细胞后,其基因组整合在宿主染色体的特定位点上——半乳糖基因(*gal*)和生物素基因(*bio*)之间。这时 λ 噬菌体以前噬菌体的状态存在,而宿主菌变成了溶原菌。诱导溶原菌,前噬菌体从宿主染色体上切离下来,进入裂解周期。通常前噬菌体的切离是十分精确的,但偶尔也会发生不正常的切离(频率约为 $10^{-6}\sim10^{-4}$),其结果会将插入位点两侧之一的少数宿主基因连接到噬菌体的 DNA 上,而噬菌体也将相应的一段 DNA 遗留在宿主染色体上。这种噬菌体 DNA 和宿主基因杂合的 DNA 装配入噬菌体衣壳,就形成转导噬菌体,是部分缺陷噬菌体(partial defective phage)。如带有 *gal* 基因就写成 λd*gal*,即带有供体菌 *gal* 基因的 λ 缺陷噬菌体,λd*bio* 表示带有供体菌 *bio* 基因的 λ 缺陷噬菌

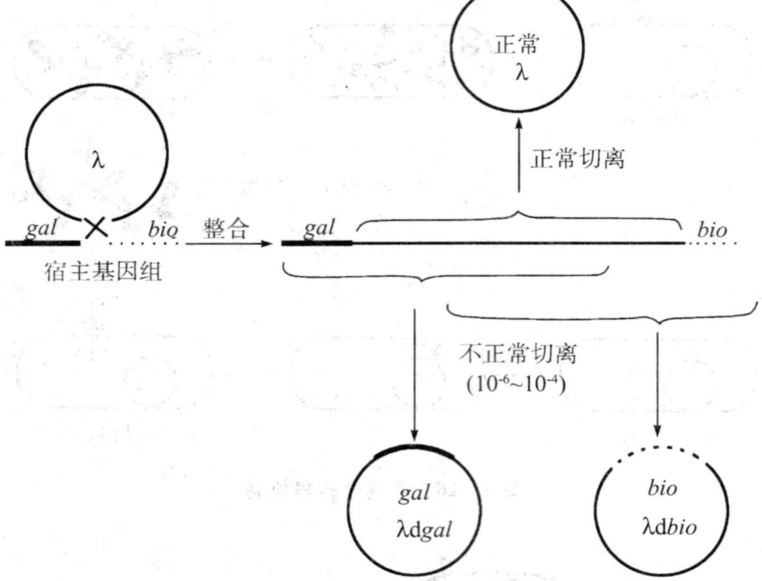

图 6－28 λ 噬菌体局限性转导机制

体。当它们再感染受体菌时，便将供体菌的 *gal* 基因或 *bio* 基因带到受体菌内。如 λd*gal* 再感染 gal^- 受体菌时，带有供体菌基因的噬菌体 DNA 与受体菌的染色体在 *gal* 基因位置发生交换，可使受体菌成为一个 gal^+ 转导子。如果发生两次交换，所带的 gal^+ 基因取代了受体菌的 gal^- 基因，得到稳定的的转导子。由于该转导子不是溶原菌，因而对 λ 噬菌体不具有免疫性，仍可被 λ 噬菌体感染。由于 λ 噬菌体从宿主菌染色体发生不正常切离的频率极低，因此用诱导 λ 溶原菌得到的噬菌体进行转导时，只能获得极少量的局限转导子，称为低频转导(low frequency transduction，LFT)。

2. 高频转导　如果用转导噬菌体 λd*gal* 和正常的 λ 噬菌体同时感染受体菌，正常 λ 噬菌体首先整合到受体菌染色体上，产生一个可以使转导噬菌体 λd*gal* 插入的位点，于是 λd*gal* 也整合到染色体上，使受体菌成为双重溶原菌(double lysogen)。正常 λ 噬菌体可补偿 λd*gal* 所缺失的基因功能，使之可以正常复制，这里正常 λ 噬菌体被称为辅助噬菌体(helper phage)。当该双重溶原菌被紫外线照射诱导时，两种噬菌体同时复制，裂解产物中含有等量的 λ 和 λd*gal* 颗粒，用于感染另一个 *E. coli* gal^- 受体菌时，则可高频率地把它转变为 gal^+ 转导子，所以称为高频转导(high frequency transduction，HFT)。

(三) 噬菌体转变

由于温和噬菌体感染，前噬菌体整合入宿主菌染色体而使其溶原化的同时，使得宿主菌的表型也发生改变，这种现象称为噬菌体转变(phage conversion)，又称为溶原转变(lysogenic conversion)。当宿主丧失这一噬菌体时，通过噬菌体转变而获得的新性状也就同时消失。

噬菌体转变与转导有着本质的不同。首先，这种温和噬菌体不携带任何来自供体菌的外源基因，使宿主表型改变的完全是噬菌体基因整合入宿主菌染色体的结果。其次，这种温和噬菌体是完整的，而不是缺陷的。第三，获得新性状的是溶原化的宿主细胞，而不是转导子。第四，获得的性状可随噬菌体消失而同时消失。

例如，白喉棒状杆菌之所以产生毒素是由于它被带有毒素基因的 β 噬菌体感染并溶原化所致，当产毒菌株一旦失去β噬菌体时，就不再产生毒素，表明白喉毒素是由β噬菌体基因组所编码(图 6－29)。

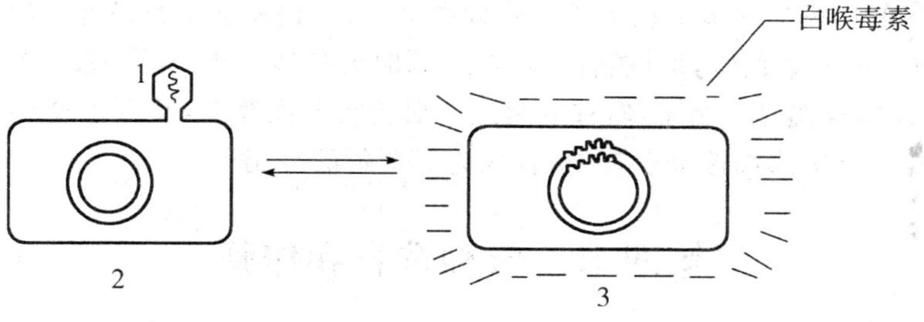

图 6－29　噬菌体转变示意图

1. β噬菌体　2. 白喉棒状杆菌　3. 溶原化的白喉棒状杆菌

四、重组

所谓重组或遗传重组(genetic recombination)是指两个或两个以上不同的核酸分子进行重排，产生心得核苷酸排列顺序的过程。具体来说，在上述各种方式的基因转移后，进入受体菌的供体 DNA 片段本身不能复制，只有在与受体菌的染色体或质粒进行重组，形成新的复制子后才能复制和遗传。经遗传重组后，含有新的复制子的细胞称为重组子(recombinant)。除转座外，重组的进行通常需要受体菌的重组基因编码的酶类(如 RecA)等的参与，在 DNA 分子的同源区段间进行遗传交换(crossing over)，交换的可能结果主要有以下三种(图 6－30)：

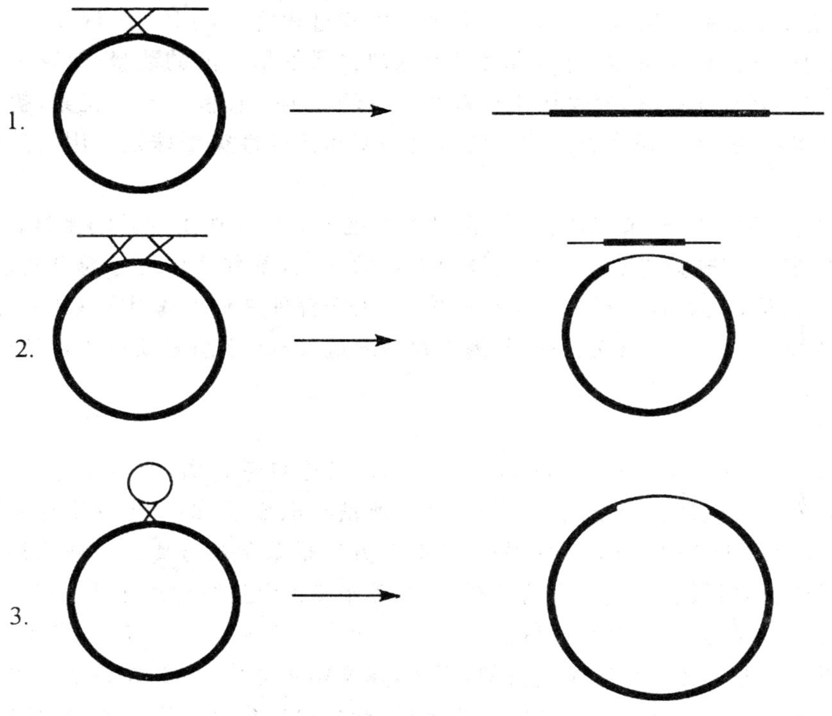

图 6－30　原核细胞间遗传物质交换示意图

1. 线性 DNA 片段与细菌染色体发生单交换，则环状染色体被破坏，形成的线状染色体不能复制，细胞也不能繁殖。

2. 线性 DNA 片段与细菌染色体发生偶数次交换，得到的重组子只有一种类型，即部分供体 DNA 片段被重组入染色体，形成新的复制子，同时染色体上相应的一段 DNA 被置换。

3. 环状质粒本身就是复制子，转移入宿主菌后仍可游离存在，经自主复制遗传至下一代；也可以经单交换后重组入细菌染色体，整合成为一个新的复制子。

第四节　菌种选育和保藏

一、菌种选育

菌种选育(selection strain)是应用微生物遗传与变异的基本理论，通过自发突变、诱发突变或遗传重组改良或改变菌种的特性，筛选出人们所需要的优良菌种，使其符合工业生产或科研的要求。

菌种选育技术的应用大幅度提高了微生物发酵产量，促进了微生物发酵工业的发展。通过菌种选育，抗生素、氨基酸、维生素、酶制剂等的发酵产量提高了几十倍、几百倍、甚至几千倍。例如青霉素发酵单位从最初的 20 U/mL 提高到 60 000 U/mL。菌种选育在提高产品质量、改变产品组分、改善工艺条件、扩大新的品种、增加菌种遗传标记等方面也发挥了重大作用。例如青霉素的原始生产菌株产生黄色色素，使成品带有黄色，经过菌种选育，产生菌不再分泌黄色色素，提高了产品质量；卡那霉素产生菌经菌种选育后，由生产卡那霉素 A 变成生产卡那霉素 B，改变了产品的组分；土霉素产生菌在培养过程之中产生大量泡沫，经诱变处理后改变了遗传特性，发酵泡沫减少，可节省大量消沫剂并增加培养液的装量，改善了发酵工艺条件；微生物原来不产生干扰素，经基因工程育种获得的基因工程菌生产干扰素，扩大了微生物发酵生产的产品范围；采用诱变方法获得营养缺陷型和抗药性突变株是常用的菌种遗传标记方法。

菌种选育过程由三个环节组成：① 使菌种产生变异；② 筛选出变异的菌株；③ 使变异菌株的特性得到表达。根据使菌种产生变异的方式的不同，菌种选育可分为自然选育、诱变育种、杂交育种、基因工程育种四种方法。自然选育、诱变育种是利用基因突变来获得优良菌种，具有改良菌种特性的性质。杂交育种、基因工程是通过 DNA 重组来获得优良菌种，具有改变菌种特性的性质。

(一) 自然选育

自然选育(selection by spontaneous mutation)，又称自然分离，即不经过人工诱变处理，利用菌种的自发突变而选育出正向变异的个体。所谓正向变异，即微生物变异的表型有利于生产的需要，反之称为负向变异。常用的自然选育方法是单菌落分离法。把菌种制备成单孢子悬浮液或单细胞悬浮液，经过适当的稀释后，在琼脂平板上进行分离。然后挑选单个菌落进行生产能力测定，从中选出优良的菌株。

自然选育经常是直接从生产中进行的，例如，在酒精工业中，曾经在原来为黑色孢子的宇佐美曲霉(*Aspergillus usamii* 3758)自然变异后，选育出白色孢子突变株，糖化能力增强，培养条件也较为粗放。自然选育也可以采用定向选择的办法。定向选择是用某一特定的理化因子长期处理某一微生物群落，同时不断传宗接代，以达到积累并选择相应突变株的目的。巴斯德曾在42℃下培养炭疽杆菌，20 d后，该菌丧失了产芽胞的能力，2～3个月后，失去了致病力，因而可以作为活菌疫苗。

发酵工业中使用的生产菌种，几乎都是经过人工诱变处理后获得的突变株，往往具有遗传上不够稳定和生活力弱的特点，在使用过程中菌种易衰退。提高自然选育可以纯化菌种、防止菌种衰退、稳定生产、提高发酵产量。在发酵生产过程中，菌种的自然选育是一项日常工作，通常一年应进行一次自然选育工作。

（二）诱变育种

诱变育种（selection by induced mutation），即人为利用理化因素等诱变剂处理提高微生物的突变率（诱变），扩大变异幅度，再经筛选，获得具有优良特性的变异菌株。诱变育种速度快、收效大、方法简便，是一种重要的菌种选育方法，在生产中被普遍应用。但是诱发突变缺乏定向性，必须通过大规模的筛选才能获得有益于生产的正向变异菌株。

诱变育种全过程大致分为三个阶段：出发菌株的准备、诱变处理、突变株的筛选。一般步骤如下：

出发菌株（沙土管或冷冻管）→斜面孢子→单孢子悬液→诱变处理→涂布平板→挑选单菌落→摇瓶初筛→菌株保存→摇瓶复筛→培养条件考察及稳定性试验→试验罐考察→大型投产试验

1. 出发菌株的准备　出发菌株就是用于诱变育种的原始菌株。出发菌株的选择是诱变育种工作成败的关键。合适的出发菌株的要求是：① 纯种；② 遗传特性好，如产量较高且特性稳定，产孢子丰富、生长快、色素少等；③ 对诱变剂敏感。

2. 诱变处理　常用的诱变剂有物理和化学诱变剂，它们的诱变机制见本章第二节。

物理诱变剂有紫外线、X射线、快中子及激光，以紫外线最为常用。紫外线诱变最有效的波长是260 nm左右，使用前应先开灯预热30 min，使光波稳定。诱变时一般将菌（孢子）悬浮液放在平皿内进行处理。若紫外灯的功率为15 W，距离30 cm，抗生素产生菌的孢子照射时间约需30 s至2 min，照射时最好加电磁搅拌。为避免光复活作用，操作应于暗室进行，照射后容器宜用黑纸包裹，于黑暗条件下培养后再进行分离。

化学诱变剂的种类较多，按它们对DNA作用机制可以分成三类：① 直接作用于核苷酸碱基引起结构变化而导致变异的，如亚硝酸（HNO_2）、甲基磺酸乙酯（EMS）、硫酸二乙酯（DES）、亚硝基胍（NTG）、氮芥（NM）、羟胺（NH_2OH）等；② 碱基类似物，它们因掺入DNA分子中，替代正常碱基造成错配而引起变异，如5-溴尿嘧啶（5-BU）、2-氨基嘌呤（2-AP）等；③ 移码突变诱变剂，它们嵌入DNA分子碱基对中引发移码突变，如吖啶类染料等。化学诱变剂大多有致癌作用，应避免口吸或接触皮肤，用过的器皿应加以处理，以破坏残留的诱变剂。

对于各种微生物来说，其最适诱变剂、诱变剂量以及诱变条件均不相同，无法事先肯定，需经反复实践或认识，并经长期经验积累才能确定。诱变剂可以单一处理，也可以复合处理。复合处理可以是两种或多种诱变剂同时使用或不同诱变剂交替使用，以扩大诱变幅度，提高诱变效果。选择诱变剂时，还应该考虑诱变剂本身的特点。例如，紫外线主要作用于DNA分子的嘧啶碱基，而亚硝酸则可以作用于DNA分子的嘌呤碱基，两者复合处理，突变谱宽、诱变效果好。

诱变作用不但决定于诱变剂，出发菌株的遗传背景、菌株的生理状态、被处理菌株诱变前的预培养和诱变后的培养条件以及诱变处理时的外界条件等都会影响诱变效果。一般对于遗传上不稳定的菌株，可采用温和的诱变剂，或采用已见效果的诱变剂；对于遗传上较稳定的菌株则采用强烈的、不常用的、诱变谱广的诱变剂。要重视出发菌株的诱变系谱。不要经常采用同一种诱变剂反复处理，以防止诱变效应饱和；但也不能频频变换诱变剂，以避免造成菌种的遗传背景复杂，不利于高产菌株的稳定。菌种的生理状态与诱变效果有密切关系，例如碱基类似物、亚硝基胍等只对分裂中的DNA有效，对静止的或休眠的孢子或细胞无效；而另外一些诱变剂，如紫外线、亚硝酸、烷化剂、电离辐射等能直接与DNA起反应，因此对静止的细胞也有诱变效应，但是对分裂中的细胞更有效。因此，放线菌、真菌的孢子在诱变前稍加萌发可以提高诱变率。诱变处理前后的培养条件对诱变效果有明显的影响。可有意地于培养基中添加某些物质（如核酸碱基、咖啡因、氨基酸、氯化锂、重金属离子等等）来影响细胞对DNA损伤的修复作用，使之出现更多的差错，从而达到提高诱变率的目的。例如，菌种在紫外线处理前，在富有核酸碱基的培养基中培养，能增加其对紫外线的敏感。相反，如果菌种在进行紫外线处理以前，培养于含有氯霉素（或缺乏色氨酸）的培养基中，则会降低突变率。紫外线诱变处理后，将孢子液分离于富有氨基酸的培养基中，则有利于菌种发生突变。

诱变率还受到其他外界条件，例如温度、氧气、pH、可见光等的影响。

关于诱变剂的最适剂量，有人主张采用致死率较高的剂量，例如采用90%～99.9%致死率的剂量，认为高剂量虽然负变株多，但变异幅度大；也有人主张采用中等剂量，例如致死率75%～80%或更低的剂量，认为这种剂量不会导致太多的负变株和形态突变株，因而高产菌株出现率较高。更为重要的是，采用低剂量诱变剂可能更有利于高产菌株的稳定。

3. 突变株的筛选　出发菌株经诱变后，在大量的群体中选出优良的突变株并不容易，因为优良突变株产生的频率极低。在挑选菌落时要注意探索与产量、性状有关的变异规律。并根据这些特性，分门别类地挑选一定数量的典型菌株进行发酵和鉴定，以确定各种变异类型与产量之间的关系，这样可以大大提高筛选工作的效率。生产上常用的筛选方法有两种：

(1) 随机筛选(random screening)：即诱变处理后，随机挑选菌落，从中筛选高产菌株。摇瓶筛选法是生产上一直使用的方法，即将挑选出的菌落接种到摇瓶进行发酵试验。初筛以量为主，如每个出发菌株在诱变处理后选出200个菌落，移种斜面后逐个进行摇瓶发酵，测定活性。从中再选出50株待复筛。复筛以精确为主，每株接种3～5摇瓶，测活性后再选出5株。以此5株为出发菌株再经诱变处理，如此反复进行，直到取得良好的效果。摇瓶筛选的优点是与工业生产条件相近，但缺点是工作量大、时间长、操作复杂等。琼脂块筛选法是将单菌落连同其生长培养基（琼脂块）用打孔器取出，培养一段时间后，置于鉴定平板以测定其发酵产量。琼脂块筛选法的优点是操作简便、速度快。但所得初筛结果必须经摇瓶复筛验证。近年来筛选实验逐步实现半自动化和自动化，省去了繁琐的劳动，筛选效率大大提高。而筛选工具的微型化可使操作简便并加大筛选量，但实验结果的准确性还有待提高。

(2) 理性化筛选(rational screening)：理性化筛选是运用遗传学、生物化学的原理，运用产物已知的或可能的生物合成途径、代谢调控机制和产物分子结构来进行设计和采用一些筛选方法，改变微生物原有的代谢调控方式，以获得目的产物的大量积累。若目的产物为代谢中间物，可筛选营养缺陷型；筛选细胞膜透性改变的突变株，可以降低代谢终产物在细胞内的浓度，从而避免反馈调节；筛选抗终产物结构类似物的反馈调节突变株，突变株中和终产物合成相关的关键酶结构发生改变，不再受终产物的反馈抑制，或者酶的合成调节系统发生变化，不再受反馈抑制。

菌种的发酵产量不但决定于菌种的遗传特性，菌种的培养条件也非常重要。突变株的遗传特性改变了，其培养条件也应该做出相应的改变。在菌种选育的同时，要重视培养基和发酵条件的研究，以保证突变菌株得到最佳的表现。

总之，在诱变育种过程中，要正确处理出发菌株、诱变因素和筛选条件，全面辩证地考虑三者之间的关系，将是诱变育种能否获得理想效果的关键。

（三）杂交育种

杂交育种(selection by crossing)是指两个不同基因型的菌株结合或原生质体融合使遗传物质重新组合，再从中分离和筛选出具有新基因型个体的育种方法。杂交育种具有定向育种的性质，目的是把双亲（或多亲）的不同遗传性状集中到杂种个体中，以创造出具有双亲（或多亲）的优点，或获得不同于亲代遗传性状的杂种。真菌、放线菌和细菌均可进行杂交育种。杂交育种的理论基础是基因重组。原核生物中的转化、转导和接合，真菌中的有性生殖和准性生殖以及原生质体融合都是杂交育种的手段。

通过人为方法，使遗传性状不同的两细胞的原生质体发生融合，并产生重组子的过程称为原生质体融合或细胞融合（protoplast or cell fusion）。近年来，原生质体融合技术有了很大发展，在动物、植物、真菌、放线菌及细菌间均有报道。利用该技术不但能在微生物的种内，而且能在种间，甚至属间形成重组子。细胞融合的过程大致如下：首先，两亲株细胞应有不同的遗传标记，如不同的营养缺陷型或抗药性。在高渗液中用溶菌酶或其他破壁酶去除亲株细胞壁，使成原生质体。再用融合剂促使两脱壁的原生质体凝聚，常用的融合剂是聚乙二醇（polyethylene glycol，PEG），相对分子质量以 4 000～6 000 Da 为好。将融合的原生质体经离心收集后用高渗培养基制成悬液，适当稀释后涂布于细胞壁再生的平板上。检查各再生菌落的遗传性状，检出重组子。其流程如图 6－31 所示。

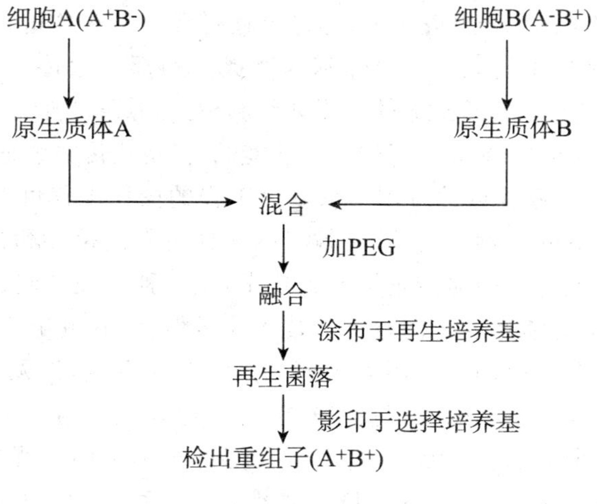

图 6－31 原生质体融合流程图

（四）基因工程育种

基因工程是一种体外 DNA 重组技术。是在分子水平根据人们的需要用人工方法取得供体 DNA 上的目的基因，在体外将供体 DNA 与载体 DNA 分子进行重组，再把带有目的基因的重组载体转移入受体细胞使其复制和表达，从而获得新物种的一种育种技术。这种使重组 DNA 分子在受体细胞内无性繁殖的技术也被称为分子克隆(molecular cloning)。通过基因工程技术改造了遗传结构的微生物细胞又称为“工程菌”。基因工程技术的应用，扩大了微生物发酵产品的范围，具有巨大的市场潜力。

1. 基因工程的基本操作　基因工程的基本操作中涉及基因供体、基因载体、工具酶和基因受体等四个主要方面。包括以下五步操作过程：

(1) 目的基因：目的基因的取得一般有三条途径：① 从适当的供体细胞中的 DNA 中分离；② 通过逆转录酶的作用由 mRNA 合成 cDNA；③ 用化学方法合成特定目的基因 DNA。以上三种来源的 DNA 经分离提纯获得以后，采用限制性核酸内切酶切割出黏性末端以利于和载体 DNA 重组。

(2) 载体：载体 DNA 分子必须具备以下几个条件：① 是一个有自主复制能力的复制子。② 相对分子质量较小，能在受体细胞中大量增殖，即有较高的复制率，使带有目的基因的重组载体在受体细胞表达较多的基因产物，如松弛型质粒。③ 有合适的限制性核酸内切酶的酶切位点，使目的基因能固定地插入载体 DNA 的特定位置。④ 必须有选择性遗传标记，如抗药性、营养缺陷型等，有助于筛选重组细胞。目前，基因工程中使用的载体主要有：质粒、噬菌体、动物病毒等。

(3) 体外重组：用同一种限制性核酸内切酶切割的供体 DNA 和载体 DNA，产生具有互补碱基的黏性末端。在试管内混合，在较低温度下"退火"，黏性末端上碱基互补的片段因氢键的作用而彼此拼接，重新形成双链。再通过连接酶作用，将目的基因和载体共价结合成一个完整的、有复制能力的环状重组载体。

(4) 将重组载体引入受体细胞：通过转化或转染等方式，将含有目的基因的重组载体转移入受体细胞，如使用最广泛的大肠杆菌、酵母菌等。作为受体细胞的微生物细胞一般具有如下特性：① 便于培养发酵生产；② 非致病菌；③ 遗传学上有较多的研究，便于基因工程操作。

(5) 复制、表达与筛选：在理想情况下，通过上述过程重组载体进入受体细胞后，能自主复制而大量扩增，从而使受体细胞表达出供体基因所提供的部分遗传性状。根据载体的遗传标记，用合适的筛选方法，选择具有重组载体的受体细胞，对培养条件控制，就能在大量重组细胞中筛选出符合原定计划所需要的、能表达目的基因功能的、稳定遗传的细胞无性繁殖系（工程菌）。

2. 基因工程在医药工业领域的应用　从基因工程的操作步骤可以看出，基因工程是人们在分子生物学理论指导下的一种自觉的、可像工程一样可事先设计和控制的育种新技术，是人工的、离体的、分子水平上的一种遗传重组的新技术，是一种可完全超远缘杂交的育种新技术，因而必然是一种最新、最有前途的定向育种新技术。虽然在 20 世纪 70 年代，基因工程才开始发展起来，但进展极快，在工业、农业、环境保护、药学、医疗卫生，以及基础理论研究等许多方面都取得了令人瞩目的成就。基因工程技术在医药工业领域的应用非常广泛，基因工程产品已经成为医药工业的一个新的生长点。1977 年人们首次用基因工程技术用大肠杆菌生产生长激素释放抑制因子（somatostatin，SOM）。该因子是一种 14 肽的人脑激素，能抑制其他激素的释放和对糖尿病有疗效。SOM 原来需从羊脑提取，50 万只羊的脑组织只能提取 5 mg，而用工程菌的 10 L 发酵液就可获得同样的产量。此后，用基因工程技术生产的医药产品范围迅速扩大。基因工程药物有胰岛素、干扰素、肿瘤坏死因子、白细胞介素、B 细胞生长因子、巨噬细胞活化因子、集落刺激因子、血清白蛋白、尿激酶、降钙素、促红细胞生成素等；基因工程疫苗有乙型肝炎疫苗、疱疹疫苗、狂犬病疫苗、霍乱疫苗、百日咳疫苗等；被称为"第三代抗体"的基因工程抗体已生产和应用。此外，尚有医药工业中重要的工具酶——青霉素酰化酶也成功地使用工程菌生产。基因工程在医药工业中的成功应用，使人们有理由相信基因工程是高效表达生物界中几乎一切物种的优良遗传性状的最佳实验手段，基因工程将有广阔的、不可估量的

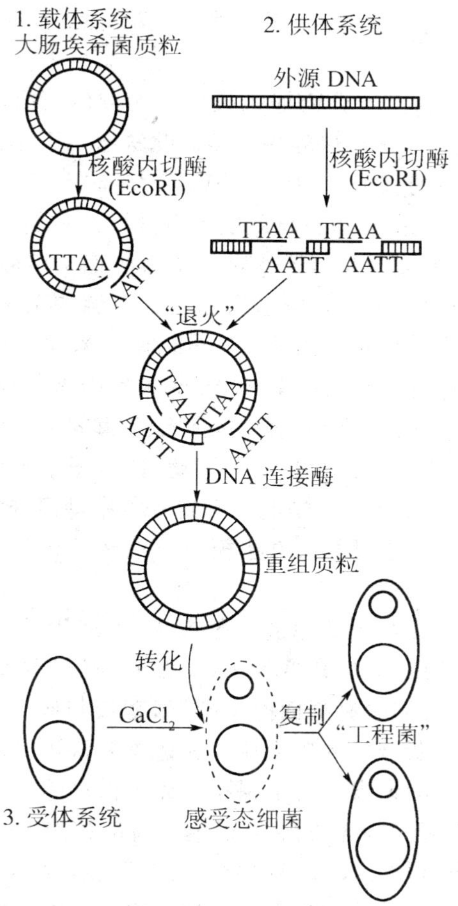

图 6－32　基因工程示意图

发展前景。

二、菌种保藏和复壮

（一）常用的菌种保藏法

一个优良的菌种被选育出来以后，要保持其生产稳定、不污染杂菌、不死亡，这是菌种保藏的目的。

菌种保藏主要是根据菌种的生理、生化特性，人工创造条件使菌体的代谢活动处于休眠状态。保藏时，一般利用菌种的休眠体（孢子、芽胞等），创造最有利于休眠状态的环境条件，如低温、干燥、隔绝空气或氧气、缺乏营养物质等，以降低菌种的代谢活动，减少菌种变异，达到长期保存的目的。一个好的菌种保藏方法，应能保持原菌种的优良特性和较高存活率，同时也应考虑到方法本身的经济、简便。由于微生物种类繁多，代谢特点各异，对各种外界因素的适应能力不一致，一个菌种选用何种方法保藏较好，要根据具体情况而定。

1. 斜面保藏法　此方法利用 4℃冰箱保存菌种斜面，保存期 1～3 个月。保存期间冰箱的温度不可波动太大，不能在 0℃以下保存，否则培养基会结冰脱水，造成菌种性能衰退或死亡。影响斜面菌种保藏时间的一个重要方面是斜面培养基中水分的蒸发。这使培养基成分浓度增大，造成“盐害”，更主要的是脱水后培养基表面收缩，造成板结，对菌种造成机械损伤而成为菌种的致死原因。

2. 液体石蜡保藏法　在斜面菌种上加入灭菌后的液体石蜡，用量高出斜面 1cm，使菌种与空气隔绝，试管直立，置于 4℃冰箱保存期 1 年。此法适用于不能以石蜡为碳源的菌种。液体石蜡采用蒸汽灭菌，灭菌后的石蜡在 40℃烘箱中干燥备用。

3. 固体曲保藏法　这是根据我国传统制曲原理加以改进的一种方法，适用于产孢子的真菌。该法采用麸皮、大米、小米或麦粒等天然农产品为产孢子培养基，使菌种产生大量的休眠体（孢子）加以保存。该法的要点是要控制适当的水分。例如在采用大米孢子保存法时，先取大米充分吸收水膨胀，然后倒入搪瓷盘内蒸 15 min（使大米粒仍保持分散状态）。蒸毕，取出搓散成团，稍冷，分装于茄形瓶内，蒸汽灭菌 30 min，最后抽查含水量，合格后备用。

将要保存的菌种制成孢子悬浮液，取适量加入已灭菌的大米培养基中，敲散拌匀，铺成斜面状，在一定温度下培养，在培养过程中要注意翻动，待孢子成熟后，取出置冰箱保存，或抽真空至水分含量在 10%以下，放在盛有干燥剂的密封容器中低温或室温保存。可保存 1～3 年。

4. 沙土管保藏法　本方法是用人工方法模拟自然环境使菌种得以栖息。适用于产孢子的放线菌、霉菌以及产芽胞的细菌。

沙土是沙和土的混合物，沙和土的比例一般为 3∶2 或 1∶1，将黄沙和泥土分别洗净，过筛，按比例混合后装入小试管内，装料高度为 1 cm 左右，经间歇灭菌 2～3 次，灭菌后烘干，并作无菌检查后备用。将要保存的菌种斜面孢子刮下，直接与砂土混合；或用无菌水洗下孢子，制成悬浮液，再与砂土混合。混合后的砂土管放在盛有五氧化二磷或无水氯化钙的干燥器中，用真空泵抽气干燥后，放在干燥低温环境下保存。此法保存期可达 1 年以上。

5. 冷冻干燥法　此法的原理是在低温下迅速地将细胞冻结以保持细胞结构的完整，然后在真空下使水分升华。这样菌种的生长和代谢活动处于极低水平，不易发生变异或死亡，因而能长期保存，一般为 5～10 年。此法适用于各种微生物。具体的做法是菌种制成悬浮液，与保护剂（一般为脱脂牛奶或血清等）混合，放在安瓿管内，用低温乙醇或干冰（－15 ℃以下）使之速冻，在低温下用真空泵抽干，最后将安瓿管真空熔封，低温保存。

6. 液氮超低温保藏法　以上介绍的几种菌种保藏方法，菌种在保藏过程中都有不同程度的死亡，特别对一些不产孢子的菌体保存效果不够理想。微生物在－130℃以下，新陈代谢活动停止，这种环境下可永久性保存微生物菌种。液氮的温度可达－196℃，用液氮保存微生物菌种已获得满意的结果。

液氮超低温保藏法简便易行，关键是要有液氮罐装置。该方法要点是：将要保存的菌种（菌液或长有菌种的琼脂块）置于 10%甘油或二甲亚砜保护剂中，密封于安瓿管内（安瓿管的玻璃要能承受很大温差而不致破裂），先将菌液降至 0℃，再以每分钟降 1℃的速度降至－35℃，然后将安瓿管放入液氮罐的气相中保存（液氮上面的气相温度为－150℃以下）。

（二）菌种的衰退和复壮

微生物的变异性是生物的基本特征。尽管采用了合理的保藏法，长期保存的菌种仍会出现变异。出现不利性状的负向变异称为衰退（degeneration）。防止菌种衰退的主要措施如下：

1. 控制传代次数　微生物自发突变的后果是通过传代于子代显现的，传代次数愈多突变的可能性就愈大。因此，应尽可能保存原种，并减少传代次数。

2. 用单核细胞传代　放线菌与丝状真菌的菌丝细胞常为多核细胞，有的甚至是异核体，因此用菌丝传代易出现分化或衰退。用单核的孢子传代较稳定。

3. 选择合适的生长条件　根据菌种的来源及营养要求，提供适合原菌生长繁殖的条件是防止菌种衰退的有效措施之一。

4. 采取合适的保藏法　根据菌种的不同，选用合适的保藏法并加以改进，以适应不同类型菌种的保藏。

使已衰退的菌种恢复原有性状的措施称为复壮(rejuvenation)。一般有如下措施：

1. 分离纯化　在衰退的微生物群体中，必定有部分细胞仍然是典型的。通过分离、纯化，可得原有性状的菌种。

2. 通过合适的宿主　很多微生物接种于相应的动植物或昆虫宿主可以复壮。如肺炎链球菌通过长期人工培养后，毒力减退。通过小白鼠传代，则毒力增强，荚膜增厚。

第二篇　免疫学基础

免疫学(immunology)与人类关系十分密切,是研究机体免疫系统组成、功能、免疫应答机制及免疫相关疾病的一门独立学科。

传统免疫学,即抗感染免疫,诞生于传染病研究过程,关注的焦点是宿主对病原微生物的识别和排除。在人类与病原微生物的斗争中,传统免疫学从总结经验到指导实践,逐渐成为生命科学的重要组成部分。随着对免疫机理的深入研究,一些与感染无明显关系的免疫现象(如过敏、输血性溶血、肿瘤等)被发现,免疫学在免疫对象(花粉、红细胞、自身突变细胞等)、免疫应答类型(正免疫应答、负免疫应答)、免疫效应(保护效应、病理损伤)等方面都有了极大扩展。现代免疫学主要包括基础免疫、临床免疫两大部分,出现了免疫检验、免疫药理学、生殖免疫学、营养免疫学等多个分支。

现代免疫学及其分支学科虽然侧重点各有不同,但基础研究内容一致,主要包括:抗原、免疫系统、免疫应答、免疫效应等。在机体免疫应答的过程中,抗原是免疫应答发生的始动因素,免疫系统是免疫应答发生的物质基础。免疫系统识别抗原后,通过非特异性免疫应答(non-specific immunity)和特异性免疫应答(specific immunity)清除(或耐受)抗原,产生对机体的免疫保护(或损伤)效应。

本篇将从基础免疫学角度,分别阐述启动免疫应答的因素——抗原;免疫应答的物质基础——免疫器官、免疫细胞、免疫分子;非特异性免疫应答和特异性免疫应答等。在此基础上,还将对临床常见的免疫现象及免疫学的实际应用进行简单介绍。

第七章　抗　原

一般而言,抗原(antigen,Ag)是一类能刺激机体免疫系统发生特异性免疫应答;并能在体内或体外与免疫应答产物(抗体或效应 T 细胞)发生特异性结合的物质。完整意义上的抗原应具有两种性能:免疫原性(immunogenicity),指抗原刺激机体产生免疫应答的性能;免疫反应性(immunoreactivity),指抗原与相应免疫应答产物发生特异性结合的性能。

在某些情况下,抗原诱导相应克隆的淋巴细胞对该抗原表现为特异性的负免疫应答,称为免疫耐受。有时,某些抗原引起病理性的高免疫应答,称为超敏反应。这些情况下的抗原分别称为耐受原和变应原。

第一节　抗原的种类

关于抗原的分类,迄今尚无统一意见,常见分类方法如下:

一、完全抗原和半抗原

具有免疫原性和免疫反应性的物质称为完全抗原(complete antigen)。完全抗原大多为蛋白质,也可以是蛋白质和类脂(或多糖)的复合物等。各种病原微生物、异种动物血清、植物花粉等都是完全抗原。只有免疫反应性而没有免疫原性的物质称为半抗原(hapten)。多糖、类脂、药物及某些小分子为半抗原。它们与蛋白质结合后,成为完全抗原,可刺激机体产生针对半抗原的抗体。与半抗原结合的蛋白质称为载体(carrier)。

二、胸腺依赖性抗原和胸腺非依赖性抗原

常见的大多数蛋白质抗原,如人血白蛋白、卵白蛋白、羊红细胞、白喉类毒素等,需要 T 细胞的辅助作用才能活化 B 细胞产生抗体,这类抗原称为胸腺依赖性抗原(thymus dependent antigen,TD－Ag)。TD－Ag 刺激机体产生抗体主要为 IgM、IgG,同时可引发细胞免疫应答,并有免疫记忆。

有些抗原无需 T 细胞的辅助即可产生抗体,这类抗原称为胸腺非依赖性抗原(thymus independent antigen,TI－Ag),如脂多糖、荚膜多糖等。其刺激机体产生的抗体主要为 IgM,不引起细胞免疫应答,无免疫记忆。

此外,根据抗原与机体的亲缘关系(见本章第二节)可将抗原分为异种抗原、同种异型抗原、自身抗原;根据抗原获得方式可将抗原分为天然抗原和人工抗原;根据抗原物质的来源,可将抗原分为外源性抗原和内源性抗原。

第二节 构成抗原的条件

一、异物性

异物是指与自身成分相异或未与宿主胚胎期免疫细胞接触的物质。在正常情况下,机体免疫系统具有精确的识别“自己”与“非己”物质的能力。具备异物性的物质有三类:

(一) 异种物质

从生物的进化过程来看,异种生物间的血缘关系愈远,免疫原性愈强,如马血清与人的血缘关系远,免疫原性强。而马血清对驴、骡来说,则血缘关系甚近,免疫原性也相对较弱。

(二) 同种异型物质

同种而不同个体之间,其组织细胞的化学成分不可能完全相同,因而亦具有抗原性。如人体红细胞表面的血型抗原、人类白细胞抗原(见本章第四节)等。

(三) 自身物质

自身物质一般不具免疫原性,但在异常条件下,可成为异物而具有免疫原性(见本章第四节)。

二、具有复杂化学结构的大分子物质

凡是完全抗原,必是大分子物质。一般来说相对分子质量越大,免疫原性越强。天然蛋白质的相对分子质量都在 10 000 Da 以上,因而多为良好的抗原。高分子物质水解成低分子物质后,就可能失去抗原性。

但一种物质仅是相对分子质量大还不一定有免疫原性,例如明胶的分子量虽高达 100 000 Da,

但因为结构上缺乏芳香族氨基酸，所以免疫原性很弱。如加入少量酪氨酸(2%)，可增强其免疫原性。这说明抗原物质除相对分子质量大以外还要求有一定的化学组成和结构。

一般而言，多数蛋白质、复杂多糖(如血型抗原、细菌荚膜多糖)均有免疫原性，核酸及脂类免疫原性弱。

三、分子结构和易接近性

抗原分子中一些特殊化学基团的立体构象是决定抗原分子能否与淋巴细胞表面结合、引起免疫应答的关键。这些化学基团与淋巴细胞表面受体分子接触的难易程度，即易接近性，与化学基团在抗原分子中的分布部位有关。分布在抗原分子表面的化学基团易与淋巴细胞抗原受体结合，免疫原性强；存在于抗原分子内部则不易与相应受体结合，不表现免疫原性或免疫原性弱。

四、物理状态

一般聚合状态的蛋白质较其单体免疫原性强，颗粒性抗原免疫原性强于可溶性抗原。因此常将免疫原性弱的物质吸附在某些大颗粒表面，增加其刺激免疫应答的能力。

此外，某一物质是否为抗原，还受机体的遗传、年龄、生理状态、个体差异等诸多因素的影响，也与抗原进入机体的方式和途径有关。

第三节　抗原的特异性与交叉反应

特异性是免疫应答的根本特征，也是免疫学诊断、防治的理论依据。抗原的特异性既表现在免疫原性上，也表现在反应原性上。例如注射伤寒沙门菌于兔体内，兔的血清内只出现针对伤寒沙门菌的抗体；该种抗伤寒沙门菌抗体只与伤寒沙门菌发生反应而不能与其他细菌反应。

抗原的特异性由抗原分子中的特殊化学基团决定。这种决定抗原特异性的特殊化学基团称为抗原决定簇，又称表位(epitope)。其性质、位置、空间结构可决定抗原的特异性。例如通过重氮化将结构相似的不同化学基团分别与鸡血清白蛋白连接制成人工完全抗原，以之注射家兔，所得到的抗体分别与这些人工抗原进行实验，结果表明：化学结构的性质直接关系着反应的特异性(表 7-1)。进一步用不同位置、不同立体结构而化学组成完全相同的化学基团制成人工抗原做实验，证明基团位置、空间结构对抗原一抗体反应的特异性也起决定作用。

表 7-1　不同酸根对半抗原一抗体反应特异性的影响

	试验抗原			
	苯胺	对氨基苯甲酸	对氨基苯磺酸	对氨基苯砷酸
免疫动物的抗原	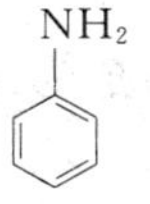	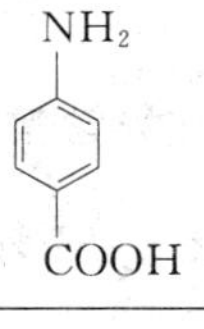	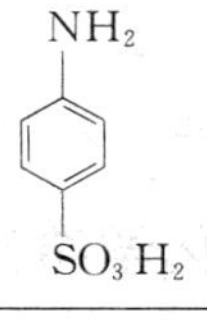	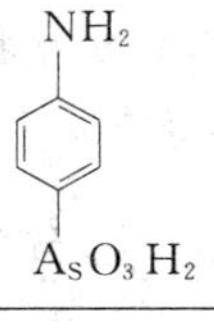
抗苯胺抗体	+	-	-	-
抗对氨基苯甲酸抗体	-	+	-	-
抗对氨基苯磺酸抗体	-	-	+	-
抗对氨基苯砷酸抗体	-	-	-	+

位于分子表面的抗原决定簇，易被识别，有易接近性，可启动免疫应答，称为功能性抗原决定簇，其中有个别化学基团起关键性作用，称为免疫优势基团；位于分子内部的抗原决定簇，称为隐蔽性抗原决定簇，可因理化因素作用而暴露在分子表面成为功能性抗原决定簇，或因蛋白酶解或修饰（如磷酸化）产生新的决定簇，它们可成为自身抗原，诱发自身免疫病。

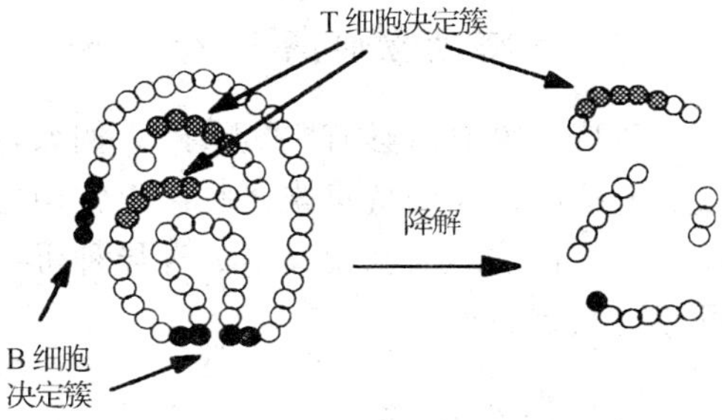

图 7-1　抗原分子中的 T 细胞与 B 细胞决定簇

在免疫应答中，T 细胞和 B 细胞所识别的抗原决定簇不同，分别称为 T 细胞决定簇和 B 细胞决定簇（图 7-1）。B 细胞决定簇往往位于抗原分子表面或转折处，为呈三级结构的构象决定簇，也有顺序决定簇，可直接被 B 细胞识别；T 细胞决定簇则往往位于抗原分子内部，为顺序决定簇，需经抗原递呈细胞（antigen presenting cells，APC）加工处理，并与自身 MHC 分子结合后，才能被 T 细胞所识别。迄今为止尚未发现一个抗原决定簇能同时被 T 细胞和 B 细胞所识别。

天然抗原一般是大分子，由多种、多个抗原决定簇组成，可以和多个抗体分子交互结合。抗原的结合价是指能和抗体分子结合的抗原的功能性决定簇的数目。天然抗原一般都是多价的。

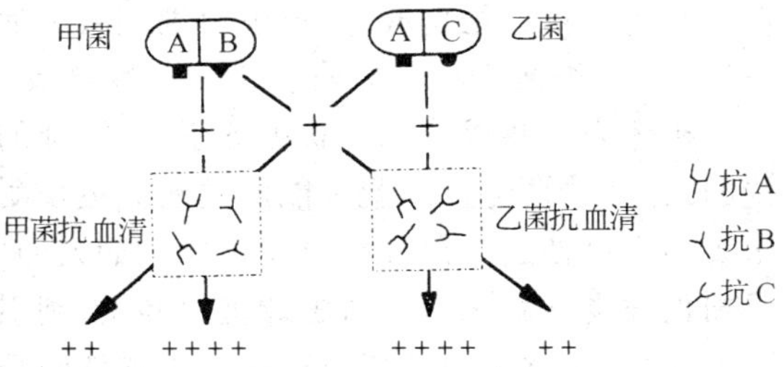

图 7-2　共同抗原和交叉反应

天然抗原表面常带有多种抗原决定簇，因此能使机体产生多种抗体。因而在两种不同的抗原之间可以存在相似或相同的抗原决定簇，称为共同抗原（common antigen）。抗体对具有相同或相似决定簇的不同抗原的反应，称为交叉反应（图 7-2）。当两种抗原决定簇构型相同时，发生的交叉反应较强，如果仅有一定程度相似，则反应微弱。临床上，微生物（如肠道杆菌）间的共同抗原成分，可造成血清学诊断的混乱。但也可利用作为替代抗原进行某些疾病的诊断；而某些微生物与人体组织细胞有共同抗原成分，可引起机体的超敏反应（详见本章第四节）。

第四节　医学上重要的抗原

一、病原微生物及其代谢产物

各种病原微生物对机体均有较强的抗原性，每个微生物都具有多种不同的抗原组分。如细菌具有菌体抗原（O 抗原）、鞭毛抗原（H 抗原）、表面抗原、菌毛抗原等。这些抗原成分均可作为微生物鉴定、分型的依据。

病原微生物的代谢产物有的也可作为抗原。如细菌的外毒素，其抗原性强，经 0.4% 甲醛处理后，变成没有毒性而保持抗原性的类毒素，在预防由外毒素引起的传染病中起重大作用。

二、免疫动物血清

免疫动物血清具有“二重性”。例如，用白喉或破伤风类毒素免疫马后，则马血清中含有抗白喉或抗破伤风的抗毒素。临床上常用这种抗毒素血清中和相应的毒素，来治疗白喉或破伤风。但马血清对人来说又是一种异种蛋白，具有抗原性，能刺激人体产生抗马血清的抗体，有可能引起超敏反应。

三、自身抗原

由于机体免疫系统发育过程中的自身反应性淋巴细胞的凋亡，自身成分一般不具免疫原性。但在以下三种情况中，自身成分可作为抗原：

（一）自身组织发生修饰

自身组织在烧伤、感染、电离辐射、化学药品等因素的影响下，结构发生变化，形成新的抗原决定簇，成为自身抗原。例如用甲基多巴治疗高血压时，甲基多巴与患者红细胞膜蛋白结合，发生了抗原性的改变而成为自身抗原，引起自身免疫性贫血；有的病人服用氨基吡啉，引起白细胞表面抗原结构改变，导致白细胞减少症。

（二）“隐蔽”抗原的释放（或自体隔绝成分的溢出）

机体内有些成分如甲状腺球蛋白、眼球的晶体蛋白、精子等，正常情况下与免疫系统是隔绝的，在胚胎期免疫细胞未能对其建立免疫耐受，所以可被称为“隐蔽抗原”。但外伤、感染、手术等因素可使之溢出成为自身抗原。如人的甲状腺球蛋白，存在于甲状腺的腺泡内，若甲状腺受损伤或炎症破坏时甲状腺球蛋白漏出，则引起自身免疫性甲状腺炎；精子抗原释放可导致男性不育症；晶体蛋白的释放可引起交感性眼炎。

（三）自身正常组织

针对自身正常组织细胞抗原的 T、B 细胞，由于在胚胎期与这些抗原接触过，因此处于非活化状态，成为“禁忌克隆”。禁忌细胞克隆由于某种原因而复活，或 T、B 细胞克隆发生突变，形成识别自身成分的高活性的免疫细胞克隆，就可对自身组织产生免疫应答，导致自身免疫病的发生。

四、肿瘤抗原

肿瘤抗原是细胞癌变过程中出现的，具有免疫原性的一些大分子的总称。可作为肿瘤诊断的辅助指标和肿瘤免疫学治疗的有效靶位。

肿瘤细胞具有的新的抗原成分，称为肿瘤特异性抗原（TSA）。黑色素瘤抗原（MAGE）在多种肿瘤中均有不同程度的表达，而在除睾丸和胎盘外的正常组织中均不表达，因此人们认为它是肿瘤特异性免疫治疗理想的靶分子。

目前某些恶性肿瘤中未见 TSA，但发现其可大量表达胚胎性抗原被称为肿瘤相关抗原（TAA），如原发性肝癌病人血清中查见胚胎期产生的甲胎球蛋白（AFP），这些抗原在正常的非胚胎期人体细胞中仅有微量表达。

五、异嗜性抗原

异嗜性抗原是一类与种属特异性无关，存在于不同种系生物间的共同抗原。如溶血型链球菌的多糖抗原和蛋白质抗原与人体的心肌、心瓣膜或肾小球基底膜之间可有异嗜性抗原存在，当机体感染溶血型链球菌并产生抗体后，可与自身的上述组织相结合，临床上表现为风湿病或肾小球肾炎等自身免疫性疾病。

有些异嗜性抗原可作为替代抗原协助疾病的诊断。例如，导致斑疹伤寒的立克次体具有与变形杆菌某些株的菌体抗原的共同多糖类抗原，因而临床上常用以代替相应的立克次体抗原进行非特异性凝集反应，进行人或动物血清中斑疹伤寒抗体的检查。这种交叉凝集试验称为外斐反应(Weii－Felix reaction)。

六、同种异型抗原

同种不同个体之间，由于遗传基因不同，其组织成分的结构有差异，所以这些组织成分可互为抗原，称为同种异型抗原，例如人的红细胞血型抗原。人红细胞抗原有 A、B、O、Rh 等十多种型，不同血型间相互输血，往往可引起严重的输血反应。

组织相容性抗原(histocompatibility antigen)是一种重要的同种异型抗原，包括多种复杂的抗原系统，只有同卵双生及纯系动物不同个体之间其抗原特异性才会完全相同。这类抗原存在于细胞表面，可在人群或同种动物不同个体间进行组织或器官移植时引起移植排斥反应，故又称为移植抗原。其中，凡能引起快而强的排斥反应者称为主要组织相容性抗原系统(major histocompatibility system, MHS)，不仅控制同种移植排斥反应，而且与机体免疫应答和免疫调节密切相关。其编码基因称为主要组织相容性复合体(major histocompatibility complex，MHC)。MHC 是多态性最丰富的一个基因系统，拥有极大数量的等位基因，赋予种群适应多变的内外环境的巨大潜力。通常 MHC 既可指基因，也可指基因产物 MHS，取决于上下文。

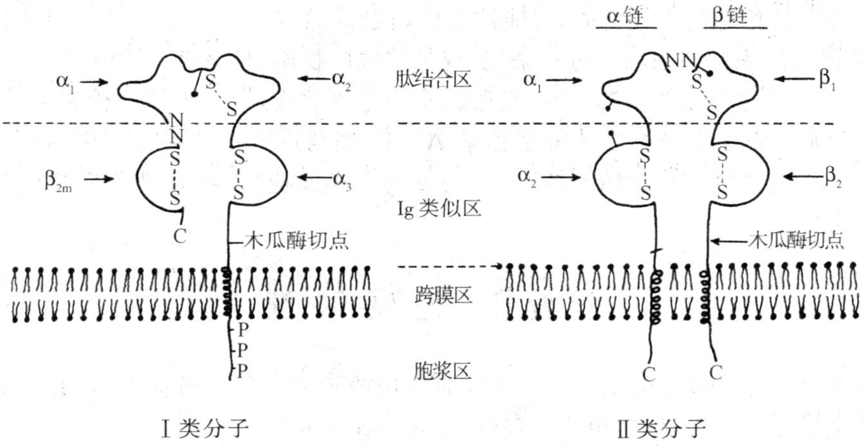

图 7－3　HLA 分子的结构示意图

人的 MHC 分子被称为人类白细胞抗原(human leucocyte antigen，HLA)，主要包含经典 HLA－I 类分子和 HLA－II 类分子。HLA－I 类分子由两条肽链组成，其中 α 链由 HLA 复合体编码。I 类分子结构可分为四个区(图 7－3)：① 胞外肽结合区，为抗原结合部位，也是 I 类分子多态性区域，由 α 链的 α_1 和 α_2 功能区组成；② 胞外 Ig 类似区，α 链的 α_3 功能区位于该区，可与 CD_8 分子结合，β 链(又称 β_2 微球蛋白)也结合于该区，主要对维持 I 类分子的天然构型稳定性及其分子表达有重要意义；③ 跨膜区，将 I 类分子锚定在细胞膜上；④ 胞浆区，与细胞内外信息传递有关。HLA－I 类分子广泛分布于人体各组织的有核细胞表面，其中包括血小板和网织红细胞，以淋巴细胞表面含量最高。它可与免疫细胞表面的 CD_8 分子结合，在内源性抗原的识别和递呈过程中发挥重要作用。HLA－Ⅱ类分子的两条链均由 HLA 复合体编码，也可分为四个区（图 7－3），各区的功能与Ⅰ类分子相似，其β链的 β_2 功能区与 CD_4 分子结合。HLA－Ⅱ类分子分布面较窄，主要分布于 B 细胞、巨噬细胞及其他的 APC、胸腺上皮细胞及血管内皮细胞等。HLA－Ⅱ类分子可与免疫细胞表面的 CD_4 分子结合，在外源性抗原的递呈过程中发挥重要功能。

现已证明，MHC/HLA 除引起移植排斥反应外，在正常人体中还担负了重要的功能：

1. 参与蛋白质抗原的处理与递呈　将抗原片段与 MHC 的复合物递呈到细胞表面，供相应的 T 淋巴细胞识别。

2. 自身 MHC 限制性　在免疫应答过程中，T 细胞与靶细胞、APC 与 T 细胞以及 B 细胞与 T 细胞之间的相互作用都遵循着“自身 MHC 的限制性”，即 T 细胞仅能识别与自身 MHC 分子相结合的抗原肽，引发免疫应答和免疫效应。

3. 调节免疫应答　通过细胞表面 MHC 分子的表达、密度以及与抗原肽亲和力的大小都对特异性免疫应答有着多方面的调节作用。

4. 参与 T 细胞分化过程　胸腺基质细胞表面的自身 MHC 分子和自身多肽复合物参与了胸腺细胞的阳性与阴性选择，使胸腺中的前 T 细胞分化发育为成熟的 T 细胞。

HLA 在人群中具有多态性，除了同卵双生者外，人群中 HLA 完全相同的可能性极少。因此，在个体识别、亲子鉴定、器官移植等工作中是重要的判断依据。

七、超抗原

一般的多肽抗原称为常规抗原，只能被机体内极少数（$10^{-6}\sim10^{-4}$）具有相应特异性抗原受体的 T 细胞克隆识别并激活。近年来，发现某些抗原物质，只需极低浓度（1～10 ng/mL）即可激活大量（1/20）的 T 细胞克隆，产生极强的免疫应答效应，但又不同于丝裂原的作用，这类抗原称为超抗原。如金黄色葡萄球菌肠毒素 A～E、葡萄球菌 A 蛋白、HIV 的 gp120 等。超抗原可能参与了机体的生理和病理效应，并与食物中毒反应、某些自身免疫病、AIDS 和某些肿瘤发病有关。

第五节　免疫佐剂

佐剂属非特异性免疫增强剂。与抗原同时使用或预先注射到机体，能增强抗原的免疫原性或改变免疫应答的类型，称为免疫佐剂（immunoadjuvant）。

免疫佐剂的种类很多，主要有以下种类：油剂，如石蜡油、花生油；微生物成分，如分枝杆菌及其细胞壁组分、百日咳杆菌、短小棒状杆菌、LPS、酵母菌的细胞壁成分；无机化合物，如氢氧化铝、明矾；人工合成的双链多聚核苷酸，如 polyI：C，polyA：U。

由石蜡油（或花生油）及羊毛脂组成的称为弗氏不完全佐剂（FA），在弗氏不完全佐剂中加入死的分枝杆菌（结核杆菌或卡介苗）就称为弗氏完全佐剂（CFA）。弗氏佐剂（Freund's adjuvant）是目前动物实验中最常见的佐剂，但易在注射局部形成肉芽肿和持久性溃疡，因此不适用于人体使用。

近年来，人工合成的卡介苗细胞壁中一种成分——胞壁酰二肽（muramyl dipeptide，MDP）已应用于人体，可口服，用于提高疫苗的接种效果，是一种对人体无不良反应的有效佐剂。细胞因子，如 IL－2 等也逐渐成为佐剂领域的研究对象。

目前认为免疫佐剂主要的生物学作用是招引大量巨噬细胞以吞噬处理抗原，增加抗原的表面积，延长抗原在体内的存留时间。同时佐剂能增强 APC 表达协同刺激分子和细胞因子的能力，延长 APC 递呈抗原肽- MHC 分子复合物的时间，从而促进 T/B 细胞的活化，增加机体的免疫应答能力。

第八章　免疫系统

具有免疫作用的组织器官、细胞和分子广泛分布于体内各处，构成机体的免疫系统(immune system)，是执行免疫功能的结构。从单细胞原生动物能吞噬、销毁和排斥非己异物；进化到两栖类和爬行类，T、B 细胞分化分明，特异性细胞和体液免疫增强；进化到鸟类生成特有的腔上囊(又称法氏囊)，Ig 类型也增加为 IgM、IgG 和 IgA 三类；再到了哺乳类动物免疫器官、组织和细胞齐全，功能发达。免疫系统是在长期进化中与各种致病因子的不断斗争中逐渐形成的，在个体发育中免疫系统也需抗原的刺激才能发育完善。

第一节　免疫组织器官

免疫组织器官按功能不同，分为中枢免疫组织器官(又称初级淋巴器官)和外周免疫组织器官(又称次级淋巴器官)。

一、中枢免疫组织器官

中枢淋巴器官发生较早，出生前已发育完善，是免疫细胞产生、分化、成熟的场所，能连续不断地向周围淋巴器官及淋巴组织输送未受抗原刺激的成熟淋巴细胞。主要包括骨髓、胸腺、腔上囊。正常情况下，中枢淋巴器官不会受到外来抗原的直接刺激。

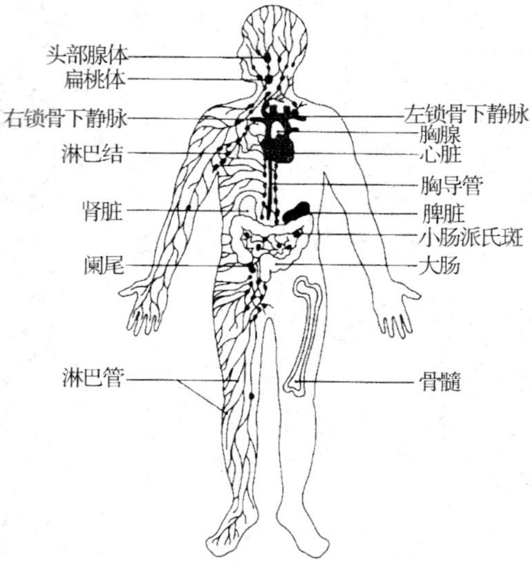

图 8-1　机体免疫器官示意图

1. 骨髓(bone marrow)　是哺乳类动物和人的各种血细胞和免疫细胞的来源。骨髓中的造血干细胞(HSC)具有很大的分化能力，可分化成为红细胞、粒细胞、单核细胞、血小板、NK 细胞等，并能分化出 T、B 淋巴细胞的前体细胞。一部分淋巴细胞前体细胞经血流进入胸腺发育成熟，成为胸腺依赖性淋巴细胞(thymus dependent lymphocytes)，简称 T 细胞；另一部分，在人类和哺乳动物，仍留在骨髓中分化成熟，成为骨髓依赖性淋巴细胞(bone marrow dependent lymphocytes)，但在鸟类则进入腔上囊分化成熟，成为囊依赖性淋巴细胞(bursa dependent lymphocytes)，两者均简称为 B 细胞。B 细胞能产生抗体，其寿命很短，只能生活几天或 1～2 周。骨髓功能的缺陷，不仅严重损害造血功能，也将导致免疫缺陷症的发生。

2. 胸腺(thymus)　是 T 淋巴细胞分化成熟的场所，构成胸腺的细胞包括胸腺细胞和基质细胞两类，前者绝大多数为处于不同发育阶段的未成熟 T 细胞，后者则包括胸腺上皮细胞、巨噬细胞和树突状细胞。

最初进入胸腺皮质的未成熟 T 细胞在分裂和分化过程中，能随机地产生许多具有不同特异性 T 细胞抗原受体的 T 细胞。胸腺基质细胞表面存在有自身 MHC 分子和自身多肽，在 T

细胞的分化成熟过程中起着极其重要的选择作用。在T细胞从胸腺的皮质向髓质移行的过程中，不能识别基质细胞表面自身MHC分子的T细胞首先发生凋亡(阳性选择)，能与基质细胞表面自身多肽-自身MHC分子复合物呈高亲和力结合的T细胞也发生凋亡(阴性选择)。最终发育成熟并进入外周免疫组织与器官的T细胞，多为识别非己多肽-自身MHC分子复合物的T细胞。T细胞由胸腺产生后，主要分布在体液中，血液和淋巴中的淋巴细胞有80%是T细胞。T细胞是细胞免疫细胞，其寿命为几年甚至10年以上。

胸腺对机体免疫功能有极重要的作用。新生动物摘除胸腺后，丧失细胞免疫功能，体液免疫功能也严重受损。

3. 腔上囊　又称法氏囊(bursa of Fabricius)，是禽类所特有的淋巴组织，是其B淋巴细胞分化成熟的场所。哺乳动物和人无此结构。

二、外周免疫组织器官

在机体出生后数月才逐渐发育完善。包括淋巴结、脾脏、黏膜相关淋巴组织和皮肤相关淋巴组织等。外周免疫组织器官分布广泛，是淋巴细胞和其他免疫细胞定居、增殖，以及接受抗原刺激，产生免疫应答的场所。它是进行免疫应答的主要场所，无抗原刺激时其体积相对较小，受抗原刺激后则迅速增大，结构也发生变化，抗原被清除以后又逐渐恢复原状。

三、淋巴细胞的再循环

淋巴细胞成熟后离开中枢免疫器官，进入外周免疫组织器官，分布在特定的区域。但各种免疫器官中的淋巴细胞并非固定不动，而是可通过血液和淋巴液的循环，在血液、淋巴液和淋巴器官之间进行有规律的迁移，反复循环。这种规律性的迁移称为淋巴细胞再循环。参与再循环的细胞多为静止期或记忆期细胞。

淋巴细胞在各淋巴组织和器官中的定位有一定特异性。这与淋巴细胞表面的黏附分子及内皮细胞表面的特定黏附分子受体有关。

淋巴细胞的再循环对免疫应答有重要意义：能不断补充淋巴组织中耗竭的淋巴细胞；增加外来抗原物质与淋巴细胞接触的机会；当局部抗原浓度过高时，再循环有利于诱导正免疫应答的发生。

第二节　免疫细胞

所有参与免疫应答或与免疫应答有关的细胞均可称为免疫细胞(immunocyte)。免疫细胞分为三大类：① 淋巴细胞(lymphocyte)，又可分三类，其中T、B淋巴细胞均具有特异性抗原受体，接受抗原刺激后能发生活化、增殖、分化，产生适应性免疫应答，故称免疫活性细胞(immunoccompetent cells，ICC)，也称抗原特异性淋巴细胞。另一类淋巴细胞为NK细胞，不需要抗原刺激就能直接发挥杀伤功能，是非特异性免疫的参与细胞。② 免疫细胞为抗原递呈细胞(APC)，包括单核细胞、巨噬细胞、树突状细胞等，在特异性免疫应答中，起到处理递呈抗原给淋巴细胞的作用。B细胞也是重要的抗原递呈细胞。③ 免疫细胞为炎症反应细胞，包括分布在外周血和多种组织中的各种粒细胞、肥大细胞以及血小板等，可在免疫应答的效应阶段发挥作用，参与免疫应答所致的炎症反应。巨噬细胞不仅是抗原递呈细胞，也可参与非特异性免疫应答，并在细胞免疫所致的炎症反应中起重要作用。以下对主要的免疫细胞分别进行介绍。

一、淋巴细胞

（一）T 淋巴细胞

T 细胞在特异性免疫应答中起到关键作用，不仅负责细胞免疫，而且对 B 细胞参与的体液免疫也起辅助和调节作用。

1. T 细胞的膜表面分子　T 细胞表面的膜表面分子主要有 TCR、CD_3、CD_4 或 CD_8、CD_{28}、CD_2 等（图 8－2）。

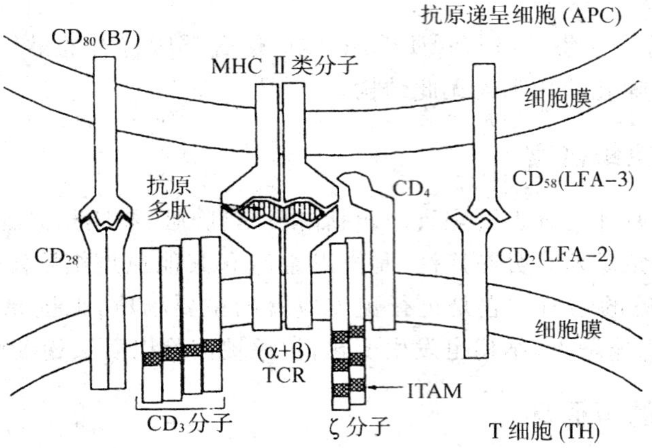

图 8－2　T 细胞和抗原递呈分子表面的膜分子

（1）T 细胞抗原受体（TCR）和 TCR－CD_3 复合体：所有 T 细胞表面均具有的，能结合特异性抗原的膜分子称为 T 细胞抗原受体（T cell antigen recepter，TCR）。TCR 大多由 α 链和 β 链组成，又称 TCR_2，每条链又分为 V 区和 C 区。V 区在细胞外侧，是与抗原肽－MHC 分子复合物结合的部位，C 区与细胞膜相连，其羧基末端伸入胞浆中。TCR 的基因编码由多个基因群控制，在 T 细胞的成熟的过程中，通过重排可形成几百万种以上的不同基因序列，编码相应数量的不同特异性 TCR 分子，以适应对外界各种各样的特异性抗原的识别。

少数 T 细胞的 TCR 由 γ 和 δ 链组成，被称为 TCR_1。γδT 在非特异性免疫应答中发挥作用。

TCR－CD_3 复合体是由 TCR 与 CD_3 分子以非共价键结合而形成的复合体。CD_3 为 T 细胞所特有的膜表面分子，分子的肽链胞内区均含有免疫受体酪氨酸活化基序（immune receptor tyrocine activation motif，ITAM），可将 TCR 结合抗原的信号传递到细胞浆内，使 T 细胞开始活化。

（2）CD_4 和 CD_8：CD_4 分子为单体，CD_8 分子为二聚体，分别出现在不同的成熟 T 细胞表面。CD_4 和 CD_8 分子能与 MHC 分子的非多态部位结合，以协同 TCR 与抗原肽－MHC 分子复合物的结合，故称为 TCR 的协同受体。其中，CD_4 分子能与 MHC－Ⅱ类分子结合，CD_8 与 MHC－Ⅰ类分子结合。CD_4 和 CD_8 分子在 T 细胞的活化过程中亦有传导抗原刺激信号的作用。此外，CD_4 还是人类免疫缺陷病毒（HIV）的受体。

（3）CD_{28}：TCR 复合体接受的抗原刺激信号为第一信号，可使 T 细胞初步活化。但如果没有进一步的协同刺激信号（又称第二信号），初步活化的 T 细胞将不能充分活化增殖而进入无能（anergy）状态。CD_{28} 是重要的协同刺激受体，可与 B 细胞或 APC 细胞表面的 B7 结合，产生协同刺激信号(第二信号)。

(4) CD_2:CD_2 也称为淋巴细胞功能相关抗原-2(LFA-2),它的配体分子为 APC 表面的 CD_{58}(LFA-3)。两者的结合有利于T细胞的活化。人T细胞表面的 CD_2 可与绵羊的红细胞(erythrocyte)结合,故又称为E受体。体外实验时,将人的淋巴细胞与绵羊红细胞混合,可见T细胞周围结合多个绵羊红细胞,形似玫瑰花。该实验称E花结试验,常用于检测人外周血中的T细胞数,以协助判断细胞免疫功能。

(5) 丝裂原受体:有些物质能非特异地激活淋巴细胞,称为丝裂原。淋巴细胞表面存在相应的丝裂原受体。可刺激T细胞活化的丝裂原有植物血凝素(PHA)、刀豆蛋白A(ConA)和美洲商陆有丝分裂原(PWM)。丝裂原常在免疫实验研究中代替抗原刺激淋巴细胞。

(6) 其他膜表面分子:T淋巴细胞表面还存在细胞因子受体、激素受体、MHC分子等,均对T细胞的活化、信号传递等有重要作用。

2. T淋巴细胞亚群　T淋巴细胞是一个不均一的群体。根据TCR种类可将其分为两类,即γδT细胞,又称 TCR_1 T细胞;αβT细胞,又称 TCR_2 T细胞。αβT细胞占外周血T细胞的95%以上,负责细胞免疫功能的主要部分。目前认为γδT细胞执行的是非特异性免疫功能。根据表面分子可将αβT细胞分为两大群:CD_4^+ T细胞和 CD_8^+ T细胞。

CD_4^+ T细胞是MHC-Ⅱ类分子限制性T细胞,按功能可分为:① 辅助性T细胞(T_H),具有协助B细胞和其他T细胞活化的功能。研究表明,T_H 细胞可根据其产生淋巴因子的种类分为 T_H1、T_H2 两个亚群,其特征见表8-1。② 迟发型超敏反应T细胞(T_D),在免疫应答的效应阶段和迟发型超敏反应中能释放淋巴因子导致炎症反应,发挥排除抗原的作用。目前多认为 T_H1 细胞即具有 T_D 的功能。

表8-1　两个 T_H 细胞亚群主要特性

项目	T_H1	T_H2
细胞因子产生		
IL-2	+	−
IFN-γ	++	−
TNF-β	++	−
IL-3	++	++
IL-4	−	++
IL-5	−	++
IL-10	−	++
免疫相关功能		
辅助全体抗体的产生	+	++
辅助 IgG2a 的产生	++	+
辅助 IgE 的产生	−	++
诱导巨噬细胞活化	++	−
诱导迟发型超敏反应	++	−
在抗感染免疫中的作用	抗细胞内寄生感染	抗细胞外寄生感染

CD_8^+ T 细胞是 MHC-Ⅰ类分子限制性的 T 细胞，根据功能可分为：① 细胞毒性 T 细胞（T_C或 CTL），在免疫效应阶段，识别带有特异性抗原-MHC-Ⅰ类分子复合物的靶细胞，并释放胞内颗粒，使靶细胞死亡。② 抑制性 T 细胞（T_S），具有抑制体液免疫和细胞免疫的功能。目前认为，Ts 是功能上的命名，可能包括某些具有抑制活性的 CD_4^+ T 细胞和 CD_8^+ T 细胞。

（二）B 淋巴细胞

B 淋巴细胞的主要功能是产生抗体，负责体液免疫，但对 T 细胞的功能也有重要作用。特别在抗原识别过程中，能将处理的抗原递呈给 T 细胞，并提供协同刺激分子使 T 细胞充分活化。

1. B 细胞的膜表面分子

(1) B 细胞抗原受体（BCR）：B 细胞的 BCR 为镶嵌在细胞膜表面的膜表面免疫球蛋白（surface membrane immunoglobulin，mIg），其类型多为单体的 mIgM 和 mIgD，可识别特异性的抗原。mIg 是 B 细胞的特征性标志。

(2) 其他膜表面分子：B 细胞的许多膜表面分子与 T 细胞的膜表面分子具有相似功能。如 CD_{19}、CD_{21} 和 CD_{81} 组成的复合体是 B 细胞协同受体，可通过补体 C3dg 成分与抗原结合，起到类似 CD_4 和 CD_8 的功能。CD_{40} 为 B 细胞的协同刺激受体，其配体是 T_H 表面的 CD_{40} L。

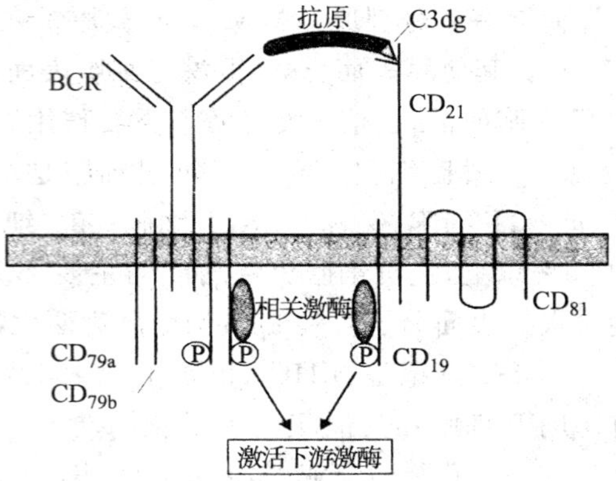

图 8-3 BCR、BCR 复合体和 B 细胞协同受体

B 细胞表面具有免疫球蛋白的 Fc 受体和补体受体，可通过与抗原-抗体复合物或抗原-抗体-补体复合物结合，辅助 B 细胞捕获抗原。

B 细胞表面的丝裂原受体识别的丝裂原与 T 细胞不完全相同，主要有脂多糖（针对小鼠 B 细胞）、葡萄球菌 A 蛋白（针对人 B 细胞）和美洲商陆有丝分裂原（PWM）。

2. B 细胞亚群　根据表面标志和功能，可将 B 细胞分为 B_1 和 B_2 两个亚群。B_1 细胞不在骨髓中发育，外周血和淋巴器官中数量很少。为 T 细胞非依赖性细胞，在 TI-Ag 引起的免疫应答中发挥重要作用。B_2 细胞又称普通 B 细胞，占外周淋巴组织 B 细胞的绝大部分，为 T 细胞依赖性细胞，是负责机体体液免疫的淋巴细胞。两类 B 细胞的特征见表 8-2。

表 8-2 两类 B 细胞亚群的特征

项目	B_1	B_2
表面分子 SmIgM	+	+
SmIgD	−	+
CD_5	+	−
补充更新	自我更新	由骨髓 B 前体细胞更替
抗体产生	IgM	IgM，IgG
针对抗原	TI 抗原，自身抗原	TD 抗原
再次抗体应答	−	+

（三）NK 细胞（nature killer cell）

20 世纪 70 年代初，在肿瘤免疫研究中发现来自正常机体的淋巴细胞可以杀伤某些肿瘤细胞，随后证实这些淋巴细胞的杀伤作用是自发的，无需有抗体存在或预先加以致敏，因此将其命名为“自然杀伤细胞”（NK）。NK 细胞表面缺乏 T 细胞和 B 细胞所具有的一些典型表面标志，如 TCR 和 mIg 等，但具有 CD_{16}、CD_{56}、CD_2 等膜表面分子，也具有 IL－2 受体、IFN 受体、KIR（杀伤细胞抑制受体）和 KAR（杀伤细胞活化受体）。

NK 细胞可能通过两种方式导致靶细胞死亡：① NK 细胞直接与靶细胞接触，通过释放 NK 细胞中的穿孔素、颗粒酶等物质破坏靶细胞，这一方式与 CTL 相似；② NK 细胞具有 FcγR，可以通过 IgG 的 Fc 段与被 IgG 包被的靶细胞结合并杀伤靶细胞，称做抗体依赖的细胞介导的细胞毒作用（antibody dependent cell mediated cytotoxicity，ADCC）。因此，NK 细胞一经识别病毒感染细胞和肿瘤细胞后，即对之施加杀伤作用，通常将 NK 细胞的杀伤作用归属于固有性免疫。

此外，还有两类淋巴细胞。一类是淋巴因子激活的杀伤细胞（LAK），是将外周血细胞在体外用较高浓度的 IL－2 培养刺激，使之活化增殖所得。该细胞有广泛、高活性的非特异性杀伤肿瘤细胞作用。严格说来，LAK 细胞并非一个独立的淋巴细胞群或亚群，其归属尚不清楚，但具有 LGL 细胞的形态特征，仅能被 IL－2 等细胞因子诱导产生，目前认为 LAK 可能是 NK 细胞受 IL－2 刺激活化形成。另一类是肿瘤浸润淋巴细胞（TIL），即用从肿瘤组织中分离出的淋巴细胞加入 IL－2，在体外培养所得。TIL 中的绝大多数是 T 细胞，还有 B 细胞和 NK 细胞，经 IL－2 激活后，特异性抗肿瘤能力比 LAK 细胞大 50～100 倍。两类细胞在肿瘤治疗上均具有广阔前景。

二、抗原递呈细胞

APC 能通过吞噬或胞饮作用摄取抗原，经处理，将抗原肽与 MHC－Ⅱ类分子结合，然后表达于细胞表面递呈给 CD_4^+ T_H细胞。虽然有核细胞表面均表达 MHC－Ⅰ类分子，也能处理递呈胞浆内的蛋白抗原给 CD_8^+ T 细胞，但习惯上称其为靶细胞。

（一）单核吞噬细胞系统

血液中的单核细胞（monocyte）和组织中的巨噬细胞（macrophage，Mφ）统称为单核吞噬细胞系统。其细胞表面有多种受体，重要的有 IgG 的 Fc 受体和补体 C3b 受体及一些细胞因子受体。Mφ 表面有较多的 MHC－Ⅰ类和 MHC－Ⅱ类分子，与抗原递呈有关。单核细胞和巨噬细胞在发育上有连续性，巨噬细胞是由外周血中的单核细胞发育而来。

单核细胞和巨噬细胞在免疫应答过程中的功能如下：

1. 吞噬和杀伤作用　吞噬细胞可通过吞噬作用，摄取进入机体的异物。已被抗体 IgG 和补体 C3b 结合的抗原异物，在抗体和补体的调理作用下，更易被巨噬细胞吞噬。进入巨噬细胞胞内的异物可被杀伤或消化降解。此外，巨噬细胞可通过 Fc 受体，与被 IgG 抗体结合的靶细胞发生结合，发挥 ADCC 作用，杀伤靶细胞。

2. 递呈抗原作用　吞噬细胞是一类重要的抗原递呈细胞。

3. 合成和分泌多种活性因子　巨噬细胞能合成和分泌多种活性因子，如 IL－1、IL－8、IL－12、IFN－α、TNF－α 和前列腺素等，发挥免疫调节作用和免疫效应作用。

4. 参与炎症反应　巨噬细胞也是重要的炎症反应细胞。

（二）树突状细胞

树突状细胞(DC)胞浆内无溶酶体和吞噬体，故无吞噬能力，但可通过胞饮作用摄取抗原，或利用其树突捕捉和滞留抗原异物。分布于不同部位的树突状细胞有不同的名称和功能。其中，朗格汉斯细胞位于表皮和胃肠上皮层内，具有摄取和处理抗原的作用。并指状DC位于外周淋巴器官的T细胞富含区，能将抗原肽递呈给CD_4^+ T_H细胞，并表达B_7分子，有效刺激已活化的T_H细胞充分活化。并指状DC在初始T细胞(从未接触过抗原的成熟T细胞)的活化过程中起关键作用，可认为是免疫应答的起始者。滤泡D细胞位于外周淋巴器官的B细胞富含区，可通过细胞表面的Fc受体和补体受体结合抗原，使抗原长期滞留于该细胞表面，利于周围B细胞对其识别、结合和B细胞的活化，也与记忆性B细胞的产生有关。

此外，B细胞也具有抗原递呈功能。某些情况下，不仅能递呈抗原给T_H细胞，还能使B细胞本身激活。

血管内皮细胞、各种上皮细胞、皮肤的成纤维细胞、活化的T细胞等在某些情况下能表达MHC－Ⅱ类分子递呈抗原，可将它们称为非专职APC。它们的递呈抗原作用，通常与炎症反应的发生和某些自身免疫病的发病机制有关。

三、其他免疫细胞

除上述免疫细胞外，血液中的许多细胞均直接或间接参与免疫应答过程，有些在免疫炎症中起重要作用。这些细胞包括嗜中性粒细胞、嗜酸性粒细胞、嗜碱性粒细胞、肥大细胞、血小板和红细胞等。

第三节 免疫分子

免疫分子是包括体液中的免疫分子和细胞膜表面免疫分子两类。体液中的免疫分子包括免疫球蛋白、补体和细胞因子等。膜表面免疫分子主要有MHC分子、黏附分子、分化抗原和膜受体等。

一、免疫球蛋白

B淋巴细胞在抗原物质刺激下转化为浆细胞时产生的，能与抗原发生特异性结合反应的球蛋白称为抗体(antibody)。抗体主要存在于血清中，习惯上可将抗体叫做抗血清或免疫血清。抗体在电泳时，大部分存在于γ区带，故曾称为γ球蛋白(丙种球蛋白)。抗体的化学本质是球蛋白，1968年，世界卫生组织决定，将具有抗体活性或化学结构与抗体相似的球蛋白统称为免疫球蛋白(immunoglobulin, Ig)。所有的抗体都属于免疫球蛋白，但有少部分异常的免疫球蛋白(如骨髓瘤病人血液中的M蛋白)不具有抗体的活性。

（一）免疫球蛋白的基本结构

每个免疫球蛋白的单体都是由四条肽链构成。以IgG为例(图8－4)，两条相同的，分子量较大的肽链，由450～550个氨基酸残基组成，称为重链(heavy chain, H链)。重链根据抗原性的差异，可分为μ、γ、α、δ、ε五种，相应的Ig称为IgM、IgG、IgA、IgD、IgE。两条相同的，大约由214个氨基酸残基所组成的短链称为轻链(light chain, L链)。根据轻链抗原性的不同，又分为κ、λ两型，各类Ig均有κ型或λ型。两条H链由链间二硫键连接起来，呈“丫”形，两条L链的羧基端以链间二硫键对称性地与相应的重链相连。重链上含有糖基，故Ig属糖蛋白。

H 链或 L 链均可分成两个部分。肽链近 N 端,L 链的 1/2 与 H 链的 1/4 或 1/5 范围内,氨基酸组成和排列顺序随抗体特异性的不同而多变,称为可变区(variable region,V 区)。V 区中变化最为剧烈的三个特定部位称为超变区(hypervariable region,HVR)。超变区是 Ig 与抗原决定簇发生特异性结合的部位,两者三维结构相互补,故又称为互补决定区(complementarity-determining region,CDR)。Ig 的 HVR 结构是该 Ig 分子所独特具有的遗传标记,故此区又称为 Ig 的独特型决定簇。V 区的其他部位氨基酸变化较小,称为骨架区(framwork region,FR)。VH 表示 H 链可变区,VL 表示 L 链可变区。肽链的近 C 端,L 链的 1/2 与 H 链的 3/4 或 4/5 范围内,氨基酸排列顺序比较稳定,称为恒定区(constant region,C 区)。

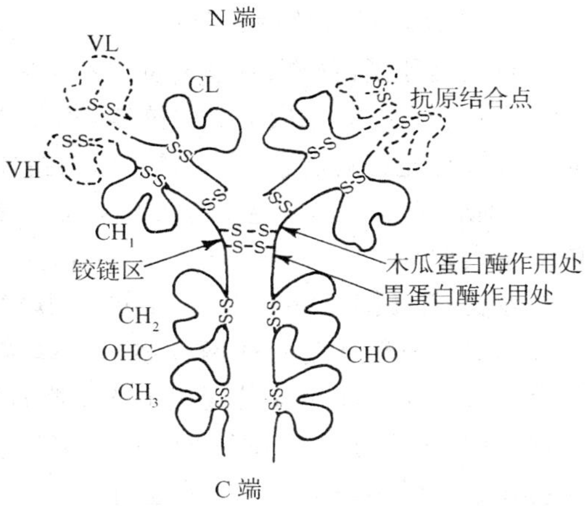

图 8－4　Ig 的基本结构和功能区示意图

除上述基本结构外,某些 Ig 还具有其他结构。如可将 Ig 单体连接成为双体或多聚体的 J 链(主要存在于五聚体的 IgM 和双体的 IgA 中),保护 SIgA(分泌型 IgA)抵抗外分泌液中蛋白酶降解的分泌片(SP)等。

(二) Ig 的功能区

Ig 的 H 链、L 链内每隔约 110 个氨基酸残基即由链内二硫键连接成一个能行使特定功能的球形单位,称为 Ig 的功能区(图 8－4)。L 链有 VL、CL 两个功能区,H 链有 VH 区和 CH_1、CH_2、CH_3 功能区,IgM、IgE 尚有 CH_4 功能区。

VH、VL 为抗原的特异结合部位;CH_1、CL 具有同种异型的遗传标记,即同种异体间的 Ig 在这些区域存在着结构的差异;IgG 的 CH_2 有补体结合的位点,与补体活化有关,且与 IgG 通过胎盘有关;CH_3 具有与多种细胞 Fc 受体结合的功能,与不同细胞结合,有不同的免疫效应,如 IgG 的 CH_3 与巨噬细胞 Fc 受体结合,起促进吞噬的调理作用。

IgG 的 H 链恒定区 CH_1 与 CH_2 之间,约 30 个氨基酸残基的结构,富含脯氨酸,不易形成 α-螺旋,伸展自如,对蛋白酶敏感,称铰链区。铰链区的存在有利于 Ig 的 CDR 与抗原决定簇吻合,利于补体与 CH_2 区的结合,同时也为抗体被蛋白酶酶解提供可能。

(三) Ig 的水解作用

IgG 用木瓜酶消化后,可将它从两条重链二硫键近 N 端切断为 3 个片段,即两个相同的 Fab 片段即抗原结合片段(antigen binding fragment)和另一个 Fc 片段(crystallizable fragment,可结晶片段),Fc 片段是抗体吸附某些细胞(如巨噬细胞,NK 细胞)和结合补体的部位。

用胃蛋白酶水解时,可将 IgG 从重链二硫键近 C 端切断,得到一个具有两个抗原结合部位的 $F(ab')_2$ 片段和两条分散的 Fc 片段,后者随后裂解成小分子肽链碎片(pFc'),不具有任何生物学活性(图 8－4)。

对免疫球蛋白水解片段的研究不仅有助于阐明 Ig 的结构及生物活性,而且对临床应用也有重要意义,如经酶解的免疫球蛋白或抗毒素去除 Fc 段后,不仅可浓缩纯化,提高疗效,还可明显减少超敏反应的发生。

（四）免疫球蛋白的种类和特性

人类免疫球蛋白根据其重链抗原性不同可分为五类：IgG、IgM、IgA、IgE、IgD。

1. IgG　是体液中最主要的抗体，其含量约占血清总 Ig 量的 75%。具有抗细菌、抗毒素、抗病毒等多种免疫功能，是主要的抗感染抗体，亦可通过经典途径激活补体。是唯一能通过胎盘的 Ig，对新生儿抗感染免疫有重要意义。婴儿出生后 3 个月才开始合成此抗体。IgG 在血清中的半衰期为 16～24 d。故临床使用的丙种球蛋白，以每 3 周注射一次较适宜。IgG 可分为 4 个亚类，即 IgG_1、IgG_2、IgG_3、IgG_4。其中 IgG_4 在功能上与其他类别相差较大。

2. IgA　有单体与双体两种结构。单体存在于血清中，含量很少，称为血清型 IgA；双体由两个 IgA 加上一个分泌片通过 J 链连接而成，主要存在于唾液、眼泪、初乳、支气管及胃肠道的分泌液中，称为分泌型 IgA(SIgA)。分泌型 IgA 是黏膜局部抗感染的重要因素，IgA 缺陷的人易发生黏膜感染。IgA 不能通过胎盘，出生后 4～6 个月开始合成，至青少年时期达成人水平。这也许是新生儿易患呼吸道和胃肠感染的原因。婴儿可从母亲初乳中获得 SIgA，这是一种重要的天然被动免疫。

3. IgM　是由五个单体和一个 J 链聚合而成的巨球蛋白，是相对分子质量最大的免疫球蛋白。IgM 只存在于血清中，约占血清免疫球蛋白的 5%～10%。在机体初次接触抗原后，体内首先出现的抗体是 IgM，然后才是 IgG，因此检查 IgM 水平可进行传染病的早期诊断。IgM 是一种高效能的抗体，其杀菌作用比 IgG 强，具有多种免疫功能。但由于其血内含量低、半衰期短、出现早、消失快、穿透力弱，其保护作用实际上常不如 IgG。IgM 的合成最早开始于胚胎晚期。

4. IgE　又称过敏抗体。它的结构与 IgG 基本相似，也是单体，主要由呼吸道、消化道黏膜固有层及局部淋巴结的浆细胞产生，正常人血清中含量极低。IgE 有亲细胞特性，易与血液中的嗜碱性粒细胞、组织中的肥大细胞结合，与机体发生Ⅰ型超敏反应有关。

5. IgD　单体，其功能尚不清楚。目前认为对防止免疫耐受性的发生有一定作用。

6. mIg　不仅存在于体液中，B 细胞表面也有，称为膜表面免疫球蛋白(surface membrane immunoglobulin，mIg)。mIg 和分泌性 Ig 与抗原结合的特异性一致，但在结构上其重链羧基端多一段可插入细胞并穿过胞膜的疏水性氨基酸。mIgM、mIgD 是外周血多数 B 细胞表面的主要免疫球蛋白，少数 B 细胞可携带 mIgE、mIgG、mIgA。mIg 是 B 细胞的抗原受体(BCR)。

（五）免疫球蛋白的生物学活性

1. 能与抗原进行特异性结合　一种免疫球蛋白能与其相应抗原发生特异性结合，但抗体本身并不能溶解或杀伤带特异抗原的靶细胞，通常需要补体或巨噬细胞等共同发挥作用。抗毒素可中和外毒素的毒性。

2. 激活补体　免疫球蛋白与抗原结合形成复合物后构象发生变化，由“T”字形变为“Y”字形。原来被掩盖的补体结合点得以暴露，促使补体通过经典途径激活，发挥对靶细胞的杀伤或溶解作用。此外，某些 Ig 也可通过替代途径激活补体。

3. 结合细胞　抗体 Fc 段与不同细胞的 Fc 受体结合，可发挥不同作用。

(1) 发挥调理作用：吞噬细胞表面具有 Fc 受体和补体受体，细菌等颗粒性抗原与抗体或补体裂解成分结合后，可加速其被吞噬细胞吞噬，抗体和补体裂解成分具备的这种作用称为调理作用。

(2) 发挥 ADCC(即抗体依赖性细胞介导的细胞毒作用)作用：当 IgG 与带有相应抗原的

靶细胞结合后，其 Fc 段可与 NK 细胞、巨噬细胞等的 FcγR 结合促使细胞毒颗粒释放，导致靶细胞的溶解。

(3) 介导Ⅰ型超敏反应：IgE 与肥大细胞或嗜碱性粒细胞的 FcεR 结合，介导Ⅰ型超敏反应。

此外，人的 IgG Fc 段能非特异地与 SPA 结合，在体内可导致 IgG 对吞噬细胞的调理作用被阻断，在体外可用于 IgG 的纯化及临床检验。

4. 选择性传递 在人类中 IgG 是唯一能从母体通过胎盘转移到胎儿体内的免疫球蛋白，在新生儿抗感染中起重要作用。SIgA 可通过黏膜上皮细胞进入消化道及呼吸道黏膜发挥局部免疫作用。

5. 具有抗原性 抗体是大分子球蛋白，因此具有抗原性。Ig 分子抗原性的差异可用血清学方法进行测定和分析，故又称为 Ig 的血清型。在不同种系的个体、同种系的不同个体或同一个体中的不同 B 细胞克隆中，Ig 的血清型可分为同种型、同种异型和独特型。抗体的抗原特异性不同，可引起不同程度的免疫反应。

(六) 人工制备抗体的类型

1. 多克隆抗体(polyclonal antibody, PcAb) 多数天然抗原具有多种抗原决定簇，注入机体后，可刺激机体内多个 B 细胞克隆发生免疫应答，产生多种相应的抗体。这种由多个克隆产生的多种抗体的混合物即为多克隆抗体。通常用动物制备的免疫血清均为多克隆抗体。

2. 单克隆抗体(monoclonal antibody, McAb) 单克隆抗体是由一个克隆细胞产生，只作用于某一抗原决定簇的均一抗体。

用人工方法使小鼠骨髓瘤细胞和同系小鼠的抗体生成细胞融合，可形成杂交瘤细胞。这种融合细胞既具有肿瘤细胞无限增殖的特性，又具有 B 细胞合成分泌特异性抗体的能力，是单克隆抗体的产生细胞。

单克隆抗体特异性高，质地均一，可避免血清学上的交叉反应，常用于：传染病病原及肿瘤抗原的检测；各种细胞因子及细胞膜分子的检测；淋巴细胞的分类、鉴定、结构与功能的研究；肿瘤的示踪或导向治疗；抗 T 细胞的单克隆抗体对防治器官移植排斥及某些自身免疫病有一定的应用价值。但目前的单克隆抗体多为鼠源性，用于人体有可能导致人抗小鼠的抗体反应，因此在一定程度上限制了临床应用。

3. 基因工程抗体(gene engineering antibody, GeAb) 基因工程抗体可通过改造抗体 C 区、V 区等方法，进一步降低鼠源性单克隆抗体的免疫原性。目前已表达成功的基因工程抗体包括嵌合抗体、重构建抗体、单链抗体等，获得的 GeAb 抗原结合能力不变而免疫原性降低，更适合于人体。

二、补体系统

补体(complement, C)是存在于人和脊椎动物正常新鲜血清和组织液中的一组与免疫相关，并具有酶活性的球蛋白。未活化前多以酶原形式存在。在早期研究中，发现它有扩大和补充抗体作用的功能，故命名为补体。如今已知，补体由多种分子组成，故又称补体系统(complement system)。

补体由巨噬细胞、肠道上皮细胞和肝、脾细胞等合成。一般而言，含量相对稳定，与抗原刺激无关。补体性质很不稳定，易被理化因素所破坏，加热 56℃ 30 min 其活性丧失，称为灭活。

（一）补体的组成与命名

补体系统成分按其功能可分为三类：① 补体系统的固有成分（包括 $C_1 \sim C_9$、P 因子、B 因子、D 因子等，其中 C_1 由三个亚单位组成，分别为 C_{1q}、C_{1r}、C_{1s}）；② 调控补体系统活化的成分（以其功能命名，如 C_1 抑制物）；③ 分布于多种细胞表面的补体受体分子（以结合对象命名，C_3 片段的受体以 CR1、CR2、…、CR5 命名）。补体各成分通常是以无活性的状态存在于血清中，当其活化裂解后，一般在该成分的符号后附加小写字母，以 a 表示裂解后的小分子片段、以 b 表示大分子片段，如 C_{3a}、C_{3b}（C_2 激活后刚好相反）。具有酶活性的成分或复合物在其符号上加一横线表示，如 $C_{\overline{1}}$、$C_{\overline{4b2a}}$。灭活的补体成分则在其符号前加“i”(inactivated)表示，如 iC_{3b}。

（二）补体系统的激活

补体的激活是补体在某些物质的作用下，按一定顺序，以级联的酶促方式依次活化发挥生物学效应。补体激活途径主要有经典途径和旁路途径（图 8－5）。

1. 补体激活的经典途径　参与这一激活途径的补体固有成分包括了 $C_1 \sim C_9$。抗原与特异性抗体结合的免疫复合物(immune complex，IC)是主要激活剂。激活过程大体上可分为三个阶段。

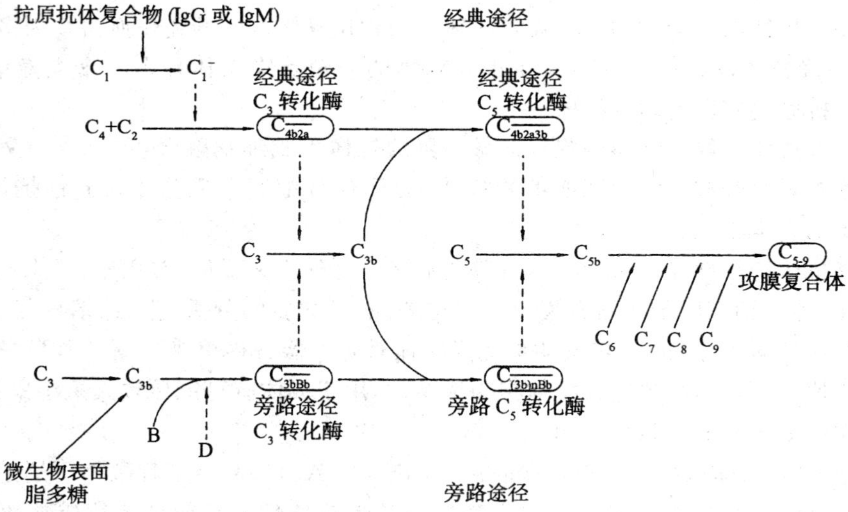

图 8－5　补体激活过程示意图

第一阶段为识别阶段，即 C_1 识别 IC 而活化形成 C_1 酯酶阶段。C_1 由一个 C1q 分子和两个 C_{1r}、两个 C_{1s} 分子组成。Ca^{2+} 存在时，它们连接形成复合物 $C_{1qr_2s_2}$。当抗原、抗体结合导致抗体分子构象改变，其 Fc 段的补体结合位点暴露出来时，C_{1q} 分子识别并结合其上，进一步活化 C_{1r}、C_{1s}，从而成为具有丝氨酸蛋白酶活性的 C_1 复合物，即 C_1 酯酶。

第二阶段为活化阶段，可形成 C_3 和 C_5 转化酶。活化的 C_1 首先裂解 C_4 为 C_{4a}、C_{4b}。C_{4b} 可与邻近的细胞膜结合，C_{4a} 进入液相。在 Mg^{2+} 存在时，C_2 与胞膜上的 C_4b 结合，经 C_1 酯酶作用，裂解为 C_{2a}、C_{2b}，C_{2b} 进入液相，C_{2a} 与胞膜上的 C_{4b} 形成 C_{4b2a} 复合物，此即 C_3 转化酶。C_3 转化酶裂解 C_3 为 C_{3a}、C_{3b}。C_{3a} 进入液相，C_{3b} 可与细胞膜上 C_{4b2a} 结合，形成 C_{4b2a3b} 复合物，此即 C_5 转化酶。

第三阶段为攻膜阶段，可形成攻膜复合体。C_5 与 C_5 转化酶中的 C_3 结合，并被裂解为 C_{5a}、C_{5b}。前者进入液相，后者结合在细胞表面，并可依次与 C_6、C_7 结合成 C_{5b67} 复合物。C_{5b67} 复合物能通过 C_7 的疏水片段插入靶细胞膜脂质双层结构中，并对 C_8 有高亲和力。C_{5b678} 牢固地黏附在靶细胞膜上，其溶细胞活性有限，但其可催化 C_9 聚合。结果形成一个由 C_{5b678} 与12～15 个 C_9 分子组成的 $C_{5b6789n}$，此即攻膜复合体(MAC)。攻膜复合体贯穿整个靶细胞膜，形成内径约 11 nm 的小孔，导致细胞失去通透屏障，电解质从细胞内逸出，水大量内流，细胞膨胀而溶解，此外，MAC 嵌入靶细胞膜，亦可因致死量的钙离子被动透入细胞内，而导致不依赖渗透压作用的细胞死亡。

如果激活这一过程的 IC 为绵羊红细胞与溶血素(即以绵羊红细胞为抗原，免疫动物所得的抗血清)的复合物，则 MAC 将造成绵羊红细胞的溶解，称为免疫溶血现象。如果抗原是细菌，抗体是对应的抗菌抗体，则最后攻膜阶段引起细菌的溶解，称为免疫溶菌。

2. 补体激活的旁路途径(或称替代途径)　在生理条件下，不需 C_3 转化酶，血清中 C_3 受蛋白酶作用，也可缓慢、持续地产生少量 C_{3b}。一般而言，这些 C_{3b}会被 Ⅰ 因子迅速灭活。但当某些激活物质存在时，C_{3b}不被灭活，并在除 C_1、C_2、C_4 以外的其他补体成分参与下，形成攻膜复合体(图 8－5)。这一激活过程称 C_3 旁路途径。旁路途径激活物质有：细菌脂多糖、酵母多糖、菊糖、凝聚的 IgA 及 IgG4 等。目前认为这些激活物质并不能真正激活补体，而是为 C_{3b}等成分提供了不易被灭活的保护性微环境。

旁路途径的激活过程是补体系统的一个重要放大机制，在有激活物质存在的情况下，C_3 能不断被裂解，产生 C_{3b}分子，C_{3b}由 B 因子、D 因子参与作用，可形成 C_{3bBb}，即旁路途径的 C_3 转化酶(这时，如有 P 因子的加入，可形成更为稳定的 C_3 转化酶，C_{3bBbP})，进一步使 C_3 裂解产生 C_{3b}，由此形成了旁路途径的正反馈放大环路。

经典途径中激活的 C_{3b}能启动替代途径，替代途径的 C_3 转化酶对经典途径也可起放大作用。两条途径以 C_3 活化为中心密切相连。

旁路途径不需免疫复合物就可以由 G^- 细菌(含有脂多糖)等直接激活，因此可参与非特异性免疫，在初次感染及感染早期，旁路途径对机体防御有重要意义。经典途径由免疫复合物激活，因此可参与特异性体液免疫的效应阶段，在疾病的持续过程中发挥作用，并通过放大机制进一步激活替代途径。

补体系统的激活反应在体内受到一系列调节机制的严格控制，以保持补体系统激活与灭活的动态平衡，防止补体成分过度消耗和对自身组织的损伤。补体系统激活的调控可通过补体自身衰变及体液中和细胞膜上存在的各种调节因子实现，表 8－3 中列举了主要的补体调节蛋白及其功能以供参考。

此外，补体系统激活后产生的许多活性片段，可与细胞表面存在的相应补体受体进行结合。通过补体受体的介导，进行调理吞噬、免疫黏附、趋化等生物学作用。

(三) 补体系统的生物学作用

补体系统的激活过程中产生的攻膜复合体和各种补体裂解产物等，具有多种生物学作用。

1. 溶解或杀伤细胞　补体系统激活后能溶解多种靶细胞，如红细胞、白细胞、血小板、细菌、支原体、具有包膜的病毒和某些肿瘤细胞等。补体系统的溶解活性是机体抗感染的机制之一。

表 8-3 补体调节蛋白

补体调节蛋白		主要功能
可溶性分子	C_1 抑制分子	与 C_{1s} 和 C_{1r} 共价结合，使 C_1 失活
	C_4 结合蛋白	加速经典途径中 C_3 转化酶衰变，辅助 I 因子裂解 C_{4b}
	H 因子	加速替代途径中 C_3 转化酶衰变，辅助 I 因子裂解 C_{3b}
	I 因子	裂解 C_{4b} 和 C_{3b}
	S 蛋白	调节 MAC 的形成
	SP-40	调节 MAC 的形成
膜结合分子	CR1	加速 C_3 转化酶的解离；促进 I 因子裂解 C_{3b}、C_{4b}
	膜反应性溶解抑制物(MIRL)	抑制 MAC 形成
	膜辅助蛋白(MCP)	促进 I 因子裂解 C_{3b}、C_{4b}
	衰变加速因子(DAF)	促进 C_3 转化酶解离

2. 调理作用　补体裂解产物(如 C_{3b}、C_{4b})与细菌或其他颗粒性物质结合，可促进吞噬细胞对其的吞噬，称为补体的调理作用。这与吞噬细胞表面带有的补体受体有关。

3. 清除免疫复合物　抗原和相应抗体形成的免疫复合物如过度产生和沉积，会造成组织损伤。C_{3b} 可嵌入免疫复合物的网格结构，与抗体分子结合，导致抗原、抗体间的亲和力降低，复合物变小，易于排出和降解。此外，免疫复合物可通过补体裂解物(如 C_{3b}、C_{4b})介导的免疫黏附作用，黏附于红细胞、血小板或某些淋巴细胞(这些细胞表面具有 C_{3b} 的受体 CR1)上，随血液进入肝和脾，被吞噬细胞吞噬清除。

4. 炎症介质作用　补体激活过程中所形成的裂解物如 C_{3a}、C_{5a} 等，具有过敏毒素的作用，可使肥大细胞、嗜碱性粒细胞脱颗粒释放组胺、前列腺素等，引起平滑肌收缩，毛细血管通透性增高等过敏反应。

C_{3a}、C_{5a}、C_{5b67} 有趋化因子的作用，可吸引中性粒细胞和巨噬细胞等向炎症部位聚集，发挥吞噬作用，增强炎症反应。

C_2 裂解所产生的 C_{2b} 具有激肽样作用，可增强血管通透性，引起炎症性充血。

三、细胞因子

细胞因子(cytokine)是由活化的免疫细胞和某些基质细胞分泌的，具有高活性、多功能的低分子蛋白质。

(一) 细胞因子的特性

细胞因子的种类繁多，作用各异，但具有以下共同特征：

1. 绝大多数细胞因子是相对分子质量低(15～30 kDa)的蛋白或糖蛋白，多数以单体形式存在。天然的细胞因子由抗原、丝裂原或其他刺激物活化的细胞分泌。细胞因子通常以非特异方式发挥作用，对靶细胞的作用无抗原特异性，也不受 MHC 限制。多数细胞因子都以较高的亲和力与其相应受体结合，很微量(pM)就可对靶细胞产生显著的生物学作用。细胞因子的分泌是一个短时自限的过程。

2. 细胞因子可以旁分泌(指作用于邻近的靶细胞)、自分泌(指作用于自身产生细胞)或内分泌(少数细胞因子,如 IL-1 等在高剂量时作用于远处的靶细胞)形式发挥作用。

3. 一种细胞可产生多种细胞因子,不同类型的细胞也可产生一种或几种相同的细胞因子。一种细胞因子可对多种靶细胞发生作用,产生多种不同的生物学效应,这种性质称为多效性;几种不同的细胞因子也可对同一种靶细胞发生作用,产生相同或相似的生物学效应,这种性质称为重叠性。一种细胞因子可以抑制另外一种细胞因子的某种生物学作用,表现为拮抗效应;可以增强另一种细胞因子的某种生物学作用,表现为协同效应。众多细胞因子在机体内存在,相互促进或相互抑制,形成十分复杂的细胞因子网络。

(二) 重要的细胞因子种类

细胞因子可被分为白细胞介素、干扰素、肿瘤坏死因子、集落刺激因子、生长因子和趋化性细胞因子六类。

白细胞介素(interleukin,IL)最初是指由白细胞产生又在白细胞间发挥作用的细胞因子。后来发现白细胞介素可由其他细胞产生,也可作用于其他细胞。目前报道的白细胞介素已超过了 33 种(IL-1～IL-33)。在免疫细胞间传递信息,激活与调节免疫细胞,介导 T、B 细胞活化与增殖、分化及在炎症反应中起重要作用。

干扰素(interferon,IFN)是最先发现的细胞因子,因其具有干扰病毒感染和复制的能力故称干扰素。此外,IFN 还具有抑制细胞分裂、抗肿瘤和多种免疫调节功能。

肿瘤坏死因子(tumor necrosis factor,TNF)分为 TNF-α 和 TNF-β 两种,前者主要由活化的单核-巨噬细胞产生,后者主要由活化的 T 细胞产生,又称淋巴毒素(lymphotoxin,LT)。TNF 除有杀伤肿瘤细胞作用外,还可引起发热和炎症反应,并具有免疫调节功能。

集落刺激因子(colony stimulating factor,CSF)是指能够刺激多能造血干细胞和不同发育分化阶段的造血干细胞进行增殖分化,并在半固体培养基中形成相应细胞集落的细胞因子。CSF 也可作用于多种成熟的细胞,促进其功能。目前发现的集落刺激因子有粒细胞-巨噬细胞集落刺激因子(GM-CSF)、单核-巨噬细胞集落刺激因子(M-CSF)、粒细胞集落刺激因子(G-CSF)。此外,红细胞生成素(EPO)、干细胞生长因子(SCF)和血小板生成素(TPO),也是重要的造血刺激因子。

生长因子(growth factor,GF)是具有刺激细胞生长作用的细胞因子,包括转化生长因子-β(TGF-β)、表皮细胞(EGF)、血管内皮细胞(VEGF)、成纤维细胞生长因子(FGF)等。

趋化性细胞因子(chemokine)是一个蛋白质家族,由十余种结构有较大同源性、相对分子质量多为 8～10kDa 的蛋白组成。趋化性细胞因子主要由白细胞与造血微环境中的基质细胞分泌,可结合在内皮细胞的表面,具有对中性粒细胞、单核细胞、淋巴细胞、嗜酸性粒细胞和嗜碱性粒细胞的趋化和激活能力。IL-8 是一类重要的趋化因子,对中性粒细胞有趋化作用。

(三) 细胞因子受体

细胞因子生物作用的发挥是通过激活其相应细胞因子受体(cytokine receptor,CKR),导致细胞的增殖与分化或分泌某种蛋白质。CKR 也起免疫调节作用。如 CKR 表达异常或亲和性增强等,均可导致一些疾病的发生。

除细胞膜上有 CKR 外,在体液中自然存在某些可溶性细胞因子受体(sCK-R),如 sIL-1R、sIL-2R、sIL-6R、sTNFR 等。其产生有两种方式:膜受体脱落型与分泌型,以前者较多。大多数可溶性受体常为相应受体的抑制物,有干扰和中和相应细胞因子的作用,如 sTNFR、sIL-2R 等,但也有少数例外。正常人血清或尿中 sCKR 量低,但患某些疾病时可增高,与病情严重程度密切相关。如人淋巴细胞病毒-Ⅰ型所致的 T 细胞白血病、艾滋病、活动期系统性红斑狼疮、肝炎以及器官移植发生排斥反应和GVHR(移植物抗宿主反应)时,血清中sIL-2R均有明显升高。因此测定患者血清中可溶性CKR对某些疾病的辅助诊断、病情观察和预后判断具有一定的意义。

(四) 细胞因子及其受体与疾病的治疗

细胞因子治疗疾病的方法基本可分为两大类,即细胞因子补充和添加疗法及细胞因子阻断和拮抗疗法。目前,已用于临床的细胞因子制品有IFN-α、IFN-β、IFN-γ、G-CSF、GM-CSF、EPO等,它们的补充和添加多应用于肿瘤、感染、造血障碍。用于细胞因子阻断和拮抗疗法的方法包括制备细胞因子的单克隆抗体、受体拮抗剂和重组可溶性细胞因子受体等,适用于自身免疫性疾病、移植排斥、感染性休克的治疗等。

由于细胞因子制品在体内半衰期短,需要给患者反复多次注射高剂量细胞因子制品后方能取得一定疗效,因此往往导致严重副作用。目前,开始进行细胞因子的基因疗法研究,即将细胞因子或其受体的基因通过一定技术方法导入体内,使其在体内长期表达并发挥治疗效应。

四、膜表面免疫分子

淋巴细胞中的T细胞、B细胞和NK细胞在光学显微镜下难以辨别。但其细胞膜表面存在着大量不同种类的蛋白质分子。这些膜分子可用于区别和鉴定不同的免疫细胞及其亚群。更重要的是,它们与免疫细胞的分化成熟和免疫功能密切相关。

免疫细胞的膜表面分子大多为具有跨膜结构的糖蛋白,膜外区通常接受或递呈刺激信号,胞质区则多起传递信号的作用。膜表面分子根据其结构、功能及检测方法不同而分类和命名。膜表面免疫分子,除了我们已讨论过的MHC/HLA分子外,还有分化抗原、黏附分子和膜受体,三者之间并无严格界限。

膜受体包括抗原受体、Fc受体、补体受体以及细胞因子受体等。

白细胞分化抗原是指血细胞在分化成熟为不同谱系、分化的不同阶段及细胞活化过程中,出现或消失的细胞表面标记分子。应用以单克隆抗体鉴定为主的方法,将来自不同实验室的单克隆抗体所识别的同一分化抗原称为分化群(cluster of differentiation,CD)。截止2004年底,已命名的人CD分子超过CD_{339}。CD分子参与机体重要的生理与病理过程:① 免疫细胞间的识别、免疫细胞抗原识别、活化、增殖和分化、免疫效应功能的发挥;② 造血细胞的分化和造血过程的调控;③ 炎症的发生;④ 细胞的迁移如肿瘤细胞的转移等。

白细胞分化抗原在基础研究(细胞激活途径和膜信号转导、细胞分化过程调节、细胞亚群功能的研究等)和临床研究(机体免疫功能检测、淋巴瘤免疫分型以及移植排斥反应的防治等)方面有着重要的应用。

细胞黏附分子(cell adhesion molecules,CAM)是众多介导细胞间或细胞与细胞外基质间相互接触和结合的分子的统称。黏附分子以配体-受体特异性结合的方式介导细胞的黏附,参与细胞分化、活化、淋巴细胞再循环等过程。在胚胎发育、维持正常组织结构、免疫应答、炎症与修复和肿瘤的转移等多种生理和病理过程中均有作用。根据黏附分子结构或基因编码特点,可将其主要分为Ig超家族、选择素家族、整合素家族类、黏蛋白样家族和钙依赖黏附分子家族等五类。

第九章　免疫应答

机体免疫应答可分为特异性免疫(获得性免疫)和非特异性免疫(固有性免疫)。非特异性免疫是一种天然防御功能,包括机体的正常生理屏障、吞噬细胞的吞噬作用、自然杀伤细胞的杀伤作用和正常体液因素的作用等。机体的特异性免疫应答可分为细胞免疫和体液免疫两类,它们分别产生效应T细胞和抗体。表9-1对它们的特点进行了比较。

表9-1　先天免疫应答和获得性免疫应答的比较

项目	非特异性免疫应答	特异性免疫应答
获得方式	先天具备,长期进化中逐渐形成	出生后,抗原激发
遗传性	种系共有,可遗传	个体特有,不可遗传
参与的免疫细胞	黏膜和上皮细胞、吞噬细胞、NK细胞、γδT细胞、B_1细胞	T细胞、B细胞、APC
参与的免疫分子	补体、溶菌酶、细胞因子等	抗体、细胞因子等
抗原特异性	不针对特定抗原(反应广泛)	针对特定抗原(反应特异性)
作用时间	作用迅速	作用较慢,分抗原识别、增殖分化、效应阶段
记忆性	无免疫记忆	有免疫记忆

第一节　非特异性免疫

一、生理屏障

(一)皮肤黏膜屏障

人体与外界直接接触的表面覆盖着一层完整的皮肤和黏膜。健康而完整的皮肤和黏膜能起到体表物理屏障的作用,可阻挡异物侵入。鼻孔中的鼻毛有过滤微生物的作用,气管黏膜表面的黏液和纤毛有黏着或推出微生物的作用。当机体受冷及有害气体刺激或黏膜屏障有缺损时,易患气管炎、支气管炎和肺炎。皮肤和黏膜还能经常分泌一些化学物质,如乳酸、胃酸、溶菌酶及黏多糖等,他们具有抑菌或杀菌作用,构成体表化学屏障。皮肤和某些腔道黏膜表面的正常菌群构成体表微生物屏障,可阻止病原微生物黏附、生长,还可分泌抗菌物质,造成的环境能杀伤或抑制病原微生物。

(二)血脑屏障

血脑屏障不是一个特殊的专有结构,一般认为这个屏障主要由软脑膜、脉络丛的毛细血管壁及其壁外的星状胶质细胞所构成的胶质膜组成。能阻止病原微生物及其他有害物质从血液进入脑组织或脑脊液,对中枢神经系统起着保护作用。婴幼儿的血脑屏障尚未发育完善,故较成人易于发生脑膜炎和流行性乙型脑炎。

（三）胎盘屏障

胎盘屏障主要由母体子宫内膜的基蜕膜和胎儿绒毛膜、部分羊膜组成。它可以阻挡母体血液循环中的病原微生物进入胎儿内，故对胎儿有保护作用。但这个屏障的作用与妊娠的时期有关。妊娠初三个月内，胎盘屏障发育未完善，此时孕妇如果感染风疹病毒，则病毒可侵入胎儿体内，影响其发育，造成流产、胎儿畸形或死胎。

二、吞噬细胞的作用

当外部异物突破体表屏障进入人体，体内的吞噬细胞将发挥吞噬作用。

（一）吞噬细胞种类

吞噬细胞（phagocyte）主要包括单核吞噬细胞系统和嗜中性粒细胞两类。

单核吞噬细胞系统主要指外周血中的单核细胞（monocyte）和组织中的巨噬细胞（macrophage，Mφ）。外周血单核细胞占血细胞总数的1%～3%，在血流中仅留存几小时至数十小时，然后穿过血管内皮细胞移行至全身组织器官，发育为巨噬细胞。巨噬细胞寿命较长，在组织中可存活数月。嗜中性粒细胞是存在于血循环中的小吞噬细胞，寿命短暂，在血循环中仅存活数小时，但更新迅速，是血液中数量最大的白细胞。在感染的初期，中性粒细胞发挥重要的吞噬、消灭异物作用，当转为慢性感染时，以巨噬细胞浸润为主。单核吞噬细胞系统在细胞膜上具有免疫球蛋白的Fcγ受体和补体C_3b受体，在特异性免疫中亦担负着重要功能。

（二）吞噬过程

吞噬细胞在机体内吞噬过程包括以下几个连续步骤（图9－1）：

1. 趋化　当病原微生物侵入机体后，吞噬细胞与病原微生物通过偶然的相遇或趋化作用而相互接触。趋化作用是指吞噬细胞在趋化因子（即具有吸引吞噬细胞能力的化学物质，如细菌脂多糖、补体系统的裂解产物等）的作用下，向微生物入侵部位做定向移动的功能。

2. 吞入　吞噬细胞与微生物等异物接触后，即通过吞噬或吞饮作用，将其摄入胞内形成囊状的吞噬体（phagosome）。

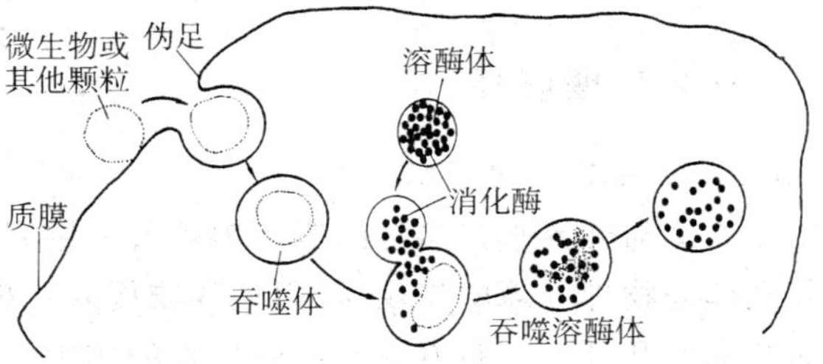

图9－1　吞噬细胞吞噬消化异物的过程

3. 杀菌和消化　吞噬细胞内含有许多溶酶体（lysosome），它是一种有膜的亚细胞结构，内含有包括溶菌酶在内的30多种酶（统称为溶酶体酶）和活性物质。当吞噬体形成后，邻近的溶酶体即与吞噬体靠拢，并融合成吞噬溶酶体（phagolysosome）。此时溶酶体内的酶及活性物质可直接杀死细菌，随后蛋白酶等各种水解酶能将细菌消化分解。

吞噬细胞的杀菌机制可分为氧依赖性杀菌和氧非依赖性杀菌。前者是主要的杀菌机制，通过NADH氧化酶和NADPH氧化酶的作用，使分子氧活化，产生多种活性氧和氧化物，如O_2^-、OH^-、H_2O_2等，在髓过氧化物酶和氯化物的协同下进一步起到杀菌作用。巨噬细胞活化后，还可通过生成一氧化氮等，对细菌和肿瘤细胞起毒性作用。氧非依赖性杀菌过程不需要分子氧的参与，而是通过酸性pH、溶菌酶、乳铁蛋白、阳离子蛋白（吞噬素、白细胞素等）和弹性蛋白酶等对抗原物质起杀灭或破坏作用。

4. 排出　不能消化的残渣及剩余的溶菌酶一并排出吞噬细胞外。

以上过程称为完全吞噬。大多数化脓性细菌被吞噬后，呈完全吞噬。少数细菌如结核杆菌、伤寒杆菌、麻疹病毒、脊髓灰质炎病毒等，虽可被吞噬，但不被杀死反而可在吞噬细胞内寄生繁殖，并可被吞噬细胞带到其他组织，造成感染和损害，称为不完全吞噬。

补体和抗体能明显增强吞噬细胞的吞噬功能，称为调理作用。

三、自然杀伤细胞的杀伤作用

自然杀伤细胞(nature kill cell，NK 细胞)是一种淋巴细胞，可非特异性地杀伤靶细胞，对多种肿瘤细胞和病毒感染细胞有较强的杀伤作用。

四、γδT 细胞的作用

γδT 细胞为 CD_4^-、CD_8^- 双阴性 T 细胞，主要分布于黏膜和上皮组织中，是上皮细胞间淋巴细胞的重要组成成分。位于皮肤或同一黏膜组织中的 γδT 细胞群体只表达一种相同的 TCRγδ，具有相同的抗原识别特异性。

γδT 细胞可直接识别微生物感染后产生的热休克蛋白、感染后异常表达于受感染细胞表面的脂类抗原、CD_1 分子复合物、某些病毒蛋白、分枝杆菌产生的小磷酸化非肽分子等。因此，目前认为 γδT 细胞具有抗感染和抗肿瘤作用。

五、正常体液因素

在血液、淋巴液等正常体液中，含有多种抗病原微生物的物质，这些物质直接杀灭病原的作用不强，但它们的辅助作用却十分重要。其中包括补体系统、溶菌酶、干扰素以及由巨噬细胞和 NK 细胞分泌的细胞因子等。

第二节 特异性免疫

特异性免疫应答(immune response，Ir)是指机体免疫活性细胞对抗原分子的识别、自身活化(或失去活化潜能)、增殖、分化及产生效应的全过程。

根据免疫活性细胞对抗原刺激的反应状态，免疫应答可分为两种类型，即正免疫应答(指正常情况下，对非己抗原的排异效应)和负免疫应答(指正常情况下，机体对自身成分的耐受状态)。无论正应答还是负应答，都是正常机体维持内环境稳定的重要保护机制。

淋巴结、脾脏等外周免疫器官是发生免疫应答的主要场所。

在抗原刺激下，机体形成特异性免疫应答的过程可人为地分成三个阶段(图 9－2)。即抗原的递呈与识别阶段，淋巴细胞的活化、增殖分化阶段和效应阶段。根据参与免疫应答的细胞类型和效应不同，可分为由 B 细胞介导的体液免疫和由 T 细胞介导的细胞免疫。

一、B 细胞介导的体液免疫

B 细胞介导的免疫应答也称体液免疫(humoral immunity，HI)，指 B 细胞在抗原刺激下活化、增殖、分化为浆细胞，合成、分泌抗体所引起的特异性免疫应答。

不同种类的 B 细胞引起的体液免疫不同。B_1 细胞只对 TI－Ag 应答，故无再次应答反应。本节主要介绍 B_2 细胞对 TD－Ag 的应答。

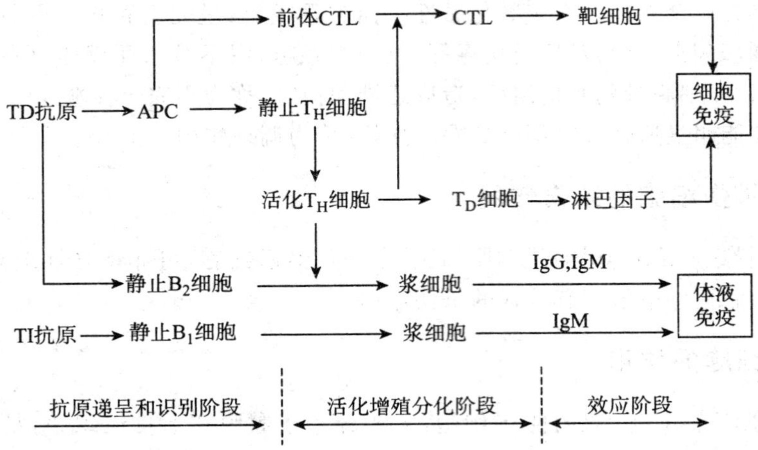

图 9－2　免疫应答的基本过程

（一）抗原的递呈与识别阶段

外源性抗原（微生物、蛋白质等）进入机体后，在外周免疫器官与巨噬细胞等 APC 相遇，被吞噬或吞饮进入胞浆成为内体。内体可相互融合，并可再与溶酶体融合，在酸性 pH 条件下，抗原被降解成抗原肽。另一方面，由内质网合成的 MHCⅡ类分子经高尔基体由转运泡转运。富含 MHCⅡ类分子的转运泡与前述的内体/溶酶体融合，形成 MⅡC（内体/溶酶体样结构），此时抗原肽与 MHCⅡ类分子结合成复合物。再表达于 APC 表面，供 CD_4^+ T_H 细胞识别；内源性抗原（如病毒编码的蛋白分子、肿瘤抗原等）在细胞浆内被相应蛋白酶降解，并在内质网中与 MHC Ⅰ类分子结合成抗原肽－MHCⅠ类分子复合物，表达于细胞表面，供 CD_8^+ Tc 细胞识别（图 9－3）。

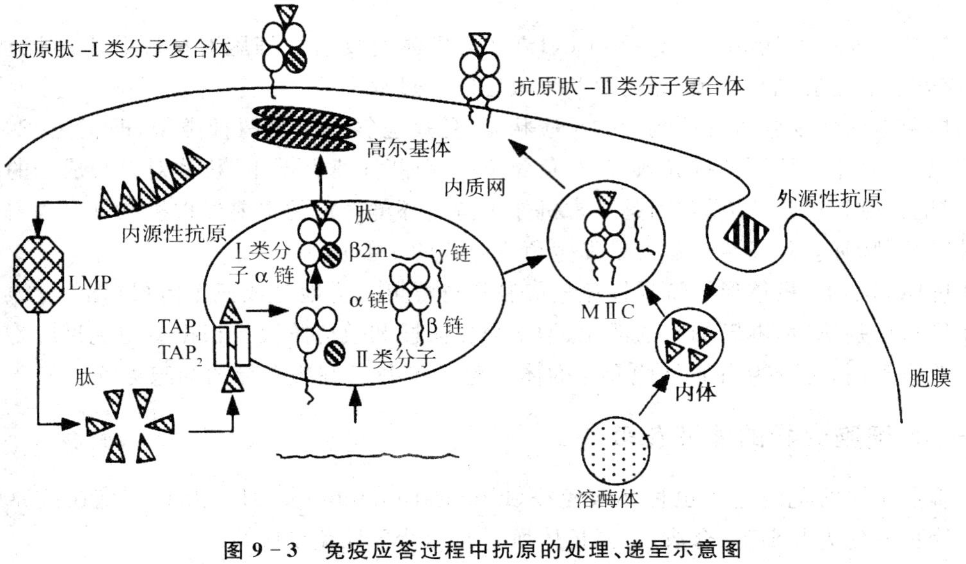

图 9－3　免疫应答过程中抗原的处理、递呈示意图

LMP：低分子量多肽；TAP：抗原加工相关转运体

（二）淋巴细胞活化、增殖分化阶段

B细胞对TD-Ag产生的活化必须有T_H的辅助。静止的T_H细胞通过TCR－CD_3复合体和CD_4识别抗原肽－MHCⅡ复合物，获得第一信号，使T细胞开始活化。在这一过程中，TCR既要识别抗原肽段，又要识别自身MHCⅡ类分子，称为双识别。APC表面的一组协同刺激分子（如B_7）与T_H上的相应协同刺激分子受体（如CD_{28}）结合，产生协同刺激信号，即第二信号。此时，T_H充分活化、增殖、分化并合成分泌大量细胞因子。如果只有第一信号，没有第二信号，细胞将进入无能状态（anergy）。细胞因子在T_H细胞的活化中也起着重要作用。APC在抗原递呈过程中自身被激活，分泌IL－1。IL－1可促进T_H细胞活化，表达IL－2R、IL－2、IL－4、IL－5等，使T_H细胞增殖、分化，并发挥对其他细胞的辅助与调节作用。部分T_H细胞中途停止增殖，恢复静止状态，但保留对特异性抗原的长期记忆，成为Tm细胞，再次接触相同抗原时，不需经上述诱导过程可直接活化、增殖、分化，产生更快、更强的免疫效应。

B细胞的活化也需要双信号。第一信号来自BCR与抗原的特异结合，第二信号来自B细胞表面的协同刺激受体与活化的T_H细胞表面的协同刺激分子的结合，如CD_{40}和CD_{40}L的结合。细胞因子在B细胞的活化、增殖、分化中也起到重要的作用。活化的B细胞进一步分化增殖，成为可合成和分泌抗体的浆细胞。部分B细胞在分化中成为Bm细胞。

（三）效应阶段

浆细胞合成并分泌抗体，与相应抗原特异性结合，在机体的其他免疫细胞或分子的协同下，表现出各种免疫效应，达到清除异物抗原的目的。

（四）抗体产生的一般规律

根据抗原是初次还是再次进入机体，抗体产生有一定的规律性（图9－4）。

1. 初次免疫应答　抗原初次进入机体后，须经一定的潜伏期才能出现抗体，而且抗体产量低，维持时间短，故免疫作用不强。以IgM产生为主。

2. 再次免疫应答　当相同抗原再次进入机体，发现潜伏期缩短，抗体的滴度大幅度上升，且维持时间长，以产生IgG为主的反应。这一反应称再次反应或回忆反应。

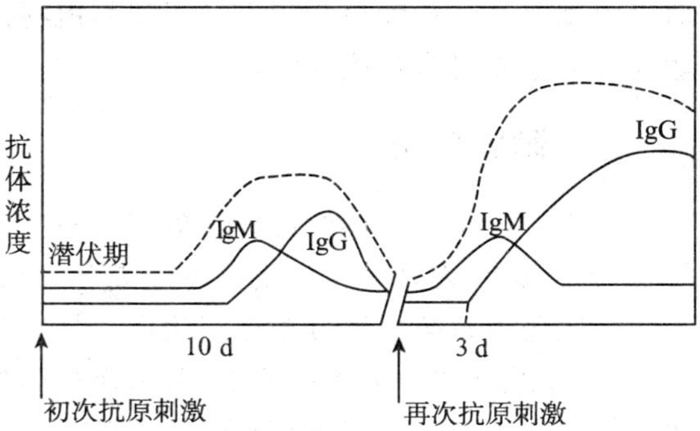

图9－4　抗体产生的一般规律

实践中可将这一规律用于指导临床诊断、预防接种和抗体的制备等。

二、T细胞介导的细胞免疫

T细胞介导的免疫（cell mediated immunity，CMI），也称细胞免疫（celluar immune response），是指T淋巴细胞在抗原作用下活化、增殖和分化，成为效应淋巴细胞；当再次接触同样抗原时，效应淋巴细胞除直接杀伤带抗原的靶细胞外还能释放淋巴因子，发挥免疫效应。

细胞免疫应答过程可分为三个阶段，与B细胞介导的体液免疫应答过程基本相似。其效应阶段由T_D和Tc细胞完成。

（一）T_D细胞介导的炎症效应

效应T_D细胞（主要为T_H1）与抗原再次接触后，可释放淋巴因子，引起局部以单核-巨噬细胞和淋巴细胞浸润为主的炎症反应而发挥效应。T_D细胞所介导的免疫应答发生较慢，持续时间较长，且能造成局部组织学变化，与迟发型超敏反应(DTH)类似，所以 T_D细胞可称为迟发型超敏反应 T 细胞(T_{DTH})。

淋巴因子是 T_D细胞活化时释放的一类细胞因子，其中重要的有 IL－2、TNF－α、TNF－β、IFN－γ 等。这些细胞因子可吸引单核巨噬细胞、淋巴细胞和粒细胞至局部组织内引起以单个核细胞浸润为主的炎症反应。

淋巴因子的产生与释放虽然需要特异性抗原起触发作用，但淋巴因子本身的效应是没有特异性的。它们既能对特异性病原体起作用，也能对其他抗原性无关的病原体甚至自身的组织起作用。

(二) Tc 细胞介导的细胞毒作用

Tc 细胞主要识别与自身 MHC－Ⅰ类分子结合的内源性抗原肽。效应 CD_8^+ Tc 细胞(CTL)与带有特异性抗原的靶细胞直接接触，激发和释放细胞毒并杀伤靶细胞的效应，称为 Tc 细胞介导的细胞毒作用。

Tc 细胞可释放穿孔素和颗粒酶等物质。穿孔素导致靶细胞形成跨膜孔道，引起细胞损伤。颗粒酶可通过穿孔素形成的孔道进入靶细胞，间接作用于 DNA，引起细胞凋亡。此外，效应 CTL 表达的 FasL 与靶细胞的 Fas 结合，也可导致靶细胞凋亡。

Tc 细胞的细胞毒作用具有明显的特异性杀伤作用，对靶细胞的杀伤作用受 MHC－Ⅰ类分子的限制，并能在短期内连续杀伤靶细胞。

(三) 细胞免疫的生物学效应

细胞免疫在消灭细胞内寄生微生物(如结核杆菌、麻风杆菌、布氏杆菌、伤寒杆菌以及某些病毒和真菌等)、抗肿瘤细胞以及引起移植物排斥反应等方面起重要作用，也可参与迟发型超敏反应或造成自身免疫性疾病。

三、黏膜免疫

过去普遍认为人体的特异性免疫应答主要有细胞免疫和体液免疫两种方式。而最新研究发现，人体还有着另一种免疫应答方式——黏膜免疫。

黏膜免疫系统广泛分布在消化道、呼吸道和泌尿生殖道，以及外分泌腺(唾液腺、泪腺、乳腺)。该系统在体内覆盖面积很大，形成机体防御外界异物入侵的第一道屏障。许多传染病的病原体都是由肠道、呼吸道和泌尿生殖道的黏膜进入机体，因此黏膜免疫对机体防御病原体的入侵有着十分重要的作用。

机体约有 50%以上的淋巴组织存在于黏膜免疫系统，这些组织位于黏膜层内以及黏膜下的固有层内，它们构成黏膜相关淋巴组织(主要包括肠相关淋巴组织、支气管淋巴组织、泌尿生殖道黏膜淋巴组织等)。

体液和细胞免疫途径不能有效诱导黏膜免疫应答，更不能诱导特异 SIgA 分泌或在黏膜组织产生保护性免疫。如要获得理想的黏膜保护力须经过局部黏膜免疫。在黏膜免疫系统有三种有效的免疫反应机制：① 以 SIgA 为主的分泌型抗体；② 抗原特异的细胞介导的细胞毒性作用；③ 位于上皮层和黏膜下层的调节性细胞，通过分泌调节性因子，调节前两个机制，参与黏膜耐受的产生，参与黏膜的免疫防护作用。

然而，各黏膜部位的特异 IgA 水平会受到免疫途径的影响，例如口腔免疫可诱导唾液中产生 IgA；消化道免疫对小肠中 IgA 水平的提高最有效；雌性生殖道黏膜表面特异 IgA 水平依赖于阴道黏膜免疫途径。因此通过不同途径进行黏膜免疫，可调动机体的黏膜免疫应答，对抗外来抗原的入侵。常用的黏膜免疫途径有口服、灌胃、滴鼻、直肠灌注、阴道滴注等。

黏膜免疫较大的缺陷是所需抗原剂量大以及机体易对抗原产生免疫耐受，应用黏膜免疫佐剂则能解决这一问题。目前应用和正在开发的黏膜免疫佐剂主要有脂质体、肠产毒性大肠杆菌不耐热肠毒素（LT）、霍乱毒素B亚单位（CTB）、甘露聚糖等。选择最佳的免疫途径，配合使用有效的黏膜免疫佐剂，必定可以为黏膜免疫的广泛应用开创一个崭新的前景。

四、免疫耐受

特异性免疫应答除正免疫应答外，还包括负免疫应答，即免疫耐受。免疫耐受是机体免疫系统接触某种抗原后形成的特异性无应答状态（此时机体对其他抗原仍可作出正常的免疫应答）。例如，机体免疫系统对自身正常成分的耐受。免疫耐受的表现虽与前述的正免疫应答相反，但本质上却与正免疫应答有着许多共同之处，如免疫耐受的建立也需抗原诱导，也具有特异性、记忆性和通过免疫细胞介导的被动转移性等特点。因此免疫耐受不同于免疫缺陷或免疫抑制。

免疫耐受能力可先天具有，也可在后天通过诱导获得。目前认为，其产生的机制有多种，包括了克隆缺失/消除、克隆无能、抑制性T细胞的作用等。

第三节 免疫调节

免疫应答过程涉及多种免疫细胞和免疫分子，它们各自有其独特的功能作用，但各组分的作用并不是孤立的，免疫系统内部各细胞间，免疫细胞与免疫分子间以及免疫系统与神经内分泌系统间可相互作用、紧密协调配合，既相互促进又相互制约，构成一个极其复杂的免疫调节网络，使免疫应答维持合适的强度以保证机体内环境的稳定。

一、免疫系统的自身调节

免疫系统的自身调节是指在免疫应答过程中，免疫系统内部各免疫细胞之间、各免疫细胞亚群之间、各种体液和膜免疫分子之间，以及免疫细胞与免疫分子之间存在的促进与抑制、正作用及负作用，从而构成一个相互制约的网络结构，使免疫应答发挥出免疫防御、免疫自稳和免疫监视的最佳效果。

（一）免疫细胞的调节

参与免疫应答的免疫细胞如T细胞、B细胞、APC及NK细胞等均能在应答中表现出刺激和抑制两种效应，从而使免疫应答的进行始终处在两种相反作用的控制下表现出最适强度。例如T细胞在免疫应答中以多类亚群参与免疫调节。其中CD_4^+ T_H细胞对B细胞及Tc细胞介导的体液免疫和细胞免疫均有辅助和促进作用，而CD_8^+ T_S细胞则对上述应答发挥抑制效应。

近年来，CD_4^+ T细胞依据其产生细胞因子的不同分为T_{H_1}细胞和T_{H_2}细胞。前者主要释放IL－2、IL－12、IFN－γ和TNF－β/α，参与对细胞毒T细胞的活化并介导细胞免疫或迟发型超敏反应。后者主要通过释放IL－4、IL－5、IL－6和IL－10等细胞因子辅助B细胞分化增殖并产生抗体，与体液免疫相关；T_{H_1}细胞和T_{H_2}细胞依其释放的细胞因子对体液免疫和细胞免疫的发生发挥着十分微妙的调节作用（图9－5）。例如，T_{H_1}细胞释放的IFN－γ可诱导T_{H_1}细胞的分化，但却抑制T_{H_2}细胞的增殖，上调细胞免疫应答；而T_{H_2}细胞释放的IL－4、IL－

10可促进 T_{H_2} 细胞的增殖，但却对 T_{H_1} 细胞发挥抑制功能，从而上调体液免疫应答。性质不同的抗原往往需要不同的免疫应答类型加以清除，T_{H_1} 细胞和 T_{H_2} 细胞所表现出的这种相互拮抗作用，有利于机体表现出以细胞免疫为主或以体液免疫为主的状态，从而对不同性质的抗原作出最适当的免疫应答。上述细胞亚群的数量、功能失调，则可妨碍机体对抗原的清除，最终导致疾病的发生。

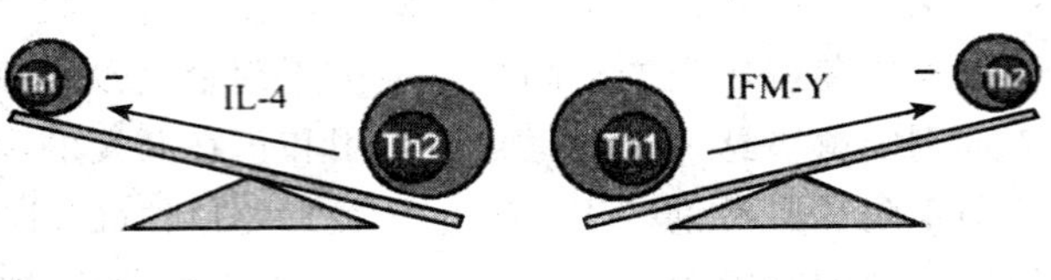

图 9-5　T_{H_1} 细胞和 T_{H_2} 细胞相互作用示意图

（二）免疫分子的调节作用

1. 抗原的调节作用　抗原是免疫应答的启动剂，但其质和量的改变可影响和调节免疫应答的类型和强度。不同化学性质的抗原可引起不同类型的免疫应答，先进入机体的抗原可下调后进入抗原的应答。同一抗原的不同量也可诱发不同强度和性质的免疫应答，过高或过低的抗原剂量使机体呈现高带或低带耐受。只有适量的抗原方可激发有效的免疫应答。在一定范围内免疫应答依抗原量的增加而加强，但这种应答一般不会无限制地增强，随着效应物质的产生，抗原逐渐被清除减少，应答水平也随之减弱。

2. 抗体的调节作用　抗体既是体液免疫应答的效应产物，也是体内较强的免疫调节分子。例如抗体与抗原结合形成免疫复合物后，一方面可通过 FcR 和 CR 介导的胞吞作用促进抗原递呈细胞对抗原的摄取递呈；另一方面又通过活化补体、ADCC 等机制增强体液免疫效应作用，上调免疫应答。与此同时，抗体与抗原特异结合后，加速机体对抗原的清除，减少了诱发 T、B 细胞活化的抗原量，从而反馈抑制免疫应答。其次，抗原抗体特异性结合形成的免疫复合物，其中的抗原与 B 细胞上的 BCR(mIg)结合，而抗体(IgG)的 Fc 段与 B 细胞上的 Fc 受体结合，导致 BCR 与 FcR 发生交联，并向 B 细胞传入抑制信号，进而抑制抗体的产生，称为抗体的反馈性抑制。

3. 补体的调节作用　补体各成分主要通过与细胞表面的相应补体受体结合发挥免疫调节功能。如：与抗原细胞或抗原抗体复合物结合的 C_3b 与 iC_3b 能与单核巨噬细胞、中性粒细胞表面的 $CR_1(CD_{35})$ 结合，通过调理作用加速吞噬细胞对免疫复合物及抗原的清除，对免疫应答产生正调节作用。同时，补体也可通过存在于体液或结合在细胞膜上的补体调控因子（Ⅰ因子、C_4bp、DAF 及 MCF 等）的作用对体液免疫起负调节作用。

4. 细胞因子的调节作用　细胞因子的种类繁多，在免疫应答中，它们参与了多种免疫细胞间的相互作用，从而在体内形成了极其复杂的调节机制。例如，IFN-γ 可诱导 APC 细胞表达 MHC-Ⅱ类分子，促进抗原递呈；而 IL-10 则可减少 MHC-Ⅱ类分子的表达抑制抗原递呈。又如 IL-2、IL-4、IL-5 及 IL-6 等可促进 T/B 细胞的活化、增殖和分化，而 TGF-β 则对 T/B 细胞的增殖分化起负性调节作用。

5. HLA 分子的调节作用　HLA 主要通过它对抗原的递呈、约束细胞间的相互作用、控制机体的免疫应答及影响 T 细胞的分化成熟对免疫应答进行调控（HLA 的生物学功能）。例如通过抗原递呈对免疫应答进行的调节：在群体中，HLA 型别具高度多态性，如若进入机体的某种抗原具有与该个体 HLA-Ⅰ/Ⅱ类分子抗原结合槽相应的序列，即可与 HLA-Ⅰ/Ⅱ类分子高亲和力结合，并被有效递呈，激发特异性免疫应答；如若这种抗原不具有与其 HLA-Ⅰ/Ⅱ类分子抗原结合槽相应的序列，则不能被 HLA-Ⅰ/Ⅱ类分子递呈，该个体将不对这一抗原作出反应。近年来的实验研究还表明，HLA 不仅控制机体对某一抗原是否发生免疫应答，而且还可通过抗原序列基序与 HLA－Ⅰ/Ⅱ类分子结合槽的吻合程度参与调控免疫应答的类型。HLA 抗原结合槽以高亲和力与抗原肽结合，可诱导 T_{H_1} 活化，产生以细胞免疫为主的免疫应答；而与低亲和性肽结合则诱导 T_{H_2} 活化，产生以体液免疫为主的免疫应答。另外，HLA 借其在细胞表面的表达密度尚还可调节免疫应答强度。

（三）独特型网络的调节作用

独特型（idiotype，Id）是对存在于抗体 V 区或抗原受体 V 区的独特型抗原决定簇的统称。独特型抗原决定簇不同于一般抗原决定簇，具有较强的自身免疫原性，即针对某种抗原产生的特异性抗体（Ab1）V 区的独特型抗原决定簇可诱发机体产生与之对应的特异性抗抗体（Ab2），这种针对独特型产生的抗体称为抗独特型抗体（anti-idiotype antibody，AId）。独特型一般分布在抗体和抗原受体 V 区的互补决定区（CDR）和骨架区（FR），针对 FR 的 AId 称为 α 型（Ab2α），针对 CDR 的 AId 称为 β 型（Ab2β）。Ab2β 的独特型结构与 Ab1 对应的抗原表位相似，故 Ab2β 又被称为体内的抗原内影像。

独特型网络是 1974 年 Jerne 根据独特型和抗独特型的原理提出的学说。独特型网络学说认为，体内 T 细胞和 B 细胞通过其 TCR 或 BCR 独特型和抗独特型的相互识别，形成潜在的互相制约的网络体系并保持相对平衡。当一种抗原进入机体后，刺激针对该抗原的特异性淋巴细胞分化增殖，引起免疫应答，使网络失去平衡。由此产生的大量特异性抗体（Ab1）和扩增形成的淋巴细胞克隆通过其独特型，诱导体内针对该独特型的相应淋巴细胞增殖和产生抗独特型抗体（即 Ab2，分为 Ab2α 和 Ab2β）。Ab2 作用于 Ab1 可减弱 Ab1 对抗原的特异性应答，起一种负反馈作用。

而 AId 中的 Ab2β 可作为抗原的内影像，模拟抗原增强放大免疫效应。因此独特型网络对免疫应答发挥着重要的调节作用。同时，根据此机理，人类已开始尝试用独特型抗体代替某些抗原，制备抗独特型疫苗来预防疾病。

二、神经内分泌系统对免疫应答的调节作用

机体的免疫功能除受免疫系统的自身调节外，也受体内其他有关系统的调节，其中重要的是神经内分泌系统。神经内分泌系统主要通过神经纤维、神经递质和激素介导对免疫系统的调节作用。目前已知，中枢免疫器官和周围免疫器官均受交感神经和副交感神经的支配，两类神经分别对免疫细胞的发育、成熟和功能发挥起促进和抑制效应。如胸腺交感神经可抑制成熟过程中 T 细胞的增殖和表面标志的表达，而副交感神经则起促进作用。神经-内分泌系统产生和释放的神经递质（如肾上腺素、多巴胺、乙酰胆碱等）和激素（如糖皮质激素、生长激素、性激素等）均可通过与免疫细胞表面相应受体的结合实现对免疫功能的正负调节作用。

免疫系统在接受神经-内分泌系统调节的同时也可以各种方式影响神经-内分泌系统的功能。如免疫系统识别抗原后，通过免疫应答产生许多生物活性分子，其中重要的为细胞因子。细胞因子作用于神经、内分泌组织的相应细胞因子受体，影响神经元的生长分化、功能活动及神经递质、神经肽、激素等的释放。另外，激活的免疫细胞还能合成并释放多种神经递质和激素类物质，如淋巴细胞和巨噬细胞可分泌免疫促肾上腺皮质激素（irACTH）、T 细胞能分泌甲状腺刺激素（TSH）、淋巴细胞产生生长激素（GH）等。这些液性因子不仅可作用于免疫系统自身，也可作用于神经内分泌系统影响其功能，进而使机体的稳定性得以更好维持。

第十章 超敏反应

免疫反应是机体在进化过程中获得的“识别自己、排除异己”的重要生理功能。在正常情况下，免疫系统的免疫应答可起到抵抗外界入侵的异物、维持自身平衡、消除突变细胞的作用。但免疫反应异常时，无论是反应过高或过低均能引起组织损害并导致临床疾病。临床免疫学是基础免疫学和临床医学相结合的一门学科，运用免疫学的理论和技术研究传染病和与免疫有关的疾病的发病机制、诊断、预防和治疗等有关临床问题的免疫学分支学科。本章以超敏反应为主，同时对具有免疫特征的疾病如自身免疫病、恶性肿瘤以及器官移植反应等进行了介绍。

超敏反应(hypersensitivity reaction)又称变态反应(allergy)，指机体对某些抗原初次应答后，再次接受相同抗原刺激时，发生的以机体生理功能紊乱和/或组织损伤为主的特异性免疫应答，俗称过敏反应(anaphylaxis)。其本质与免疫应答相同，但效应不同，前者表现为异常或病理性免疫应答，后者表现为生理防御性免疫应答。根据发生机制和临床特点将超敏反应分为Ⅰ、Ⅱ、Ⅲ和Ⅳ型，Ⅰ～Ⅲ型由抗体介导，可经血清被动转移；而Ⅳ型超敏反应由致敏T细胞介导，可经细胞被动转移。临床实践所见往往为混合型，仅以某一型损伤为主。

第一节 Ⅰ型超敏反应

Ⅰ型超敏反应又称过敏反应或速发型超敏反应(immediate hypersensitivity)。其特点为：① 由IgE和IgG4抗体介导；② 参与细胞为肥大细胞和嗜碱性粒细胞。局部或血清中嗜酸性粒细胞明显增高，此细胞对Ⅰ型超敏反应有一定的负调节作用；③ 再次接触相同变应原到发病所需时间短，一般不发生严重的组织细胞损伤，反应可发生于局部，亦可发生于全身；④ 具有明显的个体差异和家族遗传倾向；⑤ 补体不参与。

一、发生机理

Ⅰ型超敏反应的发生大致可分为致敏、发敏和介质发挥效应三个阶段。

1. 致敏阶段 指变应原进入机体后诱导机体产生抗体(主要为IgE抗体)，其Fc段与肥大细胞和嗜碱性粒细胞FcεR结合的阶段。

(1) 参与Ⅰ型超敏反应变应原的特点：凡经吸入、食入和注射等途径进入体内后，能引起IgE类抗体产生并导致超敏反应的抗原性物质，均可视为诱导Ⅰ型变态反应的变应原，一般为多价抗原。多数天然变应原相对分子质量为10～70kD(相对分子质量过大不易穿过呼吸道和消化道黏膜，相对分子质量过小则不能将吸附在肥大细胞和嗜碱性粒细胞膜上两个相邻的IgE抗体桥联，以触发细胞释放介质引起Ⅰ型超敏反应)。常见的变应原有花粉(豚草花粉)、异种动物免疫血清、尘螨、人和动物皮屑、药物(最常见为青霉素及降解产物)、食物等。

(2) 参与Ⅰ型超敏反应抗体的特点：引起Ⅰ型超敏反应的抗体主要是IgE，血清中的IgE含量极微，且半衰期短。体内IgE主要由鼻咽、扁桃体、支气管、胃肠黏膜等处固有层的浆细胞产生，这些部位是变应原易入侵的部位，也是Ⅰ型超敏反应的好发部位。① IgE 的合成与遗传因素有关，某些家族受到相同抗原刺激可分泌较高水平的 IgE。② IgE 的 Fc 段具有组织细胞亲嗜性，能够在不结合抗原的情况下，与肥大细胞和嗜碱性粒细胞表面的 FcεR 结合，使该细胞致敏。

除 IgE 抗体外，IgG4 也能与肥大细胞结合，介导Ⅰ型超敏反应。

(3) 参与Ⅰ型超敏反应的细胞

① 肥大细胞和嗜碱性粒细胞：肥大细胞主要分布于皮肤、黏膜下层结缔组织中的微血管周围，以及内脏器官的黏膜下。嗜碱性粒细胞存在于外周血液中。二者均表达高亲和力的 FcεR，如与 IgE 的 Fc 段结合后该细胞成为致敏靶细胞。靶细胞致敏状态可维持数月甚至更长，如长期不接触相同变应原，致敏状态可逐渐消失。

② 嗜酸性粒细胞：Ⅰ型超敏反应病人血流和病变组织中嗜酸性粒细胞可以增高，主要是由于肥大细胞或嗜碱性粒细胞释放的介质中有嗜酸性粒细胞趋化因子。嗜酸性粒细胞的主要功能为导致细胞损伤或死亡，也可杀伤寄生虫和病原微生物，同时对Ⅰ型超敏反应起一定的负反馈调节作用。

2. 发敏阶段 指同一变应原再次进入致敏机体后，与吸附在肥大细胞或嗜碱性粒细胞表面的相应 IgE 抗体桥联结合，使该细胞脱颗粒、合成和释放生物活性介质的阶段。

多价变应原与致敏靶细胞表面两个或两个以上相邻 IgE 抗体结合，使膜表面 FcεR 交联、聚集，从而启动细胞的活化反应。活化的致敏靶细胞脱颗粒释放胞质中原有的介质和合成新介质。颗粒内预先形成的储备介质有组胺、激肽释放酶、嗜酸性粒细胞趋化因子等。细胞内新合成的介质有白三烯、前列腺素、血小板活化因子等。

3. 介质发挥效应阶段 简称效应阶段，是指介质与靶器官或靶组织（毛细血管、平滑肌、腺体）结合后产生血管扩张、毛细血管通透性增高、平滑肌痉挛和腺体分泌增加等四大病理作用，导致局部或全身过敏症的阶段。

(1) 速发相（即刻/早期相反应）：再次接触变应原后几秒内发生，并在短时间内（30 min 到几小时内）消失。

(2) 迟发相（晚期相反应）：变应原刺激后 6～12 h 内发生，可持续数天。晚期相反应实际上是早期相反应后的一种延长效应。

Ⅰ型超敏反应发病机制的全过程见图 10-1。

二、临床常见疾病

Ⅰ型超敏反应可表现为全身性和局部性超敏反应。

1. 过敏性休克（全身过敏反应） 这是一种最严重的Ⅰ型超敏反应性疾病。常在致敏机体接触相同变应原数分钟内即出现症状，若抢救不及时，可导致死亡。

(1) 药物过敏性休克：以青霉素过敏症为最常见，其他有些小分子的药物如链霉素、先锋霉素、有机碘、氨基比林、普鲁卡因等也可引起。

青霉素单独不能使机体产生抗体，但其降解物青霉噻唑酸或青霉烯酸，能与人体蛋白结合，获得免疫原性，刺激机体产生特异性 IgE 抗体，其 Fc 段与肥大细胞和（或）嗜碱性粒细胞上的 FcεR 结合，使机体致敏。当机体再次接触青霉素时，即可能发生过敏性休克。青霉素稀释成溶液后，一般在 6～12 h 可降解，因而使用青霉素要新鲜配制。少数情况下，初次注射青霉素也可发生过敏性休克，其原因可能是吸入过青霉菌孢子或曾使用青霉素污染的注射器而被

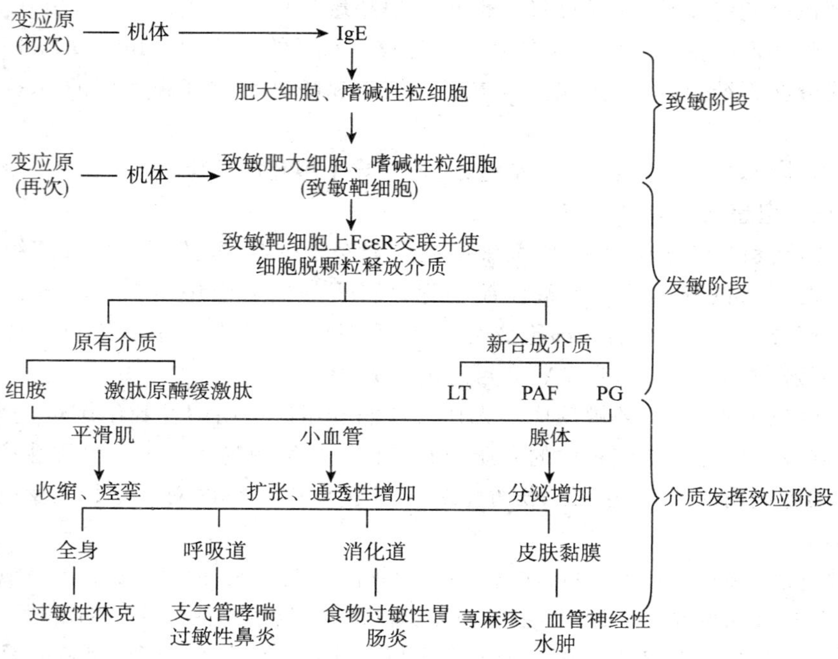

图 10-1　Ⅰ型超敏反应的发生机理

致敏。青霉素过敏与过敏体质有密切关系。据统计约30%青霉素过敏患者曾有其他过敏史，如哮喘、过敏性鼻炎等。

(2) 血清过敏性休克(血清过敏症)：临床上注射动物免疫血清治疗或紧急预防外毒素引起的疾病时，也可能发生过敏性休克。其原因是抗毒素马血清为异种蛋白，能使少数具有过敏体质的人产生特异性 IgE 抗体。当再次注射同种动物免疫血清时，即可出现过敏性休克。

2. 呼吸道变态反应　最常见的疾病是支气管哮喘和过敏性鼻炎(又称枯草热)，这些疾病可因吸入植物花粉、细菌、动物皮毛和尘螨等抗原物质后引起，80%的病人有家族史，有明显的遗传倾向。

3. 消化道变态反应　少数人吃了鱼、虾、蟹、蛋、牛奶等后出现荨麻疹、腹痛、腹泻、呕吐等症状，个别严重者亦可出现过敏性休克。食物变态反应以儿童多见，可能是由于胃肠道分泌型 IgA 遗传性缺乏。

4. 皮肤变态反应　主要表现为皮肤湿疹、荨麻疹和血管神经性水肿。可由药物、食物、花粉、肠道寄生虫或寒冷刺激等引起。此类病人往往有过敏史和明显家族史。

三、防治原则

Ⅰ型超敏反应性疾病总的防治原则应从变应原和机体的免疫状态两个方面着手：一方面尽快找出变应原，避免再接触；另一方面针对变态反应发生发展的进程，切断或干扰某个环节，终止其发病。

1. 找出变应原，避免接触　详细询问过敏史及家族史，尽量避免接触变应原；检出变应原并避免与其接触，常用的方法可采用变应原皮肤试验、特异 IgE 抗体测定法等。

2. 脱敏疗法和减敏疗法

(1) 脱敏疗法：指在应用抗毒素时，若皮试呈阳性者，可采用小剂量多次、短间隔注射的方法脱敏治疗。其机制可能是：小量过敏原进入体内，使致敏靶细胞释放少量活性介质，并被体内某些物质灭活，不引起明显的临床症状。经短时间内少量多次反复注射，可使体内致敏靶细胞上 IgE 大部分消耗，使机体致敏状态暂时解除，但很快还会重建致敏状态，以后再用异种动物免疫血清时，仍需做皮肤试验。青霉素等药物皮肤试验阳性者，不能使用脱敏疗法。

(2) 减敏疗法：指对已检出而难以避免接触的变应原如花粉、尘螨等，可采用少量多次反复皮下注射的方法，以达到减敏的目的。其机制可能是：诱导 IgG 类循环抗体的产生，其 IgG 与再次进入机体的变应原结合，阻断了变应原与致敏靶细胞表面相应 IgE 的结合，使致敏靶细胞不能脱颗粒。

3. 药物防治

(1) 阻止生物活性介质释放：如色苷酸二钠可稳定肥大细胞的细胞膜，抑制活性介质释放；肾上腺素、异丙肾上腺素等儿茶酚胺类及前列腺素类药物可通过激活腺苷酸环化酶，增高 cAMP 的含量，以稳定细胞膜。

(2) 竞争靶器官受体的药物及生物活性介质拮抗药：如苯海拉明、扑尔敏、异丙嗪等药物可与组胺竞争靶器官上组胺受体。

(3) 改善靶器官的反应性：肾上腺素、麻黄素可解除支气管痉挛，减少腺体分泌；葡萄糖酸钙、维生素 C 等除可解痉外，还能降低毛细血管的通透性，减少渗出。

第二节　Ⅱ型超敏反应

Ⅱ型超敏反应又称细胞溶解型(cytolytic type)或细胞毒型(cytotoxic type)超敏反应。其特点为：① 参与的抗体是 IgG1、IgG2、IgG3 和 IgM。② 有补体、吞噬细胞和 NK 细胞参与。③ 某一细胞或组织的抗体与此细胞或组织结合后可通过活化补体、调理作用或 ADCC 使细胞或组织溶解损伤。

一、发生机理

1. 变应原　引起Ⅱ型超敏反应的变应原多为细胞表面的抗原。通过Ⅱ型超敏反应杀伤或损伤的机体细胞称为靶细胞。靶细胞表面的抗原分为：

(1) 同种异型抗原：如 ABO 血型抗原，Rh 抗原和 HLA 抗原。

(2) 外源性抗原与自身细胞间存在的共同抗原：如链球菌胞壁多糖抗原与心脏瓣膜、肾小球基底膜、关节组织糖蛋白之间的共同抗原(异嗜性抗原)。

(3) 由感染和理化因素所致改变的自身抗原。

(4) 吸附在组织细胞上的外来抗原或半抗原：某些药物(如青霉素半抗原)或化学制剂进入机体，可与细胞或组织结合构成完全抗原。

2. 抗体

(1) 天然抗体：如 ABO 血型抗体，为 IgM。

(2) 免疫性抗体：包括针对结合在自身细胞表面的外来抗原刺激机体产生的抗体和自身抗原诱导产生的自身抗体，主要为 IgG(IgG1、IgG2、IgG3)和 IgM。

3. 组织损伤机制　抗体与细胞膜上的相应抗原结合后，可通过下列三条途径杀伤靶细胞：① 激活补体经典途径溶解靶细胞。② 通过调理作用破坏靶细胞(补体活化后产生的 C_{3b}

或与靶细胞膜抗原结合的IgGFc段均可与巨噬细胞及中性粒细胞表面的CR或FcγR结合，而发挥调理吞噬作用)。③ IgGFc段与效应细胞(NK细胞、巨噬细胞和中性粒细胞)表面FcγR结合，发挥ADCC效应而杀伤靶细胞。

二、临床常见疾病

1. 由同种异型抗原所引起的疾病

(1) 输血反应：多由ABO血型不符的输血所引起。此外，经产妇及曾多次接受输血者体内有白细胞同种异型抗体产生，可出现脸红、心跳过速、胸闷、寒战、发热等白细胞输血反应。

(2) 新生儿溶血症：多见于母子Rh血型不合。胎儿为Rh^+，母亲为Rh^-(由于输血、流产、分娩等原因，受到进入体内Rh抗原刺激产生IgG类抗Rh抗体)，其母体的IgG类抗Rh抗体可通过胎盘进入胎儿体内，与胎儿Rh^+红细胞结合，激活补体，导致胎儿红细胞溶解，故胎儿出生后发生新生儿溶血症。

新生儿溶血症尚无有效的防治方法，可于初产后72 h内给母体注射抗Rh免疫球蛋白，可与进入母亲体内的Rh^+红细胞上的相应抗原结合，以避免Rh抗原使母体致敏，对再次妊娠的胎儿有较好的预防效果。

母-胎ABO血型不合，也通过上述机制致新生儿溶血症发生，但一般均较轻。其原因为：① ABO血型抗体多为IgM类，不能通过胎盘；② ABO血型抗原除RBC表达外，胎儿血清和其他组织细胞也存在有A和/或B血型抗原物质，因此，少量进入母体的胎儿红细胞所诱生的IgG类抗体，虽可经胎盘进入胎儿血液循环，但首先与游离的血型抗原结合，所以对胎儿红细胞的影响较小。

2. 由外来抗原或半抗原所引起的疾病　常见于药物过敏性血细胞减少症，如溶血性贫血、粒细胞减少症及血小板减少性紫癜等，均可称之为免疫性血细胞减少症。引起此类疾病的药物有非那西丁、对氨基水杨酸、异烟肼、奎宁及青霉素等。青霉素易吸附于红细胞，导致溶血性贫血；奎宁、奎尼丁等易吸附于血小板，导致血小板减少性紫癜；氨基比林易吸附于粒细胞，导致粒细胞减少症。

3. 由改变性质的自身抗原引起的疾病　某些药物如甲基多巴、吲哚美辛等的作用，或病毒(如流感病毒、EB病毒等)感染可导致血细胞膜上的抗原性质改变，诱发自身抗体而导致自身免疫性溶血性贫血。

4. 异嗜性抗原引起　急性链球菌感染后引发肾小球肾炎。有一部分病因是由于乙型溶血性链球菌(A族12型)与人肾小球基底膜有共同抗原成分，即抗链球菌抗体可与肾小球基底膜发生交叉反应，导致组织损伤。

5. Ⅱ型特殊型——刺激型　甲状腺功能亢进患者血清中可产生IgG类的自身抗体，称为长效甲状腺刺激素(LATS)，它与甲状腺细胞上的甲状腺刺激素(TSH)受体结合，激活腺苷酸环化酶，引起胞内cAMP增高，使甲状腺细胞分泌大量的甲状腺素，造成甲状腺功能亢进。由于LATS的半衰期远较TSH长，且作用不受甲状腺素的生理反馈性抑制，故对甲状腺细胞的刺激作用更强而持久。

第三节 Ⅲ型超敏反应

Ⅲ型超敏反应又称免疫复合物型(immune complex type)或血管炎型超敏反应。由Ⅲ型超敏反应引起的疾病称为免疫复合物病(immune complex disease,ICD)。其特点是:① 抗原抗体结合成可溶性中等大小的免疫复合物(immune complex, IC),即致病性IC,易沉积在局部或全身毛细血管基底膜;② IC可活化补体,并在血小板、中性粒细胞、嗜碱性粒细胞参与下引起组织损伤;③ 局部主要以充血、水肿、坏死和中性粒细胞浸润为特征。

一、发病机制

引起Ⅲ型超敏反应的抗原有很多。可以是各种病原微生物、寄生虫、药物、异种动物免疫血清等外源性抗原,也可以是内源性抗原,如系统性红斑狼疮患者的核抗原、类风湿性关节炎患者产生的变性IgG。针对这些抗原产生的抗体主要是IgG和IgM类,也可以是IgA。

1. 中等大小免疫复合物的形成　当抗原与抗体在体内形成IC时,由于二者的比例不同,其大小也有差异。通常大的免疫复合物易被单核巨噬细胞吞噬清除,小的可溶性免疫复合物在血循环中难以沉积,能顺利通过肾小球基底膜排出体外。而中等大小的可溶性免疫复合物不易被单核巨噬细胞吞噬清除,随血流进入肾小球毛细血管后,也不能通过肾小球基底膜随尿液排出,因而可长期存在于血循环中,有可能沉积于血管基底膜上,造成组织损伤。因此在下列情况下,形成致病性IC的可能性较高。

(1) 抗原持续存在:抗原持续存在是形成IC的先决条件。机体受到持续感染时,微生物持续或间歇地繁殖,血流中可出现大量抗原,或自身免疫病患者体内出现的自身抗原,均可持续刺激机体生成相应抗体。

(2) 抗原的性状:可溶性抗原、单价或双价抗原形成的IC,不易被吞噬和清除,而细菌、细胞等颗粒性抗原、多价抗原形成的IC则易被吞噬及清除。

(3) 抗体的性质及抗原抗体的比例:高亲和力抗体并且抗原抗体比例又合适时,形成大分子不溶性IC,易被吞噬细胞捕获与清除;低亲和力抗体,抗原又过剩时,形成可溶性小分子IC,可长期存在于血清中,但易透过肾小球滤过排出体外;如中等亲和力的抗体和稍过剩的抗原,则形成中等大小的可溶性IC(沉降系数19～22S,或相对分子质量1 000kD左右),既不能被吞噬清除,又不能通过肾脏滤过,易沉积于毛细血管壁。

2. 中等大小免疫复合物的沉积　免疫复合物的沉积与下列因素有关:

(1) 血管通透性增高:IC活化补体后,产生的过敏毒素C_{3a}和C_{5a},可使嗜碱性粒细胞释放PAF,作用于血小板使其释放血管活性胺,致血管通透性增高。此外,中性粒细胞释放某些碱性蛋白和细胞因子,也能增高血管壁通透性。血管壁通透性增高是IC沉积的重要条件。

(2) 组织结构特点:IC常沉积于毛细血管分支多、管腔小而曲折处,因其血流缓慢,有利于IC的沉积。肾小球、关节滑囊、心肌及皮肤等处的血管壁常易使IC滞留,引起疾病。

3. IC的致病机制　IC并非引起组织损伤的直接原因,但它是引起组织损伤的始动因素。IC造成组织损伤的机制是:① 激活补体后,产生的C_{3a}、C_{5a}、C_{567}可以趋化中性粒细胞聚集在IC周围,释放溶酶体酶,造成邻近组织损伤或血管壁、基底膜病变;C_{3a}和C_{5a}可使肥大细胞嗜碱性粒细胞脱颗粒,释放血管活性介质,使血管通透性增加,局部充血、水肿。② 由于内皮基底膜暴露,可使血小板凝聚,形成血栓,导致局部缺血、淤血、出血和坏死。Ⅲ型超敏反应的发生机制见图 10－2。

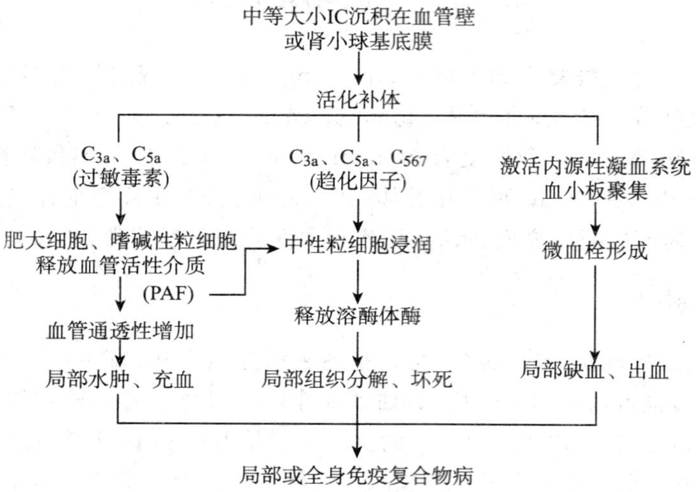

图 10－2　Ⅲ型超敏反应发生机制示意图

二、临床常见疾病

1．局部免疫复合物病　人类局部过敏反应，即人类 Arthus 反应，往往发生在反复注射胰岛素、多次注射狂犬病疫苗或使用动物来源的抗毒素的机体，其注射局部出现红肿、出血和坏死。其原因是 IC 沉积于注射部位小静脉血管壁基底膜所致(动物实验时，经皮下给家兔注射马血清，数周后，再次注射马血清，局部出现红肿、出血和坏死。这种现象是 Arthus 于 1903 年发现的，称为 Arthus 反应)。

2．全身免疫复合物病

(1) 血清病：是指初次注射较大剂量含抗毒素的马血清 7～14 d 后，出现发热、皮疹、淋巴结肿大、关节痛、蛋白尿等，这是由于产生的抗马血清抗体与尚未完全消失的含抗毒素的马血清形成中等大小的免疫复合物沉积全身小血管壁所致。血清病有自限性，停止注射后即逐渐恢复。有时应用大剂量青霉素、磺胺药等也能引起类似血清病样反应，其机制与上述相同，也称药物热。

(2) 链球菌感染后肾小球肾炎：此病一般发生于链球菌感染后 2～3 周，其机制是某些型别的 A 族溶血性链球菌感染机体后刺激机体产生的抗体可与链球菌的抗原成分形成 IC，沉积于肾小球基底膜，引起免疫复合物型肾炎。其他微生物如沙门菌、乙型肝炎病毒等感染后亦可发生类似肾病变。

(3) 系统性红斑狼疮(systemic lupus erythematosus，SLE)：其发病机制是体内持续出现 DNA－抗 DNA 复合物，并反复沉积于肾小球、关节或其他部位血管内壁。病变主要表现为皮肤红斑、肾小球肾炎、关节炎和脉管炎等。SLE 是一种以Ⅲ型超敏反应损伤为主的慢性自身免疫病。

(4) 类风湿性关节炎：发病机制尚不清楚，可能是一些病原体的持续性感染，改变了自身 IgG 分子结构；使其成为自身抗原，刺激机体产生抗 IgG 的自身抗体(IgM，称类风湿因子)。

二者形成 IC，沉积于关节滑膜，引起关节炎。

3. 过敏样休克反应　当血流中迅速出现大量 IC 时，可激活补体，产生大量 C_{3a}、C_{5a}，促使嗜碱性粒细胞和肥大细胞脱颗粒，释放血管活性介质，造成毛细血管扩张，血压下降，而引起过敏性休克。如大剂量注射青霉素治疗钩端螺旋体病或梅毒时，大量病原体被破坏，释放出大量抗原，与血流中相应抗体结合形成 IC，可出现过敏性休克样反应。

第四节　Ⅳ型超敏反应

Ⅳ型超敏反应亦称迟发型超敏反应(delayed hypersensitivity)。其特点为：① 与抗体、补体无关，是由致敏 T 细胞介导的免疫病理损伤；② 局部主要表现为以单个核细胞浸润和细胞变性坏死为特征的反应；③ 再次接触抗原后 48～72 h 才出现反应，故称为迟发超敏反应(DTH)；④ 个体差异小。

Ⅳ型超敏反应的发生机制与细胞免疫应答的机制完全相同，只是前者在免疫应答过程中会给机体带来明显或严重损伤，而后者产生对机体有利的结果。两者往往交织在一起，难以截然分开。适当的细胞免疫反应既能局限、杀死排除微生物等抗原物质，又不造成严重的组织损伤，若反应强烈超过正常，则造成组织损伤，成为超敏反应性疾病。

一、发病机制

Ⅳ型超敏反应大致分为 T 细胞致敏和致敏 T 细胞的效应两个阶段。

1. T_D细胞和 CTL 致敏　引起 DTH 的变应原可为微生物(尤其是某些胞内寄生菌，如结核杆菌)、寄生虫、真菌、异体组织等，也可为油漆、化妆品、农药等半抗原(半抗原与皮肤细胞角质蛋白结合成完全抗原使机体致敏)。

T_D细胞和 CTL 致敏约需 2 周，其过程与机制同生理性细胞免疫。

2. 致敏 T_D细胞、CTL 的组织损伤机制，即致敏 T 细胞的效应阶段

(1) T_D细胞(CD_4^+ T_H1 细胞)介导的炎症反应和组织损伤 T_D细胞再次与相应抗原作用后释放淋巴因子。淋巴因子的效应表现为：① 形成单个核细胞浸润为主的炎症反应(主要参与的淋巴因子为巨噬细胞趋化因子、巨噬细胞移动抑制因子、粒细胞-巨噬细胞集落刺激因子、转移因子、促分裂因子等)；② 活化单核-巨噬细胞，释放溶酶体酶等炎性介质引起组织损伤(如 IFN－γ、IL－2、巨噬细胞活化因子等均可使单核-巨噬细胞活化)；③ 细胞毒性作用(TNFα、TNF－β 可直接对靶细胞及周围组织细胞产生细胞毒作用，引起组织损伤)。

(2) CTL(CD_8^+ Tc 细胞)介导的细胞毒作用：致敏 CTL 能特异性识别靶细胞表面抗原，并通过释放穿孔素、细胞毒素等引起靶细胞的溶解。

二、临床常见疾病

1. 传染性变态反应　在胞内寄生菌(结核杆菌、麻风杆菌、布氏杆菌等)、病毒及其些真菌感染过程中引起的以 T 细胞介导为主的细胞免疫应答，如应答过强造成组织损伤为主的称为传染性变态反应。临床上，肺部再次感染结核杆菌时，形成病灶范围比初次感染局限，这是细胞免疫的作用；而局部组织的强烈反应，如坏死、液化以至空洞的形成，则为Ⅳ型超敏反应的结果。

一般而言，有传染性变态反应的个体往往代表机体已获得对特定病原体的细胞免疫能力。

例如,结核菌素皮肤试验阳性者,表示已感染过结核菌,对结核菌的再感染有免疫力。同时也可利用机体对结核菌素皮试是否有Ⅳ型超敏反应,检测机体的细胞免疫能力。

2. 接触性皮炎 这是一种经皮肤致敏的迟发型超敏反应,其变应原常为油漆、塑料、染料、化妆品、升汞、碘酊、重金属盐类、青霉素、磺胺药、农药等小分子半抗原。这些半抗原与某些人的皮肤接触时,可与角质蛋白结合成完全抗原,使机体致敏,当再次接触相同抗原时,可在24 h后发生湿疹样皮炎,表现为局部红肿、硬结、水泡,48～96 h达高峰,严重者可发生剥脱性皮炎。

以上介绍了各型超敏反应的发生机理及特点,但在临床实际中往往为混合型,可以某一型损伤为主。如Ⅰ型超敏反应时,所释放的血管活性胺可使血管壁通透性增高,如血清中有中等大小的IC,就有可能沉积于血管壁,引起Ⅲ型超敏反应。系统性红斑狼疮引起的肾脏损害主要起因于Ⅲ型超敏反应,而同时发生的血细胞减少则是Ⅱ型超敏反应所致。此外,同一变应原可因接触方式、剂量和机体反应性的差异,引起各种不同类型的超敏反应。如青霉素进入机体可引起不同类型的超敏反应,常以过敏性休克、荨麻疹、哮喘等Ⅰ型超敏反应为主;亦可引起局部Arthus反应和关节炎等Ⅲ型超敏反应;而长期大剂量静脉注射时还可发生Ⅱ型超敏反应引起的溶血性贫血;如反复多次局部涂抹则可造成由Ⅳ型超敏反应引起的接触性皮炎。由青霉素引起的Ⅰ、Ⅲ和Ⅱ、Ⅳ混合型超敏反应的病例也偶然可见。

除超敏反应外,肿瘤、自身免疫病、免疫缺陷病、移植排斥现象等也是常见的临床免疫病理现象。

(1) 肿瘤免疫:机体免疫系统具有识别突变细胞、并将其消灭或破坏的功能,即免疫监视功能。一旦这种功能不能有效发挥,则可能引发肿瘤。人类的恶性肿瘤是危害人类最严重的疾病之一。

从本质上来看,肿瘤细胞是机体正常细胞恶变的产物。肿瘤抗原可以是细胞恶变过程中基因突变造成、或是正常静止基因激活产生、也可以是病毒基因编码等原因造成。机体抗肿瘤效应十分复杂,特异性和非特异性(NK细胞的细胞毒作用、补体的溶细胞作用、Mφ的非特异性杀伤作用)抗肿瘤机制相互交错,体液免疫与细胞免疫(ADCC、抗体的免疫调理作用、CD_4^+ T细胞和CD_8^+ T细胞的抗肿瘤作用等)机制相互协调和补充,共同执行免疫监视功能。

但某些肿瘤仍可在体内生长并逃避免疫攻击。目前肿瘤免疫逃避的机制十分复杂,尚未完全阐明,通常与肿瘤细胞的弱免疫原性、肿瘤细胞抗原的"封闭"或"覆盖"、MHC抗原的表达异常、共刺激分子的缺乏、宿主机体免疫功能低下等有密切关系。

肿瘤的免疫学检测以检查胚胎抗原或肿瘤相关抗原(甲胎蛋白、癌胚抗原)为主。近年来,由于成功建立了产生单克隆抗体的杂交瘤技术,制备了抗肿瘤抗原的单克隆抗体,从而加速了肿瘤的免疫学检查法研究的进展。细胞免疫功能检测患者细胞免疫功能有助于在临床上判定各种治疗肿瘤药物的疗效和肿瘤的转归。

肿瘤的免疫治疗是以激发和增强机体的免疫功能,达到控制和杀灭肿瘤细胞为目的,对于晚期的实体肿瘤疗效有限。故常将其作为一种辅助疗法与手术、化疗、放疗等常规疗法联合应用。目前,利用LAK、TIL等的过继疗法、利用单克隆抗体的免疫导向疗法在动物实验中已初步获得满意结果,但推广到人群广泛应用尚需时日。

(2) 移植排斥:机体的某种细胞、组织或器官丧失功能,可采用相应健康细胞、组织或器官植入机体。这一过程称之为移植(transplantation)。根据供体-受体(donor-recipient)间遗传程度的差异,一般可分为自体移植、同系移植、同种(异体)移植和异种移植。

一般说来，自体移植如无细菌感染，移植物可终生存活；同系移植的移植效果与自体移植相似；异种移植由于供者与受者之间遗传基因相差甚远，所以这种移植在当今尚不能成功；同种（异体）移植因为供者与受者遗传基因型不同或不完全相同，移植后常发生移植排斥反应（transplant rejection），其反应强度与供者—受者间遗传差异的程度相关。临床上应用的移植多属同种异体移植。移植物能否适应新的受体环境，长期存活并发挥功能，本质上也就是移植免疫的问题。

移植排斥反应过程很复杂，既有受体对供体移植物的损坏作用，即宿主抗移植物反应（host versus graft reaction，HVGR）；也有移植物对受体的排斥反应，即移植物抗宿主反应（graft versus host reaction，GVHR）。

要使移植物存活时间延长，最关键的问题是防止或减少受体对移植物的反应。其主要措施是：① 在移植前，选择供体器官的移植抗原尽可能与受体的抗原相配合，一般供者的 ABO 血型必须与受者一致，此外，供者的 HLA 组织型别也应尽可能与受者相近。② 应用免疫抑制剂防止或降低排斥反应，如环磷酰胺、环孢菌素 A、FK506、泼尼松等。③ 应用抗胸腺细胞球蛋白及抗 T 细胞单克隆抗体与 T 细胞结合，通过补体活化去除 T 细胞。这两种抗体在临床上已得到广泛应用。④ 诱导移植耐受，如在移植前，用供体抗原处理受体，使受体的免疫活性细胞在移植后，对这一特殊抗原的反应能力受到抑制，因而延迟或消除了排斥反应的发生。

（3）自身免疫病（autoimmune disease）：自身免疫是指机体免疫系统对自身成分发生免疫应答的现象。在一般情况下，这种免疫应答是一种生理过程，具有维持机体免疫自稳的功能。当自身免疫表现为质和量的异常，自身抗体和（或）自身致敏淋巴细胞攻击自身靶抗原细胞和组织，导致组织损害和器官功能障碍，使其产生病理改变时，才发生自身免疫病。

自身免疫性疾病往往具有以下共同特点：① 患者有明显的家族倾向性，女性多于男性；② 血液中存在高滴度自身抗体和（或）能与自身组织成分起反应的致敏淋巴细胞；③ 自身抗体和（或）自身致敏淋巴细胞作用于靶抗原所在组织、细胞，造成相应组织器官的病理性损伤和功能障碍；④ 疾病常呈现反复发作和慢性迁延的过程，病情转归与自身免疫反应强度密切相关；⑤ 病因大多不明，可能与免疫耐受的丢失、免疫反应调节异常等有关；⑥ 可在实验动物中复制出类似人类自身免疫病的模型。

自身免疫性疾病可分为器官特异性自身免疫病（如胰岛素依赖型糖尿病、重症肌无力、慢性溃疡性结肠炎、多发性脑脊髓硬化症等）和系统性自身免疫病（系统性红斑狼疮、类风湿性关节炎、硬皮病等）

自身免疫病是顽固的慢性病，目前尚无有效的根治方法。可通过应用抗炎药物（如皮质激素）、免疫抑制剂（环孢菌素 A）、血浆置换及对症治疗等，使之缓解。

（4）免疫缺陷病：根据发病原因，可分为先天性免疫缺陷病和获得性免疫缺陷病。免疫缺陷患者往往表现出机会性感染及恶性肿瘤的增多，自身免疫病，呼吸系统、消化系统等多系统相应功能障碍的症状的几率也明显增高。

不论是先天性还是获得性免疫缺陷病，均具备三个基本临床特点：① 严重感染反复发生，常规治疗效果不佳；② 对常见的低或无致病能力微生物的易感性显著增高；③ 疫苗接种后免疫应答低下，弱毒苗常可造成接种损失。

免疫缺陷病治疗的关键在于早期确认和识别免疫缺陷及其类型，控制感染和纠正缺陷。

第十一章　免疫学的应用

免疫学是人类与传染病作斗争过程中发展起来的。随着免疫学基础理论研究的深入以及免疫学与分子生物学、生物化学等相关学科的相互渗透和新技术的发展，免疫学的应用范围也在扩大。免疫学在医药领域的应用已由过去的主要对传染病进行预防、治疗、诊断扩展到对其他多种疾病，包括超敏反应性疾病、自身免疫性疾病和肿瘤等的应用。而且，免疫学在整个生命科学中也显示其应用的广阔前景，免疫学已成为生命科学的前沿科学。

第一节　免疫预防

机体受病原体感染后，能产生特异性抗体和效应 T 细胞，提高对该病原体的免疫力。根据这一基本原理，可以采用人工方法使机体获得特异性免疫力，达到预防疾病的目的。接种牛痘苗成功地消灭天花，是应用免疫预防方法消灭传染病的最好例子。目前，免疫预防的范围已不仅仅是传染病，其范围扩大到其他一些疾病。

一、特异性免疫预防的种类

特异性免疫的获得方式有自然免疫和人工免疫两种。自然免疫主要指机体感染病原体（隐性感染或患传染病）后建立的特异性免疫，也包括胎儿经胎盘或新生儿经初乳从母体获得抗体。人工免疫是人为地给机体输入抗原物质（疫苗、类毒素等）或免疫效应分子（抗体、细胞因子制剂等），使机体获得特异性免疫。通过给机体接种疫苗、类毒素等使机体获得特异性免疫称为人工主动免疫。通过给机体输入抗体、细胞因子等使机体获得特异性免疫称为人工被动免疫。凡用于人工免疫的疫苗、类毒素、抗体血清、抗毒素、细胞因子制剂以及免疫诊断用品（诊断血清、诊断菌液等），统称为生物制品。

二、人工主动免疫

人工主动免疫是用人工接种的方法给机体输入抗原性物质，使机体免疫系统因受抗原刺激而发生类似于隐性感染时所发生的免疫应答过程，即产生针对该抗原的抗体、致敏淋巴细胞，使机体获得对该抗原的特异性免疫。人工主动免疫的特点是免疫力出现缓慢，一般在免疫接种后 1～4 周才能出现，但免疫力维持的时间较长，可达半年至数年。因此，人工主动免疫主要用于传染病的特异性预防。

三、用于人工主动免疫的生物制品

用于人工主动免疫的生物制品主要有疫苗、类毒素。

（一）疫苗

由细菌菌体成分制备的生物制品称为菌苗。由病毒制备的生物制品称为疫苗。但是广义的疫苗也包括了菌苗在内。按制备和使用的特点，下面分别介绍一些疫苗的类型。

1. 活疫苗　是用人工定向诱导的方法或直接从自然界筛选出的毒力高度减弱或基本无

毒的微生物制备的制剂，也称为减毒活疫苗。传统的制备方法是将病原微生物在培养基或动物细胞中反复传代，使其失去毒力，但保留其免疫原性。Louis Pasteur 曾使用经 45℃减毒的活炭疽杆菌对动物进行特异性免疫，并取得疗效。

活疫苗接种类似隐性感染或轻症感染，疫苗在机体内有一定生长繁殖的能力。活疫苗的优点是一般只需接种一次，用量小，免疫效果良好、持久，一般可达到 3～5 年。活疫苗的缺点是制备与鉴定要求严格，使用过程中难于保存。为了延长保存期限，活疫苗一般制备成冻干制剂，冷藏保存。活疫苗在体内有回复突变的危险，但这在实践中十分罕见。免疫缺陷者和孕妇一般不宜接种活疫苗。常用的活疫苗有卡介苗、炭疽疫苗、脊髓灰质炎糖丸疫苗和麻疹活疫苗等。

2. 死疫苗　是选用病原微生物经人工培养后，用理化方法将其灭活而制成。死疫苗的优点是易于制备，比较稳定，容易保存，使用安全。死疫苗的缺点是不能在体内繁殖，故接种剂量大、次数多，引起的不良反应也比较大；由于灭活的死疫苗不能进入宿主细胞，难以通过内源性抗原加工递呈诱导出 CD_8^+ 的 CTL，故细胞免疫弱，免疫效果不如活疫苗好。常见的死疫苗有百日咳、伤寒、副伤寒、霍乱、流行性乙型脑炎、钩端螺旋体、斑疹伤寒和狂犬病疫苗等。

（二）类毒素

细菌产生的外毒素经 0.3%～0.4%甲醛处理后，使其失去毒性，保留其免疫原性而制成的生物制品称为类毒素。类毒素接种后能诱导机体产生抗毒素。在纯化的类毒素中加入氢氧化铝，制成精制类毒素。其中吸附剂氢氧化铝可延缓类毒素在体内的吸收，能较长时间刺激机体产生相应的抗体（抗毒素），以增强免疫效果。常用的类毒素有白喉类毒素和破伤风类毒素。类毒素也可与死疫苗制成混合制剂，如白、百、破三联疫苗即由白喉类毒素、百日咳菌苗、破伤风类毒素混合制成。

（三）新型疫苗

新型疫苗是指近年来发展起来的亚单位疫苗、合成多肽疫苗、基因工程疫苗。它们是免疫学、生物化学、遗传学、分子生物学在发展中相互渗透的产物。

1. 亚单位疫苗　每一种病原微生物均有多种不同的抗原成分，其中只有一小部分能使机体产生保护性抗体。亚单位疫苗是除去了病原体与产生保护性抗体无关的成分，提取其对免疫有效的抗原成分而制成的疫苗。这样的疫苗能诱导较强的抗体反应。目前研制成功的流感亚单位疫苗，是用化学试剂裂解流感病毒，提取其有效抗原成分（血凝素与神经氨酸酶）制成的，它不含病毒核酸、不含与免疫无关的蛋白质。此外，还有肺炎球菌荚膜多糖疫苗、脑膜炎球菌荚膜多糖疫苗、腺病毒衣壳亚单位疫苗、霍乱毒素 B 亚单位疫苗等。

2. 合成多肽疫苗　合成多肽疫苗是病原微生物的有效蛋白质抗原被阐明后，人工合成一段肽链，配以适当载体与佐剂制成的疫苗。研制成功的合成多肽疫苗有乙型肝炎病毒多肽疫苗、白喉外毒素多肽疫苗和流感病毒血凝素多肽疫苗等。合成多肽疫苗是根据有效抗原的氨基酸序列设计和合成多肽，试图以最小的免疫原性肽来激发有效的特异性免疫应答。同一种蛋白质抗原的不同位置有不同免疫细胞识别的表位，如果合成的多肽上既有 B 细胞识别的表位，又有 T 细胞识别的表位，它就能诱导特异性体液免疫和细胞免疫。T 细胞识别的表位与人群的 HLA 分子密切相关，由于 HLA 分子具有高度多态性，制造单一表位的疫苗很难对群体中的每一个体有效。因此，了解人群中受 MHC 限制的 T 细胞识别表位的概况，合成含有这些表位的多肽，才具有群体保护作用。目前，在了解人群 HLA 单倍型表位的基础上利用计算机演绎法可预测T细胞识别的表位,为合成多肽疫苗的研制提供了重要手段。

3. 基因工程疫苗　基因工程疫苗按制备方法大致可分为以下四种类型:① 重组抗原疫苗:重组抗原疫苗是利用DNA重组技术制备的只含有保护性抗原的纯化疫苗。首先需选定病原体编码有效抗原的基因片段,将该基因片段引入细菌、酵母或能连续传代的哺乳动物细胞基因组内,通过大量繁殖这些细菌或细胞,使目的基因的产物增多。最后从细菌或细胞培养物中收集、提取、纯化所需的抗原。例如将乙型肝炎表面抗原的基因插入酵母菌基因组中,培养扩增该酵母菌,从培养液中提取乙型肝炎表面抗原,即可制成乙型肝炎基因工程疫苗。② 重组载体疫苗:重组载体疫苗是将编码病原体的有效抗原的基因插入载体(减毒的病毒或细菌疫苗株)基因组中,接种后随着疫苗株在体内增殖,大量所需的抗原得以表达。如果将多种病原体的有关基因插入载体,则成为可表达多种保护性抗原的多价疫苗。目前使用最广的载体是痘病毒,将乙型肝炎表面抗原、流感病毒血凝素、单纯疱疹病毒的基因插入痘病毒基因组中,使它们在痘病毒中表达,从而获得相应的多价基因工程疫苗。病毒载体能诱导针对抗原的强CTL反应。由于安全问题,活的重组病毒用于人体实验尚需谨慎。③ DNA疫苗:DNA疫苗是用编码病原体有效抗原的基因与细菌质粒构建的重组体直接免疫机体,转染宿主细胞,使其表达保护性抗原,从而诱导机体产生特异性免疫的疫苗。DNA疫苗在体内可持续表达,免疫效果好,维持时间长。其机制和安全性尚不完全清楚,还有一些问题亟待解决。例如,外源DNA是否与宿主细胞基因整合,是否诱导自身DNA抗体的产生等。目前已经有流感病毒DNA疫苗、疟疾DNA疫苗、艾滋病DNA疫苗、乙型肝炎病毒DNA疫苗等相继问世,其有效性、安全性尚有待进一步论证,但已有的实验结果向人们展示了光明的应用前景。④ 转基因植物疫苗:用转基因方法,将编码有效抗原的基因导入可食用植物细胞的基因组中,有效抗原既可在可食用植物中表达和积累,人和动物通过摄食达到免疫接种的目的。常用的植物有番茄、马铃薯、香蕉等。用马铃薯表达乙型肝炎病毒表面抗原已在动物试验中获得成功。转基因植物疫苗具有口服、易引发黏膜免疫、易于被儿童接受、价格低廉等优点,虽然离临床应用为时尚远,但这一领域有着广阔的前景,吸引着广大科学研究者。

四、人工被动免疫

人工被动免疫是用人工接种的方法给机体输入含特异性抗体的血清等,使机体被动获得特异性免疫力,以达到紧急预防或治疗某种疾病的目的。人工主动免疫的特点是免疫力出现快,在输入抗体后立刻能发挥作用。但免疫力维持时间短,约2～3周。

五、用于人工被动免疫的生物制品

(一) 抗毒素

抗毒素通常是用毒素或类毒素给马多次注射,待马体内产生大量抗毒素后,经采血、分离血清、提取免疫球蛋白后制成。抗毒素主要用于治疗和紧急预防细菌外毒素所致的疾病。常用的有白喉抗毒素、破伤风抗毒素、气性坏疽抗毒素等。抗毒素应用时要早期、足量才能发挥应有的效果。因为一旦毒素与靶器官结合,抗毒素将不能起到中和毒素的作用。此外,使用抗毒素时应作皮肤试验,以防止血清过敏症的发生。

(二) 抗菌血清和抗病毒血清

用细菌免疫动物制备的免疫血清称为抗菌血清,用病毒免疫动物制备的免疫血清称为抗病毒血清。这类抗血清随着化学治疗剂和抗生素的发现和应用,目前已很少使用。

生物制品中，现只有抗百日咳鲍特菌血清、抗狂犬病、抗乙型脑炎、抗腺病毒血清等几种抗血清。

（三）胎盘球蛋白和血浆丙种球蛋白

胎盘球蛋白由健康产妇分娩后的胎盘提取的球蛋白制成；血浆丙种球蛋白是从正常成人血浆中提取的球蛋白。这些球蛋白中含有在正常人群中流行的传染病病原微生物的抗体。胎盘球蛋白和血浆球蛋白实际上是含有多种抗体的制剂。在某些传染病流行时，为了防止免疫力弱的婴幼儿感染或减轻其症状，可使用这些制品。

六、肿瘤疫苗

肿瘤严重威胁人类的生命健康，目前生物疗法已成为与手术、放疗、化疗并列的肿瘤第四大疗法，作为肿瘤生物疗法手段之一的肿瘤疫苗，具有高效性和特异性，被人们寄予厚望。

治疗性肿瘤疫苗的研究主要用于恶性肿瘤的辅助治疗。应用特异性的、具有免疫原性的肿瘤抗原，来激活、恢复或加强机体抗肿瘤的免疫反应，清除残存和转移的肿瘤细胞。

第一代治疗性肿瘤疫苗是在整个肿瘤组织或肿瘤细胞的提取液中加入非特异性佐剂（如弗氏完全佐剂、卡介苗、明矾和棒状杆菌属等）制成，应用于临床具有一定的治疗效果。

第二代治疗性肿瘤疫苗是基因修饰的肿瘤细胞或重组的肿瘤抗原，还包括以重组质粒、病毒或细菌为基础的肿瘤疫苗。由于肿瘤细胞缺乏主要组织相容性复合物（MHC－Ⅰ分子）和 B_7 分子，以及不能分泌增强机体免疫力的细胞因子，所以不能被免疫系统识别。如果对肿瘤细胞进行基因修饰，使其产生类似 APC 的功能，则可引起机体的免疫应答。第二代肿瘤疫苗具有使机体产生特异性免疫反应和最小毒性的特点。

第三类肿瘤疫苗是以树突状细胞为基础的肿瘤疫苗。树突状细胞是已知机体内抗原呈递能力最强的细胞，将肿瘤抗原注入树突状细胞，将可引起机体特异性的抗肿瘤免疫反应。

近年来，第二、第三代治疗性肿瘤疫苗的研制已取得较大进展，临床研究中应用于人体，对恶性黑色素瘤、结直肠癌等疾病的治疗有明显疗效。2004 年，用于肿瘤辅助治疗的重组人 p53 腺病毒注射液获得了我国食品药品监督管理局的准字号生产批文。但在多数新型治疗性肿瘤疫苗的应用过程中，由于个体不同而导致的无法产业化生产、难以控制质量、治疗效果差异大等问题有待解决。

预防性肿瘤疫苗在很大程度上能够有效回避个体差异导致的问题，但由于肿瘤细胞免疫原性较弱等原因，预防性肿瘤疫苗的研制一直未取得较大进展。2006 年，美国药品管理局批准上市了世界上第一个预防性癌症疫苗——子宫颈癌疫苗，为预防病毒感染引发的肿瘤开辟了新天地。

第二节 免疫治疗

针对机体低下或亢进的免疫状态，人为地增强或抑制机体的免疫功能以达到治疗疾病目的的治疗方法称为免疫治疗。免疫治疗包括人工被动免疫、免疫增强剂、免疫抑制剂的应用等。免疫治疗的应用范围已日趋广泛，除治疗感染性疾病外，还用于免疫缺陷病、自身免疫病、移植物排斥反应、肿瘤等与免疫有关疾病的治疗。

一、免疫增强剂

免疫增强剂又称免疫调节药，因大多数免疫增强剂可能使过高或过低的免疫功能调节到正常水平，临床主要用其免疫增强作用，治疗免疫缺陷疾病、慢性感染和作为肿瘤的辅助治疗，主要分为以下四类：

（一）免疫细胞及免疫分子制剂

1. 免疫分子制剂　许多免疫分子制剂具有增强免疫作用或免疫调节作用。可供临床使用的主要有以下几种：

（1）转移因子：从淋巴细胞或淋巴组织、脾、扁桃体等制备的一种小分子多核苷酸和多肽，它能将提供者的某种细胞免疫功能特异性转移给接受者。转移因子有两种，一种是特异性转移因子，来自某一疾病康复者的淋巴细胞，使用后能使接受者获得对某一疾病的特异的细胞免疫力；另一种是非特异性转移因子，来自正常人的淋巴细胞，能非特异性地增强接受者的细胞免疫功能。转移因子广泛用于细胞内感染及细胞免疫缺陷或功能降低的各种疾病。如结核病、麻风病、带状疱疹、红斑狼疮、恶性肿瘤、免疫缺陷病等。

（2）白细胞介素：白细胞介素-2也被称为T细胞生长因子，是由活化的T细胞分泌的一种很重要的细胞因子，具有促进T细胞、B细胞、NK细胞增殖分化，增强免疫效应细胞活性，诱导干扰素产生以及免疫调节的作用。目前已用于多种免疫相关性疾病的治疗，如肿瘤、病毒感染、自身免疫病等。白细胞介素-3由激活的T细胞产生，可刺激某些细胞分化为成熟的T细胞，还能刺激骨髓多能造血干细胞和各系统细胞分化、增殖，可促进自然细胞毒细胞（natural cytoxicity cell）的杀瘤活性。

（3）胸腺素：胸腺素是从小牛、羊或猪的胸腺中提取的一种可溶性多肽，是胸腺上皮细胞合成的类似激素的物质。胸腺素能诱导前T细胞成熟为T细胞，并进一步分化成熟为具有特殊功能的各亚型群T细胞，增强T细胞的免疫功能。主要用于治疗细胞免疫功能低下和缺陷的患者。

（4）免疫核糖核酸：先将抗原（肿瘤细胞或乙型肝炎病毒表面抗原等）免疫动物，然后取免疫动物的脾、淋巴结分离出淋巴细胞，提取其中的核糖核酸（免疫核糖核酸）注射给患者，可使患者获得体液免疫及细胞免疫。目前免疫核糖核酸试用于治疗肿瘤及慢性乙型肝炎等疾病。

（5）干扰素：在小剂量时对细胞免疫和体液免疫都有增强作用，大剂量则可产生抑制作用。临床上可用于病毒感染性疾病，如疱疹性角膜炎、病毒性眼病、带状疱疹等皮肤疾患、慢性乙型肝炎等。

2. LAK细胞与TIL细胞　LAK细胞即淋巴因子激活的杀伤细胞（lymphokine activated killer cell，LAK）。从肿瘤患者外周血中分离单个核细胞，在体外培养，加入高剂量的白细胞介素-2使之活化增殖制成LAK细胞。LAK细胞再输回到患者体内，可抑制肿瘤的生长。TIL细胞即肿瘤浸润性淋巴细胞（tumor infiltrating lymphocyte，TIL）。从手术切除的患者肿瘤组织中分离出淋巴细胞，在体外经白细胞介素-2活化增殖制成TIL细胞。再回输到患者体内，具有比LAK细胞更强的杀瘤活性。

（二）微生物制剂

1. 卡介苗　卡介苗为结核杆菌的减毒活疫苗，具有很强的免疫刺激作用。卡介苗可活化巨噬细胞，促进多种细胞因子的产生，增强NK细胞和T细胞的活性。现用于多种肿瘤的治疗。

2. 短小棒状杆菌　短小棒状杆菌可以非特异性地增强机体免疫功能，其主要作用方式是活化巨噬细胞，促进产生白细胞介素、干扰素等细胞因子。对黑色素瘤、乳腺癌、白血病、肝癌等有一定疗效。

（三）化学制剂

1. 左旋咪唑　左旋咪唑能激活吞噬细胞功能，促进 T 细胞产生白细胞介素-2 等细胞因子，增强 NK 细胞活性等。左旋咪唑对免疫功能低下的机体具有较好的免疫增强作用，能增强机体抗病能力，对正常的机体作用不明显。

2. 聚肌胞　聚肌胞是人工合成的多聚肌苷酸、胞苷酸聚合物。具有干扰素诱生剂、免疫佐剂的作用。聚肌胞能增强巨噬细胞吞噬能力，促进抗体生成。用于肿瘤和病毒感染的治疗。

（四）中药制剂

1. 香菇、灵芝等真菌中的多糖成分　某些真菌多糖成分有明显的非特异性免疫刺激作用，可促进淋巴细胞的分裂、增殖并产生多种细胞因子。香菇、灵芝等真菌的多糖可作为传染病和恶性肿瘤的辅助治疗药物。

2. 药用植物及其有效成分　许多药用植物，如黄芪、人参、枸杞子、刺五加等有明显的免疫刺激作用。植物中提取的多糖，如黄芪多糖、枸杞子多糖、刺五加多糖等也有免疫增强作用。

3. 中药方剂　补肾填精、活血化淤、健脾益气类中药方剂有一定的免疫增强功能。

二、免疫抑制剂

免疫抑制剂是一类抑制机体免疫功能的药物，用于治疗免疫性疾病和减弱移植物排斥反应。免疫抑制药多数都缺乏选择性和特异性，对正常和异常的免疫反应均呈抑制作用。故长期应用后，除了各药的特有毒性外，还易出现机体抵抗力下降而诱发感染、肿瘤发生率增加及影响生殖系统功能等不良反应。

（一）化学合成药物

用于免疫抑制治疗的化学合成药物主要是抗肿瘤药物和激素。

1. 烷化剂抗肿瘤药物　常用的烷化剂药物包括环磷酰胺、氮芥、苯丁酸氮芥等。它们的主要作用是破坏 DNA 结构，影响 DNA 复制和蛋白质合成，阻止细胞分裂，导致细胞死亡。处于增殖状态的肿瘤细胞和淋巴细胞对烷化剂比较敏感，因此，烷化剂可用于抗肿瘤和抑制免疫。目前环磷酰胺主要用于器官移植和自身免疫病的治疗。

2. 抗代谢药　用于免疫抑制的抗代谢药主要有嘌呤和嘧啶的类似物以及叶酸拮抗剂两大类。嘌呤类似物硫唑嘌呤等主要通过干扰 DNA 的复制起作用；叶酸拮抗剂氨甲蝶呤等主要通过干扰核酸和蛋白质的合成起作用。可用于器官移植的排异反应和自体免疫性疾病如类风湿性关节炎等。

3. 激素　许多激素可以通过神经—内分泌—免疫网络参与免疫应答的调节。糖皮质激素具有明显的抗炎和免疫抑制作用。常用的有泼尼松、泼尼松龙、地塞米松等。它们可抑制细胞免疫反应和体液免疫反应，缓解变态反应对人体的损害。因此，糖皮质激素广泛用于预防移植物排斥反应，治疗超敏反应性疾病及自身免疫性疾病等。

（二）真菌代谢产物

环孢菌素 A 来自真菌培养液，是一种只含 11 个氨基酸的环形多肽。对 T 细胞（尤其是 T_H 细胞）有较好的选择性抑制作用，而对其他的免疫细胞抑制作用较弱，同时能抑制淋巴细胞生成干扰素。因此是一种较好的抗移植物排斥反应的理想药物。环孢菌素 A 也用于自身免疫病的治疗。

FK-506 也由真菌产生，是一种大环内酯类抗生素。与环孢菌素 A 一样，FK-506 也选择性抑制 T 细胞，其作用比环孢菌素 A 强 10～100 倍。FK-506 已在临床器官移植中使用，取得很好的效果。

（三）其他制剂

1. 抗淋巴细胞丙种球蛋白　抗淋巴细胞丙种球蛋白是用人胸腺细胞或胸导管细胞免疫动物，分离血清提取球蛋白而制成。它抑制细胞免疫的作用较强。临床上用于预防和治疗器官移植后移植物排斥反应。

2. 抗 T 细胞及 T 细胞亚群单克隆抗体　通过杂交瘤技术可以制备针对多种 T 细胞表面标志的单克隆抗体。抗 CD_3、抗 CD_4、抗 CD_8 等单克隆抗体可以封闭相应 T 细胞，达到特异性免疫抑制效果。这些单克隆抗体用于抑制移植物排斥反应和治疗某些自身免疫病，取得明显疗效。

第三节　免疫检测

应用免疫学原理对抗原、抗体的检测以及对细胞免疫状态的检测均属于免疫学诊断的范畴。免疫学诊断也称为免疫学检测，免疫学检测技术具有高度特异性、敏感性、操作简便、迅速等优点，已广泛用于生命科学的各分支学科中。在药学领域，大多数药物属于半抗原，只要和大分子载体偶联在一起就可成为完全抗原，用它免疫动物制备出多克隆或单克隆抗体，可用于对药物半抗原的定性定量测定。

一、抗原、抗体的检测

抗原与相应抗体相遇，将发生特异性结合，体外的抗原抗体反应可用各种不同的技术进行观察，它是免疫学测定的基础。由于用于检测的抗体通常存在于血清等体液中，故利用体外抗原抗体反应进行的免疫学检测也被称为体液免疫测定或血清学检查。其应用包括两个方面：一是用已知的抗原去检测未知的抗体，这就是临床上广泛使用的血清学诊断法；二是用已知的抗体去检测未知的抗原，例如对微生物、激素、药物的鉴定。

（一）抗原抗体反应的一般特征

1. 特异性与交叉反应　抗原与抗体结合具有严格的特异性。特异性的基础在于抗原决定簇和抗体高变区结构上的互补。但是，如果两种抗原存在着相同或相似的抗原决定簇，就会发生交叉反应。

2. 分子表面的结合　抗原抗体的结合是分子表面的结合，是非共价键的结合，反应是可逆的。这种结合由离子键、氢键、疏水键、范德华力所决定，在一定条件下可发生解离，解离的程度视抗原抗体的适合程度而定。若抗原与抗体的适合性好，结合就牢固，解离倾向就弱，这类抗体称为高亲和力抗体，反之为低亲和力抗体。

3. 合适的分子比例　抗原抗体结合是否出现肉眼可见的反应与抗原抗体的分子比例有关。若反应体系中抗原与抗体的比例适当，就能形成较大的抗原抗体复合物，出现沉淀或凝集等肉眼可见的反应。如果抗原抗体的比例不适当，就不能形成大的免疫复合物，则不出现可见反应。

4. 反应分为两个阶段　抗原与其相应的抗体相遇，二者发生特异性结合，是反应的第一阶段，这一阶段反应速度快，不发生肉眼可见现象。随之进入反应的第二阶段，此阶段所需时间较长，并需电解质等环境条件的配合，方可出现可见反应。环境条件包括电解质、酸碱度、温度、振荡等。

（二）常见的抗原抗体反应

1. 凝集反应　细菌、红细胞等颗粒性抗原与相应抗体结合，在适量电解质存在的条件下，形成肉眼可见的凝集块，这一类反应称为凝集反应（agglutination reaction）。反应中的抗原称为凝集原，抗体称为凝集素（agglutinin）。

（1）直接凝集反应：颗粒性抗原与相应抗体直接结合所呈现的凝集现象称为直接凝集反应。直接凝集反应有两种试验方法：一种是玻片法，把抗原和相应抗体放在玻片上进行凝集反应，常用已知抗体（含已知抗体的诊断血清）检测未知抗原。该方法简便快速，为定性试验。可用于细菌的鉴定和 ABO 血型的测定。另一种是试管法，在一系列试管中系列稀释待检血清，加入已知颗粒性抗原，用于定量检测血清中的抗体含量，如诊断伤寒病的肥达试验。

（2）间接凝集反应：将可溶性抗原包被在颗粒性载体（红细胞或乳胶颗粒）表面，与相应抗体反应，出现凝集现象称为间接凝集反应。例如，用变性 Ig（抗原）包被乳胶颗粒检测类风湿关节炎病人血清中的类风湿因子（抗体）。

在间接凝集反应中如改用抗体包被载体，然后与相应抗原结合，同样可出现凝集现象，称为反向间接凝集反应。该方法可用于检测血液标本中的甲胎蛋白等。

（3）间接凝集抑制试验：将可溶性抗原与相应抗体预先混合，充分作用后，加入相应致敏颗粒，由于抗体已被可溶性抗原结合，不能再与致敏颗粒表面的抗原结合，因此不出现致敏颗粒被凝集的现象，称为间接凝集抑制试验。该试验可用来检测可溶性抗原，临床常用的免疫妊娠诊断试验即属此类。免疫妊娠诊断试验所用的诊断抗原试剂是人绒毛膜促性腺激素（可溶性抗原）致敏的乳胶颗粒，诊断血清是人绒毛膜促性腺激素的抗体，两者作用可出现间接凝集反应。检测的标本是尿液，妊娠后尿液中存在人绒毛膜促性腺激素。

方法：取待检尿液和诊断血清各一滴，在玻片上混均，然后再加一滴诊断抗原，混均并缓慢摇动数分钟，即可观察结果。若不出现凝集，为妊娠诊断试验阳性；若出现凝集，则为妊娠诊断试验阴性。

（4）协同凝集试验：以金黄色葡萄球菌 A 蛋白作为 IgG 的载体，进行的凝集反应称为协同凝集试验。金黄色葡萄球菌细胞壁成分中 A 蛋白（staphylococal protein A，SPA）能与人及多种哺乳动物血清中的 IgG 的 Fc 段结合。当 IgG 通过 Fc 段与 SPA 结合后，其 Fab 暴露于金黄色葡萄球菌的表面，仍具有正常的抗体活性和特异性，与相应可溶性抗原相遇时，可通过菌体表面的 IgG 抗体与相应抗原结合使葡萄球菌发生凝集。协同凝集试验通常用来检测传染病患者的血液、脑脊液和其他分泌液中存在的微量抗原。

2. 沉淀反应　可溶性抗原与相应抗体相结合，在适量电解质存在的条件下，出现肉眼可见沉淀物的现象，称为沉淀反应（precipitation reaction）。参与沉淀反应的抗原为沉淀原，抗体为沉淀素（precipitin）。沉淀原通常是蛋白质、多糖、类脂等，其体积小，在单位体积中的分子数较多，因此做沉淀反应试验时常稀释抗原。沉淀反应试验包括环状沉淀试验、絮状沉淀试验、琼脂扩散试验三种基本类型。

（1）环状沉淀试验：在小试管中进行。在管底加入已知抗血清，然后仔细加入待检的稀释抗原，使成为界限分明的两层，静置一段时间后，观察两层液面交界处有无白色的沉淀环出现。环状沉淀试验为定性试验，可用于鉴别血迹性质和对某些细菌进行鉴定（如鉴定炭疽杆菌的Ascoli 试验）。

（2）絮状沉淀试验：将可溶性抗原与相应抗体在试管内或凹玻片上混合，观察肉眼可见的不溶性沉淀物。此方法由于灵敏性不高，临床应用日趋减少。

（3）琼脂扩散试验：是在1%左右的琼脂内进行的一种沉淀反应。琼脂凝胶如同网状支架，可溶性抗原与抗体在网间扩散，在电解质存在的条件下，在抗原与抗体比例适当的位置，可形成白色的沉淀线。琼脂扩散有双向琼脂扩散、单向琼脂扩散两种基本类型，将琼脂扩散和电泳技术结合，可衍生出对流电泳、火箭电泳、免疫电泳等多种检测方法。

双向琼脂扩散试验：把加热融化的半固体琼脂浇注到玻片上，待冷凝后在琼脂板上打孔，将抗原、抗体分别加入相邻的两孔中，置湿盒放置过夜。如果抗原、抗体相适应，浓度和比例适当，则两孔之间将出现白色沉淀线。沉淀线的位置和抗原、抗体的浓度有关。当抗体浓度大于抗原浓度时，沉淀线位置靠近抗原，反之则靠近抗体。一般而言，一对相应的抗原、抗体只能形成一条沉淀线。当反应体系中存有多对抗原、抗体时，可形成多条沉淀线。因此可根据沉淀线的数目推断反应体系中有多少种成对的抗原、抗体。根据沉淀线的形状还可鉴定两种抗原是完全相同、部分相同还是完全不同（图 11－1）。

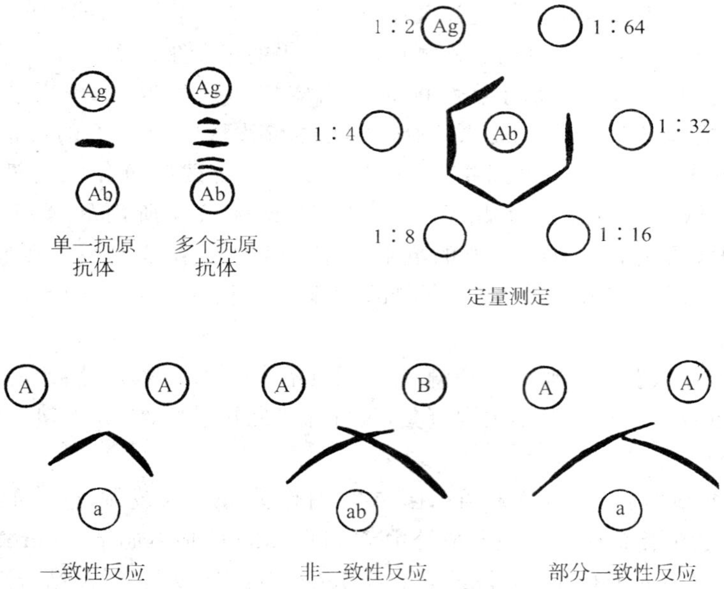

图 11－1　双向琼脂扩散的几种图形

A、A′、B 为抗原（A 与 B 完全不同，A 与 A′部分相同），a、b 为抗体

本法常用于测定血清中各种免疫球蛋白的类别、亚类，测定甲胎蛋白等。但此法灵敏度低，所需时间较长。

单向琼脂扩散试验：将加热融化的半固体琼脂，冷却至 50℃左右时，加入抗体血清混匀并浇注平板，待琼脂冷凝后打孔，于孔中加入不同稀释度的抗原，使其向四周扩散，经一段时间后，抗原孔周围将出现白色沉淀环。环的直径与抗原浓度成正比。如果与标准曲线比较，则可对待测抗原进行定量测定。此法常用于检测免疫球蛋白及补体的含量。图 11－2 示单向琼脂扩散试验。

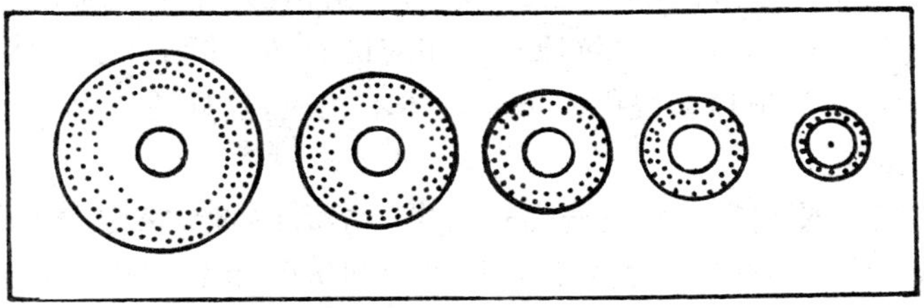

图 11－2　单向琼脂扩散结果示意图

对流免疫电泳：是一种电场作用下的双向琼脂扩散。方法是用 pH 8.6 的巴比妥缓冲液配制半固体琼脂，浇板和打孔后，将抗原加入近阴极孔中，抗体加入近阳极孔中，置电泳槽中进行电泳。通电后抗原、抗体在电场力、电渗力作用下相对而行，在两者相遇最适比例处形成白色沉淀线。对流免疫电泳限制了抗原、抗体自由地向多方向扩散，加快了泳动速度，所以比双向琼脂扩散缩短了反应时间，提高了灵敏度。此试验常用于检测血清中的 HBsAg 和甲胎蛋白等可溶性抗原。

对流免疫电泳原理：抗原和抗体在电泳时受两种作用力的影响，一种是使抗原、抗体由阴极向阳极移动的电场力；另一种是使抗原抗体由阳极向阴极移动的电渗力（电渗力是指在电场作用下，琼脂中水溶液带动胶体粒子由阳极向阴极移动的作用力）。通常抗原等电点偏低（pH 4～5），在碱性缓冲液中带负电荷较多，受电场力作用较大，而其相对分子质量较小，受电渗作用小，合力结果是电场力大于电渗力。因此，通电后抗原由阴极向阳极移动。抗体为球蛋白，等电点偏高（pH 6～7），所带负电荷较少，受电场力作用小，而其相对分子质量较大，受电渗作用大，合力结果是电渗力大于电场力。因此，通电后抗体由阳极向阴极移动。

火箭电泳：是一种将单向琼脂扩散与电泳技术结合在一起的定量检测方法。将已知抗体加入融化的琼脂中浇板，冷凝后在阴极端打一排小孔，各孔中分别加入定量的待测样品及不同稀释度的标准品作为阳性对照。在电场中，抗原向阳极移动，与琼脂板中的抗体结合形成沉淀峰，故称为火箭电泳。沉淀峰的高度与抗原含量成正比，因此可检测出标本中抗原的含量。

免疫电泳：是将抗原先在琼脂板上电泳后，再加上抗体进行双向琼脂扩散的一种试验。方法是将抗原加入琼脂板孔中先进行电泳，使各种抗原成分按电泳迁移率的不同而分离开来。结束电泳后，在琼脂板上挖一与电泳方向平行的抗体槽，加入相应的抗体进行琼脂扩散，各抗原、抗体分别在不同位置相遇，出现多条沉淀线。如与已知电泳图比较，即可分析标本中的抗原成分。此法常用于血清蛋白组分的分析以及研究抗体组分的变化。

3. 其他类型的抗原抗体反应

（1）溶菌反应：某些细菌与相应抗体结合，可激活补体使细菌溶解。这种现象主要发生于霍乱弧菌等革兰阴性菌。溶菌反应可用于细菌鉴定。

（2）溶血反应：红细胞与相应抗体结合，可激活补体是使红细胞溶解，称为溶血反应。参加反应的抗体称为溶血素（hemolysin），它们与相应红细胞可作为补体结合试验的指示系统。

（3）补体结合试验：此反应有两个系统五种反应成分。一为待检系统，即已知抗原和待检的未知抗体（或已知抗体和待检的未知抗原），另一系统为指示系统，包括绵羊红细胞、溶血素、补体（新鲜豚鼠血清）。补体结合反应为定量试验，除待检抗原（或抗体）外，其余四种成分均需要先进行滴定,并以一定量参加反应。试验时先将待检系统中的抗原、抗体和补体进行反应,使三者结合,然后加入指示系统的绵羊红细胞和溶血素,观察绵羊红细胞是否溶解。如果不溶血,则补体结合反应为阳性,表示被检抗原与其相应的抗体,并结合了补体;反之出现溶血,则为补体结合反应阴性,表示被检系统中的抗原抗体不相应,这样将不结合,使补体保留下来参加指示系统的溶血反应。

(4) 中和试验:抗体使相应毒素或病毒丧失生物学活性的现象称为中和反应,引起中和反应的抗体称为中和抗体。中和试验主要包括病毒中和试验和毒素中和试验。毒素或病毒和中和抗体结合后丧失和细胞结合的能力而丧失生物学活性。中和试验常用于毒素的鉴定、病毒感染性疾病的诊断以及病毒的鉴定。根据不同情况,中和试验可在易感动物体内或组织培养中进行。

(5) 免疫标记测定技术:免疫标记测定技术是用酶、荧光素或放射性同位素等标记物,标记抗体或抗原后进行的抗原抗体反应。该技术将标记物的高度灵敏性与抗原抗体反应的特异性有效结合,使检测方法具有高灵敏度、快速、可定性、定量、定位等优点。免疫标记技术已成为目前应用最广泛的免疫学检测技术。

① 酶免疫测定技术:是用酶标记抗体进行的抗原抗体反应。其原理是酶与抗体结合,既不改变抗体与相应抗原的特异性反应,也不影响酶对底物的反应,当加入底物时,酶催化底物反应产生有色物质,根据反应体系颜色深浅来判断待测样品中抗原(或抗体)的含量。最常用的酶免疫测定方法是酶联免疫吸附试验(enzyme linked immunosorbent assay,ELISA)。酶联免疫吸附试验是利用抗原或抗体能非特异性吸附于聚苯乙烯等固相载体表面的特性,使抗原抗体反应在固相载体表面进行的一种酶免疫测定技术。包括三种基本方法:a. 间接法:此法用于测定抗体,包括以下几个步骤:将抗原吸附到固相载体上,洗涤;加入待检血清,孵育,洗涤;加入酶标记的抗人球蛋白,孵育,洗涤;加入酶的底物,孵育一定时间后终止反应;用目测或酶标仪读数。b. 双抗体夹心法:此法用于测定抗原,有以下几个步骤:将特异抗体吸附于固相载体,洗涤;加入待检抗原,孵育,洗涤;加入酶标记的特异抗体,孵育,洗涤;加入酶的底物,经一定时间后终止反应,用目测或酶标仪读数。c. 竞争法:此法用于测定抗原,按以下步骤进行:将特异抗体吸附到固相载体表面,洗涤;将待测抗原与酶标记特异抗原按适当比例混合后加入,同时以缓冲液代替待测抗原作对照,孵育,洗涤;加入酶的底物,经一定时间后终止反应,目测或酶标仪读数。比较对照与试验读数即能判定结果。

② 免疫荧光技术:将荧光色素(异硫氰酸或罗丹明等)标记抗体制成荧光抗体,荧光抗体与相应抗原结合后,在荧光显微镜下观察荧光的有无、强弱、部位等,起到定性、定量、定位检测抗原(或抗体)的作用。常用的试验方法有直接法和间接法。

a. 直接法:将待检标本固定于玻片上,滴加已知荧光抗体于待检标本上,用缓冲液洗去游离的荧光抗体,干燥后在荧光显微镜下观察。此方法操作简便,特异性高;缺点是每检测一种抗原就要制备一种相应的荧光抗体。

b. 间接法:用荧光色素标记抗球蛋白抗体(抗-抗体),可用来检测标本中的抗原,也可用来检测血清的抗体。例如,将待检抗原固定于玻片上,加入已知抗体于玻片上和待检抗原作用后洗去游离的已知抗体,再加入荧光标记抗-抗体,洗涤、干燥后,在荧光显微镜下观察。间接法灵敏度较高,可用于多个抗原抗体系统的检测,应用范围较为广泛。

③ 放射免疫测定法:是用放射性同位素标记抗原或抗体进行免疫学检测的技术。该方法灵敏度极高,常用于检测微量物质,如胰岛素、生长激素、甲状腺素等激素、吗啡、地高辛等

药物。

抗原抗体反应的方法多样，其相对的灵敏度也有很大差别。其中放免的灵敏度最高，其次是 ELISA，凝集反应的检测极限在 10μg/L 左右，远远高于沉淀反应。因此，必须根据具体情况选用实验方法。

二、细胞免疫测定法

在体内或体外测定细胞介导免疫功能的方法称为细胞免疫测定法。体内法常用皮肤试验。如结核菌素皮肤试验等。体外法主要包括测定 T 细胞数量和功能，以及与细胞免疫有关的细胞因子活性测定。

（一）T 细胞总数的测定

人外周血中的 T 细胞具有绵羊红细胞受体（E 受体），绵羊红细胞和带有 E 受体的 T 淋巴细胞结合形成玫瑰花状的 E 花环。试验时将分离的人外周血淋巴细胞与绵羊红细胞按一定比例混合，低速离心 10 min，4℃冰箱放置 2 h 后，涂片、染色，记数吸附 3 个以上绵羊红细胞的淋巴细胞的百分率。正常值为 60％～70％。

（二）T 细胞亚群的测定

不同 T 细胞亚群各有其特有的分化抗原，例如，具有 CD_4 抗原的 T 细胞为 T_H 细胞或 T_D 细胞，具有 CD_8 抗原的 T 细胞为 T_S 细胞或 T_C 细胞。因此可用其相应的单克隆抗体进行检测。一般采用间接免疫荧光技术进行测定。正常人 CD_4 细胞/CD_8 细胞的比值常大于 1.7，免疫缺陷者此比值偏低。艾滋病患者由于 CD_4 细胞受到破坏，此比值倒置。

（三）淋巴细胞转化试验

淋巴细胞转化试验是指 T 细胞在体外培养时，受到非特异性有丝分裂原如植物血凝素（PHA）等刺激后，能转化为淋巴母细胞。淋巴母细胞体积增大，胞浆丰富，内含许多颗粒，核仁清晰可见，蛋白质及 RNA、DNA 合成增加，随后细胞可发生分裂增殖。根据 T 细胞的转化率，可判断机体的细胞免疫功能水平。

（四）细胞毒试验

CTL、NK 细胞对靶细胞有直接杀伤作用，可选用相应的靶细胞，如肿瘤细胞、移植供体细胞等来检测效应细胞的活性。该试验用于肿瘤免疫、移植排斥反应、病毒感染等方面的研究。常用的试验方法有 ^{51}Cr 释放法。

^{51}Cr 释放法：试验时将分离的淋巴细胞与用 $Na_2^{51}CrO_4$ 标记的靶细胞于 37℃共育 4 h，若待检效应细胞能杀伤靶细胞，则 ^{51}Cr 从靶细胞内释放至上清液中，离心取上清，用 γ 射线测量仪检测上清中 cpm 值，应用公式可计算出待检效应细胞的杀伤活性。

（五）细胞因子检测

细胞因子的检测有助于了解细胞因子在免疫调节中的作用，鉴定分离的淋巴细胞，监测某些疾病状态的细胞免疫功能。细胞因子的检测方法很多，主要有：ELISA 方法（可采用细胞因子单克隆抗体），生物活性测定法（可采用细胞因子依赖的细胞株），聚合酶链反应（可采用特定细胞因子的引物）。例如，白细胞介素－2 是活化的 T 细胞所分泌的一种非常重要的细胞因子，近年来已逐步应用测定白细胞介素－2 来评估细胞免疫功能。可选用白细胞介素－2 依赖株，其增殖反应与细胞因子的量成正比，根据细胞株的增殖水平可确定样品中细胞因子的含量。

第三篇　微生物学在药学中的应用

微生物学与药学的关系十分密切。用微生物发酵的方法制造药物；用微生物来检测抗生素的药效；微生物的抗药性；药物生产过程如何防止微生物污染药物；微生物污染药物后对药物质量有何影响；药物制剂的微生物学检查等内容都是药学微生物学研究的范畴。

本篇介绍微生物制药、抗生素的药效学研究、药物的微生物学检查等内容。

第十二章　微生物制药

目前的医药生产中已广泛利用微生物发酵来制造各种药物。微生物发酵技术还用于化妆品、保健品、功能性食品等与医疗保健有关的产品的制造。本章的内容包括抗生素、氨基酸、酶制剂等药物的发酵生产。

关于发酵(fermentation)的概念，不同的学科的理解各不相同。在生物化学领域，发酵是指以小分子有机物为最终受氢体的生物氧化过程。在工业微生物学领域，发酵是指用培养微生物制造工业产品的过程。但目前工业上发酵的主体不仅仅是微生物，还包括动物细胞和植物细胞以及一些酶类。所以，较为广泛的发酵概念是指用培养生物细胞(或一些酶类)制得产物的过程。发酵过程包括了生物细胞的培养和产物合成的过程。根据发酵时是否需要氧气，发酵可分为需氧发酵与厌氧发酵；根据发酵时所用培养基的物理性状，发酵分为固体发酵与液体发酵；根据发酵工艺的不同分为浅层发酵和深层发酵。目前工业发酵多采用需氧深层液体发酵。

第一节　抗　生　素

两种微生物培养于同一培养基中，一种微生物抑制另一中微生物生长的现象称为拮抗现象。抗生素(antibiotic)是通过深入研究拮抗现象而发现的。1929 年，Fleming 研究金黄色葡萄球菌时发现培养物上污染的青霉菌产生一种抗菌物质对葡萄球菌、白喉杆菌等细菌有抗菌作用，并将这种抗菌物质命名为青霉素。但他没有对青霉素进行纯化，也没有进行化学治疗试验。因此，青霉素被埋没了 10 年。1940 年，Florey 和 Chain 采用溶媒萃取法从青霉菌培养液获得青霉素粗品，1941 年，临床试验获得成功，第一个能供医疗用的抗生素就此诞生。继之，Waksman 又从土壤分离的放线菌培养液中获得链霉菌等放线菌产生的抗生素。20 世纪 50 年代抗生素发酵生产进入高峰时期。20 世纪 60 年代，以已知抗生素为原料进行结构改造的半合成抗生素兴起。20 世纪 70 年代，半合成抗生素的研制进入高潮。目前，从自然界发现和分离的抗生素已达 10 000 多种，通过结构改造制备的半合成抗生素接近 10 万种。可供临床使用的抗生素 100 多种。

我国的抗生素发酵工业是新中国成立后建立和发展起来的。1953 年青霉素在上海第三制药厂正式投产，1958 年我国最大的抗生素生产厂华北制药厂建成，随后全国各地建立起一批抗生素厂。抗生素产量居世界前列。但从产品研制和生产水平来看，和发达国家相比还有一定的差距。因此仍需继续努力，研究开发新品种，改良原有菌种，提高发酵产量，以满足医疗需要。

一、抗生素的概念和分类

（一）抗生素的概念

抗生素是生物在其生命活动过程中产生的（以及用化学、生物、生物化学方法衍生的），能在低微浓度下有选择性抑制或影响他种生物功能的有机化合物。在抗生素研究的早期阶段，抗生素的早期概念是指那些由微生物产生的，能抑制其他微生物生长的物质。其产生局限于微生物，其作用局限于抗菌作用。随着研究的深入，又加上了“低微浓度、选择性”的含义，以便和其他抗菌物质相区别。以后随着研究的进一步深入和抗生素应用领域的不断扩大，抗生素的内涵也逐步扩大。

除微生物外，植物和动物也能产生抗生素。植物的抗菌性能已早为人知，在已知的 50 万种植物中从植物化学角度去研究过的只有 1/10，而从产生抗菌物质角度去研究的更是为数极少。但是，植物产生的长春花碱、美登素、地衣酸、蒜素等均符合现有的抗生素定义。人们从海绵动物中得到 300 多种新颖独特的抗菌的、抗肿瘤的、抗病毒的化合物，从动物脏器中得到鱼素等表明动物也是抗生素的一个来源。目前，抗生素的工业化生产主要是用微生物生产。某些结构简单的抗生素可以用化学方法全合成，如氯霉素。此外采用化学方法或生物化学方法对天然抗生素进行结构改造制备半合成抗生素也是抗生素的一个重要来源。

按照现有的抗生素定义，抗生素的作用不仅仅是抗菌作用，其作用还包括抗肿瘤作用、抗病毒作用、抑制免疫作用、杀虫作用、除草作用等。

（二）医疗用抗生素的特点

人们发现的抗生素较多，但用于医疗上的却不多。这主要是由于医疗用的抗生素有其基本要求。医疗用抗生素的基本要求包括有较大的差异毒力和生物活性强大且具有选择性。

1. 有较大的差异毒力　差异毒力即抗生素对微生物或癌细胞的抑制、杀灭作用，与对机体损害的差异。抗生素的差异毒力越大，就越发有利其临床应用。抗生素的差异毒力大小和抗生素作用机制有关。当某种抗生素抑制了微生物的某一代谢，而此代谢又是宿主不具有的，该抗生素就具有较大的差异毒力。例如青霉素能抑制细菌的细胞壁合成，而人及哺乳动物细胞不具有细胞壁，因此青霉素的差异毒力非常大，临床应用非常广泛。

2. 生物活性强大而具有选择性　抗生素生物活性强大体现在极微量的抗生素就对微生物具有抑制或杀灭作用。一种抗生素抗菌作用的强弱常用最低抑菌浓度（minimal inhibitory concentration，MIC）来表示。MIC 即指能抑制细菌生长所需药物的最低浓度。抗生素的 MIC 一般以“μg/mL”为单位表示。抗生素的作用具有选择性，各种不同的抗生素作用机制有所不同，因而每种抗生素都具有一定的抗菌谱或抗瘤谱。抗菌谱是指某种抗生素所能抑制或杀灭微生物的范围和所需剂量。范围广泛者称为广谱抗生素，范围狭窄者称为窄谱抗生素。抗癌抗生素所能抑瘤的范围称为抗瘤谱。

以上两点只是医疗用抗生素的最基本要求。此外，良好的抗生素还应该具有不容易产生抗药性、毒副作用小、不易引起超敏反应、吸收快、血药浓度高等优点。

（三）抗生素的分类

抗生素的种类繁多、性质复杂、有多方面的用途，目前尚无较统一的分类方法。研究者根据需要从不同角度对抗生素进行分类，习惯上一般以产生来源、作用对象、作用机制、化学结构等作为分类依据。这些分类方法各有其适用范围。以下简单介绍两类抗生素分类方法。

1. 根据抗生素的产生来源分类

（1）细菌产生的抗生素：由细菌产生的抗生素约有 850 种，占微生物产生的抗生素的 9%，产生抗生素的细菌主要是芽胞杆菌属的多黏芽胞杆菌和枯草杆菌、假单胞菌属的绿脓杆菌和肠道细菌。芽胞杆菌属细菌产生的抗生素绝大多数是多肽类抗生素，如多黏菌素、杆菌肽等。这些多肽类抗生素对肾脏毒性较大，多作为局部用药。值得注意的是，人们还分别从芽胞杆菌、假单胞菌、节杆菌、棒状杆菌中筛选到属于氨基糖苷类、β-内酰胺类、大环内酯类、氯霉素类的新抗生素。这说明从细菌中寻找新抗生素是有潜力的。

（2）放线菌产生的抗生素：放线菌产生的抗生素约有 4 200 种，其中以链霉菌属产生的抗生素最多，其次是小单胞菌属和诺卡菌属。不过，现已有越来越多的新抗生素来源于上述三个属以外的放线菌，即所谓稀有放线菌属。放线菌产生的抗生素主要有氨基糖苷类、四环类、大环内酯类、多烯类、放线菌素类。

（3）真菌产生的抗生素：真菌产生的抗生素约有 1 450 种，其中比较重要的有青霉菌属产生的青霉素和头孢菌属产生的头孢菌素。此外，还有青霉菌属产生的灰黄霉素等。

（4）植物和动物产生的抗生素：植物和动物产生的抗生素约 2 800 种，如地衣和藻类植物产生的地衣酸，从被子植物蒜中制得的蒜素，从动物脏器制得的鱼素等。

2. 根据抗生素的化学结构进行分类　化学结构决定抗生素的理化性质、作用机制、疗效，所以按化学结构分类有重要意义。习惯上将抗生素分为五大类，但由于抗生素结构的类型很多，尚有许多抗生素不被包括在五大类抗生素之中。

（1）β-内酰胺类抗生素：这类抗生素分子中含有一个 β-内酰胺环，如青霉素、头孢菌素等。

（2）氨基糖苷类抗生素：这类抗生素分子中既含有氨基糖苷，又含有氨基环醇的结构，如链霉素、卡那霉素等。

（3）大环内酯类抗生素：这类抗生素分子中含有一个大环内酯，如红霉素、麦迪霉素等。

（4）四环类抗生素：这类抗生素分子中含有四骈苯，如四环素、金霉素等。

（5）多肽类抗生素：这类抗生素是由氨基酸组成的小分子多肽，分子中常含有一些非蛋白质氨基酸、环状结构，有些还含有部分非氨基酸组分。常见的多肽类抗生素有多黏菌素、杆菌肽等。

二、抗生素产生菌的分离和筛选

抗生素产生菌的分离和筛选是研究开发新抗生素的第一步工作。以下以分离土壤放线菌为例，简要说明抗生素产生菌的分离和筛选过程以及研究开发新抗生素的工作步骤。

（一）土壤微生物的分离

1. 采土　采土需注意土壤的环境和性质、采土的时机、记录、无菌操作等。放线菌在较干燥、偏碱性、有机质丰富的土壤中数量较多。采土以春、秋两季为宜，避免雨季。雨季易长霉，影响放线菌的生长。采土时，去除植被及表土，取 5～10 cm 深处的土壤，装入无菌容器，并贴上标签。

2. 分离放线菌 取土壤样品以无菌水稀释或直接取少量研碎的土壤,接种于对放线菌适宜的琼脂培养基上,培养基不同可分离到不同的菌种,因此在分离时最好多选用几种培养基。为避免真菌污染,分离时可于培养基中加入一些抑制真菌生长的药物。经培养后挑取放线菌菌落移种于斜面,经斜面培养后,获得纯培养。根据菌的形态、培养特征,初步排除相同菌。

(二) 筛选

筛选是指从大量分离到的放线菌中鉴别出极少数有实用价值的抗生素产生菌的过程。在新抗生素产生菌的筛选中,应根据目的选择合适的筛选模型和筛选方法。

1. 筛选模型 筛选模型是指在筛选工作中为检测抗生素生物学活性而使用的试验菌、噬菌体、肿瘤细胞等。应根据筛选目的选用合适的筛选模型。为了避免感染病原菌的危险,通常选用非致病的、而又能代表某些类型病原菌的微生物作为试验菌。例如,用金黄色葡萄球菌代表革兰阳性球菌、枯草芽胞杆菌代表革兰阳性杆菌、耻垢分枝杆菌代表结核分枝杆菌、大肠杆菌代表革兰阴性杆菌、白假丝酵母菌代表酵母状真菌、曲霉代表丝状真菌、噬菌体代表病毒或肿瘤细胞等。

2. 筛选方法 要筛选具有抗菌作用的抗生素一般采用琼脂扩散法。先制备含试验菌的琼脂平板,然后以含有放线菌摇瓶培养发酵液的滤纸片或一定大小的放线菌琼脂培养块放在含试验菌的平板上,培养后观察有无抑菌圈产生。可供选择的筛选方法有多种多样。例如,筛选抗肿瘤抗生素可采用噬菌体、细胞膜缺陷型酵母突变株、精原细胞、肿瘤细胞等多种筛选方法。其原理是抗肿瘤抗生素对以上的微生物或细胞有抑制作用。

(三) 早期鉴别

经过筛选后获得的抗生素产生菌需早期鉴别,对有价值的抗生素产生菌需从产生菌和其产生的抗生素两个方面进行鉴定,鉴定过程中需和已知菌及已知抗生素进行比较鉴别。

产生菌方面应进行形态、培养、细菌生化反应等试验对抗生素产生菌进行初步的分类鉴定。了解产生菌的生物学性质有利于和已知菌比较,有利于对发酵条件的掌握。

抗生素方面应进行抗菌谱(或抗瘤谱)的测定,还应采用纸层析法测定抗生素的极性和在各种溶媒中的溶解度,用纸电泳法判断抗生素是酸性、碱性、中性或两性,所得结果除与已知抗生素比较进行鉴别外,还供进一步从发酵液分离抗生素时作为参考。随着抗生素进一步分离、纯化,可采用更为深入的方法鉴别,如各种光谱分析,测定抗生素的结构。

(四) 分离精制

将可能产生新抗生素的产生菌进行扩大发酵培养,然后选择合适的方法将抗生素从培养液中提取出来,加以精制纯化。获得足够量的精制抗生素样品供临床前试验研究和临床试验使用。

(五) 临床前试验研究

分离精制获得的抗生素样品必须先进行一系列的临床前试验研究。临床前研究包括对动物的(急性、亚急性、慢性)毒性试验、动物体内治疗试验、药物在动物体内的分布、排泄、代谢等动力学试验,摸索适宜的药物剂量、给药方式,了解药物不良反应、致突变、致癌、致畸胎试验等。

为了保障人民群众的用药安全,规范临床前试验管理,国家制定了《药品临床前研究质量管理规范》(*Good Laboratory Practice for Nonclinical Studies*,GLP)。GLP是临床前试验研究必须遵循的规范。临床前试验研究的结果需上报有关药政管理部门审查合格后方可进行临床试验。

（六）临床试验

临床试验是将药物应用到人体的试验。为了用药安全，国家制定了《药品临床试验管理规范》(*Good Laboratory Practice for Clinical Studies*，GCP)。凡新药进行各期临床试验，均需严格按照 GCP 进行。经临床试验效果良好的药物，再经药政部门审查批准，才可投入生产和临床使用。

三、抗生素的制备

抗生素的制备分为发酵和提取两个阶段。发酵是指抗生素产生菌在一定培养条件下生物合成抗生素的过程，此过程包括菌体生长和产物合成这两种不同性质的代谢过程。提取是指将抗生素从发酵培养物中提取出来并加以精制，制成抗生素成品。抗生素生产的一般流程如下：

菌种→孢子制备→种子制备→发酵→发酵液预处理→提取和精制→成品检验→成品包装

（一）发酵阶段

1. 抗生素发酵的特点　抗生素发酵具有需氧发酵、深层发酵、纯种发酵的特点。

(1) 需氧发酵：目前的抗生素发酵一般都是需氧发酵，在发酵过程中需要不断地通入无菌空气和进行机械搅拌，以提供足够量的氧给抗生素产生菌进行代谢。

(2) 深层发酵：抗生素的现代化工业生产一般采用液体深层发酵，在大型发酵罐中进行生产。发酵罐体积较大，并附有控制发酵温度的冷却设备。

(3) 纯种发酵：抗生素发酵工业要求纯种发酵，发酵过程需注意防止杂菌的污染。发酵液一旦染菌，后果比较严重，可导致产量下降、提取困难，甚至全部发酵液报废。

2. 抗生素发酵的一般流程　抗生素发酵流程一般包括孢子制备、种子制备、发酵这三个阶段。这是对产生菌逐步扩大培养的过程。

(1) 孢子制备：孢子制备的目的是将菌种进行培养，制备一定数量和质量的孢子供种子制备使用。孢子制备一般在扁茄形瓶内进行，根据真菌、放线菌产生孢子的特点，产孢子培养基中的氮源、碳源不宜丰富。

(2) 种子制备：种子制备的目的是使孢子萌发生长，形成一定数量和质量的菌丝供发酵使用。种子制备一般在种子罐内进行。由孢子接种进罐的种子罐称为一级种子罐，若需继续扩大培养种子，可将一级种子罐的种子移种到体积和装量更大的二级种子罐，由此类推还有三级种子罐。用一级、二级、三级种子罐的种子移种到发酵罐所进行发酵分别称为二级、三级、四级发酵。抗生素发酵多采用三级发酵，少数生长缓慢的放线菌采用四级发酵。种子培养基要求采用玉米浆等一些易于被产生菌迅速利用、生长因子丰富的营养物质，以适合种子培养的需要。

(3) 发酵：种子移种到发酵罐以后，在发酵罐内的发酵过程可分为三个阶段：菌体生长阶段、抗生素产物合成阶段、菌体自溶阶段。抗生素发酵的目的是获得抗生素产量。因此需选择合适的发酵培养基和培养条件缩短菌体生长阶段，使菌体代谢转入抗生素合成代谢。进入抗生素合成阶段后，需采用加糖、补料等方式延长抗生素合成期，以获得较高的产量。随着营养物质消耗、代谢产物积累，发酵将不可避免地进入菌体自溶期。此时应及时终止发酵，以避免发酵产物损失和给提取带来困难。

整个发酵过程应加以控制的因素如下：

① 防止杂菌污染：在抗生素发酵过程中污染杂菌的主要原因有培养基和发酵设备灭菌不

彻底、种子带有杂菌、空气过滤系统被污染、发酵设备渗漏、操作不慎等，在移种、取样等过程中应进行严格的无菌操作，并根据需要多次取样进行无菌检查。

② 营养物质的控制：发酵培养基应适当丰富，要满足菌体生长和产物合成两个方面的需要。其原材料应尽可能价廉且来源广泛。为了延长抗生素合成期，抗生素发酵工业中广泛采用中间补料工艺。

③ pH 的控制：pH 是一项综合生物化学指标。菌体生长阶段和产物合成阶段各有其不同的最适 pH 的范围。控制发酵过程的 pH，可通过在发酵培养基中加入一些缓冲物质如碳酸钙等，使发酵过程的 pH 保持相对稳定；还可通过中间补料的方式，补入一些生理酸性物质或生理碱性物质，来调节发酵过程的 pH 变化。例如，在青霉素发酵过程中采用葡萄糖流加工艺，葡萄糖是生理酸性的碳源，既补充了青霉素发酵所需的碳源，又调节了发酵液的 pH。这种调节控制发酵液 pH 的方式，具有良好的生产效果。在发酵过程中还可直接加酸或碱来调节 pH，但由于其生产效果较差，较少使用该方法。

④ 温度的控制：菌体生长和产物合成各有其最适温度。这是因为菌体生长和产物合成所需的酶不同，不同的酶有不同的最适反应温度。菌体生长所需的最适温度通常高于抗生素合成所需的最适温度，因此抗生素发酵多采用变温发酵。微生物发酵会产生大量的发酵热，可通过包围发酵罐的夹套或蛇形管导入冷水或热水控制发酵温度。

⑤ 前体的调控作用：前体是能直接参与抗生素分子的组成而自身结构无显著变化的物质。采用添加前体进行发酵的方式，可控制抗生素合成的方向，并增加抗生素的产量。例如，青霉素 G 的发酵生产以苯乙酰胺作为前体，红霉素的发酵生产以丙醇为前体，均获得良好的生产效果。上述前体对产生菌有一定毒性，使用时应分批少量加入。

⑥ 通气、搅拌及消沫：抗生素发酵是需氧发酵。通过空气过滤系统为发酵罐内输入无菌空气，空气中的氧分子溶入发酵液中供产生菌利用。同时在发酵罐内设置搅拌和挡板以增加通气效果。发酵液中所含有的蛋白质是良好的发泡物质。产生菌对这类物质的代谢将导致发酵过程的某些阶段产生大量泡沫，搅拌和通气更加剧了泡沫的产生。大量泡沫会造成发酵罐逃液（泡沫使发酵液液面上升以致发酵液随着泡沫从排气管道排出发酵罐），并且易导致染菌。因此，发酵中必须消沫。消沫可采用添加消沫剂、安装消沫桨等多种方式。

⑦ 发酵终点的判断：随着发酵过程的进行，营养物质被消耗，代谢物在发酵液中积累，发酵进入菌体自溶期，此时应终止发酵。发酵进入发酵终点有下列表现：抗生素产量增加不显著（甚至有所下降）；菌体形态出现自溶；氨基氮含量上升；发酵液黏度升高；pH 不正常等。

（二）发酵液预处理及提取阶段

1. 发酵液预处理　对发酵液进行预处理的目的是除去发酵液中的重金属离子、蛋白质、菌体，以利于以后的提取操作。预处理的方法包括加热使蛋白质凝固，加入草酸、磷酸、黄血盐除去钙、镁、铁等高价离子。调节发酵液 pH 以利于蛋白质和某些盐类的沉淀。当重金属离子、蛋白质等形成沉淀后，采用过滤或离心等方法除去重金属离子、蛋白质、菌体，获得过滤液。

2. 提取　常用的提取方法主要有以下四类。

(1) 溶媒萃取法：抗生素在不同 pH 条件下以不同的化学状态（游离酸、碱或盐）存在，在水及有机溶媒中的溶解度不同，分子态的抗生素游离酸或碱易溶于有机溶媒（非极性溶剂），而离子态的抗生素盐类易溶于水（极性溶剂）。这样可以通过调节 pH 的方法将抗生素从水相转移至有机溶媒相，或将抗生素从有机溶媒相转移至水相，达到浓缩和纯化的目的。采用溶媒萃取法，所选用的溶媒与水应是互不相溶或仅有小部分互溶，溶媒还应该对抗生素有较大的溶解度和选择性，这样才能用少量的溶媒使抗生素提取完全，并分离去掉一部分杂质。

(2) 离子交换法：离子交换法是应用离子交换树脂进行分离提取的方法。利用某些抗生素能解离为阳离子或阴离子的特性，使其与离子交换树脂进行交换，将抗生素吸附在树脂上，然后再以适当的条件将抗生素从树脂上洗脱下来，达到分离、浓缩、纯化的目的。此方法具有成本低、设备简单、操作方便等优点，应用较为广泛。

(3) 沉淀法：是利用抗生素在等电点时，或与酸、碱、金属盐类形成不溶性或溶解度极小的复盐时，沉淀出抗生素。

(4) 吸附法：是利用适当的吸附剂，在一定 pH 条件下，使发酵液中的抗生素被吸附剂吸附，然后再以适当的洗脱剂将抗生素从吸附剂上洗脱下来，达到浓缩和纯化的目的。常用的吸附剂有活性炭、氧化铝、硅胶、大网格聚合物等。

上述四种提取方法的操作均需要调节 pH 使抗生素的性质适应提取的需要。经提取获得抗生素粗品后，还需对抗生素粗品作进一步精制以提高抗生素产品的纯度。上述四种提取方法均可用于精制。此外，还有一些新的提取技术如双水相萃取技术、超滤技术、亲和层析技术等。

四、抗生素的生物合成

(一) 次级代谢产物的特点

次级代谢产物是指那些由微生物合成的，但对微生物自身的生长、繁殖无显著功能的各种代谢产物，如抗生素、色素等。次级代谢产物一般具有以下特点。

1. 对微生物自身的生长、繁殖无显著功能　初级代谢产物是微生物生长、繁殖所必需的小分子有机物。如维生素、氨基酸、嘌呤、嘧啶等。初级代谢产物通过代谢最终合成微生物生长、繁殖所需的多种组成。而次级代谢产物如抗生素、色素等对微生物的生长、繁殖无显著功能。

2. 与初级代谢紧密相连　次级代谢是在初级代谢基础上形成的。先有初级代谢，而后才有次级代谢。当环境中营养物质充足时，微生物首先进行初级代谢，进行生长、繁殖。但当营养环境发生了变化，某些营养因素受到限制时，微生物的代谢转向次级代谢，一些受到初级代谢分解代谢物阻抑的次级代谢物合成酶开始合成，由某些初级代谢中间代谢物或初级代谢产物转向合成次级代谢产物。这样，微生物就能在营养环境发生变化，不再适合微生物生长、繁殖，而某些初级代谢又不能及时“刹车”的情况下，通过将初级代谢转向次级代谢，避免某些初级代谢产物合成受到限制时，另一些初级代谢产物过量合成所造成的不平衡生长。不平衡生长会造成微生物的死亡。从这种意义上来说，次级代谢是一种有利于微生物物种生存的代谢类型。

3. 在一定条件下大量合成　初级代谢产物合成普遍受到严格的终产物反馈调节，一般不能大量合成。而次级代谢产物合成一般不受终产物反馈调节，在一定条件下能大量合成。与次级代谢产物大量合成有关的条件主要有微生物的生长速率、分解代谢物调节、初级代谢基础等。

(二) 抗生素生物合成的代谢途径

1. 抗生素合成的基本过程　抗生素合成的基本过程如下：营养物摄入细胞→形成初级代谢中间产物(或初级代谢产物)→合成抗生素前体→抗生素前体经修饰、重排等→进入各抗生素所特有的合成途径→聚合或装配，合成抗生素。

2. 抗生素合成有关的主要代谢途径 用各种突变株以及同位素示踪技术研究表明，抗生素合成的前体物质主要来自下列途径。① 脂肪酸代谢（如乙酸盐、丙酸盐等）；② 氨基酸代谢；③ 糖代谢；④ 嘌呤及嘧啶代谢；⑤ 芳香族生物合成（莽草酸途径）；⑥ 一碳基团转移（甲基库）。多数抗生素的前体物质并不是由单一途径而来，而是经多条代谢途径合成的。

3. 抗生素生物合成的调节与控制 由于抗生素产生菌的不同以及抗生素种类的不同，抗生素生物合成的调节与控制的方式各不相同。但是，抗生素作为一种次级代谢产物，抗生素生物合成（发酵生产）的调节与控制有明显的共性，主要表现在如下三个方面：

（1）受产生菌生长速率的调节：大量合成抗生素的时期是微生物生长曲线的稳定期。此时产生菌不生长或稍有生长。在抗生素产生菌迅速生长时期，抗生素不能合成或只有很少量的合成。在发酵过程中的菌体生长阶段，抗生素发酵产量是很低的，随着菌体生长进入稳定期，才有抗生素的大量合成。抗生素发酵工业中通常采用加糖、补料等方式来延长菌体生长的稳定期，以提高抗生素的发酵产量。在抗生素合成阶段，若加入一定量的磷酸盐，会恢复产生菌的迅速生长，使次级代谢转向初级代谢，导致抗生素发酵产量的降低。

（2）受分解代谢物调节：分解代谢物调节是指培养基中的一些能够被产生菌迅速（或优先）利用的营养物质（包括碳源、氮源、磷源等）以及它们的分解代谢产物，对其他多种代谢酶的调节作用。调节作用主要有分解代谢物阻抑和分解代谢物抑制两种方式。调节作用的强弱程度和该营养物质的代谢速率有关。例如，在青霉素发酵生产中有“葡萄糖效应”现象，产生菌迅速利用培养基中的葡萄糖，随着葡萄糖的分解代谢，其分解代谢物抑制青霉素的生物合成。所以，“葡萄糖效应”实质上是一种碳源分解代谢物调节作用。“葡萄糖效应”不仅抑制青霉素的合成，还抑制其他多种抗生素的合成以及乳糖的分解利用等。

分解代谢物调节对次级代谢产物生物合成的作用较大，作用范围较为广泛，作用方式多种多样。对其作用效果的控制，主要是通过控制营养物质的代谢速率。例如，青霉素发酵生产采用葡萄糖流加工艺控制葡萄糖的代谢速率，有效地避免了“葡萄糖效应”。

（3）需要合适的初级代谢基础：抗生素生物合成是在初级代谢基础上形成的，在菌体生长阶段，通过初级代谢不仅为抗生素生物合成提供合适的菌体量，还需要菌体生长得比较健壮，处于比较适合抗生素合成的状态。高质量的种子和合适的培养条件是达到此目的的关键。在抗生素合成阶段，需要初级代谢为抗生素合成提供代谢能量和有机碳骨架。此阶段的初级代谢应控制在合适的水平，既要维持菌体细胞合成抗生素的活力，又要防止产生菌大量生长不利于抗生素的生物合成。

第二节 氨 基 酸

氨基酸（amino acid）是构成蛋白质的基本单位，是人体及动物的重要营养物质，具有重要的生理作用。因此氨基酸的生产和应用早已受到人们重视。

1820 年用水解蛋白质的方法开始制造氨基酸，1850 年在实验室内用化学方法合成了氨基酸，1956 年用微生物直接发酵糖类生产谷氨酸获得成功，被认为是现代发酵工业的重大突破，是氨基酸生产方法的重大革新。该成就推动了其他氨基酸的发酵研究和发酵生产，形成了用发酵法制造氨基酸的新型发酵工业。目前，构成蛋白质的大部分氨基酸均可用发酵方法生产。1973 年用固定化菌体进行天冬氨酸的工业规模的生产，为酶法生产氨基酸显示了光明前景。利用基因工程技术将氨基酸合成酶基因克隆是提高氨基酸产量的有效途径。目前，几乎所有的氨基酸合成酶基因都可以在不同系统中克隆与表达。其中苏氨酸、色氨酸、脯氨酸和组氨酸等的工程菌已达到工业化生产水平。

一、氨基酸的应用

氨基酸主要应用于以下几个方面：

① 食品工业：小麦、玉米、稻米等植物蛋白质缺少赖氨酸、苏氨酸和色氨酸，适量添加这些氨基酸于食品中，可提高食品的营养价值。某些氨基酸具有调味作用，具有鲜味的氨基酸有谷氨酸-钠和天冬氨酸钠，具有甜味的有甘氨酸、丙氨酸、L -天冬氨酰、苯丙氨酸甲酯等。

② 饲料工业：一般饲料中缺乏赖氨酸和蛋氨酸，适量添加这两种氨基酸可提高饲料的营养价值，促进鸡多产蛋与猪的生长。

③ 医药工业：氨基酸参与体内代谢和各种生理机能活动，因此可以用来治疗多种疾病。在医药上用量最大的是氨基酸输液。手术后或烧伤等病人需大量补充蛋白质营养，可注射各种氨基酸混合液，即氨基酸输液。复合氨基酸注射液含氨基酸浓度高、体积小、无热源物质与过敏物质，比水解蛋白好。此外，许多氨基酸及其衍生物可用来治疗多种疾病。

④ 化学工业：用谷氨酸可制备对皮肤无刺激性的洗涤剂(十二烷酰基谷氨酸钠肥皂)、能保持皮肤湿润的润肤剂(焦谷氨酸钠)、质量接近天然皮革的聚谷氨酸人造革，以及人造纤维和涂料。

⑤ 农业：利用氨基酸可以制造具有特殊作用的农药。使用 N-月桂酰-L-异戊氨酸，能防止稻瘟病，又能提高稻米的蛋白质含量。氨基酸烷基脂及 N-长链酰基氨基酸能提高农作物对病害的抵抗力，具有和一般杀菌剂一样的效果。氨基酸农药可被微生物分解，是一种无公害农药。

二、氨基酸的生产方法

氨基酸的生产方法可分为：① 抽提法；② 直接发酵法；③ 添加中间产物的发酵法；④ 酶法；⑤ 合成法。

1. 抽提法　这是一种用酸水解蛋白质原料，然后从水解液中提取氨基酸的方法。半胱氨酸、胱氨酸、酪氨酸的生产，由于目前尚无其他适当生产方法，仍使用抽提法。

2. 直接发酵法　直接发酵法是利用糖和铵盐发酵生产氨基酸。按照生产菌株的特性，直接发酵法可分为四类：野生型菌株发酵、营养缺陷型突变株发酵、抗氨基酸结构类似物突变株发酵、营养缺陷型兼抗性突变株发酵。大多数氨基酸可用直接发酵法生产。

3. 添加中间产物的发酵法　此法在发酵过程中添加氨基酸的前体，微生物将其转化为相应的氨基酸。此方法可以避免氨基酸生物合成途径中的反馈调节作用。可用此法生产的氨基酸有丝氨酸、色氨酸、蛋氨酸、异亮氨酸等。

4. 酶法　此法是应用完整菌体(固定化菌体细胞)或微生物产生的酶(固定化酶)来制造氨基酸。用此方法生产的氨基酸有天冬氨酸、丙氨酸、赖氨酸、色氨酸、酪氨酸等。

5. 合成法　用化学合成方法生产的氨基酸有蛋氨酸、丙氨酸、甘氨酸、苯丙氨酸等。以上五种氨基酸生产方法各有特点，其中酶法能得到 L-型氨基酸，产物浓度高，易于提取。采用固定化菌体或固定化酶，其优点更突出。由化学合成方法得到合适的中间体，配合酶法制造氨基酸将是氨基酸生产的一个重要发展方向。

三、氨基酸产生菌的选育

氨基酸产生菌最初是由自然环境中筛选得到的。但是，氨基酸作为微生物细胞中的基本组分，其生物合成受到严格的代谢调节控制，一般不能满足工业上大量生产氨基酸的需要。为了大量生产氨基酸，必须采取种种措施，以打破微生物对氨基酸生物合成代谢的调节控制。在氨基酸产生菌的菌种选育工作中常采用营养缺陷型突变和抗氨基酸结构类似物突变来消除或减弱终产物反馈调节，使产生菌的代谢朝着有利于大量合成某种人们所需要的氨基酸方向发展。

（一）氨基酸产生菌的分离

1. 氨基酸产生菌的来源　最初的氨基酸产生菌多由森林、草地、堆肥、沟水、稻田、菜地、制糖厂、淀粉厂、果园等采样分离得到。从自然界采集的试样，提供了种类繁多的微生物。大多数优良的氨基酸产生菌，属于棒杆菌属（*Corynebacterium*）、短杆菌属（*Brevibacterium*）、微杆菌属（*Microbacterium*）、微球菌属（*Micrococcus*）或节杆菌属（*Arthrobacter*）的细菌。因此，筛选氨基酸产生菌应该限制在细菌范围内。

2. 氨基酸产生菌的分离方法　一般采用平板分离法。分离培养基可分为营养贫乏培养基和营养丰富培养基两种类型。营养贫乏培养基由葡萄糖、铵盐、无机盐等组成，营养比较贫乏，分离出的菌数不多，但以能够利用无机氮而不需要有机氮为主要特征。营养丰富培养基由葡萄糖、有机氮（蛋白胨、酵母膏、牛肉膏等）、无机盐等组成，营养比较丰富，分离出的菌数较多。

3. 氨基酸产生菌的筛选方法　从平板分离的菌落，用筛选培养基进行筛选，可以在平板上进行，也可以将微生物接种摇瓶培养后，用纸层析或微生物测定法检测生成的氨基酸。氨基酸产生菌筛选的关键包括：① 设计一种适合氨基酸生产的筛选培养基；② 确定一种大规模筛选氨基酸的检测方法。

（1）筛选培养基的设计：菌种在某一培养基上能旺盛生长，但不一定能产生大量的氨基酸。例如，谷氨酸产生菌在营养上需要生物素，而生产大量谷氨酸则需要限制生物素的量。因此，必须根据氨基酸生物合成的知识来设计筛选培养基。因此，设计时既要考虑微生物生长的需要又要考虑氨基酸合成的需要。

（2）氨基酸的检测：以下介绍三种适合大规模筛选的氨基酸检测方法。① 用氨基酸鉴定菌（氨基酸营养缺陷型）检测平板上产生的氨基酸：将生长于分离培养基的菌落影印接种于筛选培养基，影印好的平板在 28℃ 培养 2～3 d，使其有足够的时间生长菌体、产生氨基酸并扩散于培养基中，长好的菌落用大剂量的紫外线照射，以杀死菌体，防止测定过程中菌体过度生长。然后，将接种了氨基酸鉴定菌的氨基酸测定培养基（琼脂）10 mL 覆盖于琼脂平板上，在 37℃ 培养 16～24 h 后，氨基酸鉴定菌就生长于产生该种氨基酸的菌落周围的区域。生长区域的大小和稠密度可作为该菌种产生氨基酸的量的相对量度。此方法应注意选用的筛选培养基不应含有足够量的能干扰测定的氨基酸，如果发生这种情况，筛选培养基中的氨基酸来源（牛肉膏、蛋白胨等）的浓度应该降低，或者改用其他测定方法。② 用氨基酸鉴定菌检测摇瓶发酵样品中的氨基酸：平板分离的菌落传种斜面后，用于摇瓶发酵试验，将摇瓶发酵液过滤除菌，再将滤液和氨基酸鉴定菌以及氨基酸测定培养基混合于试管内，37℃ 培养 16～24 h 后，测定氨基酸鉴定菌的生长。将不加氨基酸产生菌的发酵培养基加入已知浓度的特定氨基酸作为对照，可根据鉴定菌生长产生的菌体密度或浊度，推算出发酵样品中该种氨基酸的含量。③ 可逆抑制测定法：氨基酸可以根据其解除特异的抗代谢物抑制作用的能力来进行测定。例如，抗代谢物β-2噻吩丙氨酸是枯草杆菌生长的抑制剂。如果培养基中加入L-苯丙氨酸，这种抑制作用可被解除。对于这种解除抑制的作用，苯丙氨酸具有特异性。因此，这个试验可用于测定氨基酸产生菌生产的苯丙氨酸。此试验中，培养有氨基酸产生菌的筛选培养基平板上，覆盖含有抗代谢物（β-2噻吩丙氨酸）和指示菌（枯草杆菌）的苯丙氨酸测定培养基（不含有苯丙氨酸），筛选培养基平板上的氨基酸产生菌由于合成苯丙氨酸，而使得其周围区域的指示菌生长。

（二）氨基酸营养缺陷型突变株的选育

1. 完全培养基和基本培养基　完全培养基营养比较完全和丰富，野生型菌株和营养缺陷型菌株在其上均能生长。基本培养基营养比较贫乏，野生型菌株可在其上生长，而营养缺陷型菌株不能在其上生长。在基本培养基上，营养缺陷型若要生长，必须补加营养缺陷型菌株所不能合成的生长因子。完全培养基的营养组成：每升培养基中含葡萄糖10 g、酵母膏10 g、蛋白胨10 g，pH 7.0。基本培养基的营养组成：每升培养基中含葡萄糖10 g、磷酸氢二钾2 g、磷酸二氢钾7 g、柠檬酸钠0.5 g、硫酸铵1 g，pH 7.0。

2. 营养缺陷型突变株的分离　将诱变处理后的菌液接种完全培养基中进行培养，使营养缺陷型突变株充分表达。再将培养液离心分离得到菌体。所得菌体经洗涤除去多余的营养物质后，转入含有青霉素（100U/mL）的基本培养基中富集营养缺陷型。没有发生营养缺陷型突变的野生型菌株可在基本培养基上生长，发生细胞分裂。但由于新生成的细胞不能合成细胞壁而破裂死亡。而营养缺陷型突变株由于在基本培养基上不能生长，因此青霉素不能将其杀死，得以保存下来。将上述经过青霉素富集的培养液（营养缺陷型约占1%），用完全培养基平板进行培养，所得菌落分别影印接种于基本培养基平板和完全培养基平板进行培养，再找出在基本培养基上不能生长的菌落（营养缺陷型突变株）进行营养要求的测定。

3. 营养要求的测定　将所获得的营养缺陷型突变株移入补加有某种氨基酸（例如异亮氨酸）的基本培养基中，如能生长，则此突变株为（异亮氨酸）营养缺陷型，如不能生长则可用两种或两种以上的在代谢上近源的氨基酸（例如异亮氨酸和缬氨酸）再进行试验。如能生长，则此突变株为（异亮氨酸和缬氨酸）双重营养缺陷型。

（三）抗氨基酸结构类似物突变株的选育

将菌种诱变处理，接种于含抑制浓度的氨基酸结构类似物的培养基中，由于此种培养条件下正常菌株不能生长，而抗氨基酸反馈调节的突变株能够生长，因此可筛选出抗氨基酸结构类似物突变株。例如，采用S-(2-氨基乙基)-L-半胱氨酸（AEC）作为赖氨酸的结构类似物，选育抗AEC突变株用于生产赖氨酸。

抗氨基酸结构类似物突变株的形成至少可归因于以下五种基因型突变：① 调节基因突变，使氨基酸结构类似物所拮抗的氨基酸的合成不受该种氨基酸及其结构类似物的反馈阻遏；② 操纵基因突变，结果使氨基酸合成酶去除阻遏，从而使所拮抗的氨基酸超产，并克服氨基酸结构类似物对氨基酸合成的阻遏作用；③ 所拮抗的氨基酸透性酶的结构基因突变，导致摄取结构类似物的能力下降；④ 氨酰基tRNA合成酶结构基因突变，以致在蛋白质合成过程中能更好地区别氨基酸和氨基酸结构类似物；⑤ 氨基酸合成酶的结构基因突变，使其不受氨基酸结构类似物或氨基酸的反馈抑制。

（四）细胞透性改变的突变株的选育

细胞凭借有透性酶参与的主动运输系统摄取或排出某一化合物。正常情况下，这种摄取或排出的效率是不同的。一般来说，透性酶在细胞内与氨基酸的亲和力较低，在细胞外与氨基酸的亲和力较高。这样使氨基酸在细胞内的代谢库中逐步累积。如果透性酶发生突变，使透性酶在细胞外与氨基酸的亲和力变低，以致突变株能将此种氨基酸顺利排出细胞外，这样可以大大提高这种氨基酸的产量。例如，大肠杆菌抗 AEC 的抗性突变株能产生大量赖氨酸，其生产能力提高并非由于打破天冬氨酸激酶和二氢吡啶二羧酸的反馈调节，而是由于改变了赖氨酸主动运输系统，使菌体在细胞外赖氨酸浓度比细胞内浓度高 5 倍的情况下，仍能继续排出细胞内合成的赖氨酸，从而获得赖氨酸的高产。

由细胞透性改变突变株增产氨基酸的另一个例子，是谷氨酸棒杆菌的生物素营养缺陷型增产谷氨酸，由于该突变株不能合成生物素，在生物素限量供应的条件下，该菌株的细胞膜合成有缺陷，细胞透性增大，使谷氨酸更容易透出细胞，避免了细胞内谷氨酸终产物反馈调节，从而增产谷氨酸。与此类似，谷氨酸棒杆菌的油酸缺陷型或甘油缺陷型菌株均能增产谷氨酸。

筛选细胞膜透性改变的突变株，除了上述筛选抗氨基酸结构类似物突变株和营养缺陷性突变株的方法外，一般用筛选抗作用于细胞膜的抗生素或表面活性剂的抗性突变株来获得。

此外，筛选具有增加运输基质或氨基酸前体进入细胞的突变株，也可以增产氨基酸。选择这一类突变株一般有两种方法：① 选择培养平板上迅速生长的大菌落（该平板以某种基质或前体为唯一碳源）；② 选择对某一化合物敏感的菌株（该化合物为某种基质或前体的结构类似物，对产生菌有抑制作用）。

四、氨基酸发酵的代谢控制

用氨基酸生产菌种发酵生产氨基酸的关键是控制发酵条件和保持生产菌种在大规模发酵过程中的稳定。

（一）发酵条件的控制

菌种选育使得菌种具有某些遗传特性而有利于某种氨基酸的大量生成，但是菌种的遗传特性必须在适宜的培养条件下才能表现出来。例如，以糖质为发酵原料，用谷氨酸棒杆菌的生物素营养缺陷型生产谷氨酸，谷氨酸的生物合成途径如图 12－1。

谷氨酸棒杆菌的 α-酮戊二酸脱氢酶活力低，尤其当生物素缺乏时，三羧酸循环（TCA）到生成 α-酮戊二酸时，即受到阻挡。在铵离子存在的条件下，α-酮戊二酸受高活力的谷氨酸脱氢酶作用，转变成谷氨酸。谷氨酸棒杆菌发酵生产谷氨酸主要需控制如下的培养条件：① 氧：通气量不足，发酵产物为乳酸或琥珀酸。通气量充足，发酵产物为谷氨酸。② 铵离子：铵离子浓度低，发酵产物为 α-酮戊二酸。铵离子浓度适量，发酵产物为谷氨酸。铵离子浓度过高，发酵产物为谷氨酰胺。③ pH：酸性易生成 N－乙酰谷氨酰胺。中性或偏碱性易生成谷氨酸。④ 磷酸盐：高浓度磷酸盐易导致生成缬氨酸。适量浓度磷酸盐有利于生成谷氨酸。⑤ 生物素：生物素过量易生成乳酸或琥珀酸。生物素限量有利于生成谷氨酸。

培养条件不同，将导致发酵产物不同，控制适量的磷酸盐浓度、生物素浓度、通气培养、以流加尿素的方式调节 pH 和提供适量的铵离子，可以使谷氨酸发酵得以顺利进行。

（二）生产菌株的稳定

氨基酸生产菌株常采用营养缺陷型或渗漏营养缺陷型以及抗氨基酸结构类似物突变株，其目的就是要阻断或减弱其他支路的代谢，避免反馈调节，使生产菌株的代谢处于不平衡状态，以利于基质的代谢朝着生产需要的氨基酸合成的方向发展，从而生产出大量生产需要的氨基酸。但是，在大规模的发酵生产中生产菌种的代谢不平衡使得生产菌种处于不稳定状态，容易发生回复突变。由于回复突变株往往比代谢不平衡的生产菌种具有更快的生长速度，随着

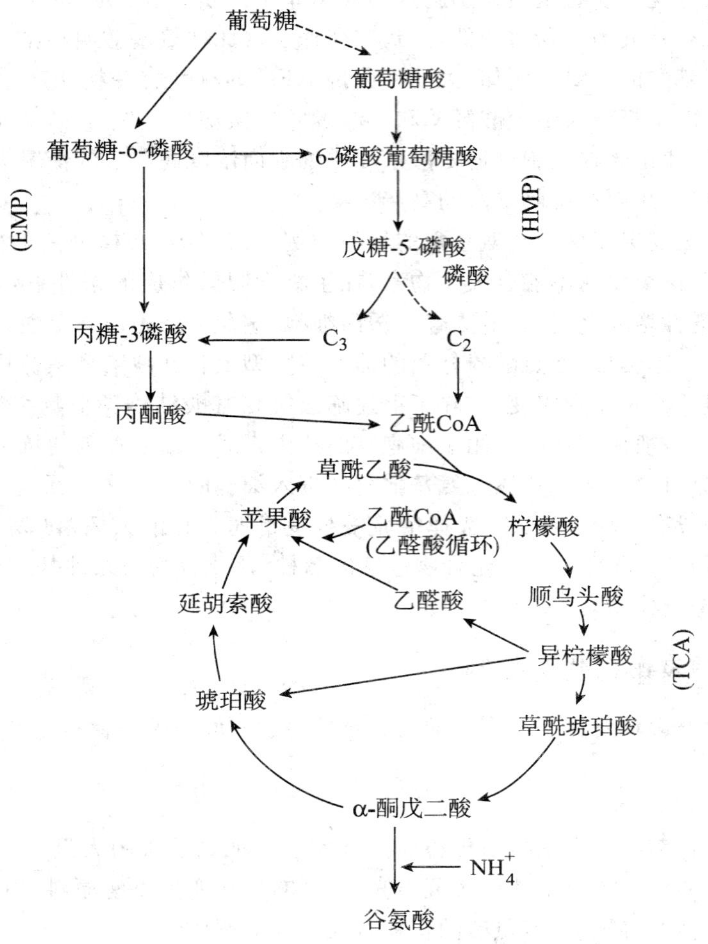

图 12－1　谷氨酸棒杆菌的谷氨酸合成途径示意图

发酵培养时间的延长和菌的生长繁殖，回复突变株大量出现于发酵中、后期的培养液中，严重威胁正常发酵的进行。因此，在发酵生产中，如何使生产菌种保持稳定，减少回复突变菌株的数量，是氨基酸发酵产量稳定和高产的关键。

为了防止产生菌回复突变，保持生产菌株的稳定，主要可采取如下措施：① 定向增加菌种的遗传标记。② 选育遗传上稳定的菌株。③ 菌种保存培养基和种子培养基应营养充分。④ 添加药物抑制回复突变株的生长。下面以谷氨酸棒杆菌高丝氨酸缺陷型菌株发酵生产赖氨酸为例，说明防止回复突变，保持生产菌株稳定的一般方法。

(1) 定向增加菌种的遗传标记：如增加苏氨酸缺陷型(thr^-)或蛋氨酸缺陷型(met^-)，育成$hom^- + thr^-$或$hom^- + met^-$双重营养缺陷型，双重营养缺陷型同时发生回复突变的几率远远低于单个营养缺陷型发生回复突变的几率，可以抵抗发酵过程中的回复突变，使生产稳定，增加赖氨酸发酵产量。

(2) 选育遗传上稳定的菌株：从容易回复突变的培养物中，选育不发生回复突变的菌株。对生产菌株定期纯化，检查遗传标记，尽可能采用遗传标记明显、回复率低的菌株。

(3) 保存培养基和种子培养基应营养充分：由于赖氨酸生产菌株是高丝氨酸营养缺陷型，

菌种保存培养基和种子培养基中的高丝氨酸或蛋氨酸和苏氨酸尤其要充足，以减弱回复突变株在培养基中可能出现的生长优势。如果该菌株同时具有抗 AEC（赖氨酸结构类似物）的特性，则应在上述培养基中加入适量的 AEC，以防止该抗性发生回复突变。

（4）添加药物抑制回复突变株的生长：赖氨酸生产菌株对抗生素的敏感性低于回复突变株，在发酵培养的第 16 h、第 39 h、第 61 h 分别加入 1.5 μg/mL 的红霉素于发酵培养物中，可有效防止回复突变株的生长，提高赖氨酸发酵产量。

五、赖氨酸的发酵

赖氨酸是人类和动物的必需氨基酸之一，对机体生长发育的影响较大。小麦、玉米、水稻等植物蛋白质中缺乏赖氨酸，因此赖氨酸适合作为食品和饲料的添加剂，以强化食品和饲料的营养。婴儿的成长期、妇女妊娠、哺乳期、老年、病后恢复期等特别需要大量的赖氨酸。

赖氨酸产生菌是谷氨酸棒杆菌、黄色短杆菌或乳糖发酵短杆菌等谷氨酸产生菌的高丝氨酸营养缺陷型兼抗 AEC 突变株，这是人为地解除了赖氨酸生物合成的反馈调节，从而能够大量生产赖氨酸。赖氨酸的生物合成途径和代谢调控机制见图 12－2。采用高丝氨酸营养缺陷型突变株，则天冬氨酸 β－半醛不再进一步合成苏氨酸和蛋氨酸，而是集中用于合成赖氨酸。同时由于苏氨酸和赖氨酸对赖氨酸合成途径中的关键酶（天冬氨酸激酶）的协同反馈抑制作用被解除，就能发酵生产大量的赖氨酸。

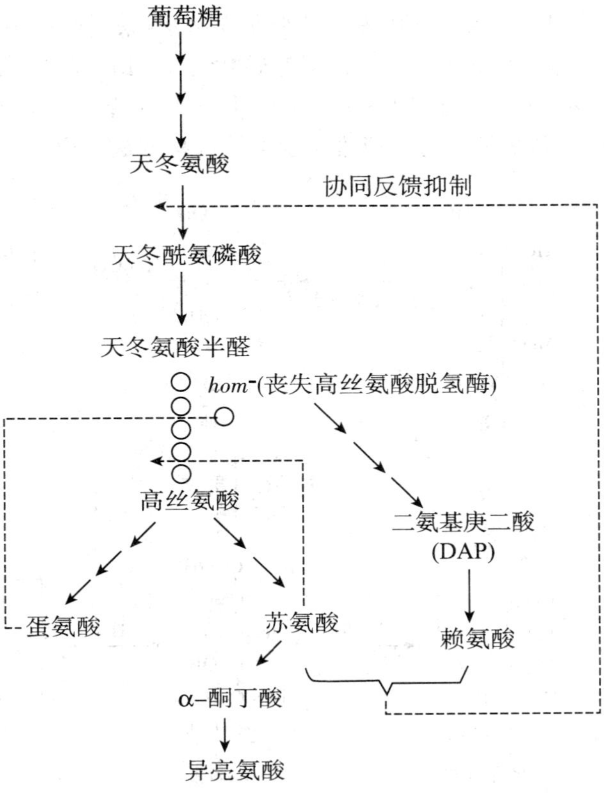

图 12－2　用谷氨酸棒杆菌高丝氨酸缺陷型的赖氨酸发酵

○○○○○ 遗传缺陷位置（*hom*⁻）

第三节　维　生　素

维生素(vitamin)是人和动物维持生命活动所必需的一类营养物质，也是一类重要的药物。维生素主要以酶类的辅酶或辅基形式参与生物体内的各种生化代谢反应。维生素还是防治由于维生素缺乏引起的各种疾病的首选药物。例如，维生素C能刺激人体造血功能，增强机体的抗感染能力。B族维生素用于治疗神经炎、角膜炎等多种炎症。维生素D是治疗佝偻病的重要药物。

维生素可采用化学合成、动植物提取和微生物发酵等方法生产。目前采用微生物发酵方法生产的维生素有维生素C、维生素B_2、维生素B_{12}等，其中以维生素C的发酵生产规模最大。

一、维生素C

维生素C又称为抗坏血酸，能参与人体内多种代谢过程，使组织产生胶原质，影响毛细血管的渗透性及血浆的凝固，刺激造血机能，是人体必需的营养成分。此外，它具有较强的还原能力，可作为抗氧化剂，已在医药、食品工业等方面获得广泛应用。

维生素C的生产方法有化学合成法、半合成法、两步发酵法、重组菌一步发酵法等几种。化学合成法一般指莱氏法(Reichstein)。半合成法指的是化学合成中的由D-山梨醇转化L-山梨糖的反应采用弱氧化醋杆菌(*Acetobacter suboxydans*)发酵完成，其他反应仍采用化学合成法。两步发酵法有两种。一种是我国发明的两步发酵法：采用两种不同的微生物进行两步生物转化，先采用弱氧化醋杆菌进行将D-山梨醇转化为L-山梨糖的发酵，在此基础上再采用假单胞菌(*Pseudomonas sp.*)进行将L-山梨糖转化为2-酮基-L-古龙酸的发酵(图12-3)，2-酮基-L-古龙酸再经盐酸酸化可生成维生素C。该种方法与合成法比较具有所需设备少、

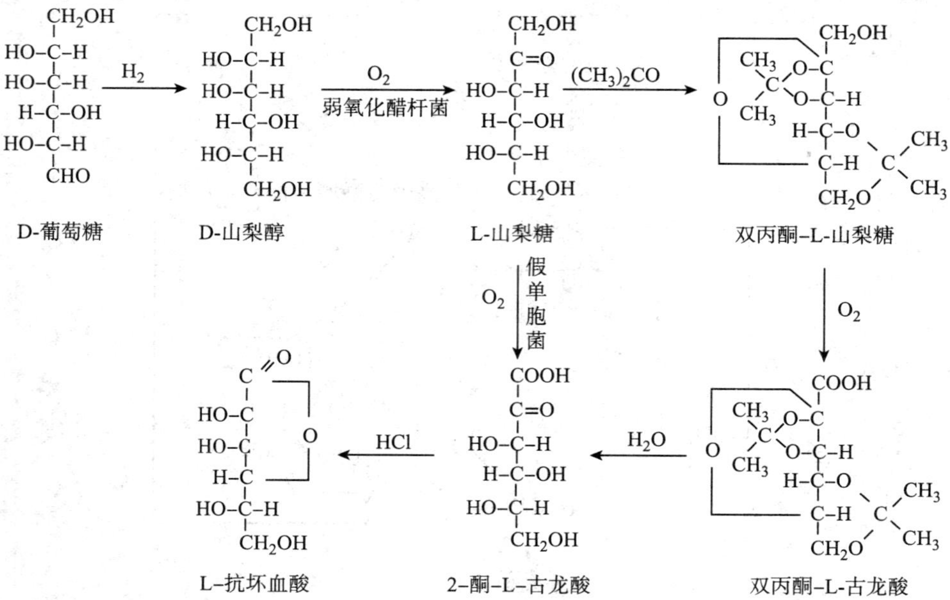

图12-3　维生素C两步发酵法及半合成法

成本低、“三废”减少等优点。目前不仅在国内推广使用，而且已向国外转让该技术。

另一种两步发酵法也是采用两种微生物进行两步生物转化，先采用欧文菌(*Erwinia sp.*)将D-葡萄糖转化成2,5-二酮-D-葡萄糖酸，再采用棒状杆菌(*Corynebacterium sp.*)将2,5-二酮-D-葡萄糖酸转化成2-酮基-L-古龙酸(图12-4)。此种两步发酵法与目前维生素C生产中使用的莱氏法和我国发明的两步发酵法相比，不占有优势，因而未投入工业生产。但其研究工作为重组菌一步发酵法提供了基础。重组菌一步发酵法：是将棒状杆菌的2,5-二酮-D-葡萄糖酸还原酶基因克隆到欧文菌体内，构建基因工程菌来完成从D-葡萄糖直接转化成2-酮基-L-古龙酸的一步发酵法(图12-4)。

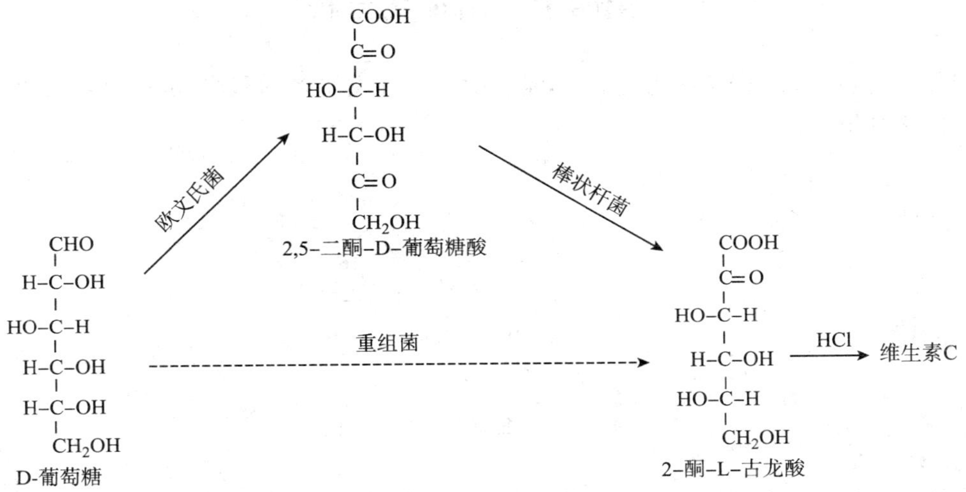

图12-4　维生素C的二步发酵法及重组菌发酵

二、维生素 B_2

维生素 B_2 又称核黄素，在自然界多数与蛋白质相结合而存在，又被称为核黄素蛋白。维生素 B_2 是动物发育和许多微生物生长的必需营养因子，是治疗眼角膜炎、白内障、结膜炎等的主要药物之一。

能生物合成维生素 B_2 的微生物有某些细菌、酵母和霉菌。目前工业生产中最常用的生产菌种为棉病囊霉(*Ashbya gossypii*)和阿氏假囊酵母(*Eremothecium ashbyii*)。目前生产维生素 B_2 的方法主要是发酵法。但值得注意的是维生素 B_2 主要存在于菌丝中，只有小部分存在于发酵液中，因此在提取时需将菌丝中的维生素 B_2 用121℃蒸汽抽提1 h，再将提取液和发酵液合并进入下一步提取。

三、维生素 B_{12}

维生素 B_{12} 是含钴的有机物，故又称为钴维生素或钴胺素，简称钴维素。钴维素及其类似物参与机体内许多代谢反应，是维持机体正常生长的重要因子，是治疗儿童恶性贫血的首选药物。

维生素 B_{12} 可从动物肝脏中提取，也可用化学方法合成，但上述两种方法均不适合工业化生产。目前主要用微生物来生产。能产生维生素 B_{12} 的微生物有细菌和放线菌，酵母和霉菌不

能产生维生素 B_{12}。用微生物生产维生素 B_{12} 有两种方法：一种是从链霉素、庆大霉素等发酵后的废菌体中提取。为了提高 B_{12} 的产量，需要在发酵培养基中加入适量的钴盐。即使如此维生素 B_{12} 的发酵产量仍然很低，一般每毫升只有数微克。但此法属于抗生素生产中的综合利用。另外一种生产方法是用丙酸杆菌等微生物来直接发酵生产。此法每毫升发酵液中的维生素 B_{12} 可达数十微克。

近来还发现诺卡菌属和分枝杆菌属的某些菌种，在烷烃作为碳源的培养基中能合成较多的钴维素，还发现以甲烷或甲醇作为碳源的细菌合成钴维素的能力较强。

第四节　甾体化合物

甾体化合物(steroid)又称为类固醇，是一类含有环戊烷多氢菲核(甾体化合物的母核，图 12－5)的化合物。

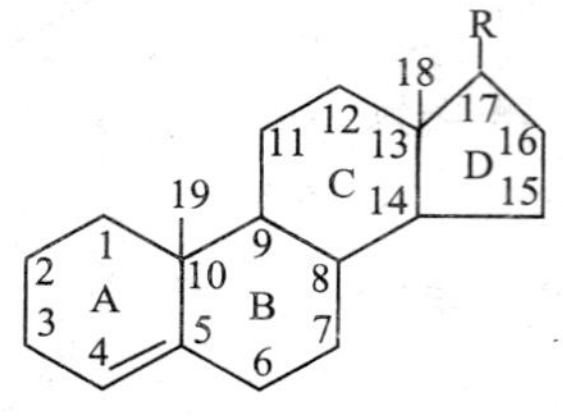

图 12－5　甾体化合物的母核

甾体化合物广泛存在于动植物的组织中。比较重要的甾体化合物有胆甾醇、胆酸、肾上腺皮质激素、孕激素、性激素、植物皂素等。甾体化合物尤其是甾体激素对机体有重要的调节作用，因此在医疗上应用十分广泛。例如，肾上腺皮质激素具有抗炎症、抗超敏反应、抗休克等多方面的作用，临床上被广泛用于治疗或缓解类风湿性关节炎、支气管哮喘、过敏性皮炎、胶原性疾病、过敏性休克、阿迪森病等疾病。各种性激素是医治雄性器官衰退和某些妇科疾病的主要药物，也是口服避孕药的主要成分。此外，还有蛋白质同化激素及螺内酯等甾体药物，分别用以改善蛋白代谢、恢复和增强体力、利尿降压等作用。

甾体激素类药物的工业生产通常以天然甾体化合物(如薯芋皂苷)为出发原料，一般以化学合成法为主，其中有一些用化学合成方法难以解决的关键反应需采用微生物转化方法来进行生产。甾体化合物的微生物转化具有专一性、产量高、反应条件温和等优点，在甾体激素药物的生产中被广泛应用。

一、微生物转化工艺

用微生物转化方法生产甾体化合物往往是化学合成路线中的某一步或两步，转化工艺一般可分为两个阶段：第一阶段为菌体生长阶段，第二阶段为转化阶段。

1. 菌体生长阶段　菌种经孢子制备、种子制备后移种至发酵罐培养，力求微生物细胞良好的生长、繁殖。

2. 转化阶段　是将用于微生物转化的基质(甾体激素药物化学合成的中间产物)加入到培养好的微生物培养物中，用微生物将基质转化。许多种基质对微生物具有毒性，加入有毒基质的浓度一般为 0.01%～0.08%。为了提高产量，可采用流加的方式加入基质，以防止达到有毒的浓度。对于无毒的基质可一次性投料，基质浓度可达到3%～4%，一般难溶于水，所以在添加基质时有种种加入方法，最常用的方法是将基质溶解于丙酮、乙醇、甲醇、二甲基甲酰胺等溶媒和水混合的溶剂中，再加到微生物培养物中进行微生物转化。按照微生物培养物使用时的状态，可将微生物转化方法分为三种类型：① 生长细胞转化法：将基质加入微生物培养液中进行微生物转化。② 静息细胞转化法：先从微生物培养液中分离出菌体细胞，再制备成细胞悬液或干细胞，将基质加入菌体细胞悬液中进行微生物转化。这种方法的优点是可以减少转化产物中的杂质和任意调节菌体和基质的比例。③ 固定化细胞与固定化酶转化法：将培养好的菌体制备成固定化细胞或固定化酶用于对基质进行转化。

二、微生物转化的反应类型

用微生物对甾体化合物进行微生物转化的反应类型很多，其中包括氧化、还原、水解、酰化、异构化等反应类型。每一反应类型有许多种不同的反应。在生产中最常用的有羟化反应、脱氢反应、侧链降解反应等。

（一）羟化反应

羟化反应是微生物转化反应中最重要和最常用的一种。利用各种微生物可以在甾体化合物母核的不同位置进行各种羟化反应，得到一些有意义的产物，如可的松、氢化可的松等。能使甾体母核11－α位发生羟化反应的微生物有黑根霉、曲霉等，利用该微生物转化反应和化学合成方法相结合成功地解决了人工合成皮质激素的生产问题。利用微生物使孕酮在11－α位羟化形成11－α－羟基孕酮，再经四步化学反应就能形成可的松（图12－6）。如果不利用微生物进行羟化，由孕酮化学全合成可的松需30多步化学反应。能使甾体母核11－β位发生羟化反应的微生物有弗氏链霉菌、蓝色犁头霉、新月弯孢霉等。该反应可使莱氏化合物转化成氢化可的松（图12－7）。

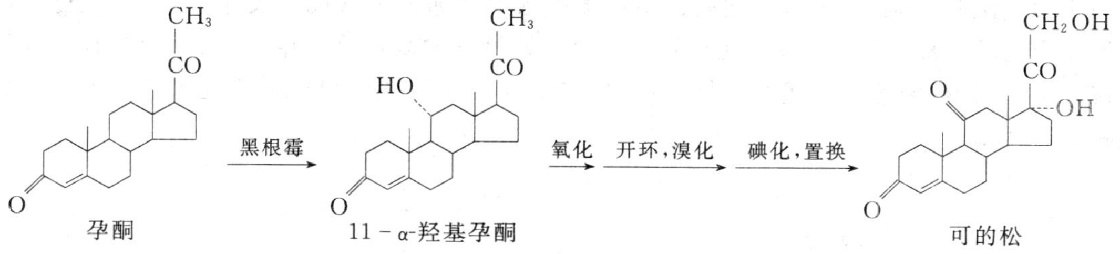

图12－6　11－α位羟化反应

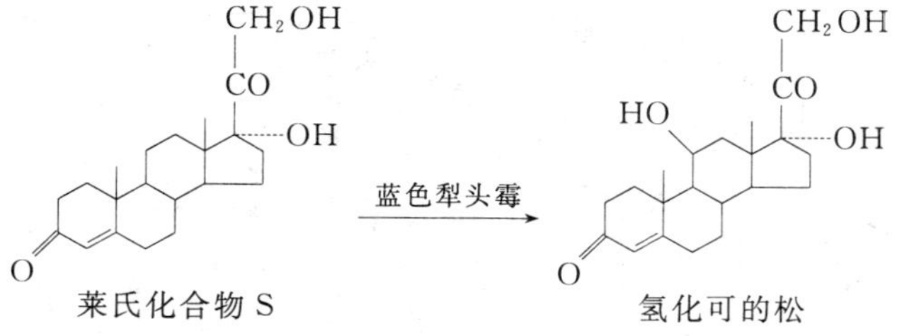

图12－7　11－β位羟化反应

（二）脱氢反应

微生物在甾体母核C－1位和C－2位的脱氢作用是工业生产去氢可的松及去氢氢化可的

松很有价值的一种反应(图 12－8)。在 C－1 位和 C－2 位之间形成双键后，其生物活性较其母体增强数倍。不同微生物的脱氢能力不同，一般以细菌的脱氢能力最强，其中尤其以棒状杆菌属和分枝杆菌属的某些菌株的脱氢活力最大。

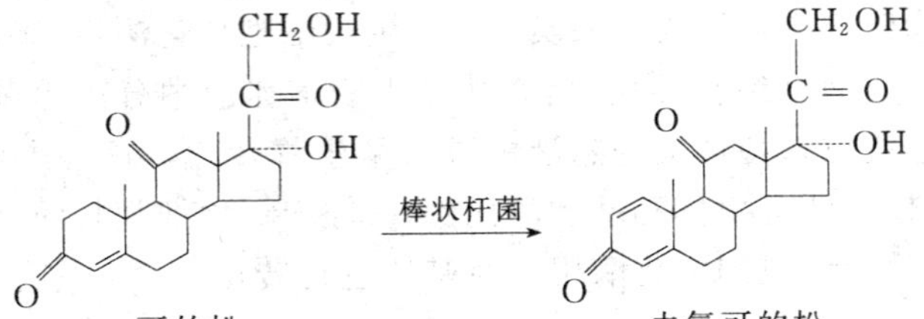

可的松　　　　去氢可的松

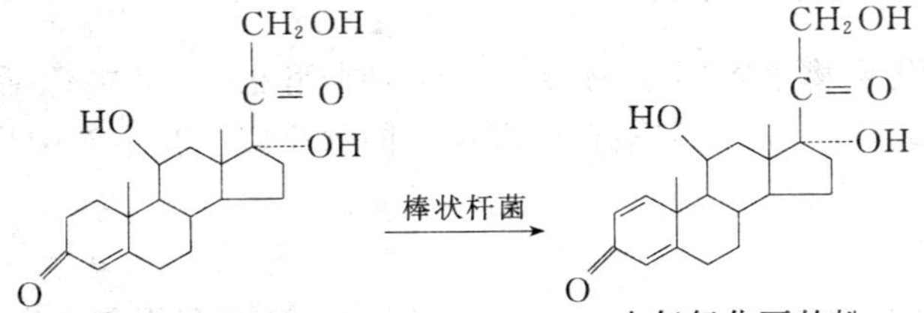

氢化可的松　　　　去氢氢化可的松

图 12－8　脱氢反应

(三) 侧链降解反应

具有生理活性的甾体类药物的基本母核来自动植物的天然甾体化合物，它们需经侧链降解后得到。微生物具有降解甾醇类化合物侧链的作用，开发了合成甾体类药物的天然原料。由胆甾醇(Ⅰ)或豆甾醇(Ⅱ)经微生物降解侧链得到雄甾烷－1，4－二烯－3，17－二酮(ADD)(Ⅲ)，其产率接近 100%。以 ADD 为原料可合成多种性激素、避孕药及利尿剂等。从 ADD 出发用化学方法制的雌酮(Ⅳ)，由此制造多种黄体激素和卵泡激素的重要中间体。侧链降解及甾体化合物的合成见图 12－9。能降解甾体化合物侧链的微生物有诺卡菌、简单节杆菌、牦牛分枝杆菌、分枝杆菌等。上述微生物转化法生产 ADD 比用薯蓣皂配基以化学方法制造 ADD 要减少十几步。

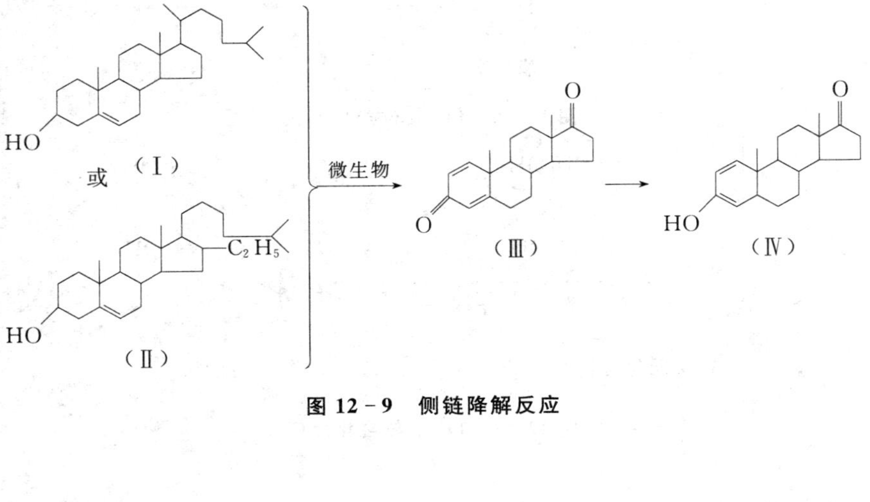

图 12－9　侧链降解反应

第五节　酶与酶抑制剂

一、酶制剂

酶(enzyme)是生物产生的具有催化能力的蛋白质,生物体的新陈代谢过程都是在酶的参与下进行的,并受到酶的控制和调节。酶在生命活动中具有特殊的功能。随着某些疾病的发病原因与酶反应的关系逐渐为人们所认识,酶已作为一类药物用来治疗某些疾病,同时酶也可用作临床诊断试剂以及用来筛选某些新药物。

酶的来源有动物、植物和微生物三种来源,其中微生物是其主要来源。这是因为微生物种类多,酶源蕴藏丰富;而且微生物在人工控制条件下,比较适合于大规模工业化生产。微生物酶制剂发酵工业已经发展成为一个新兴的发酵工业部门。

（一）医药领域常用的微生物酶制剂

1. 链激酶和链道酶　主要由乙型溶血性链球菌的某些菌株所产生。链激酶可使纤维蛋白溶酶原活化成为纤维蛋白溶解酶,纤维蛋白溶解酶可使血液凝块溶解。因此在临床上可用链激酶治疗脑血栓及溶解其他部位的血凝块。链道酶是一种脱氧核糖核酸酶,可使脓液中的脱氧核糖核酸核蛋白和 DNA 分解,因而降低了脓液的黏度,在临床上用于治疗脓胸。

2. 透明质酸酶　透明质酸酶是一种糖蛋白,又称为扩散因子。广泛存在于动物血浆、组织液等体液及蛇毒、蝎毒等动物毒液中,产生透明质酸酶的微生物有化脓性链球菌、产气荚膜梭菌等。透明质酸酶能分解组织基质中的透明质酸,使组织之间出现间隙,从而使局部的积液加快扩散。因此,将它与其他注射剂同时应用,可使皮下注射的药物加速扩散,因而有利于药物吸收。如果用于手术后的肿胀及外伤性血肿,可使肿胀与血肿消退,减轻疼痛。

3. 天冬酰胺酶　多种细菌均可产生天冬酰胺酶。目前用大肠杆菌来进行生产。其主要作用是水解天冬酰胺生成天冬氨酸和氨。由于某些肿瘤细胞需要依赖正常细胞供应天冬酰胺,用天冬酰胺酶后可消耗肿瘤细胞所需的天冬酰胺,从而抑制肿瘤细胞的生长。在临床上可用于治疗白血病和某些肿瘤。

4. 消化酶　很多微生物能产生蛋白酶、淀粉酶、脂肪酶等,可用于治疗消化不良等。

5. 青霉素酰化酶　青霉素酰化酶在半合成青霉素的生产中具有重要的作用,该酶能直接使青霉素的侧链解离而得到青霉素的母核(6-氨基青霉烷酸)和侧链羧酸,也能催化相反的反应,使 6-氨基青霉烷酸与适当的侧链结合为半合成青霉素。

（二）微生物酶的发酵生产

微生物酶的发酵方法与其他发酵工业相类似。为了利用微生物生产某种酶,首先必须选择合适的产酶菌种,然后采用适当的培养基和适当的培养条件进行发酵,使微生物生长繁殖并合成、积累大量的酶,最后将酶分离纯化,制成一定形式的制剂供使用。

1. 产酶菌种的筛选　筛选菌种的目的是获得高产菌,通过产酶性能的测定了解分离到的菌种哪些能产酶,哪些不产酶;哪些是高产菌,哪些是低产菌。菌种的产酶性能可通过两种培养方法来确定:① 固体培养法,把菌种接入固体培养基中,保温培养数天,用水或缓冲液将酶抽提出来后测定酶活力。此法主要适合霉菌的筛选。② 液体培养法,将菌种接种入液体培养基后,静置或摇床上培养一定时间,再测定培养物的酶活力。

筛选产酶菌种需要测定很多的菌株,工作量很大。因此应尽可能找到一种简便快速的方法。对于筛选某些胞外酶(水解酶)的产酶菌种,将酶的底物与培养基混合一起制成平板,然后涂布菌液,根据菌落周围对底物水解圈的大小,初步判断该菌株的产酶能力。例如,蛋白酶和淀粉酶菌种的筛选采用此法。

并不是所有产酶菌种的筛选均可以采用上述平板上酶对底物形成水解圈的方法。尤其对于产生胞内酶的菌种难以在培养平板上直接测定其产酶性能,因此只能将分离的菌种逐个进行摇瓶试验分别测定产酶的情况。

必须指出的是,平板分离的培养条件与实际发酵生产采用的液体培养条件有所不同,有些菌株在平板上能形成较大的酶解圈,但生产条件下产酶能力并不高;相反的,蛋白酶产生菌枯草芽胞杆菌对酪蛋白的酶解圈很小,但在液体培养发酵过程中能产生大量的蛋白酶。

酶的发酵生产受到诱导调节、酶作用的终产物阻抑调节、分解代谢物调节等多种调节作用,在设计菌种筛选培养基时,应考虑这些因素。

2. 酶的发酵生产

(1) 添加合适的诱导剂:大多数酶类的发酵生产受底物诱导和酶作用的终产物阻抑的双重调节作用,为了提高酶产量,应向发酵培养基中添加适量的诱导剂,并尽量减少阻抑物的浓度。最有效的诱导剂往往不是诱导剂的底物,例如大肠杆菌β-半乳糖苷酶的最好的诱导剂是异丙酰-β-D-硫代半乳糖苷,它不被β-半乳糖苷酶分解。高浓度的底物诱导剂如果被利用太快,会引起分解代谢物阻抑,而不利于酶的生成。因此,许多胞外分解酶以高浓度底物作为诱导剂时,酶产量反而不高。生产上常用能被菌缓慢利用的或不被利用的底物结构类似物代替底物作为诱导剂。例如利用蔗糖单棕榈酸酯代替蔗糖作为诱导剂,由于底物的棕榈酸酯被缓慢利用,避免了分解代谢物阻抑,使得转化酶的产量提高了80倍。为了避免终产物阻抑和分解代谢物阻抑使酶的产量降低,发酵培养基的组成应避免使用丰富的、复杂的培养基,并且不应含有大量能被快速利用的碳源。

(2) 添加产酶促进剂:当添加某种少量的物质,就能够显著增加酶的产量时,这类被添加的物质通常被称为产酶促进剂。产酶促进剂多数为酶的诱导剂或表面活性剂,此外,还有些是酶的稳定剂或激活剂、生长因子、金属离子的螯合剂等。它们的作用机理并不相同。酶的发酵生产常使用非离子表面活性剂,它们对发酵产酶的促进作用尚不很清楚,一般认为它们的作用在于改善细胞的透性,使更多的酶从细胞内透过细胞膜进入发酵液中,这样有利于打破细胞内酶合成的反馈调节,提高发酵液中酶的产量。表面活性剂还可能通过改善通气效果或增强酶的稳定性和催化能力而起到提高酶产量的作用。常用的产酶促进剂有吐温-80、洗净剂LS(脂肪酰胺磺酸钠)、聚乙烯醇、糖脂、乙二胺四乙酸等。

3. 组成型突变株的选育　按照操纵子学说,微生物由于某些酶的调节基因发生了突变,以致产生了无效的阻抑蛋白而不能与操纵基因结合;或操纵基因发生了突变,失去了控制作用,因而结构基因得以经常转录,酶的生成不再需要诱导剂或不再被终产物或分解代谢产物所阻抑,这样的突变株称为组成型突变株。选育组成型突变株对于酶制剂的生产具有重要意义。

(1) 选育不需要诱导剂的突变株:常用的方法主要有以下两种:① 在恒化器中以很低浓度的底物诱导剂连续培养细菌:例如,大肠杆菌在恒化器中培养,限量补给乳糖,选出了不需要乳糖就可以大量产生β-半乳糖苷酶的组成型突变株。该突变株在上述特定的培养条件下,生长处于优势。② 用含有诱导剂的培养基和不含有诱导剂的培养基交替培养:例如,先用含葡萄糖的培养基培养诱变处理过的大肠杆菌,稀少的组成型突变株和多数的能诱导生成β-半乳糖苷酶的原始菌株均能生长,然后将此培养物转移到含乳糖的培养基中,此时有利于组成型突变株的生产，诱导型的原始菌株需要时间诱导生成β-半乳糖苷酶后才能利用乳糖进行生长，再将培养物及时转回到含有葡萄糖的培养基中，使诱导型的原始菌株的诱导酶消失。重复上述过程，最终组成型突变株会占优势而被选出。因为在乳糖培养基中，原始菌株的生长速度低于组成型突变株。

(2) 选育抗终产物组成型突变株：以下介绍两种方法：① 选育抗终产物结构类似物突变株：例如，用三氟亮氨酸处理大肠杆菌，选出了亮氨酸合成酶产量提高10倍的组成型突变株。该突变株可能涉及酶的调节基因的改变，不产生原阻抑蛋白或原阻抑蛋白结构改变不能被终产物活化，因此不能封锁操纵基因，导致组成型酶的合成。② 直接选育抗终产物阻抑的突变株：例如，大肠杆菌的磷酸酯酶组成型突变株可从含有高浓度无机磷酸盐的琼脂平板培养基中选出，当菌落长出后，喷洒对亚硝基苯酚磷酸盐，组成型突变株可分解该化合物，使菌落呈黄色，而被磷酸盐终产物阻抑的原始菌株的菌落呈白色。

(3) 选育抗分解代谢阻抑的突变株：许多抗葡萄糖分解代谢物阻抑的突变株，显然是改变了它们的葡萄糖分解代谢途径。因为它们的许多酶的生成都不再受到葡萄糖分解代谢物阻抑。然而也有一些突变株的单一的酶是专一性抗分解代谢物阻抑的。以下介绍两种选育方法：① 用酶的底物作为唯一氮源进行选育。例如，将产气杆菌在含有葡萄糖(阻抑性碳源)和以组氨酸为唯一氮源的培养基中连续传代后，可选出抗分解代谢物阻抑的突变株。正常的组氨酸酶是被葡萄糖分解代谢物阻抑的，突变株能在这种培养基中生长，突变株必须有分解组氨酸而获得氮源的酶。试验表明，这样获得的突变株中确实有脱阻抑水平的组氨酸酶。② 用阻抑性碳源培养基和非阻抑性碳源培养基交替培养进行选育。例如，大肠杆菌从葡萄糖(阻抑性碳源)培养基中转移到含乳糖、麦芽糖、乙酸或琥珀酸等非阻抑性碳源的培养基中时，有生长停滞现象。这是因为葡萄糖的分解代谢物阻抑了能利用其他碳源的酶的生成。因此，用葡萄糖和琥珀酸(或其他非阻抑性碳源)交替培养，就可以选育出抗分解代谢物阻抑的突变株。因为突变株在琥珀酸培养基中的生长速度快于原始菌株。

(三) 蛋白酶

蛋白酶是催化蛋白质和多肽水解的一群酶类。蛋白酶具有广泛的用途，涉及食品加工、皮革制造、加酶洗涤剂和医药等方面。在医药方面，蛋白酶可作为消化药、消炎药和化痰止咳药物等。

蛋白酶的种类很多，尚无统一的分类原则。根据来源分类可分为动物蛋白酶、植物蛋白酶和微生物蛋白酶。按照蛋白酶作用的最适pH分类可分为碱性蛋白酶(pH 9～11)、中性蛋白酶(pH 6～8)和酸性蛋白酶(pH 2～5)。此外，还有种种的分类方法。

1. 产酶菌种　碱性蛋白酶的产生菌主要有短小芽胞杆菌、地衣芽胞杆菌、枯草杆菌、嗜碱性芽胞杆菌和灰色链霉菌、米曲霉等；中性蛋白酶的产生菌主要有枯草杆菌、栖土曲霉、微紫青霉、米曲霉、灰色链霉菌等；酸性蛋白酶的产生菌主要有黑曲霉、斋藤曲霉、中华根霉等。

2. 产酶菌种的筛选　从自然界筛选产生蛋白酶的菌种时，为了得到高产菌株，可在一小块园土中拌入蛋白质原料，使在一定pH或温度条件下任微生物繁殖一段时间后再进行分离。例如筛选酸性蛋白酶产生菌，可将土壤的pH调节为3～4，以利于霉菌的繁殖。为了提高筛选工作效率，常采用几种平板分离培养基，在其中添加若干种蛋白质，分别在25℃、30℃、50℃几种不同温度条件下培养，根据菌落周围蛋白溶解圈的大小，可以得出这一菌株对于营养与温度的需求的初步概念。然后采用不同营养组成的培养基在不同通气量条件下，摇瓶培养或静止培养不同时间，以供进一步测定。

3. 环境因子对产酶的影响

(1) pH：培养基的 pH 可以影响霉菌产蛋白酶的类型。在碳氮比高的培养基中培养米曲霉，因产酸较多，使培养物 pH 下降，有利于酸性蛋白酶的生成；用碳氮比低的培养基，经微生物代谢后使培养物的 pH 升高，有利于中性蛋白酶和碱性蛋白酶生成。产酶的 pH 通常和酶反应最适 pH 接近。

(2) 通气量：多数微生物合成蛋白酶的深层培养需要强烈地通气搅拌。但也有报道，过大的通气量会抑制巨大芽胞杆菌生成蛋白酶。

(3) 温度：芽胞杆菌生产蛋白酶常采用 30～37℃培养，霉菌、放线菌为 28～30℃，一种于 20℃生长的低温细菌，其蛋白酶在低温下形成最多，嗜热性的微生物在 50℃左右培养产酶量最大。

4. 培养基对产酶的影响

(1) 氮源的诱导与阻抑：生产蛋白酶的碳氮比一般比较低。作为氮源蛋白质优于蛋白质水解物。其原因可能是蛋白质对蛋白酶有诱导作用，或者是蛋白质的水解物阻抑蛋白酶的生成。

(2) 碳源的分解代谢物阻抑：高浓度的葡萄糖、蔗糖等代谢迅速的碳源对蛋白酶的生产有分解代谢物阻抑作用。因此在蛋白酶生产中可采用代谢缓慢的碳源或者降低糖的浓度，也可以采用糖连续流加的方法来避免分解代谢物阻抑。

(3) 无机盐：磷酸盐对蛋白酶的生产很重要，添加 0.2%～2%无机磷酸盐，可提高蛋白酶产量，钙离子有利于蛋白酶的稳定而增产蛋白酶，微量的镁、锌、锰等金属离子对蛋白酶的生成有刺激作用。

(4) 产酶促进剂：已有报道的产酶促进剂有：大豆的乙醇提取物、植酸钙镁、植酸钙、乙醇、甘油、乙二醇、米糠油、活性炭、焙焦蛋白质、聚甲醛、食盐、环氧化磷酸酯、洗涤剂 LS、乳化剂 FM(三乙醇胺油酸)等。

(四) 青霉素酰化酶

青霉素酰化酶能将青霉素水解为 6-氨基青霉烷酸(简称 6-APA)和侧链羧酸，也能催化相反的反应，在半合成青霉素的生产中具有重要作用。根据底物专一性，可将青霉素酰化酶分成两大类：一类存在于霉菌、酵母及放线菌之中，对苯氧甲基青霉素(青霉素 V)的裂解能力较强，这类酶几乎均为胞外酶，其裂解最适 pH 及温度均较高(pH 1.0,50℃)；另一类为细菌(绝大多数为革兰阴性菌)产生的酶，多数为胞内酶，对苄青霉素(青霉素 G)的裂解能力很强，裂解的最适 pH 及温度均较低(pH 8,40℃)。

1. 产酶菌种　苄青霉素酰化酶的产酶菌种有大肠杆菌、假单胞杆菌、微球菌、巨大芽胞杆菌、短杆菌、棒杆菌、节杆菌、气杆菌以及链霉菌和粗糙脉胞菌中的某些种类；苯氧甲酸青霉素酰化酶的产酶菌种有产黄青霉、头孢霉、曲霉、镰刀霉和某些酵母以及假单胞菌、微球菌、欧文氏菌、节杆菌、链霉菌等。

2. 产酶菌种的筛选　许多产青霉素酰化酶的微生物也产青霉素酶。因此在筛选产生青霉素酰化酶的菌种时，使用的方法要合理，以筛选出青霉素酰化酶活性高而不产生青霉素酶或青霉素酶活性很低的菌种。在大量筛选时，采用 NIPAB(3-苯乙酰胺-6-硝基苯甲酸)法测定青霉素酰化酶的活性是比较常用的方法。

为同时筛选对不同底物有特异性的青霉素酰化酶，可采用青霉素 G 和青霉素 V 混合底物与所试菌液混合保温，然后进行薄层层析，从不同青霉素及 6-APA 的斑点大小及变化可判断出产哪一种青霉素酰化酶和酶活力的大小；另一方面也可以从青霉噻唑酸的斑点大小、颜色深浅来判断是否存在青霉素酶以及青霉素酶的活力，以确定菌种的优劣。

青霉素酰化酶是诱导酶，筛选培养基中加入苯乙酸或苯氧乙酸作为诱导剂是必要的。

3. 青霉素酰化酶的生产　青霉素酰化酶生产中通常采用大肠杆菌为生产菌种，常用的培养基含有蛋白胨 1%、玉米浆 0.3%、苯乙酸（或苯乙酰胺）0.2%、NaCl 0.5%，pH 7.0～7.2。苯乙酸既是碳源又是产酶的诱导剂。酶形成的最高速率在菌生长的对数生长期，对数期结束时酶活力达到最高峰。产酶的温度一般为 28～30℃，产酶一般需要较大的通气量。

为了提高青霉素酰化酶的发酵产量，人们采用遗传工程手段克隆青霉素酰化酶基因已获得成功。我国也获得了高产青霉素酰化酶的基因工程菌，已用于工业化生产。

二、酶抑制剂

酶抑制剂（enzyme inhibitor）主要是微生物产生的一类小分子生理活性物质，它们能够特异性抑制某些酶的活性而被筛选出来。来源于微生物的酶抑制剂，具有低毒性、相对分子质量小、结构新颖以及结构的多种多样性等特点，是研究生物功能和疾病过程有用的工具。在医药方面，酶抑制剂已被用于增强免疫、生理功能调节、疾病治疗、治疗抗药菌感染等多个方面。

酶抑制剂的筛选方法是采用和抗生素筛选类似的方法。由于各种类别的酶具有各自反应的特殊性，酶抑制剂的筛选模型要更多样化一些。建立一个合适的筛选模型是研究开发酶抑制剂的基础工作。

酶抑制剂在医药领域的应用是多方面的，已越来越受到人们的重视。以下简要介绍一些酶抑制剂。

（一）蛋白酶抑制剂

蛋白酶与炎症、受精、癌症、免疫以及肌肉萎缩等多种疑难疾病有密切关系，因此蛋白酶抑制剂可用于治疗急性胰腺炎、烧伤、胃溃疡、肌肉萎缩等疾病。蛋白酶抑制剂还具有提高免疫的功能，对腹水瘤、淋巴肉瘤有一定疗效。在生殖生化方面试图将其用作避孕药。

微生物来源的蛋白酶抑制剂有亮肽剂（leupeptin）、抗肽剂（antipain）、抑糜酶剂（chymostatin）、抑胃酶剂（pepstatin）、弹性朊醇（elastainal）等。

（二）细胞膜表面酶抑制剂

细胞膜表面酶属于肽链端解酶和脂酶，它们与免疫功能、炎症反应、肿瘤的发生、病毒感染等细胞的多种功能有着密切关系。因此细胞膜表面酶抑制剂可用于与上述细胞功能有关的疾病的治疗。

微生物来源的细胞膜表面酶抑制剂有抑氨肽酶 B（bestatin）、抑氨肽酶 A（amastatin）、抑脂酶剂（esterastin）等。

（三）糖苷酶及淀粉酶抑制剂

各种各样的炎症、癌症、免疫现象、病毒感染等都和细胞表面的复合糖质有密切关系。因此以在细胞机能上起重要作用的糖蛋白为筛选目标，去探索糖水解酶的抑制剂，用于治疗相关的疾病。淀粉酶抑制剂是通过妨碍食物中碳水化合物的消化作用来防止和治疗肥胖症、动脉硬化症、高血压、糖尿病等。

微生物来源的糖苷酶及淀粉酶抑制剂有泛涎菌素（panosialin）、异黄酮鼠李糖苷（isoflavonoid）、抑唾液酶剂（siastatin）、抑淀粉酶剂（amylostatin）等。

(四) 肾上腺素合成酶抑制剂

肾上腺素是交感神经的传导体，与肾上腺素合成有关的酶包括酪氨酸羟化酶、多巴胺β-羟化酶等。这些酶的抑制剂有可能成为降血压药物。

微生物来源的肾上腺素合成酶抑制剂有小奥德蘑酮(oudenone)、镰孢菌酸(fusaric acid)等。

(五) β-内酰胺酶抑制剂

某些细菌对β-内酰胺类抗生素抗药主要是这些细菌产生β-内酰胺酶，能够水解β-内酰胺类抗生素的β-内酰胺环，使抗生素失去抗菌活性。β-内酰胺酶抑制剂可用于治疗产生β-内酰胺酶的抗药菌感染。

微生物来源的β-内酰胺酶抑制剂有棒酸(clavulanic acid)、硫霉素(thianamycin)等。

酶抑制剂的研究与应用尚处于起始阶段，其种类非常多，随着更进一步的研究，其应用前景将会非常广阔。

第六节　菌体制剂

医药中应用的菌体制剂主要有疫苗、药用酵母、活菌制剂这几种类型。以下仅简要介绍药用酵母和活菌制剂。

一、药用酵母

药用酵母是一种经高温干燥灭活的酵母菌。酵母细胞中含有丰富的营养物质，如蛋白质、氨基酸、维生素等，并含有辅酶A、细胞色素C、谷胱甘肽、麦角固醇和核酸等生理活性物质以及多种酶类。药用酵母可促进机体的代谢机能，增进食欲，用于治疗消化不良和B族维生素缺乏症。

生产药用酵母一般采用酒精或啤酒发酵后的废酵母经加碳酸钠去除苦味而制得，也可采用直接发酵法制备。

二、活菌制剂

活菌制剂也被称为微生态制剂，是根据微生态学的原理，利用人体正常菌群的某些种类，经人工培养方法制成。目前应用较多的活菌制剂主要使用了乳酸菌、双歧杆菌以及肠球菌、大肠杆菌、蜡样芽胞杆菌、酵母菌等。活菌制剂具有防治某些疾病和提高人体健康水平的作用。例如乳酸菌制剂乳糜生，利用乳酸菌在肠道生长繁殖，分解糖类产生乳酸使肠道微环境变酸，从而抑制有害细菌的繁殖，并防止其产生毒素和致病。同时乳酸菌发酵糖类产生二氧化碳，可促进肠蠕动，调节肠功能防止便秘。临床上用于治疗消化不良、肠胀气、小儿腹泻等。乳酸菌还具有合成B族维生素的能力，可用于治疗由菌群失调引起的维生素B缺乏症。此外乳酸菌制剂还能防止由滥用抗生素造成的菌群失调症。

乳酸菌和双歧杆菌是肠道内重要的生理性细菌，利用这些细菌制造活菌制剂对保护肠道内的正常菌群，维持微生态平衡有重要的意义。它们能提高正常菌群的生物拮抗能力，因此达到抑制致病菌的目的。乳酸菌、双歧杆菌活菌制剂还具有抗癌和延缓衰老的作用，厌氧棒杆菌活菌制剂有激发机体细胞免疫的作用。用蜡样芽胞杆菌制成的活菌制剂——促菌生，其本身是需氧菌，由于大量消耗环境中的氧而促进肠道厌氧菌的生长，随后厌氧菌的代谢产物脂肪酸、乳酸又可抑制需氧菌的生长，从而造成肠道内厌氧菌占优势的状况。临床上用于预防和治疗婴幼儿腹泻、肠炎、痢疾等。

第七节　其他微生物制剂

在医药中常用的微生物制剂除上述的几类外，其他的微生物制剂尚有许多。以下简单介绍几种。

一、核酸类物质

核酸类物质主要包括嘌呤核苷酸、嘧啶核苷酸及它们的衍生物，这些物质中有许多是重要的药物，如肌苷或辅酶A用于治疗心脏病、白血病和血小板下降以及肝病等，ATP可制成能量合剂用于治疗代谢紊乱、辅助治疗心脏病、肝病等，5-氟尿嘧啶用于治疗某些肿瘤疾病。核酸类物质在治疗心血管疾病、肿瘤等方面有特殊疗效，可作为药物使用。在农业方面，可用核酸类物质进行浸种、蘸根、喷雾等，以提高农作物产量。食品工业方面，呈味核苷酸如5′-肌苷酸和5′-鸟苷酸可作为特鲜味精、特鲜酱油的原料。由于近代分子生物学的发展，人们对于微生物发酵生产有了进一步的认识。核酸发酵研究进展和核酸类物质用途日益扩大，导致核酸发酵工业迅速发展。

核酸类物质的生产方法主要有酶解法、半合成法和直接发酵法三种。① 酶解法：先用糖质原料、亚硫酸纸浆废液或其他原料发酵生产酵母(也可用酒精发酵或啤酒发酵用过的废酵母)，再从酵母菌体中提取核糖核酸，提取出的核糖核酸经过青霉菌或链霉菌等微生物产生的酶进行酶解，制成各种核苷酸。② 半合成法：是微生物发酵和化学合成并用的方法。例如由发酵法先制成5-氨基-4-甲酰胺咪唑核苷，再用化学法制成鸟苷酸。又如用发酵法先制成肌苷，再利用微生物或化学的磷酸化作用，使肌苷转变为肌苷酸。③ 直接法：是根据产生菌的特点，采用营养缺陷型菌株或营养缺陷兼抗结构类似物突变株，通过控制适当的发酵条件，打破菌体对核酸类物质代谢的调节控制，使之发酵生产大量的某一种核苷或核苷酸。例如用产氨短杆菌腺嘌呤缺陷型突变株直接发酵生产肌苷酸。

以上三种生产方法各有其优点。用酶解法可同时得到腺苷酸和鸟苷酸，如果其副产物尿苷酸和胞苷酸能被开发利用，其生产成本可以降低。发酵法生产腺苷酸和鸟苷酸正在不断改良，随着核苷酸的代谢控制及细胞膜的渗透性等方面研究的进展，其发酵产率可望得到提高。半合成法可以避开反馈调节控制，获得较高的产量。

二、生物碱

生物碱主要由植物产生，微生物也能合成某些种类的生物碱。例如用紫麦角菌(*Claviceps purpura*)生产麦角碱，是用紫麦角菌人工接种于黑麦上以制备大量的麦角，进而制备麦角碱。麦角在临床上主要用作子宫收缩剂。此外，有一种诺卡菌能产生安沙美登素(ansamitocin)，其结构与来自植物美登木的美登木素很相似。安沙美登素对白血病有一定疗效，已受到医药界的重视。

三、微生物多糖

微生物产生的多糖在食品工业、医药工业、石油工业、化学工业和其他工业有很大的应用潜力，在世界上的销售额较大。因而微生物多糖工业已成为一个新型发酵工业领域。

在医药领域应用的微生物多糖有右旋糖苷、环状糊精、真菌多糖等。

右旋糖苷：又名葡聚糖，是若干葡萄糖脱水形成的聚合物。右旋糖苷是由肠膜明串珠菌(*Leuconostoc mesenteroides*)发酵生产的。它可用作代血浆的主要成分，具有维持血液渗透压和增加血液容量的作用，临床上用于抗休克、消毒和解毒等，脂代谢异常是引起动脉硬化的主要原因，而右旋糖苷硫酸酯对此有明显的药理作用。

环状糊精：是淀粉经细菌产生的环状糊精葡萄糖酰基转移酶作用生成的一系列环状低聚糖。环状糊精用途广泛，在食品工业、日用化工工业、烟草工业、医药工业等均有应用。在医药工业上环状糊精可作为药物的稳定剂，同时还在提高药效、减缓药物的毒性和副作用方面有一定作用。

真菌多糖：在许多高等真菌产生的多糖类物质中，有一些多糖具有药用价值。我国沿用上千年的药用真菌有灵芝、茯苓、猴头、银耳、香菇和冬虫夏草等。这些真菌的药用成分大多是多糖。从真菌中分离出的多糖具有增强机体免疫功能和抗肿瘤的作用，在临床上有明显治疗效果。例如香菇多糖、云芝多糖、茯苓多糖等。

四、螺旋藻

螺旋藻(现称螺旋蓝细菌)广泛分布于世界各地，呈蓝绿色，含有丰富的蛋白质。非洲、美洲的一些居民将螺旋藻作为食物食用已有1 000多年的历史。20世纪70年代，联合国食品会议认定螺旋藻为“明天最好的食品资源”而加以推广。螺旋藻中的蛋白质的比例可高达菌体干重的60%～80%，其蛋白质中含有八种人体的必需氨基酸。因此，把螺旋藻添加到食品中，可以起到蛋白质的互补作用，大大改善谷物蛋白质的营养价值。此外，由于螺旋藻中含有螺旋藻多糖和γ-亚麻酸等一些不饱和脂肪酸，以及多种维生素、酶类、矿物质等，在医疗保健方面有很大价值。

来自微生物的产品种类非常多，本章涉及的微生物药物制剂仅仅是其中的一部分。微生物资源极其丰富，有许多尚未开发的资源有待人们去开发。

第十三章　抗生素药效学

抗生素是临床使用量最大的药物之一，自 1929 年 Fleming 发现青霉素至今，临床应用的毒性低、疗效高的抗生素不断被发现，同时还包括一系列半合成抗生素。抗生素药效研究是抗生素新药研究的重要环节，其研究的主要内容是：① 抗生素的体内药效；② 抗生素的体外药效；③ 用微生物学方法测定抗生素效价，即含量。抗生素药效研究为我们揭示了抗生素对临床致病菌在体外和体内抑制或杀灭细菌的作用，从而为新抗生素的筛选或抗生素新剂型的研究提供了依据。同时，由于临床大量广谱抗生素的使用和大剂量不科学地使用抗生素，几乎所有的抗生素都产生了抗药菌株，抗生素的药效研究为临床抗药菌的研究提供了有效手段。

第一节　抗生素的体内和体外药效

一、体内抗菌试验

抗生素的体内抗菌试验是以动物如小鼠、豚鼠等作为感染动物的实验模型。动物感染细菌等致病菌后，观察给药（抗生素）对动物的保护作用，以半数有效量 ED_{50} 表示。

（一）感染动物

选用有实验动物合格证的动物房提供的健康小鼠，体重 18～22 g，雌雄各半，随机分组，每组动物至少 10 只。

（二）感染细菌

根据所试验药物的抗菌作用特点，选择不同菌株进行试验，包括革兰阳性菌和革兰阴性菌。常用的致病菌有金黄色葡萄球菌、肺炎链球菌、大肠杆菌、肺炎克雷伯菌、变形杆菌、痢疾杆菌、伤寒杆菌和绿脓杆菌等。测定广谱抗生素时，试验菌株应包括金黄色葡萄球菌与革兰阴性菌各 1～2 株。测定创新药时，革兰阳性菌和革兰阴性菌均需试验 2 种以上，同时包括临床分离的致病菌。

接种的细菌需来自新鲜的斜面，并接种至肉汤培养基恒温培养（细菌一般为 37℃）一定时间，离心除去培养基后可得到试验用菌体，菌体可用生理盐水洗涤和离心以除去吸附于细菌细胞表面培养基和细菌毒素等。细菌用含 5％胃膜素（或干酵母）的生理盐水稀释至所需浓度，如 10^6、10^7、10^8、10^9、10^{10} CFU/mL 等浓度。细菌浓度测定可采用活菌计数或 $BaSO_4$ 比浊管法（表 13－1）。

（三）感染过程

以不同浓度的细菌感染实验动物，测出所试验菌株对动物小鼠致死的最低浓度，即 100％最小致死量（100％MLD），作为感染菌量。

将小鼠随机分组，总数不少于 5 组，每组 10 只。以相当于 100％最小致死量的菌液感染小鼠。药物稀释至一定浓度后按等比例，一般于感染后即刻和感染后 6 h，口服、尾静脉注射或皮下注射等方法给药，连续观察试验小鼠感染细菌和给药后的状况，记录动物死亡数。

试验需设感染相同菌量而不给药的动物阴性对照组，即给等容积的生理盐水。同时与同类抗菌药物作对比研究，即设阳性药物对照组。

表 13 - 1　硫酸钡标准比浊管

管号	1% $BaCl_2$(mL)	1% H_2SO_4(mL)	细菌浓度(×10^6 CFU/mL)
0.5	0.05	9.95	100
1	0.1	9.9	300
2	0.2	9.8	600
3	0.3	9.7	900
4	0.4	9.6	1 200
5	0.5	9.5	1 500
6	0.6	9.4	1 800
7	0.7	9.3	2 100
8	0.8	9.2	2 400
9	0.9	9.1	2 700
10	1.0	9.0	3 000

（四）药物的体内药效评价

细菌感染和给药后注意观察动物反应，连续观察 7 d，记录动物死亡数，按 Bliss 法计算各感染菌的药物半数有效量(ED_{50})及 95%可信限。药物的 ED_{50} 越小，体内药效越高。

二、体外抗菌试验

药物的体外抗菌活性测定广泛应用于新药研究和指导临床用药，如抗菌药物筛选、药物的抗菌谱测定、药敏试验、药物血浓度测定等。药物体外抗菌活性的测定可采用试管连续稀释法和平板倍比稀释法，试管连续稀释法适用于试验菌数量较少的场合，由于其试验工作量大，目前抗生素的临床前研究一般采用平板倍比稀释法。

平板倍比稀释法是根据药物在琼脂培养基中扩散的原理，将细菌接种在含有不同浓度抗生素的平板上恒温培养 16～18 h，可抑制细菌生长的最低药物浓度为最低抑菌浓度(MIC)，可杀灭细菌的最低药物浓度为最低杀菌浓度(MBC)。MIC 或 MBC 值愈小，则药物的抑菌或杀菌作用愈强。

（一）细菌

体外抗菌试验所采用的细菌包括临床分离的致病菌和质控菌株(如金黄色葡萄球菌 ATCC25925、大肠杆菌 ATCC25922 和绿脓杆菌 ATCC27853 等)。试验应根据抗生素的抗菌谱来确定试验菌的种类，如抗革兰阳性细菌的抗生素体外药效研究应选用典型的革兰阳性菌株，抗革兰阴性细菌的抗生素应选用典型的革兰阴性菌株，广谱抗生素试验应包括临床常见的革兰阳性菌和革兰阴性菌。含有酶抑制剂(如 β-内酰胺酶)的复方制剂，则试验菌还应包括产酶的临床抗药菌株。一般来说，革兰阳性球菌包括金黄色葡萄球菌、表皮葡萄球菌、链球菌、肠球菌等，革兰阴性球菌如淋球菌等；革兰阴性杆菌包括流感嗜血杆菌、肠杆菌科细菌 8～10 种、绿脓杆菌和其他假单胞菌属及不动杆菌等；厌氧菌包括脆弱拟杆菌、消化球菌和消化链球菌等。实验用临床菌株的数量应根据试验药物按《药典》要求临床采集，临床菌株每株均来源于不同的病人，并进行菌株鉴定和产酶鉴定。

接种的细菌需来自新鲜的斜面，并接种至肉汤培养基恒温培养（细菌一般为 37℃）一定时间，活菌计数测定培养液中菌的浓度（CFU/mL）。一般采用细菌的 8～12 h 培养物，经无菌生理盐水稀释至所需浓度。

（二）培养基及药物平板

1. 药物　试验用抗生素药物用适当的溶剂溶解（通常为灭菌生理盐水），倍比稀释至所需药物浓度。

2. 培养基　采用灭菌并恒温于 45℃水浴的 M-H（Mueller-Hinton agar）培养基，对培养基有特殊要求的细菌可采用其他特殊培养基，如血平板。

3. 药物平板　一般将脱纤维羊血加到灭菌并恒温于 45℃水浴的 M-H 培养基中并混匀，然后分别加到含有不同浓度药物的灭菌平皿中，混匀即可制备一系列浓度梯度的药物平板，如 256、128、64、32、16、8、4、2、1、0.5、0.25、0.125、0.062 5、0.031 3 μg/mL。

（三）抗生素药效测定

1. 最低抑菌浓度（MIC）的测定　吸取适量稀释好的不同浓度的药物置无菌平皿中，加入恒温于 45℃左右的灭菌培养基，混匀冷却制成药物平板。将培养好的试验菌用无菌水稀释至所需浓度（一般为 10^7 CFU/mL），采用多点接种仪接至不同浓度的药物平板，接种量约为 10^4～10^5 CFU/点。试验菌于 37℃恒温培养 24 h 即可观察结果，获得试验药物的 MIC 值。MIC 值越小，试验药物的体外抑菌效果越好。

2. 最低杀菌浓度（MBC）的测定　采用肉汤倍比稀释活菌计数法，即在倍比稀释的药物溶液中加入一定浓度的菌液，混合后于 37℃恒温培养 16～18 h，先测出 MIC 值，再依次将未见细菌生长的澄清的各管培养物分别吸出 0.1 mL，进行平板活菌计数，其中菌落数少于 5 个的平板所对应的最低药物浓度即为该药物的 MBC 值。MBC 值越小，试验药物的体外杀菌效果越好。

3. pH 值对 MIC 的影响　试验方法与 MIC 测定相同，改变药物平板的 pH（分别为 pH 5.0、pH 7.0、pH 9.0），并测定不同 pH 对 MIC 的影响。pH 对试验药物 MIC 影响反映了药物在不同 pH 时的稳定性和药效，它对药物的制备和临床应用具有指导意义。

4. 接种量对 MIC 的影响　试验方法与 MIC 测定相同，改变接种量（10^3、10^5、10^7 CFU/点），测定不同接种量对细菌 MIC 值的影响。

5. 血清蛋白结合的影响　可采用 25%、50%和 75%等不同的人血清浓度与不含血清的培养基平板作对比试验，观察血清与药物的结合对药物药效 MIC 的影响。试验结果可反映药物在体内与血清蛋白的结合对药效的影响。

6. 杀菌曲线（KCS）　采用 4 倍于 MIC 的药物浓度，将一定浓度的菌悬液与药物混合，使其浓度为 10^5 CFU/mL 左右，于 37℃恒温培养，定时取样进行平板活菌计数，肺炎链球菌采用血平板活菌计数。以细菌浓度对数为纵坐标，培养时间为横坐标，绘制杀菌曲线。实验应包括空白对照和阳性对照。药物的杀菌效果越好，细菌浓度随培养时间下降得越快，药效越好。

第二节　抗生素的含量测定

一、抗生素的效价单位

抗生素是一种生理活性物质，可以利用抗生素对微生物所起的作用强弱来判定抗生素的含量。含量通常用效价或单位表示。有时二者合一统称为效价单位。效价（potency）指在同一条件下比较抗生素的检品和标准品的抗菌活性,从而得出检品的效价。也就是说,效价是检品的抗菌活性与标准品的抗菌活性之比值,常用百分数表示:

$$效价=\frac{检品的抗菌活性}{标准品的抗菌活性}\times 100\%$$

单位(unit,U)是衡量抗生素有效成分的具体尺度。各种抗生素单位的含义可以各不相同,大致有以下几种。

1. 重量单位　以抗生素的生物活性部分的重量作为单位,一般 1 μg 定义为 1 U,则 1 mg 为 1 000 U。用这种表示方法,对于不同盐类的同一抗生素而言,只要它们的单位相同,即使盐类重量不同,其实际有效含量是一致的。如链霉素硫酸盐、土霉素盐酸盐、红霉素乳糖酸盐、新生霉素钠(钾)盐等抗生素,均以重量单位表示。

2. 类似重量单位　是以特定的抗生素盐类纯品的重量为单位,包括非活性部分的重量。例如纯金霉素盐酸盐及四环素盐酸盐,1 μg=1 U,即为类似重量单位。

3. 重量折算单位　与原始的生物活性单位相当的纯抗生素实际重量为 1 U 加以折算。以青霉素为例,最初定一个青霉素单位系指在 50 mL 肉汤培养基内完全抑制金黄色葡萄球菌生长的最小青霉素量为 1U。青霉素纯化后,这个量相当于青霉素 G 钠盐 0.598 8 μg,因而国际上一致规定 0.598 8 μg 为 1 U,则 1 mg=1 670 U。

4. 特定单位　以特定的一批抗生素样品的某一重量作为一定单位,经有关的国家机构认可而定。如特定的一批杆菌肽 1 mg=55 U;制霉菌素 1 mg=3 000 U 等。标准品是指与商品同质的、纯度较高的抗生素,每毫克含有一定量的单位,可用作效价测定的标准。每种抗生素都有它自己的标准品。国际单位(international unit,IU)是指经国际协议,每毫克含一定单位的标准品称为国际标准品,其单位即为国际单位(IU)。抗生素的国际标准品是在联合国世界卫生组织(WHO)的生物检定专家委员会的主持下,委托指定的机构(主要是英国国立生物标准检定所,National Institute for Biological Standardsand Control)组织标定、保管和分发。由于国际标准品供应有限,各国通常由国家监制一批同样的标准品,与国际标准品比较,标定其效价单位后,分发各地使用,作为国家标准品。我国的国家标准品由国家药品生物制品检定所标定和分发。

5. 标示量　指抗生素制剂标签上所标示的抗生素含量。标示量原则上以重量表示(指重量单位),但少数成分不清的抗生素(如制霉菌素),或照顾用药习惯(如青霉素),仍沿用单位表示。

二、抗生素效价的微生物学测定法

抗生素的效价测定可分为物理、化学及微生物学方法,但大多数抗生素应用微生物学测定法。微生物学测定法是一种利用抗生素对一定的微生物具有抗菌活性的特点来测定抗生素效价的方法。微生物法可以反映该抗生素的抗菌活性,与临床使用有平行关系,且灵敏度高,检品用量少。但本法也存在一些缺点,如操作繁杂、出结果时间较长(18~24 h)、误差也较大(±5%~±10%)、不及理化测定方法简便。我国 2000 年版《药典》规定绝大多数抗生素的效价测定采用微生物学方法。抗生素效价的微生物学测定法主要有稀释法、比浊法和琼脂扩散法。最常用的是琼脂扩散法中的管碟法。以下介绍管碟法的原理、效价的计算公式的推导及简要的操作方法。

(一) 管碟法设计原理

管碟法(cylinder plate method)是法定的抗生素效价测定法。该方法是利用抗生素在琼脂平板培养基中的扩散渗透作用，比较标准品和检品两者对试验菌的抑菌圈大小，以决定供试品效价的一种方法。管碟法的基本原理是在含有高度敏感性试验菌的琼脂平板上放置小钢管(内径 6.0 mm±0.1 mm，外径 8.0 mm±0.1 mm，高 10 mm±0.1 mm)，管内放入标准品和检品的溶液，经过培养，当抗生素扩散至有效范围内就产生透明的无菌生长范围，常呈圆形，称为抑菌圈。不同浓度的抗生素其抑菌圈直径大小不同。比较标准品与检品的抑菌圈大小，利用不同的推算原理就可计算出抗生素的效价。

抗生素在一定浓度范围内，其浓度和抑菌圈直径成曲线关系，如果把抗生素浓度改为对数浓度，就能得到一条直线。抑菌圈的直径与抗生素浓度的对数之间的关系，可以用斜截式的直线方程式来表示：

$$y=a+bx$$

式中，y：抑菌圈直径；b：斜率；a：截距；x：抗生素浓度的对数。

（二）抗生素效价测定方法

1. 一剂量法　又称为标准曲线法，是用已知含量的标准品溶液先制备出标准曲线，并在同样条件下测出供试品溶液的抑菌圈直径平均值，再求出它与标准品溶液的抑菌圈直径平均值之差，即可在标准曲线上直接查得供试品溶液的浓度，换算成效价。由于试验时供试品和标准品都只用一个浓度量，故称一剂量法。用于对比的标准曲线应取其直线部分。标准曲线制备及效价测定所得数据均应按药典规定进行统计处理。由于一剂量法操作较繁杂，不易规范化，故未收载进入药典。

2. 二剂量法　为最常用方法，又称四点法。二剂量法可抵消斜率和截距的影响，以标准品和供试品分别作出的直线互相平行，所以又称平行线法，是一种相对效价的计算法(图 13－1)。

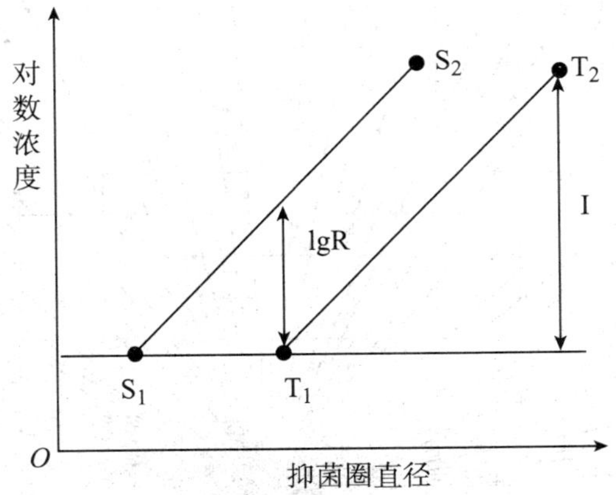

图 13－1　抗生素标准品与供试品间平行直线关系图

S：标准品；T：供试品

本法系将抗生素标准品和供试品各稀释成一定比例(2∶1 或 4∶1)的两种剂量，在同一平板上比较其抗药活性，再根据抗生素浓度对数和抑菌圈直径成直线关系的原理来计算供试品效价。

操作时，取含菌层的双层平板培养基每一供试品的平板数不少于 4 个，每个平板表面放置 4 个小钢管，管内分别放入检品高、低剂量和标准品高、低剂量溶液，经培养 16～18 h 后，在小钢管周围出现无菌生长的抑菌圈，量取直径，按公式计算，得出检品的效价。

先测量出四点的抑菌圈直径，计算时按下列步骤进行：

(1) 求出 W 和 V：

$$W=(SH+UH)-(SL+UL)$$
$$V=(UH+UL)-(SH+SL)$$

式中，UH：供试品高剂量之抑菌圈直径；UL：供试品低剂量之抑菌圈直径；SH：标准品高剂量之抑菌圈直径；SL：标准品低剂量之抑菌圈直径。

(2) 求 θ：W、V 代入公式

$$\theta=D\cdot \text{antilog}(IV/W)$$

式中，θ：供试品和标准品的效价比；D：标准品高剂量与供试品高剂量之比，一般为 1；I：高低剂量之比的对数，即 lg2 或 lg4。目前二剂量法中常为 lg2。

(3) 求 Pr，将 θ 代入：

$$Pr = Ar\times\theta$$

式中，Pr：供试品实际单位数；Ar：供试品标示量或估计单位。

此外，有时为了节省效价测定的计算时间，并便于核对，二剂量法也可利用放线图(图 13－2)，查出抗生素的效价。放线图系根据效价计算公式[$\theta=D\cdot \text{antilog}(IV/W)$]推导而制得的，只要求得 W、V 值后，查放线图即可得 θ 值。

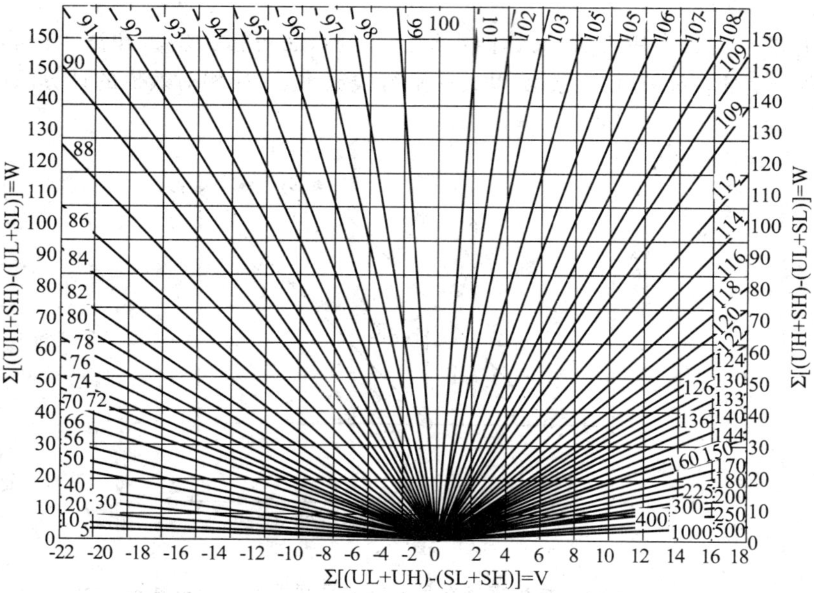

图 13－2　二剂量法效价计算放线图(H：L＝2：1)

微生物学测定法存在生物差异，会影响结果的精确度，必须借助生物统计方法来处理，观察生物差异对测定结果的影响程度，并用它来控制实验误差的允许范围，使微生物测定法结果达到一定的精确程度。我国《药典》(2000 年版)规定，凡应用生物检定法测定效价的品种都必须遵照生物检定统计法计算误差项、可靠性测验和可信限。在可靠性测验证明实验结果成立之后方可进行抗生素效价的计算，并同时计算可信限和可信限率，以期测知该结果的精确度。

3. 三剂量法　原理和方法基本同二剂量法。不同之处在于标准品和检品各设高、中、低三组剂量，每个平板放置 6 个小钢管，故又称 6 点法。计算效价前同样要做生物统计处理。三剂量法不常采用，只用于标定标准品或仲裁检品等特殊情况。

4. 管碟法测定抗生素效价的影响因素　用管碟法进行抗生素效价测定的原理是以抗生素在琼脂平板中的扩散动力学为基础的，因此，只要能影响扩散的因素都能影响测定结果的准确性。影响因素主要有：抑菌圈直径、扩散系数、扩散时间、培养基厚度、小钢管中抗生素总量以及抗生素的最小抑菌浓度等。这些因素不仅影响抑菌圈的大小，也影响抑菌圈的清晰度。

第三节　抗　药　性

随着抗生素的不断发现和在临床上的广泛应用，细菌以及其他微生物的抗药性问题日趋严重。一些常见的临床致病菌如金黄色葡萄球菌、铜绿假单胞菌、变形杆菌、大肠埃希菌、痢疾志贺菌等的抗药情况尤为突出，它们所引起的各种感染已成为临床治疗上的一大难题。

一、抗药性的概念

抗药性(drug resistance)：是指在微生物或肿瘤细胞多次与药物接触后的发生敏感性降低的现象，是微生物对药物所具有的相对抗性。对同一种微生物和肿瘤细胞而言，抗药性与敏感性是相对的，抗药性增强，则敏感性降低。抗药性的程度一般以该药物对某种微生物的最低抑菌浓度(MIC)来衡量。

一般微生物的抗药性受其细胞内的遗传信息的控制。有些微生物由于具有一些独特的结构或代谢，天生对药物不敏感，根据抗药性的概念，就不能称之为抗药性，这种现象可称为天然不敏感性(过去常称为固有抗药性)。如铜绿假单胞菌天生对许多药物不敏感。另一种现象是有些微生物个体对原来敏感的抗生素通过遗传性的改变而获得了抗药性，可称之为获得抗药性(acquired resistance)，常常是在临床上不合理用药或长期用药之后得以表现出的抗药性。

多重抗药性(multiple drug resistance，MDR)：是指某一微生物同时对两种以上的作用机制不同的药物所产生的抗药性，也称多剂抗药性。这是由于多重抗药性菌株的遗传物质上带有编码产生不同抗药性的多种抗药基因之故。有时微生物对结构类似或作用机制类似的抗生素均有抗药性的现象，称为交叉抗药性(cross drug resistance)。这主要是由于微生物细胞内单一基因变异导致对两种以上药物产生抗药性的原因。

另外，有一些由于基因突变而致的抗药菌，不仅对该药物具有抗性，而且需要该药物作为特殊的营养因素，这种现象称为赖药性(drug dependence)。还有一些微生物对药物的抑菌作用的敏感性未改变，而对药物的杀菌作用具有相对抗性，即该菌在最低抑菌浓度时仍受到抑制，但最低杀菌浓度提高，抗生素此时表现的是抑菌，而不是杀菌作用，这种现象称为耐受性(tolerance)。在革兰阳性菌及阴性菌中均曾发现有耐受性菌株。

二、细菌抗药性产生的遗传机制

微生物对药物的抗药性可由染色体或质粒，或两者兼有介导。大多数抗药性是由质粒来编码的，少数由染色体编码。产生抗药性的原因可能是染色体或质粒上带有与抗药性有关的基因。如目前世界上医院内感染的主要致病原之一的甲氧西林抗药性金黄色葡萄球菌(methicillin－resistant *Staphylococcus aureus*，MRSA)，其染色体上就带有一种与抗药性相关的*mec*A 基因。体外敏感性试验研究表明，对甲氧西林抗药的菌株，*mec*A 基因的检测结果均为阳性。另外，有些具多重抗药性的菌株，可能含有两个以上的抗药质粒，或其抗药质粒上可能含有多个抗药基因。抗药性产生的遗传学机制主要体现在以下方面。

1. 自发突变加药物选择　通常认为，抗药菌所含的抗药基因是由敏感菌的遗传物质自发突变产生的，但一般自发突变的频率极低，通常突变率在 10^{-10}～10^{-6}。极少量的抗药菌存在于大量的敏感菌之中原本不足为害，但经临床频繁使用抗生素之后，药物杀死或抑制敏感菌的生长，而抗药性细菌继续生长繁殖，无形中对抗药菌起了选择作用，造成抗药菌株的大量增殖，形成抗药菌系。许多试验表明，抗药性的产生不是由于微生物与药物接触而产生的，而是自发突变加上药物选择的结果。

2. 细胞间抗药性的基因转移　抗药性的遗传信息存在于染色体或质粒上。染色体上的抗药性可通过三种机制由一种细菌向另一种细菌传递，其中通过接合的方式转移细菌抗药基因已有不少报道，特别是带有抗药基因的质粒可自行复制，代代相传，并在不同种属间(特别是肠道菌)进行转移，而导致抗药性的广泛播散。如 1958 年在日本发生爆发性痢疾大流行时，科学家发现携带磺胺、四环素、链霉素、氯霉素等抗药基因的大肠埃希菌在肠道内通过接合将多剂抗药基因转移给了痢疾志贺杆菌，从而造成抗药性的散播。转导是通过噬菌体将细菌染色体片段由供体菌株向受体菌株转移，当转导片段中含有抗药性的遗传因子时，转导将导致抗药性的传播，但一般转导频率不高(如金黄色葡萄球菌的青霉素酶质粒)。尽管现在已经证明转化现象在自然界也会发生，但它在抗药基因的转移中并不十分重要。另外，一些微生态制剂的活菌细胞中可能携带有一定的抗药性基因，由于其广泛地大量地被服用，也可能造成抗药性的传播。这一现象应当引起重视。但有人认为，抗药性的转移也受到一些客观条件的限制，因此从整体来看，抗药基因的转移在整个抗药性的产生中是次要因素。

作为细菌染色体外的遗传物质——质粒，许多都包含有决定抗药性的基因，当这些质粒是接合型质粒时，即可由一个细菌向另一个细菌转移。

另外，还有一种转座子，在细胞间抗药性的基因转移中，也起着非常重要的作用。转座子能在质粒间、质粒和染色体间或质粒和噬菌体间转座。因此，转座子的转座行为有利于抗药基因掺入敏感菌的遗传物质中，尤其是与多重抗药性的转移有关。由于转座子常位于质粒，因而借质粒在细胞间的转移，转座子上所带的抗药基因也随之转移入敏感菌，导致抗药菌的广泛传播。

三、细菌抗药性产生的生化机制

抗药性产生的生物化学机制是指抗药菌遗传学上的改变在生物化学上的表现。主要有以下三个方面：

1. 产生使抗生素结构改变的酶(即钝化酶)　一些抗药菌由于诱导或基因突变而产生能使抗菌药物活性降低或完全失活的酶类(包括组成酶和诱导酶)。最典型的代表是 β－内酰胺类抗生素，由于抗药菌产生 β－内酰胺酶(包括青霉素酶、头孢菌素酶等)，而使抗生素水解灭活。细菌 β－内酰胺酶的产生一般有两种情况，一是细菌与具有诱导作用的药物接触，酶被诱导产生。诱导产生的酶大多数是胞外酶，一般由质粒编码合成，在革兰阳性菌株的抗药菌中约占 90%；另一种是细菌自发突变产生的，这种 β－内酰胺酶可以稳定地产生，与诱导药物无关，是一种组成酶，常常结合在细胞膜上，属于固有的胞内酶。氨基糖苷类抗生素的抗药菌产生的乙酰基转移酶(acetyl transferase)、磷酸转移酶、腺苷酸转移酶，以及氯霉素(CM)类抗药菌产生的CM-乙酰基转移酶(CM acetyl transferase)，均属钝化酶类。

2. 作用靶位的改变　许多抗药性是通过抗生素作用靶位的改变发挥作用的。由于基因突变，一些细菌形成抗生素不能与之结合的作用靶位，或者即使能与之结合形成复合体，但靶位不能保持其功能，微生物即出现抗药性。如对链霉素抗药的突变株，就是由于抗药菌染色体上的 *str* 基因发生突变，使得核糖体30S亚基上的S12蛋白的构型发生改变，从而影响链霉素与16S rRNA上的特异碱基的结合，因此不能抑制蛋白质合成而产生抗药性。青霉素的原始作用靶位是青霉素结合蛋白(PBPs)，它们与肽聚糖交联有关的酶类相关，抗药菌的PBPs的数目减少、类型改变、与抗生素亲和力下降，使青霉素不能与之结合，从而产生抗药性。对磺胺类药物具有抗药性的菌株是由于基因突变改变了二氢蝶酸合成酶的性质，合成了另一种对磺胺不敏感的酶类，在磺胺存在的情况下，仍能合成大量二氢叶酸，使代谢正常进行，由此而产生抗药性。

3. 细胞通透性的改变　由于细胞膜的通透性发生改变致使药物进入细胞内减少，就使得微生物细胞表现出抗药性。一些与抗生素透入细胞相关的特有蛋白被称为膜孔蛋白，在结构上的改变可能降低细胞膜的通透性而使药物的透入浓度降低，另外其细胞膜上可能还存在一种使药物外排的机制，在降低药物摄入的同时，促进药物的外排，使之达不到抑制浓度，因而产生抗药性。如抗四环素细菌的抗药性就属于这种膜通透性的改变。铜绿假单胞菌对β-内酰胺类抗生素具有的天然不敏感性，其原因之一就是其细胞膜上缺乏帮助转运这类药物的膜孔蛋白或可利用的膜孔蛋白数量极少，使得抗生素进入胞内较少。微生物对抗生素的抗药性的产生存在着不同的生物化学机制，其中有的与抗生素的作用机制相关联，而有的则与抗生素的作用机制无关。对某一种抗生素，可能存在通过不同机制抗药的菌株。当两种抗生素作用于相同的位点时，常常出现交叉抗药性。

四、抗药性的防止

1. 合理使用抗生素　首先在临床方面对抗生素的使用加以严格的管理。可用可不用抗生素时尽可能地不用，并注意防止交叉抗药性。同时主张联合用药，因每一种药物在细胞代谢的过程中发生作用的部位不同，合理联用两种药物可起到协同和取长补短的效果。另外，应进行用药知识的教育和宣传，均可降低抗药性的产生。

2. 寻找新药　努力寻找具有新的化学结构的新抗生素和改造现有的抗生素(包括对现有的抗生素产生菌和抗生素的改造)，以及新的酶抑制剂。目前半合成抗生素的使用已成为克服抗药性的主要途径。

3. 加强抗药机制的研究　研究抗药机制有助于了解细菌抗药性的本质，以便有针对性地解决抗药菌对人类的危害，有效地控制细菌感染。

第十四章　药物的微生物检查

第一节　微生物与药物变质

一、药物生产中的微生物污染

微生物与药学有着非常密切的关系。在医药工业中，药物的生产如抗生素、维生素、甾体激素、氨基酸、酶制剂、酵母等都是利用微生物发酵制成的，微生物是很重要的药物资源。微生物制药有着越来越广阔的前景。

药物生产和保藏中的一个重要问题是微生物污染造成药物变质的问题。在药物制备过程中，大多数制剂都含有微生物。空气、水、操作人员、药物原料、制药设备、包装容器、厂房环境均可造成药物的微生物污染。即使经过灭菌或除菌处理的注射剂也可能因为热源存在而引起发热反应。

药品的微生物污染除受到外界环境和原料质量的影响外，在药物制剂的生产和保藏过程中也都存在微生物污染的可能。那些污染药品的微生物如果遇到适宜的环境就能生长繁殖，一方面可能促使药物变质，影响药品的质量，甚至失去疗效；另一方面对病人可引起不良反应，或因是病原性微生物而引起感染，甚至危及生命。所以在药物生产中一定要十分重视这方面的问题，同时在药物的质量管理中必须严格进行药物的微生物检验，以保证药物制剂达到卫生学标准。

（一）空气中的微生物

空气虽不是微生物生长繁殖的良好环境，但是一般的大气环境仍含有数量不少的细菌、霉菌和酵母菌等。空气中的微生物种类与数量随条件不同有很大的变化，如有活跃人群之处比人少的地方微生物多，不洁的房间比清洁的房间多。当人们讲话、咳嗽、打喷嚏时，可大大增加空气中的微生物数量。

由于空气中含有微生物，因此在药物制剂的生产过程中，如果不采取适当的措施，这些微生物就会进入药物中，使药物制剂发生污染。污染的程度与空气中的含菌量有关。根据药物制剂的类型不同，对生产场所的空气中所含有的微生物数量的限度亦不相同。如生产注射剂或眼科用药的操作区的空气，微生物的含量必须非常低，即通常所谓的无菌操作区（每 1 000 L 空气中不得含有 10 个以上的细菌）；如在生产口服及外用药物的操作区，仅要求洁净。

（二）水中的微生物

水在制药工业中至关重要，因除在配制各类制剂时需要用水外，在洗涤及冷却过程中均涉及水。水也是药物中微生物的重要来源。水中微生物数量主要决定于水的来源、处理方法以及供水系统（包括管道、阀门等）的状况等因素。水中常见的微生物有假单胞菌、产碱杆菌、黄杆菌、产色细菌和沙雷菌等。如果受到粪便污染，则可有大肠埃希菌、变形杆菌和其他肠道细菌等。因此，用于生产的水必须符合水质的卫生标准。我国卫生标准规定每毫升饮水中细菌总数不可超过 100 个，每 1 000 mL 饮水中大肠菌群数不能超过 3 个。大肠菌群是指一群 37℃，24 h 培养能发酵乳糖、产酸、产气、需氧或兼性厌氧的革兰阴性菌。

（三）人体中的微生物

自然界广泛存在着微生物，人与自然界相接触，因此人的体表与外界相通的腔道如口腔、鼻咽腔、肠道、眼结膜、泌尿生殖道都存在不同种类和数量的微生物。其中有些微生物可长期寄居于人或动物的体表及与外界相通的黏膜上，当人体免疫功能正常时，它们和宿主以及环境之间保持动态平衡，有益于宿主的健康，构成相互依赖、相互制约的生态学体系，为人体正常微生物群，通称人体“正常菌群”（表 14 - 1）。正常菌群与宿主间的生态平衡在下列情况下可被打破，造成生态失调而导致疾病。这样，原来在正常情况下不致病的正常菌群就成了条件致病菌。① 寄居部位的改变，例如大肠埃希菌从原寄居的肠道进入泌尿道，或手术时通过切口进入腹腔、血流等。② 免疫力低下时，由于应用抗肿瘤药物、大剂量皮质激素或放射治疗等，可造成免疫功能低下，从而使一些正常菌群从寄居原位穿过黏膜等屏障，进入组织或血流，出现各种病症，严重的可导致败血症而死亡。③ 菌群失调，是宿主某部位正常菌群中各菌种间的比例发生较大幅度变化而超出正常范围的状态，由此产生的病症称为“菌群失调症”。菌群失调时，往往可引起二重感染，即在抗菌药物治疗原感染性疾病过程中，发生了另一种新致病菌引起的感染。菌群失调的原因是长期应用抗菌药物（尤其是广谱抗生素）后，大多数正常菌群被杀灭或被抑制，而原处于少数劣势的菌群或外来抗药菌乘机大量繁殖而致病。从上可以看出，“正常菌群”既是人体健康所必需的，但也能成为条件致病菌而引起感染，同时也是医药工业微生物污染的重要来源之一。

微生物可以从操作人员传递给药物制剂，因此必须注意操作人员的个人卫生，不得为带菌者。在制药过程中要求戴口罩，清洗和消毒双手，穿上专用工作衣帽才能进行操作，以减少微生物污染。

表 14 - 1　人体常见的正常菌群

部位	常见的微生物
皮肤	葡萄球菌、类白喉棒状杆菌、铜绿假单胞菌、丙酸杆菌、白假丝酵母菌、非致病性分枝杆菌
口腔	葡萄球菌、甲型和丙型链球菌、肺炎链球菌、奈瑟菌、乳酸杆菌、类白喉棒状杆菌、放线菌、螺旋体、白假丝酵母菌、梭菌
鼻咽腔	葡萄球菌、甲型和丙型链球菌、肺炎链球菌、奈瑟菌、类杆菌
外耳道	葡萄球菌、类白喉棒状杆菌、铜绿假单胞菌、非致病性分枝杆菌
眼结膜	葡萄球菌、干燥棒状杆菌、奈瑟菌
胃	一般无菌
肠道	大肠埃希菌、产气肠杆菌、变形杆菌、绿脓假单胞菌、葡萄球菌、肠球菌、类杆菌、产气荚膜梭菌、破伤风梭菌、双歧杆菌、真细菌、乳杆菌、白假丝酵母菌
尿道	葡萄球菌、类白喉棒状杆菌、非致病性分枝杆菌
阴道	乳杆菌、大肠埃希菌、类白喉棒状杆菌、白假丝酵母菌

（四）土壤中的微生物

土壤中含微生物最多。土壤中有丰富的营养、适宜的酸碱度、温度和水分。因此是微生物繁殖的良好环境，有天然培养基之美称。

土壤中的微生物有细菌、放线菌、真菌等。病原微生物也可随着人和动植物的尸体和排泄物污染土壤。带芽胞的细菌能够在土壤中长期存活。植物药材（特别是根类），常带有土壤微生物。用晾晒、烘烤的方法使药材充分干燥可减少微生物的繁殖生长。

（五）原料和包装物

天然来源的未经处理的原料，常含有各种各样的微生物如动物来源的明胶、脏器，植物来源的阿拉伯胶、琼脂和中药材等。事先或制药过程中加以消毒处理（加热、煎煮、过滤、照射、有机溶媒提取、加防腐剂）可得到减少微生物的满意结果。如制成糖浆剂可造成高渗环境防止微生物生长；酊剂、浸膏制剂则利用乙醇的杀菌作用以减少微生物的污染。原料的储藏环境以干燥为宜，因减少药材的湿度可防止微生物的繁殖。

包装材料包括包装用的容器、包装纸、运输纸箱等应按不同要求考虑是否需要消毒和如何合理封装。原则是尽量减少微生物污染。

（六）厂房建筑和制药设备

生产部门所有房屋包括厂房、车间、库房、实验室都必须清洁和整齐。建筑物的结构和表面应不透水，表面平坦均匀，便于清洗，要使微生物的生长处于最低限度。设备、管道均应易于拆卸，便于清洁和消毒。

二、药物变质与防护

存在于药物中的微生物如遇到适宜的条件就能生长繁殖，使药物发生变化，这种变化可引起药物的变质失效。

（一）药物变质的判断

根据下列情况可判断药物是否已发生变质：

1. 有病原微生物的存在。
2. 微生物已死亡或已被排除，但其毒性代谢产物仍然存在。
3. 产品发生可被觉察的物理或化学的变化。
4. 口服及外用药物的微生物总数超过规定的数量。
5. 无菌制剂中发现有微生物的存在。

（二）药物变质的外在表现

药物变质，一般需要很高的污染程度或微生物大量繁殖才出现明显的变质现象。主要表现为药物产生使人讨厌的味道和气体，产生微生物色素，黏稠剂和悬浮剂的解聚使黏度下降，悬浮物沉淀；在糖质的药品中可形成聚合性的黏稠丝，变质的乳剂有团块或沙粒感，累积的代谢物改变药物的 pH，代谢产生的气体在黏稠的成品中积累引起塑料包装鼓胀。

（三）药物变质的结果

由于微生物的污染而引起的药物变质，主要决定于被污染药物本身的一些特点，如化学结构、物理性质等以及微生物的污染量。其结果大致有如下几种。

1. 变质的药品引起感染　无菌制剂（如注射剂）不合格或使用时污染，可引起感染或败血症。如铜绿假单胞菌污染的滴眼剂可引起严重的眼部感染或使病情加重甚至失明，被污染的软膏和乳剂能引起皮肤病和烧伤病人的感染，消毒不彻底的冲洗液能引起尿路感染等。

2. 药物理化性质的改变而引起药物失效　微生物降解能力具有多样性，因此许多药物可被微生物作用后发生降解，失去疗效。如阿司匹林可被降解为有刺激性的水杨酸，青霉素、氯霉素可被产生钝化酶的微生物（抗药菌）降解为无活性的产物。

3. 药物中的微生物产生有毒的代谢产物　药物中含有易受微生物侵染的组分，如许多表面活性剂、湿润剂、混悬剂、甜味剂、香味剂、有效的化疗药物等，它们均是微生物容易作用的底物，因此易被降解利用而产生一些有毒的代谢产物，而且微生物在生长繁殖中本身也可产生毒性。如大型输液中由于存在热源质可引起急性发热性休克，有些药品原来只残存少量微生物，但在储存和运输过程中大量繁殖并形成有毒代谢产物，导致用药后出现不良反应。

三、药物生产中的GMP和GLP

微生物可能通过药物生产中的多种渠道引起药物污染，如原料、环境、工作人员卫生状况、操作方法、厂房建筑、包装材料等均与药物变质有重大关系。另外，不当的药物储存、运输和使用方式，也可能引起微生物的污染。因此，防止微生物污染药物的措施大致有以下几个方面：

1. 加强药品生产管理 为了在药品生产的全过程中把各种污染的可能性降至最低程度，目前我国和世界上一些较先进的国家都已开始实施药品GMP制度。药品GMP(good manufacturing practice)，是《药品生产质量管理规范》的简称，是药品全面质量管理的重要组成部分。

2. 进行微生物学检验 在生产过程中，应按规定不断进行各项微生物学指标检验。如对灭菌制剂进行无菌检查，对非无菌制剂进行细菌和真菌的活菌数测定和病原菌的限制性检查，对注射剂做热源质测定等。通过各项测定来评价药物被微生物污染与损害的程度，控制药品的卫生质量。

3. 使用合适的防腐剂 加入防腐剂来保存药物，以抑制药品中微生物的生长繁殖，同时减少微生物对药物的损坏作用。一种理想的防腐剂应有良好的抗菌活性，对人没有毒性或刺激性，具有良好的稳定性，不受处方其他成分的影响。实际上现有的防腐剂均不是很理想，常用的防腐剂有尼泊金、苯甲酸、山梨酸、季铵盐、洗必泰等。

此外，还应有合格的包装材料和合理的存储方法。总之，微生物与药物质量有很大的关系。目前还有一些药物变质的问题尚未获得有效解决，需要药学专业工作者进行不断地研究和探索，以提高药物的质量，保障人民的身体健康。

第二节 灭菌制剂的无菌检查

无菌检查法是检查药品与辅料是否无菌的一种方法，各种注射剂、输液、手术眼科制剂都必须保证无菌，符合药典相关规定。药物的无菌检查法包括直接接种法和膜过滤法。

无菌检查所用的培养基应按药典规定使用，培养需氧菌、厌氧菌的硫乙醇酸盐液体培养基，培养真菌的真菌培养基等。对培养基质量和培养过程监控应使用阳性对照用试验菌液，其中包括：

(1) 金黄色葡萄球菌[*Staphylococcus aureus*，CMCC(B)26003]：取金黄色葡萄球菌的营养琼脂斜面新鲜培养物一白金耳环，接种至需氧菌、厌氧菌培养基内，30～35℃培养16～18 h后，用灭菌生理盐水稀释成10^{-6}。

(2) 生孢梭菌[*Clostridium sporogenes*，CMCC(B)64941]：取生孢梭菌的需氧菌、厌氧菌培养基新鲜培养物一白金耳环，再接种至相同培养基内，30～35℃培养18～24 h后，用灭菌生理盐水稀释成10^{-5}。

(3) 白假丝酵母菌[*Candida albicans*，CMCC(F)98001]：取白假丝酵母菌的真菌琼脂培养基斜面新鲜培养物一白金耳环，接种至真菌培养基内，20～25℃培养24 h后，用灭菌生理盐水稀释成10^{-5}。

一、直接接种法

直接接种法使用于注射液、供角膜创伤及手术用的滴眼剂或灭菌溶液。任取供试品 2 支(瓶)以上，用适当消毒液清洁供试品容器的外表面后，以无菌操作吸取规定接种量的供试品溶液，分别接种于需氧菌、厌氧菌培养基 5 管，其中 1 管接种对照用菌液 1 mL，供作阳性对照；取一支需氧菌、厌氧菌培养基管作阴性对照，另接种于真菌培养基 2 管，供试品溶液的每管接种量与培养基的分装量，应根据供试品的装量，按表 14－2 规定取用。

表 14－2　接种量与培养基装量

供试品装量	每管接种量(mL)	培养基分装量(mL)
≤1 mL	全量	15
2～5 mL	半量	15
5～20 mL	2	15
20～50 mL 以上	5	40

接种后轻轻摇动，使匀。需氧菌、厌氧菌培养基在 30～35℃ 培养 5 d，真菌培养基在 20～25℃ 培养 7 d，抗生素类药品均培养 7 d，放射性药品培养 5～7 d。培养期间应逐日检查是否有菌生长(阳性对照在 24 h 内应有细菌生长)；如在加入供试品溶液后，培养基出现混浊或沉淀，经培养后不能从外观上判断时，可取该培养液转种入另 1 支相同的培养基中或斜面培养基上，培养 48～72 h 后，观察是否混浊或在斜面上有无菌落生长，并在转种的同时，取培养液少量，涂片制成染色标本，用显微镜观察是否有菌生长。

1. 供试品为注射用灭菌粉末或无菌冻干品　照该药品项下的规定或按该药品剂量项下的溶剂用量，加入灭菌水或 0.9% 灭菌氯化钠溶液，使内溶物溶解成均匀的供试品溶液，取规定接种量的供试品溶液，接种于上述培养基中。

2. 供试品为供直接分装成注射用无菌粉末的原料药　按各药品项下的规定制成溶液，依法接种于培养基中。

(1) 供试品为外科敷料：取供试品 2 个包装，以无菌操作拆开包装，于不同部位剪取约 1 cm×3 cm 的样品，分别接种于 40 mL 培养基中。

(2) 供试品有抑菌作用或含有抑菌物质：选用适宜的培养基，或接种入较大量的培养基中，使该供试品稀释至不具有抑菌作用的浓度；或照下述“薄膜过滤法”处理并接种于培养基中。

(3) 供试品为抗生素药品：取该品种最大规格量的供试品不少于 2 瓶(支)。原料药按制剂规格项下，取最大规格量 2 份，分别加入足够使抗生素灭活的无菌的酶溶液，如青霉素可采用青霉素酶溶液处理，摇匀，分别等量接种于每管装量为 40 mL 的培养基中。

(4) 供试品为放射性药品：取供试品 1 瓶(支)，以每管接种量为 0.2 mL，接种于每管装量为 7.5 mL 的培养基中。

二、膜过滤法

1. 供试品为抗生素药品　取该品种最大规格量的供试品不少于 2 瓶(支)。原料药按制剂规格项下取最大规格量 2 份，分别按该药品项下规定的方法处理后，加入 0.9% 灭菌氯化钠溶液至少 100 mL 或其他适宜的溶剂中，摇匀，以无菌操作加入装有直径约 50 mm、孔径不大于 0.45 μm±0.02 μm 微孔滤膜的薄膜过滤器内，减压抽干后，用 0.9%灭菌氯化钠溶液或其他适宜的溶剂冲洗滤膜 3 次，每次至少 100 mL；取出滤膜，分成 4 片，取 3 片分别放在 3 管各 40 mL 需氧菌、厌氧菌培养基中，其中 1 管接种对照用菌液 1 mL，供作阳性对照，另 1 片放在真菌培养基管中。取 1 支需氧菌、厌氧菌培养基管作阴性对照。

2. 供试品为抗厌氧菌药品　取规定量的供试品，按上述方法经薄膜过滤器处理后，取出滤膜，分成 4 片，其中 3 片放在 3 管需氧菌、厌氧菌培养基管中，其中 1 管接种对照用菌液 1 mL，供作阳性对照，另 1 片放在真菌培养基管中。取 1 支需氧菌、厌氧菌培养基管作阴性对照。

3. 供试品为抗真菌药品　取规定量的供试品，按上述方法经薄膜过滤器处理后，取出滤膜，分成 4 片，取 2 片分别放在 2 管需氧菌、厌氧菌培养基管中；2 片分别放在 2 管真菌培养基管中，其中 1 管接种白假丝酵母菌对照用菌液 1 mL，供作阳性对照。各取 1 支需氧菌、厌氧菌培养基管作阴性对照。

第三节　非灭菌制剂的微生物限度检查

对外用和口服药物来说，不需要达到完全无菌的要求，按药典规定只需限制性控制微生物的数量和种类。如细菌总数检查、霉菌和酵母总数检查，大肠埃希菌、沙门菌、金黄色葡萄球菌、铜绿假单胞菌、破伤风梭菌等病原菌检查和活螨的检验。

药物的微生物限度标准如表 14－3 所示。含动物组织来源的制剂，不得检出沙门菌；抗细菌的口服抗生素制剂应检查霉菌，每克中不得超过 100 个；抗真菌的口服抗生素制剂应检查细菌，每克不得超过 100 个；霉变、长螨者均为不合格药品。细菌和霉菌总数的测定可采用平板活菌计数法，可根据细菌的形态结构和生理生化特性来检查病原菌的存在，活螨可用显微镜检法。另外，还需对药物进行有关控制菌的检查。

一、细菌和霉菌总数

待测用灭菌生理盐水梯度稀释成 1∶10、1∶100、1∶1 000 的浓度。分别吸取上述 10 倍稀释的溶液各 1 mL 于无菌平皿中，再加入 15 mL 恒温于 45℃的营养琼脂培养基，混匀，待凝固后将平皿于 30～35℃倒置培养 48h，进行平板活菌计数测定细菌总数。霉菌总数和酵母菌总数的测定则需分别采用霉菌培养基（玫瑰红钠琼脂培养基）和酵母浸出粉胨葡萄糖琼脂培养基。每个稀释度应取 3 个平皿作平行试验。

细菌和霉菌的平板活菌计数法应按规定报告结果。细菌宜选取平均菌落数在 30～300 的稀释级，霉菌宜选取平均菌落数在 30～100 的稀释级作为报告菌落计算的依据。其他情况按下列方法报告结果：

（1）如有 1 个稀释级在 30～300（30～100），将该稀释级的菌落数乘以稀释倍数报告。

（2）如同时有 2 个稀释级在 30～300（30～100），按下式计算两级比值 R。式中：N_H、N_L分别为高低稀释级的菌落数，D_H、D_L分别为高低稀释级的稀释倍数。当 R≤2 时，以两稀释级的均值报告，当 R＞2 时，以低稀释级平均菌落数乘以稀释倍数报告。

（3）如同时有 3 个稀释级的平均菌落数均在 30～300，以后 2 个稀释级计算级间比值报告。

$$R=\frac{N_H \times D_H}{N_L \times D_L}$$

(4) 如各稀释级的平均菌落数均不在 30～300 或 20～100，以最接近 30 和 300 或 30 和 100 的稀释级平均菌落数乘以稀释倍数报告。

(5) 如各稀释级的平均菌落数均在 300(细菌)或 100(霉菌)以上，按最高稀释级菌落数乘以稀释倍数报告。

(6) 如各稀释级的平均菌落数均小于 30 时，一般按最低稀释级的菌落数乘以稀释倍数报告。

(7) 如当 1∶10(或 1∶100)稀释级平均菌落数等于或大于原液(或 1∶10 稀释级)时，应以培养基稀释法测定，按测定结果报告菌数。

表 14-3 微生物限度标准(个/g 或个/mL)*

剂 型	细菌数	霉菌、酵母菌数	大肠杆菌	金黄色葡萄球菌	铜绿假单胞菌
片剂	1 000	100	—		
酊剂	100	100	—		
栓剂	100	10		—	—
胶囊剂	1 000	100	—		
软膏剂	100	100	—	—	
一般眼膏剂	100	—	—	—	
一般滴眼剂	100	—	—	—	
丸剂(滴丸、糖丸等)	1 000	100	—		
气雾剂	100	10	—	—	—
糖浆剂	100	100	—		
膜剂	100/10 cm^2	10/10 cm^2	—	—	—
颗粒剂	1 000	100	—		
口服溶液剂、混悬剂、乳剂	100	100	—		
散剂	1 000	100	—		
外用散剂	100	100	—	—	
滴耳剂	100	10	—	—	
滴鼻剂	100	10	—	—	—
洗剂	100	100	—	—	
搽剂	100	100	—	—	
凝胶剂	100	100	—	—	—

* “—”为每 1 g 或 1 mL 中不得检出。

二、控制菌检查

除另有规定外，取供试液 10 mL(相当供试品 1 g、1 mL、10 cm^2)，直接或处理后接种，经增菌分离培养后，进行革兰染色、生化试验与血清凝集试验等项检查。

1. 大肠埃希菌(*Escherichia coli*) 取胆盐乳糖培养基 3 份，每份各 100 mL，2 份分别加入规定量的供试液，其中 1 份加入对照菌液作阳性对照，第 3 份加入与供试液等量的稀释剂作空白对照。培养 18～24 h(必要可延至 48 h)。空白对照应无菌生长。其余 2 份培养物划线接种于曙红亚甲蓝琼脂平板或麦康凯琼脂平板，培养 18～24 h。当阳性对照的平板呈现阳性菌落时，供试品的平板无菌落生长，或有菌落但不同于表 14－4 所列的特征，可判为未检出大肠杆菌。

表 14－4　大肠杆菌菌落形态特征

培养基	菌落形态
曙红亚甲蓝琼脂	呈紫黑色、浅紫色、蓝紫色或粉红色，菌落中心深紫色或无明显暗色中心，圆形，稍凸起，边缘整齐，表面光滑，湿润，常有金属光泽
麦康凯琼脂	鲜桃红色或微红色，菌落中心深桃红色，圆形，扁平，边缘整齐，表面光滑，湿润

如生长菌落与表 14－4 所列特征相符或疑似者，应挑选 2～3 个菌落分别接种于营养琼脂培养基斜面，培养 18 h，作以下检查。

(1) 革兰染色：取上述斜面培养物，涂片，固定。以结晶紫染液染色 1 min，水洗。革兰碘液媒染 1 min，水洗，滤纸吸干余水。以 95%乙醇脱色 20～30 s，水洗。滴加沙黄染液复染 1 min，待干后镜检。

(2) 乳糖发酵试验：取上述斜面培养物，接种于乳糖发酵管，培养 24～48 h，观察产酸(培养基变色)，产气(杜氏管内有气泡)。

(3) 靛基质试验：取上述斜面培养物，接种于蛋白胨水培养基中，培养 48 h±2 h，沿管壁加入靛基质试液 0.3～0.5 mL，液面呈玫瑰红色为阳性，呈试剂本色为阴性。

(4) 甲基红试验：取上述斜面培养物，接种于磷酸盐葡萄糖胨水培养基中，培养 48 h±2 h，于每毫升培养液中加入甲基红指示剂 1 滴，立即观察，呈鲜红色或橘红色为阳性，呈黄色为阴性。

(5) 乙酰甲基甲醇生成试验(V－P 试验)：取上述斜面培养物，接种于磷酸盐葡萄糖胨水培养基，培养 48 h±2 h，于每 2 mL 培养液中加入 α-萘酚乙醇试液 1 mL，混匀，再加 40%氢氧化钾溶液 0.4 mL，充分振摇，出现红色为阳性。加试剂，4 h 内，如出现红色亦应判为阳性，无红色反应为阴性。

(6) 枸橼酸盐利用试验：取上述斜面培养物，接种于枸橼酸盐培养基的斜面上，培养 48 h ± 2 h，培养基斜面有菌苔生长，培养基由绿色变为蓝色时为阳性，培养基颜色无改变时为阴性。

当空白对照试验呈阴性，供试品检查为革兰阴性无芽胞杆菌；乳糖发酵产酸产气或产酸不产气；IMViC 试验为阳性、阳性、阴性、阴性或阴性、阳性、阴性、阴性，判为检出大肠杆菌。对可疑反应的菌株，应重新分离培养后，再作生化试验证实。

2. 沙门菌(*Salmonella spp.*)　取营养肉汤培养基 3 份，每份各 100 mL，2 份分别加入规定量的供试液，其中 1 份加入对照菌液作阳性对照，第 3 份加入与供试液等量的稀释剂作空白对照。培养 18～24 h，空白对照应无菌生长。取其余 2 份培养液各 1 mL，分别接种于四硫磺酸钠亮绿培养基 10 mL 中，培养 18～24 h。分别划线接种于胆盐硫乳琼脂(或沙门、志贺菌属琼脂)培养基和麦康凯琼脂(或曙红亚甲蓝琼脂)培养基的平板上，培养 18～24 h 或延至 40～48 h。当阳性对照的平板呈现阳性菌落时，供试品的平板无菌落生长，或有菌落但不同于表 14－5 所列特征时，可判为未检出沙门菌。

如供试品平板生长的菌落特征有与表 14－5 所列菌落形态特征相符或疑似者，均应挑选 2～3 个菌落分别接种于三糖铁琼脂培养斜面上，阳性对照同时接种，培养 18～24 h 后，阳性对照的斜面应为红色，底层为黄色，硫化氢阳性，而供试品疑似菌斜面未见红色、底层未见黄色，可判为未检出沙门菌。否则，应继续做革兰染色、生化试验、动力检查与血清凝集试验。

表 14－5　沙门菌菌落形态特征

培养基	菌落形态
胆盐硫乳琼脂	无色至浅橙色，半透明，菌落中心带黑色或全部黑色或无黑色
沙门、志贺菌属琼脂	无色至浅红色，半透明或不透明，菌落中心有时带黑褐色
曙红亚甲蓝琼脂	无色至浅橙色，透明或半透明，光滑湿润的圆形菌落
麦康凯琼脂	无色至浅橙色，透明或半透明，菌落中心有时为暗色

(1) 革兰染色：照大肠杆菌项下方法操作，镜检。

(2) 靛基质试验：照大肠杆菌项下操作并判断结果。

(3) 尿素酶试验：取疑似菌斜面培养物接种于尿素琼脂培养基斜面上，培养 24 h，斜面变为红色为阳性，不变色为阴性。

(4) 氰化钾试验：取培养 20～24 h 疑似菌株营养肉汤培养液，分别用白金耳环蘸取 1 环，接种至对照培养基及氰化钾培养基内，立即以橡胶塞塞紧，培养 24～48 h，对照管应有菌生长，试验管有菌生长者为阳性，无菌生长者为阴性。

(5) 赖氨酸脱羧酶试验：取疑似菌斜面培养物分别接种于赖氨酸脱羧酶培养基及对照培养基上。培养 24～48 h，对照管应为黄色，试验管呈紫色为阳性，呈黄色为阴性。

(6) 动力检查：取疑似菌斜面培养物穿刺接种于半固体营养琼脂培养基管中，培养 24 h，细菌沿穿刺线外周扩散生长，为动力阳性，否则为阴性。阴性培养物，应在室温保留 2～3 d 后，再判断。

(7) 血清凝集试验：在洁净载玻片一端，以白金耳环蘸取沙门菌属 A～F“0”多价血清 2～3 环，再取斜面上部的培养物少许，与血清混合，将玻片前后移动，如出现凝集现象，应以 0.9％氯化钠溶液与同株培养物做对照试验，无凝集现象时判为血清凝集阳性。时有反应迟缓，需将玻片与湿棉球置平皿内，约过 20 min，再观察。仍未出现凝集时，应取斜面培养物，置含少量 0.9％氯化钠溶液的试管中，制成浓菌悬液，在 100 ℃水浴中保温 30 min，待冷，再作凝集试验。如出现凝集，应判为阳性，否则为阴性。

上述各项试验反应，一般应为硫化氢阳性(或阴性)、靛基质阴性、尿素酶阴性、氰化钾阴性、赖氨酸脱羧酶阳性，动力检查阳性，A～F“0”多价血清凝集试验阳性。各鉴定结果按表 14－6判定。

表 14-6　沙门菌检查结果判定

序号	血清凝集试验(A～F“0”血清)			生化试验	结　果
	凝集反应	100℃ 30 min 凝集反应	0.9%氯化钠溶液对照		
1	阳性		阴性	符　合	检出沙门菌
2	阴性	阳性	阴性	符　合	检出沙门菌
3	阴性	阴性		不符合	未检出沙门菌

上述各项试验任何一项不符合或有可疑反应的培养物，均应进一步鉴定后作出结论。

3．铜绿假单胞菌(*Pseudomonas aeruginosa*)　取胆盐乳糖培养基 3 份，每份各 100 mL，2 份分别加入规定量的供试液，其中 1 份加入对照菌液作为阳性对照，第 3 份加入与供试液等量的稀释剂作空白对照。培养 18～24 h，空白对照应无菌生长，其余 2 份培养基划线接种于十六烷三甲基溴化铵琼脂培养基平板上，培养 18～24 h。当阳性对照的平板呈现阳性菌落时，供试品的平板无菌落或无疑似菌落生长，可判为未检出绿脓杆菌。

绿脓杆菌典型菌落呈扁平、无定形、周边扩散，表面湿润，灰白色，周围时有蓝绿色素扩散。如生长菌落具有上述特征或疑似者，应挑选 2～3 个菌落，分别接种于营养琼脂培养基斜面上，培养 18～24 h，取培养物革兰染色，并作氧化酶试验。

(1) 氧化酶试验：取洁净滤纸片置于平皿内，用无菌玻璃棒取营养琼脂培养物涂于滤纸片上，再滴加新配制的 1%二甲基对苯二胺盐酸盐试液，在 30 s 内呈粉红色逐渐变为紫红色为氧化酶试验阳性，否则为阴性。

如证实为非革兰阴性无芽胞杆菌或氧化酶试验阴性，均可判为未检出绿脓杆菌。否则，应进行绿脓菌素试验。

(2) 绿脓菌素(pyocyanin)试验：取上述琼脂斜面培养物，接种于绿脓菌素测定用培养基斜面上，培养 24 h 后，在试管内加氯仿 3～5 mL，搅碎培养基并充分振摇。静置片刻，将氯仿移至另一试管中，加入 1 mol/L 盐酸溶液约 1 mL，振摇后，静置片刻，如在盐酸溶液层内出现粉红色，即为绿脓菌素阳性。试验同时应有空白对照试验。

当空白对照试验呈阴性时，供试品检查为革兰阴性杆菌、氧化酶试验阳性及绿脓菌素阳性，可判定为检出绿脓杆菌。

绿脓菌素阴性的培养物，应继续以下试验。

(3) 硝酸盐还原产气试验：取营养琼脂培养基斜面培养物，接种于硝酸盐胨水培养基中，培养 24 h，如在培养基的杜氏小管中有气体产生，即为阳性。

(4) 42℃生长试验：营养琼脂培养基斜面培养物于 0.9%无菌氯化钠溶液中，制成菌悬液，再将菌悬液接种于营养琼脂培养基斜面上，立即置 41 ℃±1 ℃水浴中培养 24～48 h，有菌苔生长者为阳性，否则为阴性。

(5) 明胶液化试验：以接种针蘸取营养琼脂培养基斜面培养物，穿刺于明胶培养基内，培养 24 h，取出置冰箱内 10～30 min。如培养基仍呈溶液状，为阳性。

当革兰阴性杆菌、氧化酶试验阳性、绿脓菌素试验为阳性，其硝酸盐还原产气试验、42℃生长试验及明胶液化试验均为阳性，应判为检出绿脓杆菌。

4．金黄色葡萄球菌(*Staphylococcus aureus*)　取亚碲酸钠肉汤(或营养肉汤)培养基 3

份，每份各 100 mL，2 份分别加入规定量的供试液，其中 1 份加入对照菌液作为阳性对照，第 3 份加入与供试液等量的稀释剂作为空白对照。均培养 18～24 h(必要时可延至 48 h)。空白对照应无菌生长。取其余 2 份培养液划线接种于卵黄高盐琼脂培养基平板或甘露醇高盐琼脂培养基平板上，培养 24～72 h。当阳性对照的平板呈现阳性菌落时，供试品的平板如无菌落生长，或有菌落但不同于表 14－7 所列特征，可判为未检出金黄色葡萄球菌。

表 14－7　金黄色葡萄球菌菌落形态特征

培养基	菌落形态
卵黄高盐琼脂	金黄色，圆形凸起，边缘整齐，外围有卵磷脂分解的乳浊圈，菌落直径 1～2 mm
甘露醇高盐琼脂	金黄色，圆形凸起，边缘整齐，外围有黄色环，菌落直径约 0.7～1 mm

如有菌落生长并与表 14－7 所列特征相符或疑似时，应挑选 2～3 个菌落，分别接种于营养琼脂培养基斜面上，培养 18～24 h，取其培养物革兰染色，并作血浆凝固酶试验。

血浆凝固酶试验的步骤为：取灭菌小试管 3 支，各加入血浆-无菌水(1∶1)0.5 mL，1 支加入被检菌株的营养肉汤培养液(或浓菌悬液)0.5 mL，其余 2 支作对照管；1 支加入金黄色葡萄球菌的营养肉汤培养液或菌悬液 0.5 mL 作阳性对照；另 1 支加入营养肉汤或 0.9%氯化钠溶液 0.5 mL 作空白对照。将 3 管同时培养。3 h 后开始检查，以后适当时间逐次观察直至 24 h。空白对照管的血浆流动自如，阳性对照管血浆凝固，试验管血浆凝固者为阳性；阳性对照管和空白对照管任何一管不符合要求时，应另制备血浆，重新试验。当空白对照管和阳性对照管符合要求，供试品的菌株为革兰阳性球菌、血浆凝固酶试验阳性时，判定为检出金黄色葡萄球菌。

附录　微生物学实验

微生物学实验室规则

1. 实验前必须充分预习，对实验的目的要求，原理方法，实验步骤等应做到心中有数。

2. 非实验必需的物品不得带入实验室。实验室中的菌种及物品，未经许可，不得带出。

3. 实验时不得高声谈笑和来回走动，以保证实验室的安静和实验的正常进行。

4. 严格按操作规程细心实验，认真观察并做好实验记录。

5. 使用显微镜或其他仪器时，必须按操作规程操作，凡属操作不当损坏者，需照价赔偿。

6. 节约水电，节省药品，材料。所有物品用完放回原处。

7. 实验中需进行培养的微生物，应标明班级、姓名、实验项目等，按指定地点培养。

8. 实验时遇有器皿打破，皮肤损伤或菌液入口等意外，应立即报告实验教师或实验技术人员，及时处理，不得隐瞒。

9. 每次实验完，应清洗器皿，维护仪器，清洁实验室，关好水电门窗，净手后方可离开。

实验一　显微镜的使用与细菌形态的观察

【目的要求】

1. 熟悉普通显微镜的结构和原理。

2. 掌握显微镜的使用方法，尤其是油镜的使用方法。

3. 观察各种染色标本，认识微生物的基本形态和特殊结构。

光学显微镜的结构与使用

（一）显微镜的结构

明视野显微镜由机械部分和光学部分组成（图附录-1）。

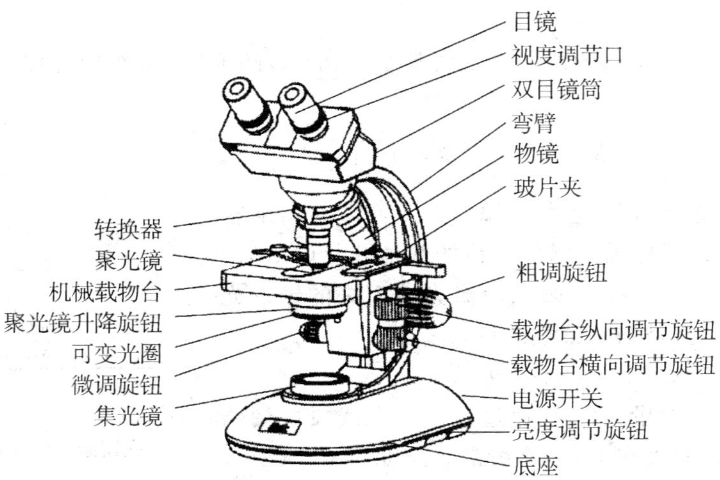

图附录-1　明视野显微镜示意图

1. 机械部分

(1) 镜筒:位于显微镜上方。上接目镜,下接转换器。镜筒有单筒和双筒两种,多为斜筒式。

(2) 镜臂:为弓形金属柱,支持镜筒。

(3) 镜头回转器:装于镜筒下端,用于安装物镜和转换物镜。

(4) 载物台:物镜下的平台,用以载放被检标本。中央有通光孔,供入射光通过。载物台上,以片夹固定标本,或以标本推动器将标本固定后,前后左右推动,找寻不同观察视野。

(5) 调节旋钮:为调节焦距的装置,有粗调旋钮和细调旋钮两种。利用它们使镜筒或载物台上下移动,调节物镜与标本间距离,使物像更清晰。有的显微镜还有专司聚光器升降的调节器。

(6) 镜座:位于显微镜底部,支持全镜。

2. 光学部分

(1) 目镜:可将物镜所成实像进一步放大,但不增加分辨力。目镜上标有 5×、10×、15×等,各代表其放大倍数。

(2) 物镜:是显微镜中决定成像质量和分辨能力的重要部件,其作用是将标本放大。物镜上常标有放大倍数、数值口径等参数。物镜根据使用条件不同,一般可分为干燥物镜(包括低、高倍镜)和浸油物镜(100×)。

(3) 聚光器:位于载物台下方。其作用为将入射光聚集于标本之上。聚光器位置升降可影响视野的明亮度。

(4) 光圈:安装于聚光器下方。由十几张金属薄片组成,可通过放大和缩小调整透进光强弱,调节对比度。

(5) 光源:分为两种。一种为反光镜,可采集外来光线并送入聚光器。有平、凹两面之分。通常用平面镜,使用自然光时采用人工光源(如日光灯)时,采用凹面镜。另一种为安装在镜座内的内置光源,亮度可调。

二、油镜的使用与保护

1. 油镜的原理　微生物标本的检查,常用显微镜进行。其中细菌体积微小,以 μm 计,必须用油镜才能分辨清楚。

显微镜的分辨力,即其分辨两点之间最小距离(R)的能力,由作用光波长(λ)和物镜的数值口径(N. A.)决定。

$$R=0.61\frac{\lambda}{\text{N. A.}}$$

明视野显微镜以可见光为光源,波长平均值固定在 550 nm 左右。所以只能通过增加物镜的数值孔径(N. A.)来提高显微镜分辨力。N. A. 表示由聚光镜而来的锥形光柱照射在观察标本上被物镜聚集的量。

$$\text{N. A.}=n\cdot\sin(\theta/2)$$

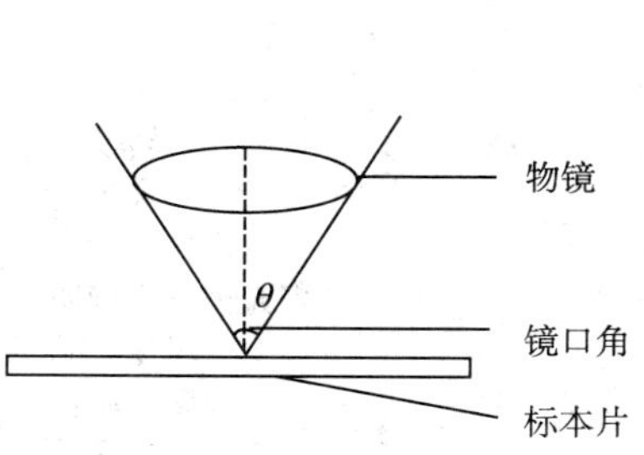

图附录-2　镜口角示意图

其中 θ 为镜口角(图附录-2),指通过标本的光线投射到物镜的角度。其理论限度在 180°,一般最大角度为 120°,所以 $\sin(\theta/2)$ 总小于 1。n 指物镜与标本间介质的折射率。干燥物镜所用介质为空气($n\approx1$)，入射光通过标本玻璃($n=1.55$)后，在空气中发生折射，部分光线散失。故N.A.不超过1。而油镜以香柏油为介质($n=1.56$，与玻璃相近)，镜头工作时浸入油内，可消除光线通过玻璃与物镜间空气时发生的折射现象，避免光线损失，故油镜数值口径得到较大提高(可达1.25)，显微镜的最小分辨距离也达到约0.2 μm，几乎可看清所有细菌。

2. 油镜的使用步骤

(1) 观察前准备：一手握镜臂，一手托住镜座，取出显微镜置于平稳实验台上。镜座距实验台边沿约3～4 cm。镜检者姿势端正，两眼睁开，以减少疲劳。一般用左眼观察，右眼便于绘图或记录。手不可直接触摸镜头，可用擦镜纸擦去镜头灰尘。

(2) 采光：将低倍镜转到光路中，适当调节光圈和聚光器，转动反光镜或打开内置光源，使视野得到均匀照明。注意：当用油镜观察标本时，光线宜强，可完全打开光圈，上升聚光器与载物台相平，以凹面反光镜采光。

(3) 观察：通过低倍镜调节入射光线，使视野最明亮。从二重瓶内瓶中取香柏油1～2滴滴于标本片上要观察的部位。标本固定于载物台上，转换为油镜。双目侧视下，转动粗调使油镜头浸入油中几乎与标本相接触。然后左眼从目镜观察，徐徐下调载物台，直到看见模糊物像，再用细调节器调至物像清晰，观察标本，绘图。如镜头已离开油面还未看到物像，则再重新操作。注意：非在侧目注视下，不可使油镜与标本接近，以免压碎玻片，损坏镜头。

3. 显微镜用毕后的处理

(1) 以粗调节器调开油镜，移去标本片。

(2) 用擦镜纸擦去油镜上的香柏油。如油过黏、过干，可以用擦镜纸蘸少许二重瓶外层的二甲苯擦镜，然后立即用干擦镜纸擦去残留二甲苯，以免镜头脱胶。

(3) 加少许二甲苯于滴过油的标本上，以毛边纸向一个方向轻轻拖拉，除去标本上的油。一次不行可重复，但不可来回擦抹，以免擦掉标本。

(4) 将显微镜各部分还原：聚光器下降，反光镜垂直于镜座，物镜镜头离开通光孔上方转成八字形。放入镜箱。

二、细菌基本形态与特殊结构的观察

1. 细菌基本形态标本：金黄色葡萄球菌、链球菌、大肠杆菌、枯草杆菌、霍乱弧菌。

2. 细菌特殊构造标本：芽胞(枯草杆菌、破伤风梭菌)、鞭毛(伤寒杆菌)、荚膜(肺炎链球菌)。

实验二　细菌形态的检查法

【目的要求】

1. 熟悉细菌单染色标本的制备过程。

2. 用油镜观察细菌的形态结构。

3. 了解用悬滴法观察细菌动力的方法。

一、悬滴法

可采用悬滴法直接在普通光学显微镜下观察细菌是否具有运动能力，以此来判定细菌是

否具有鞭毛。

(一) 材料

1. 细菌 枯草杆菌和金黄色葡萄球菌的 8 h 液体培养物。

2. 其他 凹玻片，盖玻片，牙签，接种环，酒精灯，凡士林，显微镜。

(二) 方法

1. 用灭菌的接种环挑取细菌液体培养物一环，加于平放桌上之洁净盖玻片中央。

2. 在洁净凹玻片的凹面周围用牙签涂上少许凡士林(或糨糊)。

3. 将凹玻片凹面向下，覆盖在已滴加有菌液的盖玻片上，轻压，使盖玻片粘在凹玻片上。

4. 迅速反转凹玻片，使盖玻片上之菌液悬于凹玻片之凹面中。

5. 将制备好的悬滴标本固定于载物台上。

6. 先用低倍镜对光(光圈缩小，聚光器下降，使光线较暗)，找到菌液之边缘，并调至视野中央。

7. 转换高倍镜，再轻轻调节细调节器，即可看到透明的菌体。观察两种细菌的不同运动特征。

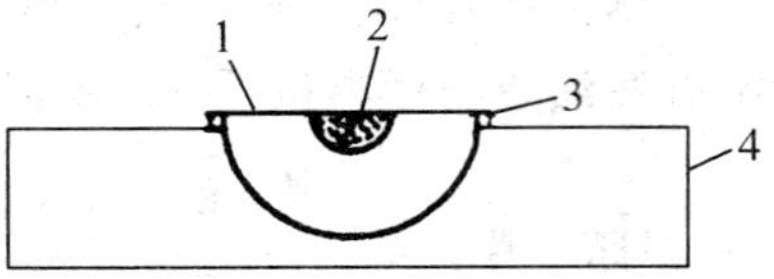

图附录-3 悬滴法示意图

1. 盖玻片；2. 菌液；3. 凡士林；4. 凹玻片

二、染色标本的制备与镜检

由于细菌微小，加之与周围的水环境光学性质相近，从而用一般光学显微镜不易看到。通常用染色的方法增加反差，有助于细菌标本的观察。染料有带阴离子发色团的酸性染料和带有阳离子发色团的碱性染料。由于在一般生理条件下(pH 7.4 左右)细菌菌体都带负电荷，从而更容易与碱性染料相结合。常用的碱性染料有结晶紫、美蓝和碱性复红。

染色法又分单染色和复染色两大类。单染色法即仅用一种染料着色，所有的细菌均被染成一种颜色，可用来观察细菌的形态和排列方式，但无鉴别细菌的作用。复染色法又称鉴别染色法，通常用两种或两种以上的染料着色，由于不同种类的细菌或同种细菌的不同组成结构对染料有不同的反应性而被染成不同的颜色，从而有鉴别细菌的作用。

(一) 单染色法

1. 实验材料

细菌：金黄色葡萄球菌斜面培养物 1 支，大肠杆菌斜面培养物 1 支。

试剂：吕氏美蓝染色液，复红染色液，香柏油，生理盐水，二甲苯。

其他：载玻片，吸水纸，接种环，酒精灯，擦镜纸，显微镜。

2. 实验方法

(1) 涂片：取载玻片一张，拭净。接种环火焰灭菌，取生理盐水一滴，放在载玻片中央(如被检材料是液体，可不加盐水)。左手斜持菌种管，右手持接种环，经火焰灭菌后，用右手拔下菌种管棉塞，管口通过火焰，将接种环插入管中取菌少许(切不可多，更不可将培养基刮下)。

管口再通过火焰，塞好棉塞。将接种环上的细菌加入载玻片上的水滴内，磨匀，涂成直径约1cm大小的薄菌膜。接种环经火焰灭菌。

(2) 干燥 ：涂片置于空气中，使其自然干燥。

(3) 固定：干燥后将涂片在火焰上缓缓通过三次，此为固定。目的是使细菌黏于载玻片上，染色和水冲时不易脱落；且细菌为蛋白质，被热凝固可保持完整形态。

(4) 染色：在固定后的标本上加吕氏美蓝染液（或复红染液）以覆满标本为度，染1～2 min。

用细流水自载玻片一端徐徐冲洗。待其自然干燥或用吸水纸轻轻吸干。

(5) 油镜观察：吕氏美蓝染色者，菌体呈蓝色；复红染色者，菌体呈红色。

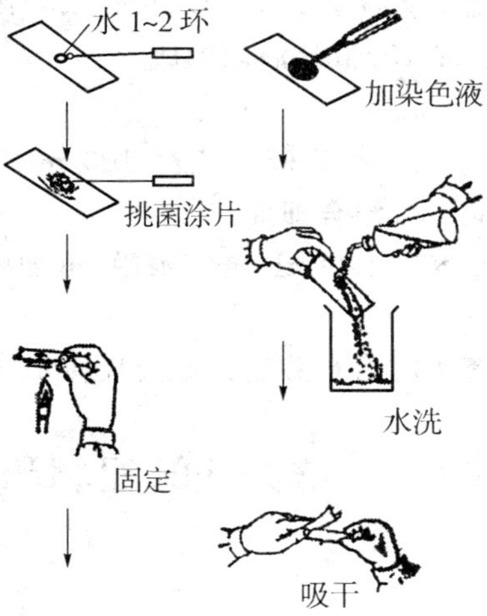

图附录-4　细菌单染色法

（二）复染法

最常用的细菌复染色法是革兰染色法（Gram's stain）。可分为结晶紫初染、路哥碘液媒染、酒精脱色和复红复染等步骤。采用革兰染色法可把细菌分成两大类，它是细菌分类和鉴定的基础。凡能使第一种染料结晶紫保留蓝紫色的细菌叫做革兰阳性（G^+）细菌，凡被酒精脱色后染上对比颜料沙黄或稀释复红而呈红色的细菌叫做革兰阴性（G^-）细菌。

一般认为，革兰染色法与下列诸因素有关：① 革兰阳性细菌等电点低（pI 2～3），而革兰阴性细菌等电点高（pI 4～5），因此在一般生理条件下（pH 7.4 左右），革兰阳性细菌所带的负电荷要比阴性菌多得多，从而与碱性染料结晶紫结合牢固。② 革兰阴性细菌细胞壁有外膜结构，含有较多的脂质成分，对酒精作用敏感。脂质被酒精溶解，造成细胞壁破损，结晶紫-碘复合物容易被抽提出来而脱色。③ 革兰阳性细菌细胞壁脂质含量低，对酒精作用不敏感。且革兰阳性细菌细胞壁含有多层致密（交联度大）的肽聚糖层以及带有大量负电荷的磷壁酸，结晶紫-碘复合物与细胞壁结合紧密，染料不易被酒精抽提出来，仍保留结晶紫的蓝紫色。

1. 实验材料

(1) 细菌：金黄色葡萄球菌斜面培养物1支，大肠杆菌斜面培养物1支。

(2) 试剂：结晶紫、95%酒精、碘液、稀释复红各1瓶，香柏油，二甲苯，生理盐水。

(3) 其他:载玻片,吸水纸,接种环,酒精灯,擦镜纸,显微镜。

2. 实验方法

(1) 涂片、干燥、固定:同单染色法。

(2) 初染:加结晶紫染液于标本上,使其覆满标本,染 1~2 min,细水冲洗。

(3) 媒染:加路哥碘溶液经 1 min,细水冲洗。

(4) 脱色:加 95%酒精于载玻片上,脱色约 30 s,倾去酒精,脱色 1 次,细水冲洗。

(5) 复染:加稀释复红染液复染约 1 min,水洗,待其自然干燥或用吸水纸轻轻吸干。

(6) 镜检:油镜观察。

【附】常用染色液的配制

1. 吕氏美蓝染液　取美蓝 2 g 溶于 100 mL 95%乙醇中使成饱和溶液备用,取此饱和液 30 mL 与 0.01%的 KOH 水溶液 100 mL 混匀即成。

2. 革兰染液

(1) 结晶紫染液:结晶紫 14 g,溶于 95%乙醇 100 mL 中使成饱和液备用,取该饱和液 200 mL与 1%草酸胺水溶液 80 mL 混合即成。

(2) 路哥碘液:碘化钾 2 g 溶于 100 mL 蒸馏水中,再加碘 1 g,至全溶后徐徐加蒸馏水至 300 mL 即成。

(3) 稀释复红溶液:用蒸馏水将石炭酸复红染液稀释 10 倍,即为稀释复红染液。

实验三　培养基的配制和灭菌

【目的要求】

1. 掌握培养基的配制方法。

2. 熟悉培养基的灭菌方法。

培养基是人工配制的供给细菌或其他微生物生长繁殖或积累代谢产物的营养基质。培养基必须具备下列条件:① 碳源;② 氮源;③ 磷源;④ 无机盐和生长因子;⑤ 水分和合适的 pH。培养基须经灭菌后方可使用。

培养基种类较多,按其营养物来源不同,可分为组合培养基(又称合成培养基)和天然培养基。前者是根据微生物对各种营养元素的需求,用多种化学试剂配制而成。后者是用天然原料制成,如牛肉膏蛋白胨培养基、酵母浸膏、血培养基等。虽然其中成分不确切,但是能满足一般微生物的营养需求。

培养基按其物理状态分为液体、固体、半固体三种类型:① 液体培养基:不加琼脂等凝固剂的液状培养基。② 固体培养基:在液体培养基中加入 2%~3%的琼脂而制得。③ 半固体培养基:在液体培养基内加入 0.3%~0.8%的琼脂制得。琼脂是一种海藻中提取的多糖类物质,不为大多数细菌所利用,只是作为一种凝固剂。固态琼脂一般在 90~100℃溶解;液态琼脂大约在 42℃凝固。

一、肉汤培养基的制备

1. 实验材料

(1) 试剂:牛肉浸膏、蛋白胨、NaCl、琼脂、水、HCl、NaOH。

(2) 仪器:高压蒸汽灭菌锅、电炉。

2. 实验方法

(1) 按照下列配方，准确称取牛肉膏、蛋白胨、NaCl放入烧杯中。

牛肉膏 0.5 g；蛋白胨 1.0 g；NaCl 0.5 g；水 100 mL。

(2) 加入适量水，加热使其溶解，补充水分到所需的总体积。如果配制固体、半固体培养基，将称好的琼脂放入已溶解的药品中，再加热溶解。

(3) 用 1 mol/L 盐酸或 1 mol/L NaOH 调节 pH 至 7.2～7.6。

(4) 分装入试管或三角烧瓶内，注意不要使培养基沾在管口或瓶口上，以免玷污棉塞而引起污染。液体分装高度以试管高度的 1/4 左右为宜，摇瓶中液体培养基体积应为 1/5 左右；固体分装的装量不超过管高的 1/5，灭菌后取出斜躺凝固成斜面；半固体分装一般以试管高度的 1/3 为宜，灭菌后垂直待凝。

(5) 在试管口或三角烧瓶口上塞上棉塞或专用硅胶塞，以防止污染，并保证有良好的通气性能。在试管(捆扎好)、三角烧瓶的棉塞外包一层牛皮纸，以防止灭菌时冷凝水润湿棉塞。注明培养基名称、组别、日期等。

(6) 高压蒸汽灭菌，条件为 121.3℃灭菌 20 min。

二、普通琼脂培养基的制备

1. 实验材料　肉汤培养基 100 mL，琼脂 2～3 g。

2. 实验方法

(1) 按 2%～3%的琼脂量加入肉汤培养基中；

(2) 用 1 mol/L HCl 或 1 mol/L NaOH 调节 pH 至 7.4～7.6。若水分失去过多，可加水补充至预定体积；

(3) 分装入试管或三角烧瓶内，注意不要使培养基沾在管口或瓶口上，以免玷污棉塞而引起污染。

(4) 高压蒸汽灭菌，条件为 121.3℃灭菌 20 min。

(5) 取出试管斜置于桌面，制成斜面；待三角瓶中温度降至 50～60℃时倾注平板。

三、半固体培养基的制备

1. 实验材料　肉汤培养基 100 mL，琼脂 0.5～0.8 g。

2. 实验方法

(1) 按 0.5%～0.8%的琼脂量加入肉汤培养基中。

(2) 按照普通琼脂培养基的方法分装、灭菌。

(3) 取出试管直立于试管架凝固后即为半固体高层培养基。

【附】常用灭菌仪器及其使用方法

一、高压蒸汽灭菌器

高压蒸汽灭菌法是灭菌效果最好、目前应用最广泛的方法。灭菌的温度取决于蒸汽的压力，在一个大气压下，蒸汽的温度为 100℃，但在密闭的高压蒸汽灭菌器(图附录-5)内，加热时蒸汽不能外溢，随着饱和蒸汽压力的增加，温度也随着增高，杀菌力大为增强，能迅速杀死繁殖体和芽胞。

为达良好的灭菌效果，一般要求温度应达到 121℃(压力为 103.5 kPa 或 15 lb/in^2)，时间维持 15～20 min，也可采用在较低的温度(113～115 ℃,即 55.2～68.9 kPa 或8～10 lb/in^2)下维持 20～30 min 的方法。此法适合于一切微生物学实验室、医疗保健机构或发酵工厂中培养基及多种器材、物料的灭菌。

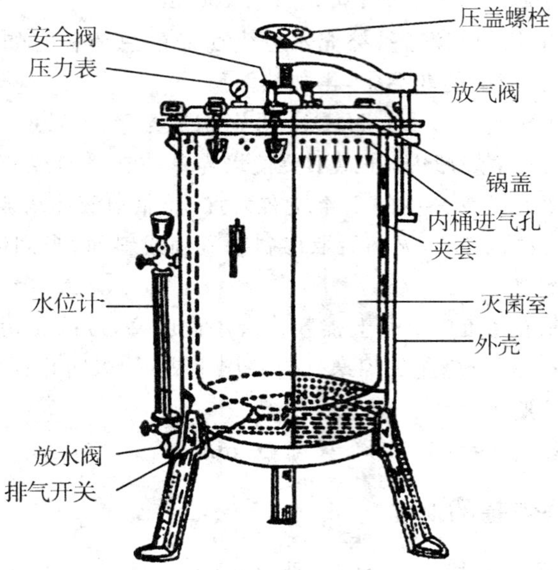

图附录-5　高压蒸汽灭菌锅构造(立式)

高压蒸汽灭菌锅是每一个微生物学实验室、医院必备的设备。使用高压蒸汽灭菌时,要注意以下事项:

1. 注意锅内水量,向外层锅内加入适量的水,使水面与搁架相平,避免烧干。

2. 装入待灭菌物品。注意不要装得太挤,以免妨碍蒸汽流通而影响灭菌效果。三角烧瓶与试管口端均不要与桶壁接触。

3. 加盖,以两两对称的方式同时旋紧相对的两个螺栓,使螺栓松紧一致,勿使漏气。

4. 打开排气阀,接通电源开始加热,使水沸腾以排除锅内的冷空气。待冷空气完全排尽后,关上排气阀。121.3℃灭菌 30 min。

灭菌结束,切断电源,让灭菌锅内温度自然下降,当压力表的压力降至零时,方可打开排气阀,旋松螺栓,打开盖子,取出灭菌物品。注意:如果压力未降到零,切不可打开排气阀或旋松螺栓、打开盖子。否则会因锅内压力突然下降,使容器内的培养基由于内外压不平衡而冲出烧瓶口或试管口,造成棉塞沾染培养基而发生污染;有时还会造成人身伤害。

最后,要定期检测高压蒸汽灭菌锅的性能。检测方法是将专用的细菌测定纸条(含有耐热的枯草芽胞杆菌、热脂肪芽胞杆菌等)放在待灭菌物品的中间,灭菌后取出放入肉汤培养基中,经培养一段时间后,若不见细菌生长,说明高压蒸汽灭菌锅性能良好。也可采用熔融温度指示剂,其熔点正好是灭菌所需要的温度,如加入β-萘酚(121℃)、苯甲酸(121℃)、乙酰替苯胺(116℃)、硫磺(熔点 115℃)等结晶,灭菌后检测是否熔化变形,即可判别灭菌温度是否达到要求。

二、干热灭菌器

干热灭菌是利用在密闭的干烤箱中高热空气灭菌的一种方法。在 160～170℃维持 1～2 h 可杀灭包括芽胞在内的一切微生物彻底灭菌。适用于高温下不变质、不损坏、不蒸发的物品,如一般玻璃器皿、瓷器、金属工具、注射器、药粉等。但应用此法时,需注意温度不宜超过 180℃,避免包装纸与棉花等纤维物品烧焦引起火灾。同时应注意玻璃器皿等必须洗净烘干,不得沾有油脂等有机物。

干热灭菌的步骤为:

(1) 将包好的待灭菌物品(培养皿、试管、吸管等)放入电烘箱内,物品不要摆得太挤,以免妨碍空气流通。同时,灭菌物品也不要与电烘箱内壁的铁板接触,以防包装纸烤焦起火。

(2) 调节恒温调节器,直至达到 160～170℃,并保持 2 h,切断电源。

(3) 待电烘箱内温度降到 70℃以下取出灭菌物品。

三、过滤除菌法

过滤除菌是用机械方法除去液体或空气中细菌的方法。所用的器具是滤菌器(filter)。过滤除菌主要用于一些不耐高温灭菌的血清、毒素、抗毒素、酶、抗生素、维生素的溶液、细胞培养液以及空气等的除菌,该方法最大的优点是不破坏溶液中各种物质的化学成分。过滤除菌法除实验室用于溶液、试剂的除菌外,在微生物工作中使用的净化工作台也是根据过滤除菌的原理设计的,可根据不同的需要来选用不同的滤器和滤板材料。

应用最广泛的过滤器种类有:微孔滤膜过滤器、蔡氏(Seitz)过滤器、玻璃过滤器等。

采用微孔滤膜过滤器进行过滤除菌,具体操作步骤如下:

(1) 组装、灭菌:将 0.22 μm 孔径的滤膜装入清洗干净的塑料滤器中,旋紧压平,包装灭菌后待用(0.1 MPa,121.5 ℃,灭菌 20 min)。

(2) 将灭菌滤器的入口在无菌条件下,以无菌操作方式连接于装有待滤溶液的注射器上,将针头与出口处连接并插入带橡皮塞的无菌试管中。

(3) 压滤:将注射器中的待滤溶液加压缓缓挤入过滤到无菌试管中,滤毕,将针头拔出。压滤时用力要适当,不可太猛太快,以免细菌被挤压通过滤膜。

(4) 无菌检查:无菌操作吸取除菌滤液 0.1 mL 于肉汤蛋白胨平板上,均匀涂布,置 37℃恒温培养箱培养 24 h,检查是否有杂菌生长。

(5) 清洗:弃去塑料滤器上的微孔滤膜,将塑料滤器清洗干净,并换上一张新的微孔滤膜,组装包扎,再经灭菌后使用。

整个过程应严格按照无菌操作,以防污染,过滤时应避免各连接处出现渗透现象。

实验四　各种接种技术和细菌生长状况观察

【目的要求】

1. 学会正确使用微生物学实验室中常用的接种工具,掌握各种接种技术。
2. 掌握无菌操作技术和获得微生物纯培养物的方法。
3. 学会判断细菌在不同培养基上的生长状况。

一、常用接种工具

(一) 接种环

接种环是用金属丝做成的。使用前后均应在火焰上彻底灼烧灭菌,灭菌时右手持接种环(或接种针)之木柄,将铂丝直立于火焰中,渐渐下移使铂丝烧红,并将铂丝和木柄之间的金属棒也通过火焰数次(图附录-6)。取菌时,必须待接种环(针)冷却后方可使用。

(二) 接种针

灭菌处理基本上同接种环。

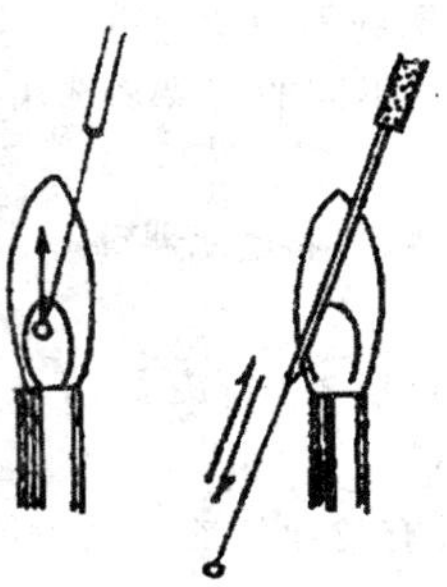

图附录-6　接种环(左)及接种针(右)的灭菌

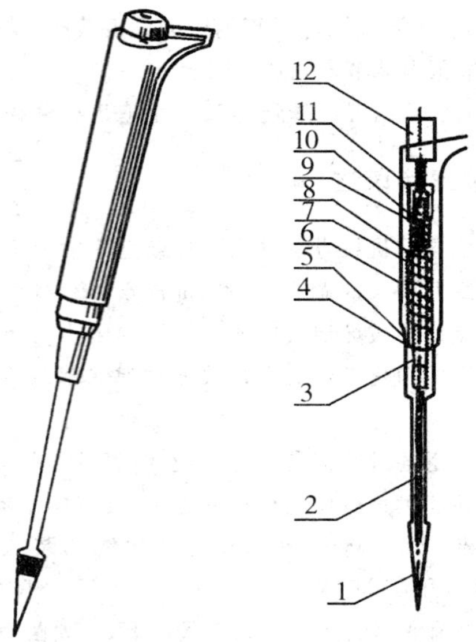

图附录-7　微量移液器结构

1. 滴头;2. 吸引管;3. 活塞;4. 活塞套;5. 密封圈;6. 外壳;7. 压簧;8. 活塞杆;9. 上冲模压簧;10. 冲程限制圈;11. 螺母;12. 按钮

(三) 吸管

微生物学实验一般使用刻度到底的吸管,需进行无菌操作时,事先塞少许棉花于吸管上端管口内,然后把吸管置于金属筒中或用纸条缠包起来,干热灭菌后方可使用。

(四) 微量移液器

可调微量移液器外形如图附录-7所示,主要部件有按钮、弹簧、活塞和可装卸的滴头(tip)。按动按钮,使弹簧上下活动,可在10～1 000 μL定量吸放液体。滴头可一次性使用,方便省事。

二、各种培养基的接种方法

培养物往新的培养基上移植,叫做接种。根据目的不同可分别采用接种环、接种针、移液管等进行斜面接种、液体接种、半固体穿刺接种和琼脂平板划线分离等。

“无菌”是保证微生物实验室工作成功的前提条件,要做到这一点就得使用无菌的材料、器皿和采用无菌操作技术。无菌操作技术主要是防止外界环境微生物污染实验材料、破坏实验微生物的纯培养状态,同时也要防止实验材料污染环境或感染人体。因而要求:① 工作环境需用消毒液处理;② 接种工具必须严格无菌。

1. 实验材料

(1) 菌种:金黄色葡萄球菌斜面培养物,大肠埃希菌斜面培养物和液体培养物,枯草杆菌斜面培养物,藤黄八叠球菌斜面培养物,链球菌培养物,混合的细菌菌种(金黄色葡萄球菌与大肠埃希菌)。

(2) 接种工具:接种环,接种针,无菌吸管,酒精灯。

(3) 培养基及其他：琼脂斜面培养基，试管肉汤培养基，半固体培养基，琼脂平板培养基，琼脂高层培养基，无菌平皿等。

2. 实验方法

(1) 斜面培养基接种法(图附录-8)

a. 左手持菌种管与培养基管，斜面皆向上，菌种管在外侧，右手如拿毛笔的姿势持接种环，将铂丝与欲进入试管的柄部通过火焰灭菌。

b. 右手的小指与掌心夹下培养基管棉塞，第四指与小指夹下菌种管棉塞，管口通过火焰。

c. 接种环伸入菌种管，蘸取少许菌种。

d. 接种环伸入培养基管，在斜面上蜿蜒划线。注意蘸有菌种的接种环不可碰管口与其他地方。

e. 管口再通过火焰，并将棉塞塞于原来的试管。

f. 接种环再灭菌。

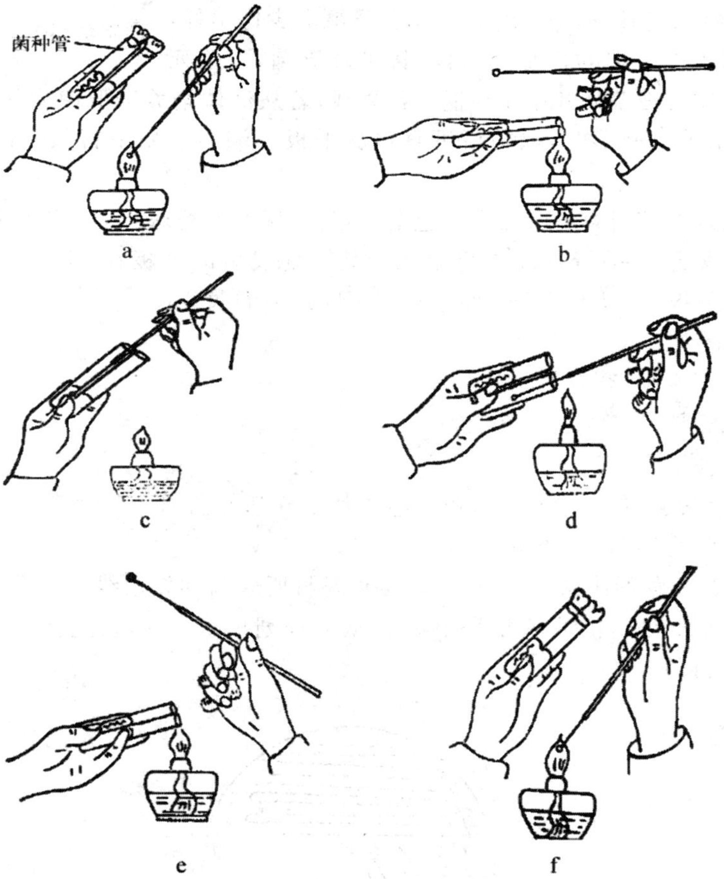

图附录-8　斜面接种法

(2) 液体培养基接种法：基本上与斜面培养基接种法相同，不同之处是，将挑取的菌种移种至液体培养基管中时，斜持试管，将菌涂于液面处管壁上，试管直立以后菌种即在液体内(图附录-9)。

用接种环分别挑取金黄色葡萄球菌斜面培养物、枯草杆菌斜面培养物、大肠埃希菌培养物，接种于肉汤培养基中，每菌接种 1 支。将已经接种好试验菌的各管置于 37℃ 恒温箱培养 24～ 48 h。观察上述各菌在液体培养基中的生长状况。

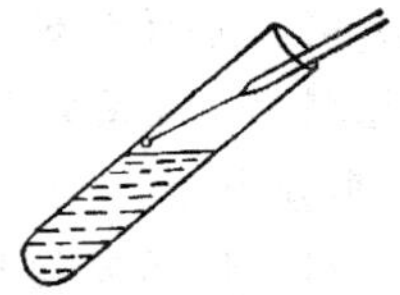

图附录-9　液体接种

(3) 半固体培养基接种法：半固体培养基接种时应用接种针，接种针使用方法基本同接种环。接种时，将蘸取菌种的接种针从半固体培养基表面向下穿刺，但不触及管底，接种针循原路抽出。此称为“穿刺接种法”(图附录-10)。

分别接种金黄色葡萄球菌、枯草杆菌至半固体培养基中，放入 37℃ 恒温箱中培养 24 h 后观察它们的生长状况，判断它们是否具有活力。

(4) 琼脂平板划线分离法：平板划线有多种方法，其目的都是要将细菌分开，培养后可观察单个菌落的特征。若挑取单个菌落移种至另外的培养基中，培养后即得纯培养物。现介绍常用的平行划线法及分区划线法。

图附录-10　半固体培养基接种

① 平行划线法：将接种环灭菌后，从菌种管蘸取少许菌种，涂于平板培养基表面一端的边缘处，再将接种环灭菌，以杀死过多的细菌。从涂有细菌处开始做往返平行划线，若从液体培养物取菌或从斜面培养物取少量菌，估计分离出单个菌落时，取菌后可直接从平板一端向下划平行线，可不必再将接种环灭菌。

分别取大肠埃希菌、枯草杆菌、金黄色葡萄球菌、藤黄八叠球菌的少许菌苔，在不同的无菌平板上通过分区划线或平行划线进行划线分离。划线后的平板在 37℃ 恒温箱中倒置培养 24～48 h。取出平板，从以下几个方面来观察不同细菌的菌落：

大小：以毫米计。

形状：圆形、不规则形、放射状等。

表面：光滑、粗糙、圆环状、乳突状等。

边缘：整齐、波形、锯齿状等。

色素：有无色素、颜色，是否可溶(可溶色素使培养基着色)等。

透明度：透明、半透明、不透明。

② 分区划线法：如图附录-11 所示，用接种环将所取菌种先划线于 a 处。将接种环灭菌，从 a 处将菌划出至 b 处。接种环再次灭菌后，从 b 处划出至 c 处，以此类推，以达到培养后能获得单个菌落的目的。

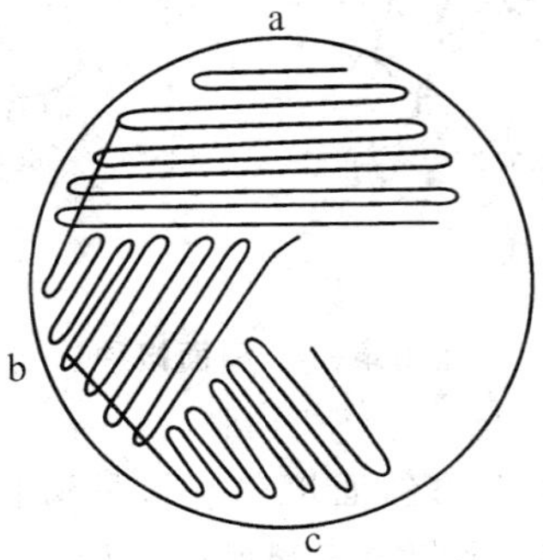

图附录-11　分区划线示意图

(5) 倾注平板法：本法常用于细菌总数、细菌对药物的敏感度试验以及药物的含量测定等。倾注平板的常用的操作方法有两种：

① 菌液混入培养基法：用无菌吸管吸取定量菌液，加入已熔化并冷却至约 50℃ 的琼脂培养基中，迅速混匀，倒入无菌平皿，使均匀布满皿底。平置勿动，凝固后即成含菌平板。此法细菌分布均匀，药物的抑菌试验(药敏试验)多用此法制备含菌平板。

② 菌液先加入平皿法：以无菌吸管吸取定量菌液或其他含菌样品，加入无菌平皿中，再将熔化并冷至约 50℃ 的无菌琼脂培养基倾入该平皿中，立即将平皿轻轻地作旋转晃动，以使菌液与培养基混合均匀，平置待凝固。计算药品、食品等样品中细菌总数时常用此法。因为是将定量样品直接加入平皿中，所以菌数较准确。

实验五　细菌的生理生化反应

【目的要求】

1. 掌握微生物鉴定中常用的几种生化反应原理及结果判断方法。
2. 熟悉微生物生化反应中各种培养基的设计和用途。

一、糖发酵试验

微生物具有不同的利用各种碳源的能力，其原理在于不同微生物具有不同的酶系。微生物利用碳源能力和结果的不同可用于微生物的鉴定。

溴甲酚紫是一种酸碱指示剂，在 pH 中性时为紫色，碱性时为深红色，而在酸性时呈现黄色。试验时，在各试验管中加一倒置小管，称为杜氏管(Durham tube)，分装入试验用培养基，高压灭菌，培养基将压进杜氏管，并赶走管内气体，随后滞留在管内的气体将是由微生物在生长过程中产生的。当溴甲酚紫的颜色由紫色变为黄色时，表明微生物利用碳源产生了酸性物质。

微生物在进行碳源代谢时可以产生不同的代谢产物。有些产物为酸性物质，如醋酸、甲酸以及乳酸等。酸性物质的积累有时会超出培养基的缓冲范围，导致 pH 下降，溴甲酚紫的颜色由紫色转为黄色。在产酸过程中，有时伴随气体的产生，这可以在杜氏管中的气泡反映出来；若碳源代谢的终产物为中性化合物，既无颜色变化也无气体产生，表明此时的代谢较为复杂。

1. 实验材料

(1) 细菌：大肠杆菌和伤寒杆菌培养物。

(2) 试剂：蛋白胨水培养基，葡萄糖，乳糖，麦芽糖，甘露醇，蔗糖，紫红指示剂。

(3) 其他：接种环、试管、杜氏小管。

2. 实验方法

(1) 在试管上标记好试验用菌的名称。

(2) 使用无菌操作，将试验用菌接入各个试管，第六管为对照，不接种。

(3) 将试管置于培养箱中，直立放置培养。

(4) 48 h 后和 5 d 后检查培养状况。

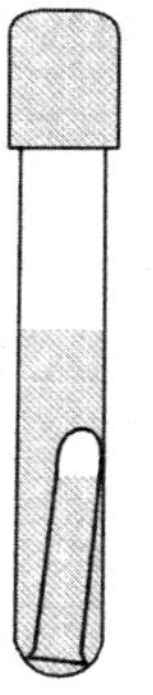

图附录-12　单糖发酵管

(5) 记录试验结果：NR 表示无反应或结果复杂；A 表示产酸

不产气；AG 表示产酸产气；B 表示产生碱性物质。

二、IMViC 试验

IMViC 是以下四个试验的缩写：吲哚试验（indole production，I）、甲基红试验（methyl red test，M）、V-P 试验（Voges-Proskauer test，V）和枸橼酸盐利用试验（citrate utilization test，C），字母“i”是为了发音的需要加入的。

IMViC 试验常用于革兰阴性的肠道细菌检测中。如产气杆菌和大肠杆菌在许多测试中反应很相似，极其容易混淆。IMViC 则可以区分产气杆菌属和大肠杆菌属的微生物。

1. 实验材料

(1) 细菌：大肠杆菌培养物；产气杆菌培养物；普通变形杆菌培养物。

(2) 试剂：寇氏试剂、蛋白胨-水-磷酸盐培养基；甲基红试剂；6% α-萘酚；40% KOH 溶液；西蒙氏枸橼酸盐琼脂斜面；醋酸铅营养琼脂高层。

(3) 其他：接种环等。

2. 实验方法

(1) 吲哚试验：色氨酸几乎存在于所有蛋白质中，有些细菌可以将色氨酸分解为吲哚，吲哚在培养基中的积累可以由寇氏试剂（Kovacs' reagent）检测出来。试验操作必须在 48 h 内完成，否则吲哚进一步代谢，会导致假阴性的结果。

寇氏试剂包含三种成分——盐酸、异戊醇和对二甲基氨基苯甲醛，每种试剂均有其作用：醇用于浓缩分散在培养基中的吲哚；对二甲基氨基苯甲醛可以和吲哚反应形成红色的化合物，该反应必须在酸性条件下完成，盐酸的作用就是制造酸性环境。一旦指示剂的颜色变为红色，就表明吲哚试验为阳性（+）。

实验步骤：

① 在两支装有试验用培养基的试管上标记好试验菌名称，另一管作为对照。

② 按照无菌操作，接种于试验菌培养基中。

③ 37℃培养 48 h 后，取出试验管，每管加入 10 滴寇氏试剂，在手掌中搓动试管，使管内液体混合均匀，置于试管架上 5 min 后，观察，寇氏试剂由黄色转为红色表示有吲哚存在，为试验阳性（+）。

④ 记录试验结果。

(2) 甲基红试验：大肠杆菌和产气杆菌利用葡萄糖时有所不同，大肠杆菌接种到诸如 MRVP 培养基中时，将产生一些酸性物质，导致 pH 下降。而产气杆菌利用葡萄糖时则产生中性物质，培养基的 pH 没有显著变化。

实验步骤：

① 在两支装有试验用培养基的试管上标记好试验菌名称，另一管作为对照。

② 按照无菌操作，接种于试验菌培养基中。

③ 37℃培养 48 h 后，取出试验管。取两个空试管，每管加入 5 mL 培养基（此时无需无菌操作）。再加入 5 滴甲基红试剂，若甲基红试剂由黄色转为红色表示培养基为酸性，为试验阳性（+）。

④ 记录实验结果。

(3) V-P 试验：产气杆菌利用葡萄糖时产生的中性物质之一就是乙酰甲基甲醇，大肠杆菌并不产生此物质。V-P 试验即是用于特异性地检测乙酰甲基甲醇的。V-P 试验和甲基红试验一起，是检测大肠杆菌和产气杆菌的最有效的方法。

实验步骤：

① 在两支装有试验用培养基的试管上标记好试验菌名称，另一管作为对照。

② 按照无菌操作，接种于试验菌培养基中。

③ 37℃培养 48 h 后，取出试验管。加入 0.5 mL α-萘酚溶液以及 0.5 mL 40% KOH，静置 5 min，若管内颜色转为红色为 V-P 试验阳性(+)，如果所有试管均无红色产生，应稍微加热后，再看试验结果。

④ 记录实验结果。

(4) 枸橼酸盐利用试验：另一个可以区分大肠杆菌和产气杆菌的培养基是枸橼酸盐琼脂。若以枸橼酸盐作为唯一的碳源制备培养基，大肠杆菌不能在上面生长，而产气杆菌却可以生长得特别好。而且产气杆菌代谢产生的终产物为碱性，最终导致培养基 pH 显著上升。指示剂溴百里酚蓝(brom thymol blue)可以检测到这一变化，pH 中性时溴百里酚蓝为绿色，当 pH 达到 7.6 时，颜色转为深蓝。除此之外，枸橼酸盐利用试验也可以用于某些肠道致病菌的检查。大多数的沙门菌可以利用枸橼酸盐，但是伤寒沙门菌和所有志贺菌却不利用。

实验步骤：

① 在 3 支装有试验用西蒙培养基的试管上标记好试验菌名称，另一管作为对照；

② 按照无菌操作，接种于试验菌培养基中。

③ 37℃培养 48 h 后，取出试验管，观察，若管内颜色转为深蓝色为枸橼酸盐利用试验阳性(+)，若试管仍为绿色，为试验阴性(-)。

④ 记录实验结果。

三、明胶液化试验

异养型微生物依赖于周围环境的有机物生长，而许多有机物由于相对分子质量太大、结构过于复杂，不能被微生物吸收利用。有些微生物可以分泌水解性酶类到细胞外，在体外将大分子有机物分解为它们的结构单元或亚基，再加以吸收利用。不同类型的异养微生物可以水解的有机物是不同的，借此可以对微生物进行分类鉴定。

蛋白质是氨基酸的多聚物，蛋白质如明胶的水解过程为：

明胶→朊蛋白→蛋白胨→多肽→氨基酸

明胶酶是有些微生物分泌的一种蛋白酶，催化蛋白质分解。明胶液化试验用于判断微生物是否具有分解蛋白质的能力。将待检微生物穿刺接种于明胶培养基，经过培养，如细菌分解明胶就会发生明胶液化现象。

1. 实验材料

(1) 细菌：枯草杆菌、金黄色葡萄球菌和大肠杆菌斜面培养物。

(2) 试剂：淀粉琼脂平板、碘试剂、明胶高层培养基。

(3) 其他：接种环。

2. 实验方法

(1) 取明胶高层培养基三支，通过穿刺接种法，一支接种大肠杆菌，另一支接种枯草杆菌，余下一支为对照。

(2) 置 37℃恒温箱中培养 24～48 h。

(3) 将试管置于冰箱或冰浴中 30～60 min。

(4) 观察结果,明胶培养基呈液化状态者为阳性(＋);无液化现象发生者则为阴性(－)。

四、硫化氢产生试验

硫化氢(hydrogen sulfide,HAS)是某些微生物在分解半胱氨酸等含硫氨基酸时脱硫产生的。硫化氢的产生是半胱氨酸转化为丙酮酸和氨这一系列反应的第一步,可以由醋酸铅检测出来,硫化氢遇到醋酸铅,可以形成黑色的沉淀。

1. 实验材料

(1) 细菌:大肠杆菌培养物;普通变形杆菌培养物;枯草杆菌培养物;梭杆菌培养物。

(2) 试剂:醋酸铅营养琼脂高层;过氧化氢溶液(3%～10%)。

(3) 其他:接种针;灭菌牙签;灭菌枪头;载玻片。

2. 实验方法

(1) 使用接种针。按照无菌操作,将细菌接入醋酸铅琼脂高层。一支穿刺接种甲型副伤寒杆菌,另一支穿刺接种乙型副伤寒杆菌,注明菌名。

(2) 置37℃恒温箱中培养24～48 h。

(3) 培养结束后,观察结果时,有黑褐色硫化铅者为阳性(＋),无此现象者为阴性(－)。

(4) 记录实验结果。

【附】生理生化反应有关培养基与试剂

一、培养基

1. 糖发酵培养基

(1) 制备"蛋白胨-水"培养基(蛋白胨1%,氯化钠0.5%,pH 7.6)备用。

(2) 配制各种单糖(葡萄糖、乳糖、麦芽糖、甘露醇、蔗糖共5种)的20%水溶液,0.56～0.7 kg/cm^{2}高压灭菌20 min。

(3) 取上述蛋白胨-水培养基100 mL,加1.6%溴甲酚紫0.1 mL,混匀,分装于小试管中,内倒置一杜氏小管,0.56～0.7 kg/cm^{2}高压灭菌,以无菌操作加入相应的灭菌单糖溶液于每管中,使最终浓度为0.5%～1.0%。

2. "磷酸盐-葡萄糖-蛋白胨-水"培养基(甲基红-VP试验培养基)

蛋白胨	0.5 g
磷酸氢二钾	0.5 g
葡萄糖	0.5 g
蒸馏水	100 mL
pH	7.2～7.6

0.56～0.7 kg/cm^{2}高压灭菌20 min

3. 枸橼酸盐琼脂培养基

枸橼酸钠(无水)	0.2 g
氯化钠	0.5 g
硫酸镁	0.02 g
磷酸氢二钾	0.1 g
磷酸二氢铵	0.1 g
琼脂	2 g
蒸馏水	100 mL

以上成分加热融化，调 pH 至 6.8～7.0，加入 1%溴麝香草酚蓝 1 mL，混匀，分装试管，经 0.7 kg/cm^2 高压灭菌 20～30 min 后制成斜面即可。

4. 蛋白胨-水培养基(吲哚试验用)

蛋白胨	1 g
氯化钠	0.5 g
蒸馏水	100 mL
pH	7.2～7.4

1 kg/cm^2 高压灭菌 20 min

5. 醋酸铅培养基

1.5%～2.0%普通肉汤琼脂培养基	100 mL
硫代硫酸钠	0.25 g
10%醋酸铅溶液	1 mL

将琼脂培养基加热融化，冷却至约 60℃，加入硫代硫酸钠，混合，高压灭菌。冷却至约 50℃，无菌操作加入醋酸铅溶液，混匀，分装试管，每管 3～5 mL，直立待凝即可。醋酸铅溶液预先经 0.56 kg/cm^2 高压灭菌 15 min。

6. 明胶培养基　肉汤培养基 100 mL 加入明胶 12～18 g，加热融化，分装试管，每管 2～3 mL，0.56 kg/cm^2 高压灭菌 30 min，最终 pH 为 7.2～7.4，直立待凝。

二、试剂

1. 甲基红试剂　取甲基红 0.1 g，溶于 300 mL 95%乙醇中，蒸馏水定容至 500 mL。

2. 寇氏试剂　5.0 g 对二甲基氨基苯甲醛加至 75 mL 戊醇中，置 50～60℃水浴中，搅拌使之完全溶解，冷却，将 25 mL 浓盐酸一滴滴徐徐加入，边加边摇，配制后装棕色瓶并放暗处保存。

实验六　放线菌、霉菌的菌丝和孢子形态观察

【目的要求】

1. 熟悉压片法和小培养法观察菌丝和孢子的形态。

2. 观察放线菌、霉菌的菌丝和孢子形态。

放线菌是一类原核单细胞型微生物，细胞的基本结构类似于细菌。放线菌具有丝状分枝，形成基内菌丝、气生菌丝和顶端部分分化而成的孢子丝，孢子丝断裂形成孢子。孢子丝可呈螺旋状、波浪状或分枝状等，有的还能分泌水溶性色素到培养基内。孢子呈圆形、杆形和椭圆形等，且具有各种颜色。气生菌丝及孢子的形态和颜色常作为放线菌分类和鉴定的重要依据。

霉菌为真核细胞型微生物，大多数为多细胞，具有分枝状菌丝体，菌丝较粗，孢子有各种不同的形状，可分为有性孢子和无性孢子。

放线菌、霉菌菌丝和孢子形态可采用印片法和小培养法来观察，其中小培养法可分为凹玻片法和插片法。

一、放线菌、霉菌的菌丝和孢子观察

1. 实验材料

(1) 放线菌和霉菌培养物。

(2) 美蓝染色液。

(3) 盖玻片、载玻片、凹玻片、显微镜。

2. 实验方法

(1) 印片法观察放线菌和霉菌的菌丝和孢子形态

① 用盖玻片在放线菌(抗生素产生菌 2809)和霉菌(青霉)菌落表面轻轻一按,即印取孢子。

② 将印有孢子的一面朝下,放在滴有一滴美蓝染液的载玻片上,静置 3 min,使放线菌和霉菌孢子可着色。

③ 用油镜观察放线菌和霉菌孢子、孢子丝的形态结构。

(2) 凹玻片法观察放线菌和霉菌的菌丝和孢子形态

① 取一灭菌的凹玻片,于凹窝内滴加少量融化的固体培养基,待凝。

② 接种少许菌种,覆盖一灭菌的盖玻片上,盖玻片与凹窝间稍留一点空隙以便通气。

③ 将凹玻片置无菌平皿内,皿内垫一块潮湿的脱脂棉以维持湿度,25～28℃恒温培养 3 d。观察生长状况。

(3) 玻片法观察放线菌和霉菌的菌丝和孢子形态

① 将菌种均匀涂布在固体平板培养基上。

② 用镊子夹一张无菌盖玻片斜插入平板内的培养基中,插入深度为盖玻片高度的 1/2 或 1/3。

③ 25～28℃恒温箱中培养 5～7 d。

④ 用镊子取出盖玻片放在载玻片上,用低倍镜或高倍镜观察菌丝及孢子的情况。

二、放线菌、霉菌的菌落观察

菌落是将微生物接种于固体平板培养基上,经恒温培养后由单个细胞形成的集落。菌落特征决定于组成菌落的细胞结构和生长行为,不同的微生物具有不同的菌落特征,用以对微生物进行初步鉴定。

1. 实验材料

(1) 菌种:放线菌 2809、酿酒酵母和霉菌(青霉、曲霉、毛霉、根霉)的斜面和平板培养物。

(2) 培养基:普通琼脂平板,淀粉琼脂平板,改良沙氏琼脂平板。

2. 实验方法

(1) 将放线菌接种于淀粉琼脂平板培养基,28℃恒温培养 5～7 d。

(2) 将酿酒酵母菌接种于改良沙氏琼脂平板培养基,30℃恒温培养 48 h。

(3) 将青霉、曲霉、毛霉、根霉接种于改良沙氏琼脂平板培养基,25℃恒温培养 1～2 周。

(4) 菌落特征观察。

实验七　微生物计数法

【目的要求】

1. 明确显微镜计数的原理,学习使用血球计数板进行微生物计数的方法。

2. 了解平板菌落计数法测定细菌浓度的基本原理和方法。

一、血球板计数法

利用血球计数板在显微镜下直接计数,是一种常用的微生物计数方法。此法的优点是直观、快速。将经过适当稀释的菌悬液或孢子悬液放在血球计数板载玻片与盖玻片之间的计数室中，在显微镜下进行计数。由于计数室的容积一定（0.1 mm^3），所以可以根据在显微镜下观察到的微生物数目来换算成单位体积内的微生物总数。由于此法计得的是活菌体和死菌体的总和，故又称为总菌计数法。

血球计数板是一块特制的载玻片，其上由四条槽构成三个平台。中间的平台又被一短横槽隔成两半，每一边的平台上各刻有一个方格网，每个方格网共分九个大方格，中间的大方格即为计数室（图附录-13）。

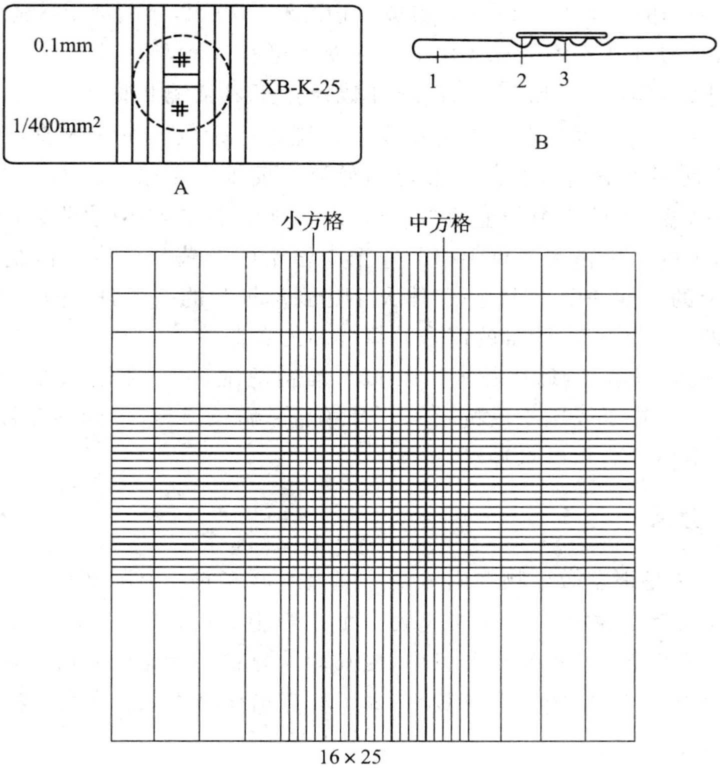

图附录-13　血球计数板构造

A. 正面图；B. 纵切面图；C. 放大后的方格网（中央为计数室）

1. 血球计数板；2. 盖玻片；3. 计数室

计数室的刻度一般有两种规格：一种是一个大方格分成 16 个中方格，而每个中方格又分成 25 个小方格；另一种是一个大方格分成 25 个中方格，每个中方格又分成 16 个小方格。但每一个大方格中的小方格总数都是 400（16×25）个小方格。

每一大方格的面积为 1 mm^2，盖上盖玻片后，载玻片与盖玻片之间的高度为 0.1 mm，所以计数室的容积为 0.1 mm^3。在计数时，通常数五个中方格的总菌数，然后求得每个中方格的平均值，再乘以 16 或 25，就得出一个大方格中的总菌数，然后再换算成 1 mL 菌液中的总菌数。

下面以一个大方格有 25 个中方格的计数板为例进行计算：设五个中方格中总菌数为 A，菌液稀释倍数为 B，那么，一个大方格中的总菌数（即 0.1 mm^3 中的总菌数）为：(A/5)×25×B。因 1 mL＝1 cm^3＝1 000 mm^3，故 1 mL 菌液中的总菌数为：

$$(A/5)\times25\times10\times1\,000\times B=50\,000A\times B(个/mL)$$

1. 实验材料

(1) 细菌及培养基：酵母菌（*S. cerevisiae*）悬液。

(2) 仪器：血球计数板，显微镜。

(3) 其他：装有 4.5 mL 无菌水的试管，盖玻片，无菌平皿，无菌吸管。

2. 实验方法

(1) 稀释：将酵母菌悬液进行适当稀释，菌液如不浓，可不必稀释。

(2) 镜检计数室：对计数室进行镜检，若有污物，则需清洗后才能进行计数。

(3) 加样：将稀释的酿酒酵母菌液由盖玻片边缘滴一小滴，让菌液沿缝隙靠毛细渗透作用自行进入计数室，一般计数室均能充满菌液。注意不可有气泡产生。

(4) 显微镜计数：静置 5 min 后，将血球计数板置于显微镜载物台上，先用低倍镜找到计数室所在位置（此时光线不可太强），然后换成高倍镜进行计数。在计数前若发现菌液太浓或太稀，需重新调节稀释度后再计数。一般样品稀释度要求每小格内约有 5～10 个菌体为宜。对于 16×25 的计数板，可计 4 个角上的中方格（即 100 个小方格）中的菌数；而对 25×16 的计数板，可计 4 个角上的中方格和中央中格共 5 个中格中的总菌数。位于格线上的菌体一般只数上方和右边线上的。如遇酵母出芽；芽体大小达到母细胞的一半时，即作两个菌体计数。计数一个样品要从两个计数室中计得的值来计算样品的含菌量。

(5) 清洗：使用完毕后，血球计数板先以 95%酒精清洗，再以蒸馏水淋洗并擦干。切勿用硬物洗刷，洗完后自行晾干或用吹风机吹干。若样品为病原微生物，则须先浸泡在 5%石炭酸溶液中进行消毒，半小时后再以水冲洗。

二、平板计数法

平板菌落计数法是根据微生物在固体培养基上所形成的一个菌落是由一个单细胞繁殖而成的现象进行的，也就是说一个菌落即代表一个单细胞。计数时，先将待测样品作一系列稀释，再取一定量的稀释菌液接种到培养皿中，使其均匀分布于平皿中的培养基内，经培养后，由单个细胞生长繁殖形成菌落，统计菌落数目，即可换算出样品中的含菌数。这种计数法的优点是能测出样品中的活菌数。

1. 实验材料　大肠埃希菌悬液，肉汤培养基。

2. 实验方法

(1) 编号：取无菌平皿 9 套，分别用记号笔标明 10^{-4}、10^{-5}、10^{-6} 各三套。另取 6 支盛有 4.5 mL无菌水的试管，排列于试管架上，依次标明 10^{-1}、10^{-2}、10^{-3}、10^{-4}、10^{-5}、10^{-6}。

(2) 系列稀释：用 1 mL 无菌吸管吸取 0.5 mL 大肠埃希菌悬液放入 10^{-1} 的试管中。然后仍用此吸管将管内悬液来回吸吹三次，吸时伸入管底，吹时离开水面，使其混合均匀。另取一支吸管自 10^{-1} 试管吸 0.5 mL 放入 10^{-2} 试管中，吸吹三次，其余以此类推。整个稀释过程如图附录-14 所示。

(3) 倒平板：用 3 支 1 mL 无菌吸管分别精确地吸取 10^{-4}、10^{-5}、10^{-6} 的稀释菌液 0.1 mL，分别放入对应编号的三套无菌培养皿中，倒入融化并恒温于 45℃左右的营养琼脂培养基约 10～15 mL，迅速旋动混匀，静置待凝固后，倒置于 37℃培养。

(4) 计数：培养 24 h 后，取出培养皿，算出同一稀释度的三个平皿上的菌落数，并按下式计算出每毫升中总活菌数：

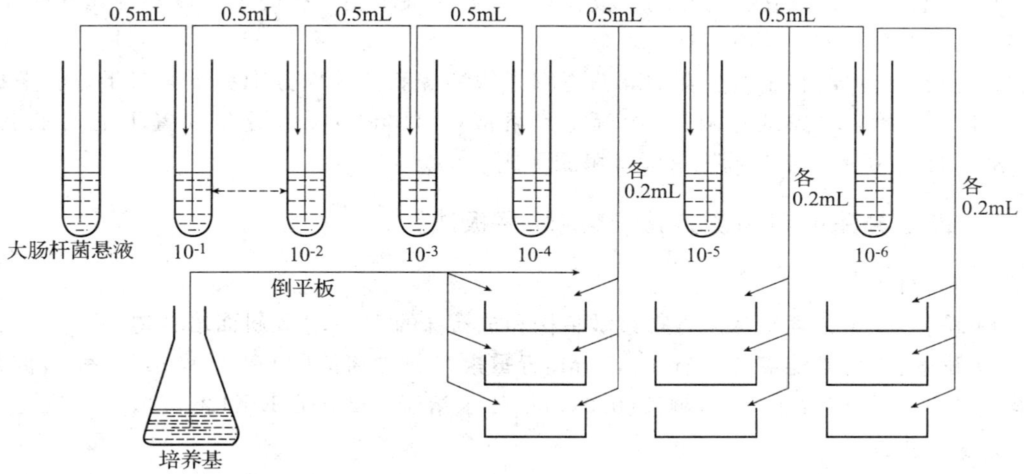

图附录-14　菌落技术操作步骤

每毫升中总活菌数＝同一稀释度三次重复的菌落平均数×稀释倍数×10

一般选择每个平板上长有30～300个菌落的稀释度计算每毫升的菌数最为合适。同一稀释度的三个重复的菌数不能相差很悬殊。由10^{-4}、10^{-5}、10^{-6}三个稀释度计算出的每毫升菌液中总活菌数也不能相差悬殊，如相差较大，表示试验不精确。

实验八　微生物的遗传与变异

【目的要求】

1. 观察细菌的菌落变异、抗药性变异现象，了解表型改变与基因突变的本质。

2. 学习青霉素酶的简易测定方法。

3. 学习抗药质粒接合传递的基本原理和方法。

遗传和变异是微生物的基本特性。细菌的变异现象有很多，包括菌落和细胞形态变异，荚膜、芽胞、鞭毛等结构变异，以及生化变异如毒力和抗药性变异。一些变异只是表型的改变，而一些变异是遗传物质的改变称为突变。只有后者可传递给子代。

抗药突变株对抗生素具有相对的抵抗力。多剂抗药株显示对几种不同作用机制的药物具有抗药性。金黄色葡萄球菌青霉素抗药株可产生青霉素酶。该酶水解β-内酰胺环，使青霉素分解为青霉噻唑酸，该酸可被碘氧化，淀粉遇碘显蓝色因而被用做碘的指示剂，在抗药株的菌落周围碘被消耗而显出无色透明圈。

一、表型改变与基因突变

1. 实验材料

(1) 菌种：普通变形杆菌18～24 h斜面培养物，金黄色葡萄球菌青霉素敏感株和抗药株的18～24 h斜面培养物。

(2) 培养基：普通琼脂培养基，0.1%石炭酸琼脂培养基。

2. 实验步骤

（1）鞭毛变异：分别在普通琼脂平板和0.1%石炭酸琼脂平板的中央接种普通变形杆菌。37℃培养24 h后观察菌落有无迁徙现象。

（2）抗药性变异：将金黄色葡萄球菌青霉素敏感株和抗药株分别密集涂布于琼脂平板表面的一半。用镊子取滤纸片两片，用青霉素溶液（5 U/mL）浸湿并分别置于上述平板上。37℃培养24 h，观察滤纸片周围有无抑菌圈形成。

二、青霉素酶的简易测定法（碘淀粉平板法）

1. 实验材料

（1）菌种：金黄色葡萄球菌青霉素敏感株和抗药株的18～24 h斜面培养物。

（2）试剂：青霉素溶液（5 U/mL），1 mL青霉素G钾盐溶液（20 000 U/mL），5 mL淀粉琼脂（含淀粉0.5%，琼脂0.8%），碘液（0.01 mol/L I_2溶于3.2 mol/L KI溶液）。

2. 实验步骤

（1）金黄色葡萄球菌青霉素敏感株和抗药株分别密集涂布于琼脂平板表面的两处（约1 cm^2）。

（2）37℃培养24 h，敏感株和抗药株生长。

（3）将淀粉琼脂加热融化并恒温于50℃水浴，加入1.0 mL青霉素G钾盐溶液（20 000 U/mL），混匀后即刻倾注于上述培养好的平板上，铺平待凝。

（4）用滴管吸取碘液铺满平板表面，吸去多余的碘液，倒置于37℃培养箱，10～15 min后观察抗药菌周围是否出现无色透明圈。

三、抗药质粒接合传递

供体菌痢疾杆菌D15，对四环素、链霉素和氯霉素抗药，是多剂抗药菌，由抗药质粒编码。受体菌大肠杆菌K12W1485F^-，对利福平抗药，由染色体编码。供、受体菌在一定条件下混合，随之接合，接合子在含选择性标记氯霉素（或链霉素或四环素）和利福平的EMB培养基上生长，形成具有紫黑色金属光泽的菌落，证明供体菌抗药质粒转移至受体菌。而两亲本在上述含药平板上均不生长。接合子可进一步通过药敏试验和电泳检测抗药质粒的存在来证明。

1. 实验材料

（1）菌种

供体菌：痢疾杆菌D15（R因子，为氯霉素、四环素、链霉素抗药）。

受体菌：大肠杆菌K12W1485（利福平抗药）。

（2）培养基：肉汤培养基，EMB培养基。

（3）试剂：氯霉素（3 mg/mL），利福平（2 mg/mL）。

2. 实验步骤

（1）将两亲本分别接种肉汤培养基斜面，37℃培养过夜。然后分别取少量菌转种于盛有1 mL肉汤试管内，37℃培养活化5～6 h。

（2）用吸管吸取1 mL肉汤，置于无菌小试管内，同时加入供、受体菌培养物各0.1 mL，混匀。37℃培养2 h使之接合。

（3）制备EMB含药平板：吸取氯霉素溶液0.15 mL于平皿中，倾注15 mL融化并冷至50℃左右的EMB培养基，迅速摇匀，待凝，氯霉素作用浓度为30 g/mL。吸取利福平溶液

0.23 mL于平皿中，倾注 15 mL 融化并冷至 50℃左右的 EMB 培养基，迅速摇匀，待凝，利福平作用浓度为 50 μg/mL。吸取氯霉素溶液 0.15 mL 和利福平溶液 0.23 mL 于同一平皿中，倾注15 mL融化并冷至 50 ℃左右的 EMB 培养基，迅速摇匀，待凝。

(4) 将 EMB 含药平板背面，用红笔划分三个区域，吸取 0.1 mL 混合菌液涂布于其中一大区域，另两个区域分别用白金耳环取一环接种供、受体菌，作为对照，37 ℃培养过夜。

(5) 在不含药的 EMB 平板上划分三个区域，分别接种二亲本和混合菌，培养过夜。

(6) 观察供、受体菌和接合子的生长情况，注意观察菌落色泽。

实验九 免疫学实验

【目的要求】

1. 通过实验验证课程理论，进一步了解机体免疫功能和原理。
2. 了解抗原-抗体反应的条件与现象。
3. 了解免疫学的应用——免疫电泳与 ELISA 的原理。

一、体外抗原抗体反应

抗原抗体反应又称血清学技术，包括凝集反应和沉淀反应等。

(一) 凝集反应

颗粒状抗原(如细菌、红细胞)与对应抗体在电解质(生理盐水)参与下产生大小不等的凝块，称为凝集反应。凝集反应是经典的血清学反应，在实验室研究和临床诊断工作中应用广泛。

1. 实验材料

(1) 菌种：伤寒杆菌(*Salmonella typhimurium*)培养物。

(2) 试剂：伤寒杆菌 H 血清，生理盐水，诊断血清，1∶10 倍稀释的伤寒杆菌 H 血清。

(3) 其他：洁净玻片，接种环，酒精灯，蜡笔，洁净用小试管(测血清)，1mL 吸管，试管架等。

2. 实验方法

(1) 取玻片一张用蜡笔划分为两区，一端标记 S，即伤寒杆菌。两边各放盐水一小滴。

(2) 一端加一白金耳环伤寒杆菌诊断血清，另一端加生理盐水对照。

(3) 取伤寒杆菌一环加于盐水一端磨匀。另取少许菌加于有诊断血清一端中研磨均匀。

(4) 轻轻摇动玻片，数分钟后，肉眼观察结果。(观察后玻片应做消毒处理)。

(5) 如菌体凝集成肉眼可见的颗粒团块或絮状，其周围液体澄清，则为阳性反应。生理盐水对照不应发生凝集，为阴性反应(图附录-15)。

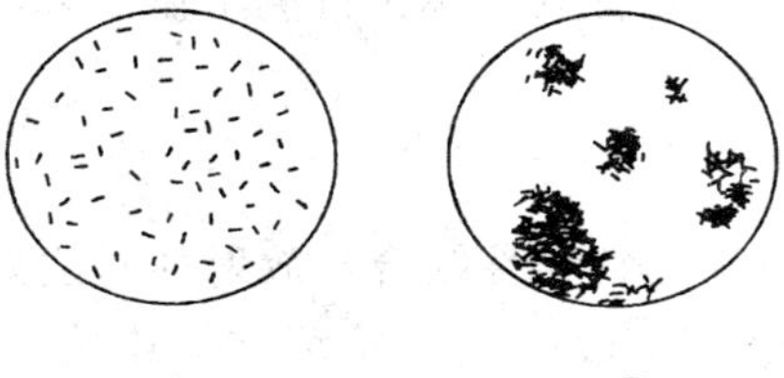

A B

图附录-15 玻片凝集示意图

A.阴性反应；B. 阳性反应

（二）沉淀反应

可溶性抗原（如多糖、蛋白质、类脂等）与相应的抗体混合，在适量电解质的存在下，二者比例适合即有沉淀物出现，称为沉淀反应。沉淀反应是临床上最常用、最基本方法之一，可分为环状沉淀、絮状沉淀、琼脂扩散和免疫电泳等。

1. 实验材料

（1）试剂：羊血清，抗羊血清，生理盐水，羊血清（已测浓度），3%琼脂糖（以 pH 巴比妥-巴比妥钠缓冲液），牛血清，马血清。

（2）其他：毛细吸管，沉淀反应用小试管，试管架，玻片，凝胶打孔器（直径 3 mm），载玻片，水平台，水浴箱，37℃恒温箱，10 mL 吸管，5 μL 加样器。

2. 实验步骤

（1）环状沉淀实验

① 用细长的毛细吸管吸取抗体（抗羊血清），插入沉淀管管底，徐徐滴入，每管约 0.2 mL。

② 用另一支毛细吸管吸取稀释的羊血清，轻轻重叠于抗羊血清上。注意务必使抗原和抗体间能显示出清楚的两层，不可产生气泡，以免抗原和抗体两者接触不均匀而影响结果。

③ 对照管以生理盐水（或人血清）代替羊血清。

④ 操作完毕后静置桌上，5 min 后，观察抗原和抗体的接触面，如有白色细微的环状沉淀，即为阳性。半小时后再观察一次。

（2）单向琼脂扩散实验

① 取干净干燥载玻片，置水平台上备用。

② 将 3%琼脂糖融化，56℃水浴中保温。

③ 取 1.5 mL 琼脂糖加到 56℃预热玻璃管中，加入等量抗血清，充分混匀后铺于玻片上。

④ 待凝胶凝固后打孔（图附录-16），孔距 1.2～1.5 cm，用记号笔在琼脂板的底面将孔编号。

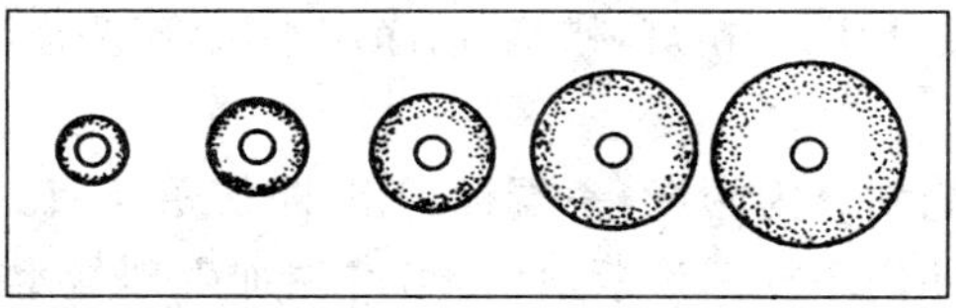

图附录-16 单向琼脂扩散结果示意图

⑤ 将系列稀释的标准羊血清和待检羊血清分别加到凝胶孔中，每孔 5 μL。

⑥ 将凝胶板置于湿盒内，37℃保温 24 h 后，观察结果，测量沉淀环直径。

⑦ 绘制标准曲线（图附录-17），在其上标出待测羊血清浓度。

二、酶联免疫吸附试验

免疫标记技术是将抗原、抗体的特异性结合与放射性同位素、酶、荧光、胶体金等的标记结合在一起的方法。该项技术可定性、定量、定位检测抗原或抗体。具有特异、灵敏、快速、结果易于观察等特点，已越来越广泛地应用于医学和其他生物学科的研究领域及临床检验工作。目前有许多用相关的商品试剂盒供应。本试验介绍了酶联免疫吸附试验的原理和试验方法。

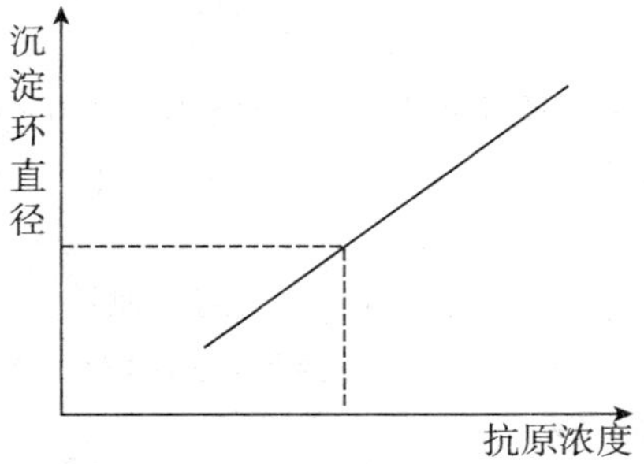

图附录-17　绘制标准曲线并求样品抗原含量

1. 实验材料

(1) 试剂：酶标抗 HCG，酶作用底物(A 液：联苯二胺，B 液：过氧化氢)，洗涤液(pH 7.4，0.01 mol/L Tris-HCl 缓冲液)，终止液(2 mol/LH_2SO_4)。

(2) 其他：已包被抗 HCG 抗体的聚苯乙烯酶联免疫反应用小皿，待检尿液，妊娠 1～4 月孕妇尿液(阳性对照)。健康男性尿液(阴性对照)。

2. 实验方法

(1) 向反应用小皿中加入尿液 2 滴，室温下 3 min 后弃去，洗涤液洗 3 次，弃去。

(2) 加入一滴酶标抗 HCG，室温下 5 min 后弃去，水洗 3 遍，弃去。

(3) 加入一滴 A 液和一滴 B 液，5 min 后加入终止液一滴，观察结果。黄色者为阳性。

实验十　药物的体外抗菌试验

【目的要求】

1. 熟悉药物体外抗菌活性的测定方法。

2. 采用平板倍比稀释法测定抗生素对金黄色葡萄球菌(G^+)和大肠杆菌(G^-)的最低抑菌浓度(MIC)。

药物体外抗菌活性的测定广泛应用于新药研究和指导临床用药，如抗菌药物筛选、药物的抗菌谱测定、药敏试验、药物血浓度测定等。药物体外抗菌活性的测定可采用试管连续稀释法和平板倍比稀释法。

平板倍比稀释法是根据药物在琼脂培养基中扩散的原理，将细菌接种在含有不同浓度抗生素的平板上恒温培养 16～18 h，可抑制细菌生长的最低药物浓度为最低抑菌浓度(MIC)，可杀灭细菌的最低药物浓度为最低杀菌浓度(MBC)。MIC 或 MBC 值愈小，则药物的抑菌或杀菌作用愈强。

1. 材料和仪器

(1) 菌株：金黄色葡萄球菌、表皮葡萄球菌、大肠杆菌和肺炎克雷伯氏菌临床菌株的 8 h 肉汤培养物，金黄色葡萄球菌(ATCC 25925)、大肠杆菌(ATCC 25922)标准菌株的 8 h 肉汤培养物。

(2) 抗生素：青霉素 G(β-内酰胺类)、链霉素(氨基糖苷类)、阿奇霉素(大环内酯类)和左旋氧氟沙星(喹诺酮类)。

(3) 培养基：灭菌并恒温于 55℃水浴的 M-H(Mueller-Hinton agar)培养基。

(4) 试剂和仪器：无菌生理盐水，无菌平皿，无菌吸管，无菌试管，接种环。

2. 实验方法

(1) 药物配制

① 称取适量抗生素，用灭菌生理盐水配制成浓度为 1 280 μg/mL 的溶液。

② 用灭菌生理盐水倍比稀释成浓度为 0、20、40、80、160、320、640、1 280 μg/mL 的溶液。

(2) 含药物平板的制备

① 吸取上述各种浓度的药物溶液 1.5 mL 于无菌平皿中。

② 加入 13.5 mL 恒温于 55℃的 M－H 培养基，迅速混匀、冷却制成一系列药物浓度为 0、2、4、8、16、32、64、128 μg/mL 的药物平板。

(3) 试验菌与点样：将金黄色葡萄球菌、表皮葡萄球菌、大肠杆菌和肺炎克雷伯氏菌、金黄色葡萄球菌(ATCC25925)、大肠杆菌(ATCC25922)的 8 h 肉汤培养物用生理盐水 1∶10 000 稀释，细菌浓度为 10^7～10^8 CFU/mL。

用笔将药物平板分为 6 个区，分别用接种环将上述试验菌点种于药物平板上，接种量为 10^4～10^5 CFU/点。

(4) 培养与结果观察：37℃恒温培养 16～18 h。观察药物对测试菌生长的抑制作用，记录 MIC 值。

实验十一　抗生素效价测定

【目的要求】

1. 了解微生物法测定抗生素效价的原理。

2. 熟悉管碟法(二剂量)测定抗生素的效价。

抗生素的效价常采用微生物学方法测定，它是利用抗生素对特定的微生物具有抗菌活性的原理来测定抗生素效价的方法，如管碟法(cylinder plate method)。管碟法是根据抗生素在琼脂平板培养基中的扩散渗透作用，比较标准品和检品两者对试验菌的抑菌圈大小来测定供试品的效价。管碟法的基本原理是在含有高度敏感性试验菌的琼脂平板上放置小钢管(内径 6.0 mm±0.1 mm，外径 8.0 mm±0.1 mm，高 10 mm±0.1 mm)，管内放入标准品和检品的溶液，经 16～18 h 恒温培养，抗生素扩散的有效范围内则产生透明的无菌生长的区域，常呈圆形，称为抑菌圈(图附录-18)。抑菌圈直径大小与抗生素浓度相关，比较抗生素标准品与检品的抑菌圈大小，可计算出抗生素的效价。

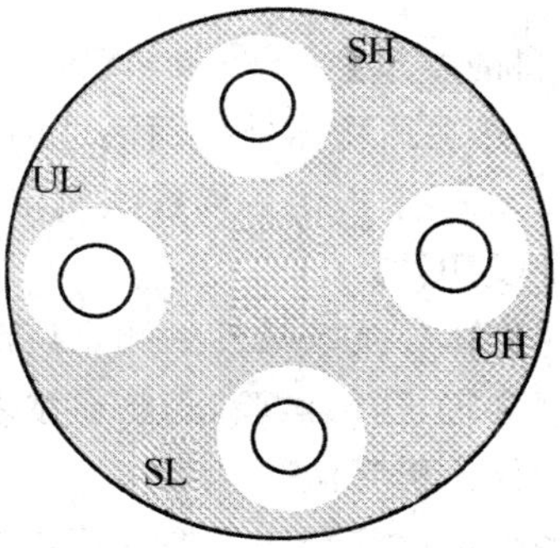

图附录-18　管碟法形成的抑菌圈

抗生素效价常采用二剂量法。将抗生素标准品和供试品各稀释成一定浓度比例(2∶1 或 4∶1)的两种溶液，在同一平板上比较其抗药活性，再根据抗生素浓度对数和抑菌圈直径成直线关系的原理来计算供试品效价。取含菌层的双层平板培养基，每个平板表面放置 4 个小钢管，管内分别放入检品高、低剂量和标准品高、低剂量溶液。先测量出四点的抑菌圈直径，按下列公式计算出检品的效价。

(1) 求出 W 和 V；

(2) $W=(SH+UH)-(SL+UL)$；

(3) $V=(UH+UL)-(SH+SL)$；

式中：

UH：供试品高剂量之抑菌圈直径；UL：供试品低剂量之抑菌圈直径；SH：标准品高剂量之抑菌圈直径；SL：标准品低剂量之抑菌圈直径。

(3) 求出 θ。

(4) $\theta = D \cdot \text{antilg}\dfrac{IV}{W}$

式中：

θ：供试品和标准品的效价比；D：标准品高剂量与供试品高剂量之比，一般为 1；I：高低剂量之比的对数，即 lg2 或 lg4。

(4) 求出 Pr 。

(5) $Pr = Ar \times \theta$

式中：

Pr：供试品实际单位数；

Ar：供试品标示量或估计单位。

二剂量法也可利用放线图，查出抗生素的效价。放线图系根据效价计算公式($\theta = D \cdot \text{antilg}(IV/W)$)推导而制得的，只要求得 W、V 值后，查放线图即可得 θ 值(图附录-19)。

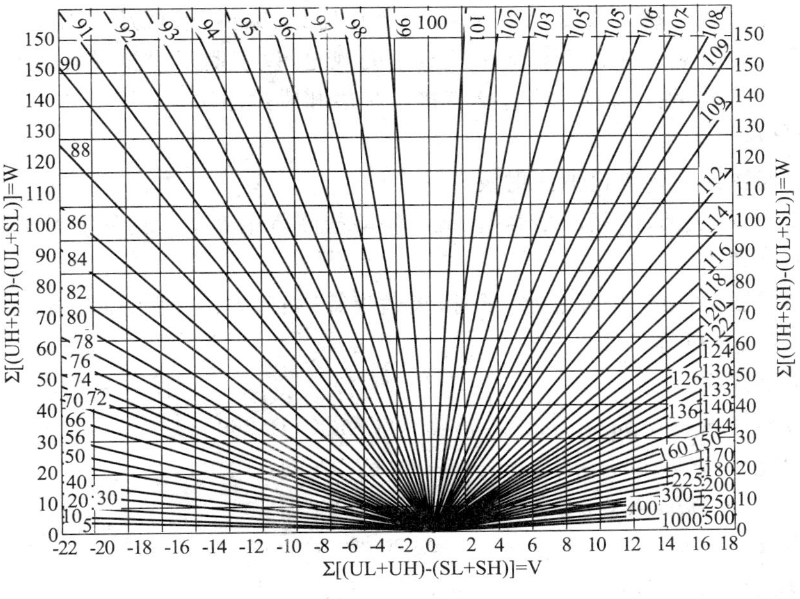

图附录-19　二剂量法效价计算放线图(H：L=2：1)

1. 材料和仪器

(1) 细菌：短小芽胞杆菌[CMCC(B)63202]的芽胞悬液。

(2) 培养基：效价检定用培养基(上层、底层)。

(3) 抗生素：抗生素检品及标准品(高剂量、低剂量，高剂量与低剂量之比为 2：1)。

(4) 试剂与器材：灭菌生理盐水，无菌平皿，牛津杯，无菌吸管，镊子，滴管，直尺。

2. 实验方法　取无菌平皿，加入 20 mL 底层培养基，凝固后作为底层。

用灭菌生理盐水将短小芽胞杆菌的芽胞悬液稀释至一定浓度以得到清晰的抑菌圈，且标准品高浓度所得抑菌圈直径在 18～22 mm 为基准。用无菌吸管吸取 1 mL 芽胞悬液，加到 200 mL 恒温于 50℃的上层培养基中摇匀，迅速以无菌吸管吸取 5 mL，注入底层培养基上，铺平待凝。

在平板底部四边，分别对角注明“SH”、“SL”和“UH”、“UL”标记。

镊子火焰灭菌 3 次，然后夹取 4 个牛津杯垂直放置在平板中标志附近(注：勿使钢管陷入培养基内，各小杯之间尽量等距)。

以无菌滴管分别在每个牛津杯内加入相应的抗生素溶液至满但不溢出管外，且四杯内液面高度相同，盖上平皿盖，静置 30 min。

将平皿置于 37℃恒温培养箱培养 16～18 h，量取各抑菌圈直径(SH、SL、UH、UL)，以毫米为单位，误差不超过 0.1 mm。

计算抗生素效价或查放线图计算抗生素效价。

实验十二　无菌检查法

【目的要求】

1. 熟悉注射剂的无菌检查方法。

2. 了解抗生素等特殊灭菌制剂的无菌检查方法。

无菌检查法系用于确定要求无菌的药品、医疗器具、原料、辅料及要求无菌的其他品种是否无菌的一种方法。若供试品符合无菌检查法的规定，仅表明了供试品在该检验条件下未发现微生物污染。药物的无菌检查法包括直接接种法和膜过滤法。

1. 实验材料

(1) 待检药物：0.9%氯化钠注射液。

(2) 培养基：需氧菌、厌氧菌培养基(硫乙醇酸盐液体培养基)，真菌培养基(改良马丁培养基)，营养肉汤培养基。

(3) 试剂与器材：灭菌生理盐水，试管，灭菌吸管，细菌滤器，隔水恒温普通培养箱，微型涡漩混合器，台式离心机等。

(4) 对照用试验菌：

金黄色葡萄球菌(*Staphylococcus aureus*)〔CMCC(B)26003〕

铜绿假单胞菌(*Pseudomonas aeruginosa*)〔CMCC(B)10104〕

枯草芽胞杆菌(*Bacillus subtilis*)〔CMCC(B)63501〕

生孢梭菌(*Clostridium sporogenes*)〔CMCC(B)64941〕

白色念珠菌(*Candida albicans*)〔CMCC(F)98001〕

黑曲霉(*Aspergillus niger*)〔CMCC(F)98003〕

2. 实验方法

(1) 培养基的制备及适用性检查：培养基的制备及适用性(无菌性和灵敏度)检查可参照附录的方法进行。

(2) 菌液制备：接种金黄色葡萄球菌、铜绿假单胞菌、枯草芽胞杆菌的新鲜培养物至营养肉汤培养基内，生孢梭菌的新鲜培养物至硫乙醇酸盐液体培养基内，30～35℃培养 18～24 h；接种白色念珠菌的新鲜培养物至改良马丁培养基内，23～28℃培养 24～48 h。将上述培养物用0.9%无菌氯化钠溶液稀释至每毫升中含菌数小于100 CFU的菌悬液。

接种黑曲霉的新鲜培养物至改良马丁培养基内，23～28℃培养5～7 d。加入3～5 mL 0.9%无菌氯化钠溶液，将孢子洗脱，用无菌吸管（管口带几层无菌纱布）吸取黑曲霉孢子，加到无菌试管，用0.9%无菌氯化钠溶液稀释至每毫升中含孢子数小于100CFU的孢子悬液。

(3) 方法验证试验及无菌检查：当供试品为新的产品或供试品的检验条件发生改变时，应进行方法验证试验，以确认供试品在该实验条件下无抑菌活性或其抑菌活性可以忽略不计，供试品对每一试验菌的抑菌程度应逐一进行验证。

验证试验可与供试品的无菌检查同时进行。

0.9% NaCl注射液的方法学验证采用“薄膜过滤法”。

① 取供试品2瓶（或根据需要增加抽样量），用碘酒或酒精棉球将安瓿瓶顶部消毒，用砂轮将颈部打开。

② 方法学验证：供试品加入100 mL生理盐水，分别加入小于100 CFU/mL的试验菌液1 mL，过细菌滤器，取出滤膜，分别置于含硫乙醇酸盐流体培养基、改良马丁培养基容器中，按照规定温度培养3～5 d；另取一支装有同体积培养基的试管，加入等量试验菌，作为阳性对照用。

③ 供试品检查：供试品加入100 mL生理盐水，过细菌滤器，取出滤膜，分别置于含硫乙醇酸盐流体培养基、改良马丁培养基容器中。按照规定温度培养3～5 d。

④ 结果判断：若硫乙醇酸盐流体培养基及改良马丁培养基管均澄清，或虽显浑浊但经确证无菌生长，判供试品符合规定；若硫乙醇酸盐流体培养基及改良马丁培养基管中任何1管显浑浊并确证有菌生长，判供试品不符合规定，除非能充分证明生长的微生物非供试品所含。当满足下列至少一个条件时，判试验结果无效：

a. 对无菌检查试验相关设施的微生物监控数据表明其不符合规定。

b. 对无菌试验过程的回顾，揭示了本操作程序是错误的。

c. 阴性对照管有菌生长。

d. 供试品管中生长的微生物经鉴定后，确证微生物生长是因无菌试验中所使用的物品和(或)无菌操作技术不当引起的。

【附】无菌检查法常用培养基、试剂

一、培养基及其制备方法

培养基可按以下处方制备，亦可使用按该处方生产的符合规定的脱水培养基。配制后应采用验证合格的灭菌程序灭菌。制备好的培养基应保存在2～25℃、避光的环境。培养基若保存于非密闭容器中，应在3周内使用；若保存于密闭容器中，可在一年内使用。

1. 硫乙醇酸盐流体培养基Ⅰ（用于培养需氧菌、厌氧菌）

酪胨（胰酶水解）	15.0 g	酵母浸出粉	5.0 g
葡萄糖	5.0 g	氯化钠	2.5 g
L-胱氨酸	0.5 g	新配制的0.1%刃天青溶液	1.0 mL
硫乙醇酸钠（或硫乙醇酸0.3 mL）	0.5 g	琼脂	0.5～0.7 g
水	1 000 mL		

除葡萄糖和刃天青溶液外，取上述成分混合，微温溶解，调节pH为弱碱性，煮沸，滤清，加入葡萄糖和刃

天青溶液，摇匀，调节 pH 值使灭菌后为 7.1±0.2。分装至适宜的容器中，其装量与容器高度的比例应符合培养结束后培养基氧化层（粉红色）不超过培养基深度的 1/2。灭菌。在供试品接种前，培养基氧化层的颜色不得超过培养基深度的 1/3，否则，须经 100℃水浴加热至粉红色消失（不超过 20 min），迅速冷却，只限加热一次，并防止被污染。

2. 硫乙醇酸盐流体培养基Ⅱ（用于黏稠供试品的直接接种法）　按硫乙醇酸盐流体培养基Ⅰ处方，去除琼脂和刃天青，取其余成分，如法配制，即得。此培养基应在厌氧条件下培养。

3. 改良马丁培养基（用于培养真菌）

胨	5.0 g	磷酸氢二钾	1.0 g
酵母浸出粉	2.0 g	硫酸镁	0.5 g
葡萄糖	20.0 g	水	1 000 mL

除葡萄糖外，取上述成分混合，微温溶解，调节 pH 值约为 6.8，煮沸，加入葡萄糖溶解后，摇匀，滤清，调节 pH 值使灭菌后为 6.4±0.2，分装，灭菌。

4. 选择性培养基

(1) 对氨基苯甲酸培养基（用于磺胺类供试品）：按上述硫乙醇酸盐流体培养基及改良马丁培养基的处方及制法，加对氨基苯甲酸适量（例如 0.125 g），溶解后，摇匀，分装，灭菌。对氨基苯甲酸的实际用量应通过验证。

(2) 聚山梨酯-80 培养基（用于非水溶性供试品）：按上述硫乙醇酸盐流体培养基及改良马丁培养基的处方及制法，加适量（例如 10 mL）聚山梨酯-80，摇匀，分装，灭菌。聚山梨酯-80的实际用量应通过验证。

(3) β-内酰胺酶培养基（用于β-内酰胺类供试品）：硫乙醇酸盐流体培养基及改良马丁培养基在接入供试品前分别加入β-内酰胺酶，β-内酰胺酶的实际用量应通过验证。

5. 改良马丁琼脂培养基　按改良马丁培养基的处方及制法，加入 15～20 g 琼脂，调节 pH 使灭菌后为 6.4±0.2，分装，灭菌。

二、培养基的无菌性检查

无菌检查用的硫乙醇酸盐流体培养基及改良马丁培养基等应通过培养基的无菌性检查方可使用。

每批培养基随机取不少于 5 支（瓶），培养 14 d，应无菌生长。本试验亦可与供试品的无菌检查同时进行。

三、培养基的灵敏度检查

符合培养基灵敏度检查的硫乙醇酸盐流体培养基及改良马丁培养基方可用于无菌检查试验。

1. 菌种　参照“对照用试验菌”。

2. 菌液制备　接种金黄色葡萄球菌、铜绿假单胞菌的新鲜培养物至营养肉汤培养基中，30～35℃，培养 18～24 h；生孢梭菌的新鲜培养物至硫乙醇酸盐流体培养基中，30～35℃培养 18～24 h；白色念珠菌的新鲜培养物至改良马丁培养基中，20～25℃培养 18～24 h；黑曲霉的新鲜培养物至改良马丁琼脂斜面培养基中，20～25℃培养 5～7 d。上述培养物用 0.9%无菌氯化钠溶液制成每毫升含菌 10～100 菌落形成单位（CFU）的菌悬液。

3. 培养基接种　取每管装量为 12 mL 的硫乙醇酸盐流体培养基 7 支，分别接种金黄色葡萄球菌、铜绿假单胞菌、生孢梭菌各 2 支，每支接种量为 1 mL（含菌 10～100 CFU），另 1 支不接种作为空白对照，培养 3 d；取每管装量为 9 mL 的改良马丁培养基 5 支，分别接种白色念珠菌、黑曲霉各 2 支，每支接种量为 1 mL（含菌 10～100 CFU），另 1 支不接种作为空白对照，培养 5 d。逐日观察结果。

4. 结果判定　空白对照管应无菌生长，若加菌的培养基管均生长良好，判该培养基的灵敏度检查符合规定。

四、稀释液、冲洗液及其制备方法

稀释液、冲洗液配制后应采用验证合格的灭菌程序灭菌。

1. 0.1%蛋白胨水溶液　取蛋白胨 1 g,加水 1 000 mL,微温溶解,过滤,调节 pH 至(7.1±0.2),分装、灭菌。

2. pH7.0 氯化钠-蛋白胨缓冲液　取磷酸二氢钾 3.56 g,磷酸氢二钠 7.23 g,氯化钠4.30 g,蛋白胨 1.0 g,加水 1 000 mL,加热使溶解,过滤,分装、灭菌。

3. 聚山梨酯-80-0.1%蛋白胨水溶液　取蛋白胨 1 g,聚山梨酯-80 10 mL,加水1 000 mL,微温溶解,过滤,调节 pH 值至 7.1±0.2,分装、灭菌。用于非水溶性供试品的无菌检查。

4. 聚山梨酯-80 氯化钠-蛋白胨缓冲液　取 10 mL 聚山梨酯-80,磷酸二氢钾 3.56 g,磷酸氢二钠 7.23 g,氯化钠 4.30 g,蛋白胨1.0 g,加水 1 000 mL,微温溶解,过滤,分装、灭菌。用于非水溶性供试品的无菌检查。

实验十三　微生物限度检查法

【目的要求】

1. 熟悉平皿菌落计数法测定药物中细菌、霉菌和酵母菌的总数,检查药物是否符合微生物限度标准。

2. 了解药物中控制菌的检查方法。

微生物限度检查法系检查非规定灭菌制剂及其原、辅料受微生物污染程度的方法。检查项目包括细菌数、霉菌数、酵母菌数及控制菌检查。

微生物限度检查应在洁净度 100 级的单向流空气区域内进行,其环境的洁净度为 10 000 级。检验全过程必须严格遵守无菌操作,防止再污染。单向流空气区域、工作台面及环境应定期按《医药工业洁净室(区)悬浮粒子、浮游菌和沉降菌的测试方法》的现行国家标准进行洁净度验证。

除另有规定外,本检查法中细菌培养温度为 30～35℃;霉菌、酵母菌培养温度为 20～25℃;控制菌培养温度为 36℃±1℃。

检验结果以 1 g、1 mL、10 g、10 mL 或 10 cm^2 为单位报告。

1. 实验材料

(1) 药物:咳嗽糖浆。

(2) 验证用菌种

大肠埃希菌(*Escherichia coli*)[CMCC(B)44102]

金黄色葡萄球菌(*Staphylococcus aureus*)[CMCC(B)26003]

枯草芽胞杆菌(*Bacillus subtilis*)[CMCC(B)63501]

白色念珠菌(*Candida albicans*)[CMCC(F)98001]

黑曲霉(*Aspergillus niger*)[CMCC(F)98003]

(3) 培养基:营养琼脂,玫瑰红钠琼脂,酵母浸出粉胨葡萄糖琼脂(YPD),胆盐乳糖(BL),曙红亚甲蓝琼脂(EMB)。

(4) 试剂及器材:灭菌生理盐水,无菌试管,无菌吸管,无菌平皿。

2. 实验方法

(1) 菌液制备:按照实验十二无菌检查的方法进行,最后得到约为 50～100 CFU/mL 的试验菌悬液以及 50～100 CFU/mL 黑曲霉孢子悬液。

(2) 药物配制:吸取样品 10 mL,加 0.1%蛋白胨水氯化钠稀释液 90 mL 浓度均为 1:10 供试液。

（3）方法验证试验及无菌检查：当供试品为新的产品或供试品的检验条件发生改变时，应进行方法验证试验，以确认供试品在该实验条件下无抑菌活性或其抑菌活性可以忽略不计，供试品对每一试验菌的抑菌程度应逐一进行验证。

验证试验可与供试品的限度检查同时进行。

细菌、真菌总数测定试验项目包括：

①试验组：分别取不同品种的 1∶10 供试液 1 mL、50～100 个/ mL 试验菌株同时加入平皿中，立即倾注琼脂培养基，待凝固后，置规定温度培养 24～72 h 观察结果。

②活菌组：测定每一试验菌菌液的菌数。

③供试液对照：同试验组，不加试验菌液，测定供试品本底菌数。

④稀释剂对照组：用稀释液代替供试品，同试验组，测定细菌和真菌总数。

（4）大肠杆菌的检查

① 增菌：将待测咳嗽糖浆摇匀，用吸管吸取 10 mL 并加到 100 mL 胆盐乳糖培养基，于37℃恒温培养 18～24 h，培养液变混浊表明有细菌生长。

② 平板分离培养：将上述培养物划线接种于曙红亚甲蓝琼脂平板培养基，于 37℃恒温培养 18～24 h，大肠杆菌菌落呈紫黑色，且有金属光泽。

③ 显微镜检：将增菌液显微镜检，大肠杆菌为革兰阴性的短杆菌。

④ 生理生化反应：大肠杆菌的 IMViC 试验结果为“＋ ＋ － －”。

⑤ 咳嗽糖浆未检出大肠杆菌时为控制菌检验合格。

【附】微生物限度标准及其检验用培养基

一、微生物限度标准

1. 制剂通则、品种各论中要求无菌的制剂及标示无菌的制剂　应符合无菌检查法规定。

2. 口服给药制剂

细菌数：每 1 g 不得过 1 000 个。每 1 mL 不得过 100 个。

霉菌和酵母菌数：每 1 g 或 1 mL 不得过 100 个。

大肠埃希菌：每 1 g 或 1 mL 不得检出。

3. 局部给药制剂

（1）用于手术、烧伤或严重损伤的局部给药制剂：应符合无菌检查法规定。

（2）一般局部给药制剂

细菌数：每 1 g、1 mL 或 10 cm^2 不得过 100 个。

霉菌和酵母菌数：每 1 g、1 mL 或 10 cm^2 不得过 100 个。

金黄色葡萄球菌、铜绿假单胞菌：每 1 g、1 mL 或 10 cm^2 不得检出。

（3）眼部给药制剂

细菌数：每 1 g 或 1 mL 不得过 10 个。

霉菌数和酵母菌数：每 1 g 或 1 mL 不得检出。

金黄色葡萄球菌、铜绿假单胞菌、大肠埃希菌：每 1 g 或 1 mL 不得检出。

（4）耳、鼻及呼吸道吸入给药制剂

细菌数：每 1 g、1 mL 或 10 cm^2 不得过 100 个。

霉菌和酵母菌数：每 1 g、1 mL 或 10 cm^2 不得过 10 个。

金黄色葡萄球菌、铜绿假单胞菌：每 1 g、1 mL 或 10 cm^2 不得检出。

大肠埃希菌：鼻及呼吸道给药的制剂，每 1 g、1 mL 或 10 cm^2 不得检出。

(5) 阴道、尿道给药制剂

细菌数：每 1 g 或 1mL 不得过 100 个。

霉菌数和酵母菌数：每 1 g 或 1 mL 不得检出。

金黄色葡萄球菌、铜绿假单胞菌：每 1 g 或 1 mL 不得检出。

(6) 直肠给药制剂

细菌数：每 1 g 或 1 mL 不得过 100 个。

霉菌和酵母菌数：每 1 g 或 1 mL 不得过 100 个。

金黄色葡萄球菌、铜绿假单胞菌：每 1 g 或 1 mL 不得检出。

4. 含动物组织(包括提取物)的口服给药制剂：每 10 g 或 10 mL 还不得检出沙门菌。

5. 有兼用途径的制剂，应符合各给药途径的标准。

6. 霉变、长螨者以不合格论。

7. 凡不在以上用药途径分类中的制剂，应在该品种项下做出具体规定。

二、微生物限度检查用培养基和试剂

(一) 稀释剂

1. pH 7.0 无菌氯化钠-蛋白胨缓冲液　取磷酸二氢钾 3.56 g，磷酸氢二钠 7.23g，氯化钠 4.30 g，蛋白胨 1.0 g，加水 1 000 mL，微温溶解，分装，过滤，灭菌。

2. 无菌聚山梨酯-80 氯化钠-蛋白胨缓冲液　取 10 mL 聚山梨酯-80，磷酸二氢钾3.56 g，磷酸氢二钠 7.23 g，氯化钠 4.30 g，蛋白胨 1.0 g，加水 1 000 mL，微温溶解，过滤，分装，灭菌。

3. pH 6.8 无菌磷酸盐缓冲液、pH 7.6 无菌磷酸盐缓冲液　配制后，过滤，分装，灭菌。

(二) 培养基及其制备方法

1. 营养琼脂培养基、营养肉汤培养基、硫乙醇酸盐流体培养基、改良马丁培养基及改良马丁琼脂培养基，参照“无菌检查法”。

2. 玫瑰红钠琼脂培养基

胨	5 g	玫瑰红钠	0.013 3 g
葡萄糖	10 g	琼脂	15～20 g
磷酸二氢钾	1 g	水	1 000 mL
硫酸镁	0.5 g		

除葡萄糖、玫瑰红钠外，取上述成分，混合，微温溶解，滤过，加入葡萄糖、玫瑰红钠，分装，灭菌。

3. 酵母浸出粉胨葡萄糖琼脂培养基(YPD)

胨	10 g	琼脂	15～20 g
酵母浸出粉	5 g	水	1 000 mL
葡萄糖	20 g		

除葡萄糖外，取上述成分，混合，微温溶解，滤过，加入葡萄糖，分装，灭菌。

4. 胆盐乳糖培养基(BL)

胨	20 g	磷酸二氢钾	1.3 g
乳糖	5 g	牛胆盐(或去氧胆酸钠 0.5 g)	2 g
氯化钠	5 g	水	1 000 mL
磷酸氢二钾	4 g		

除乳糖、牛胆盐外，取上述成分，混合，微温溶解，调节 pH 值使灭菌后为 7.4±0.2，煮沸，滤清，加入乳糖、牛胆盐，分装，灭菌。

5. 胆盐乳糖发酵培养基

胆盐乳糖培养基	1 000 mL	0.04%溴甲酚紫指示液	25 mL

取未灭菌的胆盐乳糖培养基，加入指示液，分装于含倒管的中试管中，每管 10 mL。双料乳糖胆盐发酵培养基除蒸馏水外，其他成分加倍，分装于含倒管的大试管中，每管 10 mL。灭菌。所用倒管的规格应保证产气结果的观察。

6. 曙红亚甲蓝琼脂培养基(EMB)

营养琼脂培养基	100 mL	曙红钠指示液	2 mL
20%乳糖溶液	5 mL	亚甲蓝指示液	61.3～1.6 mL

取营养琼脂培养基，加热融化后，冷至 60℃，按无菌操作加入灭菌的其他 3 种溶液，摇匀，倾注平皿。

7. 麦康凯琼脂培养基(MacC)

胨	20 g	1%中性红指示液	3 mL
乳糖	10 g	琼脂	15～20 g
牛胆盐	5 g	水	1 000 mL
氯化钠	5 g		

除乳糖、指示液、牛胆盐及琼脂外，取上述成分，混合，微温溶解，调节 pH 值使灭菌后为 7.2±0.2，加入琼脂，加热融化后，再加入其余各成分，摇匀，分装，灭菌，冷至约 60℃，倾注平皿。

8. 4－甲基伞形酮葡糖苷酸(4－methylumbelliferyl－β－D－glucuronide，MUG)培养基

胨	10 g	磷酸二氢钾(无水)	0.9 g
硫酸锰	0.5 mg	磷酸氢二钠(无水)	6.2 g
硫酸锌	0.5 mg	亚硫酸钠	40 mg
硫酸镁	0.1 g	去氧胆酸钠	1 g
氯化钠	5 g	MUG	75 mg
氯化钙	50 mg	水	1 000 mL

除 MUG 外，取上述成分，混合，微温溶解，调节 pH 值使灭菌后为 7.3±0.1，加入 MUG，溶解，每管分装 5 mL，灭菌。

9. 三糖铁琼脂培养基(TSI)

胨	20 g	硫酸亚铁	0.2 g
肉浸出粉	5 g	硫代硫酸钠	0.2 g
乳糖	10 g	0.2%酚磺酞指示液	12.5 mL
蔗糖	10 g	琼脂	12～15 g
葡萄糖	1 g	水	1 000 mL
氯化钠	5 g		

除三糖、指示液、琼脂外，取上述成分，混合，微温溶解，调节 pH 值使灭菌后为 7.3±0.1，加入琼脂，加热融化后，再加入其余各成分，摇匀，分装，灭菌，制成高底层(2～3 cm)短斜面。

10. 四硫磺酸钠亮绿培养基(TTB)

胨	5 g	硫代硫酸钠	30 g
牛胆盐	1 g	水	1 000 mL
碳酸钙	10 g		

取上述成分，混合，微温溶解，灭菌。

临用前，取上述培养基，每 10 mL 加入碘试液 0.2 mL 和亮绿试液 0.1 mL，混匀。

11. 沙门、志贺菌属琼脂培养基(SS)

胨	5 g	硫代硫酸钠	8.5 g
牛肉浸出粉	5 g	中性红指示液	2.5 mL
乳糖	10 g	亮绿试液	0.33 mL
牛胆盐	8.5 g	琼脂	20 g
枸橼酸钠	8.5 g	水	1 000 mL

枸橼酸铁铵	1 g

除乳糖、指示液、琼脂外，取上述成分，混合，微温溶解，调节 pH 值使灭菌后为 7.2±0.1，滤过，加入琼脂，加热融化后，再加入其余各成分，摇匀，灭菌，冷至 60℃，倾注平皿。

12. 胆盐硫乳琼脂培养基(DHL)

胨	20 g	枸橼酸钠	1 g
牛肉浸出粉	3 g	枸橼酸铁铵	1 g
乳糖	10 g	中性红指示液	3 mL
蔗糖	10 g	琼脂	18～20 g
去氧胆酸钠	1 g	水	1 000 mL
硫代硫酸钠	2.3 g		

除糖、指示液及琼脂外，取上述成分，混合，微温溶解，调节 pH 值使灭菌后为 7.2±0.1，加入琼脂，加热融化后，再加入其余成分，摇匀，冷至 60℃，倾注平皿。

13. 溴化十六烷基三甲铵琼脂培养基

胨	10 g	溴化十六烷基三甲铵	0.3 g
牛肉浸出粉	3 g	琼脂	15～20 g
氯化钠	5 g	水	1 000 mL

除琼脂外，取上述成分，混合，微温溶解，调节 pH 值使灭菌后为 7.5±0.1，加入琼脂，加热融化后，分装，灭菌，冷至 60℃，倾注平皿。

14. 亚碲酸盐肉汤培养基　临用前，取灭菌的营养肉汤培养基，每 100 mL 中加入新配制的 1%亚碲酸钠(钾)试液 0.2 mL，混匀，即得。

15. 卵黄氯化钠琼脂培养基

胨	6 g	10%氯化钠卵黄液	100 mL
牛肉浸出粉	1.8 g	琼脂	23 g
氯化钠	30 g	水	650 mL

除 10%氯化钠卵黄液外，取上述成分，混合，微温溶解，调节 pH 值使灭菌后为 7.6±0.1，灭菌，待冷至约 60℃，以无菌操作加入 10%氯化钠卵黄液，充分振摇，倾注平皿。

10%氯化钠卵黄液的制备取新鲜鸡蛋 1 个，以无菌操作取出卵黄，放入 10%无菌氯化钠溶液 100mL 中，充分振摇，即得。

16. 甘露醇氯化钠琼脂培养基

胨	10 g	酚磺酞指示液	2.5 mL
牛肉浸出粉	1 g	琼脂	15～20 g
甘露醇	10 g	水	1 000 mL
氯化钠	75 g		

除甘露醇、指示液及琼脂外，取上述成分，混合，微温溶解，调节 pH 值使灭菌后为 7.4±0.2，加入琼脂，加热融化后，滤过，分装，灭菌，冷至 60℃，倾注平皿。

17. 乳糖发酵培养基

胨	20 g	0.04%溴甲酚紫指示液	25 mL
乳糖	10 g	水	1 000 mL

除指示液外，取上述成分混合，微温溶解，调节 pH 值，使灭菌后为 7.2±0.2，加入指示液，分装于含倒管的小试管中，每管 3mL。灭菌。

18. 绿脓菌素(pyocyanin)测定用培养基(PDP 琼脂)

胨	20 g	甘油	10 mL
氯化镁(无水)	1.4 g	琼脂	18～20 g
硫酸钾(无水)	10 g	水	1 000 mL

取胨、氯化镁、硫酸钾和水混合，微温溶解，调节 pH 值使灭菌后为 7.3±0.1，加入甘油及琼脂，加热融化，混匀，分装于试管，灭菌，置成斜面。

19. 庖肉培养基

(1) 牛肉碎块的制备：新鲜牛肉，除去脂肪和筋腱，加水煮沸约 10 min，切成约 5 mm^3 的小块，称重，按 1∶3(肉∶水)加蒸馏水，置 4～10℃浸 18～20 h 后，煮沸 1 h，用白布过滤(滤液即为 1∶3 牛肉浸液)，肉渣用自来水漂洗 2 次，然后加入适量氢氧化钠液，搅拌，使 pH 在 8.4 左右，浸泡过夜，次日倾去上层水，用蒸馏水冲洗 2～3 次，放在纱布上，自动沥干(不要挤压)。将肉渣铺在搪瓷盘上，灭菌，于 80～100℃烘干，筛去碎屑，装瓶，保持干燥，备用。

(2) 庖肉培养基的制备：将上述碎肉块装入中试管内约 1 cm 高，再加入营养肉汤培养基约 10 mL，灭菌，备用，最终 pH 应为 7.3±0.1。

20. 1%葡萄糖庖肉培养基　于庖肉培养基灭菌前加入 1%葡萄糖分装大试管，每支40 mL，灭菌。用于梭菌增菌产毒培养。

21. 1%葡萄糖血琼脂培养基

营养琼脂培养基	100 mL	葡萄糖	1 g
无菌脱纤维兔血(或羊血)	5～10 mL		

制法：称营养琼脂培养基干燥粉和葡萄糖规定量，加水 100 mL，灭菌。使用前，将其加热融化，待冷至 50℃左右，以无菌操作加入无菌脱纤维兔血，摇匀，制成平板。

(三) 试药

十四烷酸异丙酯(isopropyl myristate)：本品为无色液体。溶于乙醇、乙醚、丙酮、氯仿和甲苯，不溶于水、甘油和丙二醇。约 208℃分解。

二盐酸二甲基对苯二胺(N,N-dimethyl-p-phenylenediamine dihydrochloride)：本品为白色或灰白色结晶性粉末；置空气中色渐变暗；易吸潮。在水或乙醇中溶解。

溴化十六烷基三甲铵(cetyl trimethylammonium bromide)：本品为白色结晶。在水中溶解，在乙醇中微溶，在乙醚中不溶。

刃天青(resazurin)：本品为深红色结晶，有绿色光泽。在稀氢氧化钠溶液中溶解，在乙醇或冰醋酸中微溶，在水或乙醚中不溶。

中性红(neutral red)：本品为深绿或棕黑色粉末。在水或乙醇中溶解。

牛肉浸出粉(beef extract powder)：本品为米色粉末，在水中溶解。

牛胆盐(ox bile salt)：本品为淡黄色或黄棕色粉末，味苦而甜，具吸湿性。在水和醇中易溶。

4-甲基伞形酮葡糖苷酸(4-methylumbelliferyl-β-D-glucuronide, MUG)：本品为白色针状结晶。在水、乙醇或乙醚中溶解。在稀氢氧化钠溶液中分解。

去氧胆酸钠(sodium deoxycholate)：本品为白色结晶性粉末，味苦。易溶于水，微溶于醇，不溶于醚。

亚碲酸钠(sodium tellurite)：本品为白色粉末。在热水中易溶，在水中微溶。

玫瑰红钠(四氯四碘荧光素钠)(rose bengal sodium salt)：本品为棕红色粉末。在水中溶解，溶液呈紫色，无荧光；在硫酸中溶解，溶液为棕色。

枸橼酸铁铵(ammonium ferric citrate)：本品为棕红色或绿色鳞片或粉末，易潮解，见光易还原成亚铁。在水中溶解，在醇和醚中不溶。

胰蛋白胨(tryptone)：本品为米黄色粉末，在水中溶解。

液状石蜡(paraffin liquid)：本品为无色油状液体。在水和醇中不溶，能与醚、苯、三氯甲烷、二硫化碳和油类相混溶。

(四) 试液

二盐酸二甲基对苯二胺试液：取二盐酸二甲基对苯二胺 0.1 g，加水 10 mL，即得。需新鲜少量配制，于冷处避光保存，如试液变成红褐色，不可使用。

无菌对氨基苯甲酸试液：取对氨基苯甲酸 0.1 g，加入含 10 mL 水的带塞试管中，灭菌。

亚碲酸钠(钾)试液:取亚碲酸钠(钾)0.1 g,加新鲜煮沸后冷至50℃的水 10 mL 使溶解。

玫瑰红钠试液:取玫瑰红钠 0.1 g,加水使溶解成 75 mL。

亮绿试液:取亮绿 0.1 g,加水 100 mL 使溶解。

盐酸试液:取盐酸 8.4 mL,加水使稀释成 100 mL。

靛基质试液:取对二甲氨基苯甲醛 5.0 g,加入戊醇(或丁醇)75 mL,充分振摇,使完全溶解后,再取浓盐酸 25 mL 徐徐滴入,边加边振摇,以免骤热导致溶液色泽变深,或取对二甲氨基苯甲醛 1.0 g,加入 95%乙醇 95 mL,充分振摇,使完全溶解后,取浓盐酸 20 mL 徐徐滴入。

碘试液:取碘 6 g 与碘化钾 5 g,加水 20 mL 使溶解。

(五) 指示液

中性红指示液:取中性红 1.0 g,研细,加 95%乙醇 60 mL 使溶解,再加水至 100 mL。变色范围 pH6.8～8.0(红→黄)。

亚甲蓝指示液:取亚甲蓝 0.5 g,加水使溶解成 100 mL。

酚磺酞指示液:取酚磺酞 1.0 g,加 1mol/L 氢氧化钠溶液 2.82 mL,使溶解,再加水至100 mL。变色范围 pH 6.8～8.4(黄→红)。

溴甲酚紫指示液:取溴甲酚紫 1.6 g,加 95%乙醇使溶解成 100 mL。变色范围 pH 5.2～6.8(黄→紫)。

曙红钠指示液:取曙红钠 2.0 g,加水使溶解成 100 mL。

参 考 文 献

1. 沈萍. 微生物学. 北京:高等教育出版社,2000
2. 周德庆. 微生物学教程(第二版). 北京:高等教育出版社,2002
3. 周长林. 微生物学. 北京:中国医药科技出版社, 2004
4. 查永喜. 微生物学与基础免疫学. 南京:东南大学出版社,2002
5. 陈三凤,刘德虎. 现代微生物遗传学. 北京:化学工业出版社,2003
6. 东秀珠. 常见细菌系统鉴定手册. 北京:科学出版社,2001
7. 陈慰峰. 医学免疫学. 第三版. 北京:人民卫生出版社,2001
8. 周长林. 微生物学实验与指导. 北京:中国医药科技出版社,2004
9. 国家药典委员会. 中华人民共和国药典(2005 版)。北京:化学工业出版社,2005
10. Madigan M. T., et al.. Brock Biology of Microorganisms. 10th Ed.. Prentice Hall, 2004
11. Brooks G. F.. Medical Microbiology. 22nd Ed.. McGraw－Hill, 2001
12. Boitt I., et al.. Immunology. 6th Ed.. Mosby, 2001

《微生物学与基础免疫学》教学日历

周次	内　　容	学　习　知　识　点	学时
1	绪论	**了解**：药学微生物学的范畴，微生物在自然界的作用，微生物学发展简史和微生物学发展方向。 **掌握**：微生物的概念，微生物的特点，微生物的分类和命名。 **重点掌握**：微生物的概念和微生物的特点。	2
2～5	第一章　原核微生物	**了解**：细菌的不规则形态，细菌的物理性质，细菌的新陈代谢，细菌分类，放线菌的分类和代表菌属，螺旋体、立克次体、支原体、衣原体的致病性。 **掌握**：细菌的化学组成、营养物质、营养类型、营养物质的吸收；细菌的生长繁殖；细菌的致病性。放线菌的概念，形态结构，菌丝和孢子的特征，繁殖条件和菌落特征；放线菌在药学中的应用。链霉菌属的生物学特性。螺旋体、立克次体、支原体、衣原体的大小、形态和结构，培养和繁殖。 **重点掌握**：细菌的概念、细菌的大小和基本形态、细菌的基本结构和特殊结构、细菌形态检查法的原则、细菌的营养和繁殖及细菌的菌落特征、细菌在药学中的应用，放线菌的概念、形态结构、链霉菌属的生物学特性和放线菌在药学中的应用，螺旋体、立克次体、支原体、衣原体的大小、形态结构和繁殖。	8
6	第二章　真核微生物	**了解**：真菌的分类、细胞结构与培养特征。 **掌握**：真菌概念、酵母菌和霉菌的大小形态，真菌的培养条件，几种与人类关系密切的真菌和真菌的致病性。	2
7～9	第三章　病毒	**了解**：病毒的感染与致病性，病毒对理化因素的抵抗力，病毒感染的防治及抗病毒的化学治疗剂，噬菌体的分离、测定及应用。 **掌握**：病毒的分类，病毒的人工培养和感染的检查方法，常见的病毒（流行性感冒病毒、肝炎病毒、艾滋病病毒）的生物学性状。 **重点掌握**：病毒的增殖过程，病毒的干扰现象和干扰素，噬菌体的生物学性状、生活史及其与宿主菌细胞的关系。	6
10	第四章　微生物的营养	**掌握**：微生物的营养物质、培养基的种类、营养物质的运输方式。 **重点掌握**：微生物的营养物质和培养基的种类。	2
11	微生物的生长及其控制	**了解**：微生物的个体生长和群体生长。 **掌握**：微生物生长繁殖的条件、微生物的培养方法、微生物生长的测定，微生物控制的概念、控制微生物的物理方法、控制微生物的化学方法和细菌的耐药性。 **重点掌握**：微生物的培养方法，控制微生物的物理方法、控制微生物的化学方法和细菌的耐药性。	2

周次	内　　容	学　习　知　识　点	学时
12～13	第六章　微生物的遗传与变异	**了解:**突变株的类型及实际应用,菌种衰退的原因,自然选育方法,杂交育种的原理与方法。 **掌握:**常见的菌种保藏方法和诱变育种方法。 **重点掌握:**遗传性和变异性的概念;微生物的遗传物质、基因突变的基本概念;基因突变的分子机制;基因转移和重组(转化、结合、转导)。	4
14	第七章　抗原 第八章　免疫系统	**了解:**抗原的特异性和交叉反应、抗原的分类,佐剂的概念和常用的佐剂,免疫分子的特性及几种主要的细胞因子,免疫球蛋白的生物学活性及其分类,抗体的人工制备。 **掌握:**抗原的概念、构成抗原的条件、医学上重要的抗原,免疫器官的种类和功能,免疫细胞的种类和特点,抗体的概念,免疫球蛋白的基本结构、功能区、水解片段及抗体产生的一般规律,补体的概念、组成及理化性质、经典激活途径、旁路激活途径、补体系统的生物学作用,细胞因子、膜表面免疫分子。 **重点掌握:**抗原的概念免疫球蛋白的基本结构、功能区、水解片段,补体的概念,经典激活途径。	2
15	第九章　免疫应答 第十章　超敏反应	**了解:**生理屏障。Ⅳ型超敏反应;Ⅲ型超敏反应。免疫调节,免疫耐受。 **掌握:**吞噬细胞的作用、自然杀伤细胞的杀伤作用、正常体液因素,B细胞和T细胞介导的免疫应答过程,Ⅰ型、Ⅱ型超敏反应。 **重点掌握:**正常体液因素,B细胞和T细胞介导的免疫应答过程,青霉素引起的Ⅰ型变态反应的机理。	2
16	第十一章　免疫学的应用	**了解:**体液免疫和细胞免疫测定方法;常用的生物制品。 **掌握:**人工自动免疫与人工被动免疫的概念。 **重点掌握:**凝集反应,ELISA。	2
17	第十二章　微生物制药 第十三章　抗生素的药 第十四章　药物的微生物学检查	**了解:**维生素、甾体化合物、酶与酶抑制剂、菌体制剂与活菌制剂等的微生物学制备方法,灭菌制剂和非灭菌制剂微生物学检查的一般方法。 **掌握:**抗生素(定义、分类、生产流程)、氨基酸,MIC、MBC的概念和测定方法,灭菌制剂的无菌检查、非灭菌制剂的微生物限度检查。 **重点掌握:**抗生素定义、分类、生产流程,抗生素的药效学研究方法和抗生素的含量测定方法,灭菌制剂的无菌检查。	2